中国核电安全生产专项整治三年行动优秀整治案例汇编

上册

中国核能电力股份有限公司　编著

中国原子能出版社

图书在版编目（CIP）数据

中国核电安全生产专项整治三年行动优秀整治案例汇编 / 中国核能电力股份有限公司编著．—北京 ：中国原子能出版社，2023.12

ISBN 978-7-5221-3262-4

Ⅰ．①中… Ⅱ．①中… Ⅲ．①核电厂-安全生产-案例-汇编-中国 Ⅳ．①TM623

中国国家版本馆 CIP 数据核字（2023）第 256331 号

中国核电安全生产专项整治三年行动优秀整治案例汇编

出版发行 中国原子能出版社（北京市海淀区阜成路 43 号 100048）
责任编辑 胡晓彤 尚佳艺
装帧设计 侯怡璇
责任校对 冯莲凤
责任印制 赵 明
印　　刷 北京中科印刷有限公司
经　　销 全国新华书店
开　　本 787 mm×1092 mm 1/16
印　　张 36.75
字　　数 556 千字
版　　次 2023 年 12 月第 1 版 2023 年 12 月第 1 次印刷
书　　号 ISBN 978-7-5221-3262-4 **定 价 150.00 元**

前　言

党的十八大以来，习近平总书记就做好安全生产工作多次作出重要指示，强调人命关天，发展决不能以牺牲人的生命为代价，要正确处理安全和发展的关系，牢固树立安全生产的观念，将“安全第一、预防为主、综合治理”作为国家安全生产工作的基本方针。

2020—2022年，中国核电及各成员单位以习近平新时代中国特色社会主义思想为指导，深入贯彻习近平总书记关于安全生产重要论述和对核工业的指示批示，坚持安全发展，坚持安全是核工业的生命线，牢固树立“安全是中核集团的企业核心价值观”理念，不断压实安全生产责任，优化安全生产管理流程，提升安全生产管理水平，扎实推进以核电厂安全运行可靠性全面提升为主线的安全生产专项整治三年行动，建立并有效运行“从根本上消除事故隐患”的责任链条和工作机制，坚持问题导向、目标导向和结果导向，久久为功，涌现出一批优秀整治案例。

为及时总结和固化安全生产专项整治三年行动工作经验，持续提升安全生产治理能力，由中国核电主编、秦山核电承编、各成员单位共同参与，对专项行动中的优秀整治案例进行了收集汇总，编制《中国核电安全生产专项整治三年行动优秀整治案例汇编》，供各电厂学习交流，共同提升安全生产管理水平。

本次汇编共分为上、下两册：上册收纳学习贯彻安全生产重要论述与责任专篇、重点领域整治专篇；下册收纳安全运行专篇、工程建设专篇。两册共4大专篇优秀整治案例，总计86项。

目 录

上 册

下 册

第一章　学习贯彻安全生产重要论述与责任落实专篇

1.1　学习贯彻安全生产重要论述专题

1.1.1　“3+1”模式实施“党建+安全”管理新模式

基本情况	单位名称	江苏核电有限公司
	案例所属专题/领域	学习宣传贯彻习近平总书记 关于安全生产重要论述专题
	类型	□ 技术优化　☑ 管理提升
	主要创造人	程开喜、陆秋生、张国彪
	参与创造人	乔钧、毛伟、李俊杰、杨景春、仇理、 朱见平、牛志丹

案例简介 Case Introduction

党管安全工作是保障国民经济健康发展的重要举措，也是国有企业实现科学发展的有力抓手。江苏核电深入贯彻党的十九大和历次中央全会精神，认真践行习近平总书记关于安全生产的重要论述及习近平总书记对核工业的重要指示批示精神，坚持“理性、协调、并进”的核安全观和“安全是中核集团企业核心价值观”的安全理念，紧密结合电力行业改革发展大局和安全管理工作的现状，主动思考、认真谋划，充分发挥党建引领作用，形成了以“3个层级（党委、支部、党员）+1个抓手（责任考核）”为主要内容的安全管理新模式，将制度优势转化为安全生产治理效能，为机组安全稳定运行和高质量建设提供了坚实保障。

案例详细介绍 Detailed introduction to the case

1. 实施背景

党的十八大以来，习近平总书记从强化责任担当、处理安全和发展的关系、健全安全生产责任制度体系和安全生产领域改革发展等多个方面对安全生产发表了一系列重要讲话，深刻阐述了安全生产的重大理论与实践问题。其中，“党管安全”是习近平总书记关于安全生产重要论述的重要内容之一，为国有企业实践“党建＋安全”工程提供了根本遵循，是促进国民经济发展、维护社会稳定的重要支柱。当前阶段，安全风险管控形势仍然严峻，通过搭建“党建＋安全”工作平台，以提升组织力、落实力为落脚点，突出政治功能，发挥党委总揽全局、支部战斗堡垒作用及党员先锋模范作用，强化党员、群众各级安全管理人员责任落实，增强底线意识，对做好安全生产工作具有重要意义。

2. 主要做法

江苏核电以“强化政治引领，落实责任担当”为指导思想，深入贯彻落实“安全第一、预防为主、综合治理”的安全生产方针，与公司安全生产工作深度融合，充分发挥各级党组织的战斗堡垒作用和党员先锋模范作用，从加强组织建设、强化政治责任、狠抓责任落实、完善考核体系、筑牢思想教育观念等方面探索出一套以“3个层级（党委、支部、党员）＋1个抓手（责任考核）”为主要内容的“党建＋安全”管理新模式。

(1) 把方向、管大局，构建党委领导安全工作格局

1）夯实党建引领安全生产工作机制

江苏核电党委制定了《党委会议事规则》，对安全生产工作相关的重要事项实施前置研究讨论。安全生产专项整治三年行动期间，党委会每年审议年度安全环保工作要点、安全生产专项整治三年行动方案修订建议方案、安全质量环保责任季度考核建议方案、A类状态报告开发和安全风险排查整治方案等安全环保相关重要事项，并定期听取公司安全生产工作情况汇报，切实加强对公司安全生产工作的领导。

同时，多次组织召开公司安全生产委员会会议（专题会），集中学习上级相关的安全会议及文件精神，分析安全生产形势及安全生产专项整治三年行动进展情况等，对公司安全生产工作进行了及时部署和有力指导。

2）加强党建引领安全生产组织体系

“党管安全”就是按照党要管党、从严治党的要求，明确公司党管安全责任制的主体，公司党委认真学习研究《中华人民共和国安全生产法》《中共中央国务院关于推进安全生产领域改革发展的意见》等文件，以公司内党组织为依托，细化责任目标、完善责任内容，使责任制体系得以有效运转，确保安全责任、安全投入、教育培训、安全管理、应急救援“五到位”。

江苏核电党委制定了《关于基层党（总）支部党建促安全实施方案》，要求各党支部明确一名党支部委员分管部门安全生产工作，定期组织党支部安全生产专题会议、组织召开党支部委员会听取处室重要安全生产工作汇报、及时督促支部开展所涉处室危险源辨识和隐患排查治理工作等共九项内容，将安全生产管理责任向基层压实、传导，有效开展基层党支部党建促安全工作，进一步优化公司安全管理体制机制。

3）提升党建引领常态化巡察能力

江苏核电深刻领会习近平总书记关于巡视巡察工作的重要讲话精神，深入研究巡察工作机制，并将安全质量环保责任落实情况纳入重点巡察范围，推进全面从严治党向纵深发展，全面推进“大监督”工作。2020年以来，公司党委对各党（总）支部针对安全质量环保责任落查安全、质量和环保事件（事故）背后是否存在责任、作风和腐败问题等开展巡察工作，推进实现监督无死角、巡察无盲区，为实现公司新时代安全生产发展提供坚强政治保证。

4）强化党建引领安全思想核心地位

思想是行动的先导。只有树立牢固的安全理念及思想，才能引导正确的安全行动。江苏核电党委高度重视安全思想教育工作，深知党员示范的力量，多措并举，积极实践，通过党员自身的模范作用，率先垂范，多次召开安全生产专题会，对习近平总书记关于安全生产的重要论述、习近平总书记在中俄核能合作项目开工仪式上的重要讲话精神等进行集中学习，弘扬和传播“生命至上、安全第一”的思想观念，拧紧思想理念安全这个总开关，筑牢思想防线。专项整治期间，公司党委书记坚持在每年第一个工作日亲自走上讲台，为全体干部员工讲授安全生产专题课，号召电站每一位员工都要以高度的责任心和主人翁精神，认真对待安全工作，全面提高安全责任意识，切实落实安全生产主体责任。党委领导班子成员通过微党课的形式在各自所在支部带头宣讲习近平总书记关于安全生产重要论述及习近平总书记在中俄核能合作项目开工仪式上的重要讲话精神，持续推进习近平总书记关于安全生产重要论述入脑入心、见行见效。

（2）强党魂、筑堡垒，发挥基层支部战斗堡垒作用

1）促进党建联建支部阵地融合

一是筑牢支部推动安全堡垒阵地。通过党建引领，按照集团公司党组安排部署，公司党委研究制定了《田湾核电站 7、8 号机组党建联建实施方案》和《田湾核电站 7、8 号机组精品工程党员突击队工作方案》，组织各相关党（总）支部开展党建联建活动，成立“党建+”田湾 7、8 号机组工程领域四大控制党员突击队，以构建“支部联建、联督、联动”实践模式为载体，坚持党员先行、全员共进深入开展安全生产党建联建活动，为 7、8 号机组工程建设安全平稳发展，打造成全球“精品工程”和“标杆工程”打下坚实基础。

二是在党委促进阵地融合，建强安全核心阵地的引领下，各支部以支部党建联建的形式与上级监管单位、同行单位、协作单位多次开展共促安全党建联学活动，实现合作互补、交流经验、共同提高的目的。其中，OT212 大修期间，安全质量处党支部与新海电力田湾项目部 TW-OT212 大修临时党支部组织了党员结对子活动，共开展安全质量联合监督 8 次，共同提出合理化建议 4 条，为 OT212 常规岛大修的安全优质高效开展提供有效助力。工程建设、设计、仪控党支部与工程公司田湾项目部党总支第三党支部、监理公司项监部党支部、中核华兴施工管理党支部开展主题为“党建共建促生产、团结协作创标杆”

共建活动，对现场支部结对进行授旗，成立“创标杆党员突击队”，共同签订“党支部共建协议书”。积极发挥党支部的战斗堡垒作用和党员先锋模范作用，坚守党旗在一线阵地上高高飘扬。

2）加强支部双重预防机制建设

首先，坚持“党建促安全”，充分利用基层党组织的组织力，将双重预防机制建设中的法律法规适用性评价工作与支部、班组进行融入和联动。每个党支部明确支部支委安全责任，促进提升党支部组织力，强化党支部政治功能；其次，通过支部动员发挥党员先锋模范作用，高质量组织辨识适用于本岗位的健康安全行为准则和应当遵守的安全基本标准规范，并通过信息化系统实现搭建双重预防机制“安全风险/隐患排查标准条款库”，建立公司安全管理标准规范；最后，充分宣传和带领群众，全员推动安全风险辨识和隐患排查治理工作在公司各基层党支部、各部门的贯彻落实。

3）筑牢支部思想建设安全防线

为增强对习近平生态文明思想和习近平总书记关于安全生产重要论述的理解，继续推行“党建＋安全”。结合集团公司一年一度的“4・6”安全生产日暨2021年第一个“安全生产月”活动，公司党委、各党（总）支部通过理论学习中心组、支部主题党日活动等形式开展了包括《中华人民共和国刑法修正案（十一）》与《中华人民共和国民法典》涉及生产经营安全和环境保护的相关法条内容的安全专题学习；针对山东栖霞笏山金矿“1・10”重大爆炸、山东招远金矿“2・17”较大火灾事故及集团公司内发生的生产安全事故开展安全警示教育活动，结合身边的事故和未遂事件，开展案例剖析和反思讨论。

（3）亮党徽、争先锋，确保党旗在一线阵地高高飘扬

1）以身作则，率先垂范，做新时代安全生产领头人

为积极发挥安全监督表率作用，公司党委成员率先深入一线现场，党委书记、党委副书记每季度至少组织一次安全隐患排查，其他党委成员每月至少参与一次安全巡查，全部形成签字记录；挂牌督办高度安全环保风险点及重要安全环保隐患，强化安全主体责任落实；深入一线跟踪高度风险作业项目，加强安全压力传导，实现上下同欲。

2）以学促行，夯实党员教育基础

旗帜在阵地飘扬，党员在基层闪光。在公司党委领导率先垂范下，各支部积极展开实践，以党支部为基础、党小组为主体，构建覆盖全体党员的党内安全生产管理模式。通过党小组“三会一课”的形式对习近平总书记安全生产系列重要讲话精神、安全事故事件警示教育、安全技术基础知识等内容进行培训学习，强化党员在安全生产工作中的红线意识和安全底线意识，引导党员遵守安全规章制度，落实安全岗位职责。常态化开展一次安全专题学习、一次安全专题讨论、一次反违章安全教育、一次我为安全献策的“四个一”安全主题学习教育模式。持续推行日常及大修“党员建功立业积分卡”制，以及大修先进党员评比，促进党员安全生产责任进一步有效落实。

3）以行促实，积极发挥党员先锋模范作用

为抓实党建引领安全生产载体，组织党员开展“亮党徽”活动，亮明党员身份，激发党员发挥先锋模范作用；打造党员示范岗、筑牢党员安全生产责任区、高中风险点区域设置处级干部支部支委负责，以及设立党小组的党支部每月组织不少于 2 名党员开展现场安全检查等，使广大党员冲锋在安全生产主战场、急难险重最前沿，通过发挥党员先锋模范引领作用，带领员工提高安全意识，调动员工落实安全要求的主动性。

同时，在目标上为实现党建工作和安全管理的高度融合，向公司全体党员发出《“党员身边无违章”安全倡议书》，发挥党员在安全文化建设方面的先锋模范作用，团结带领广大全体员工自觉遵守安全规章制度，主动接受安全管理人员和现场作业人员的监督，在急难险重任务中发挥先锋作用。

(4) 抓落实、强担当，提高全员安全生产责任执行力

1）开展专题整治，完善责任考核体系

“落实企业安全生产主体责任”是安全生产专项整治三年行动两个重要的专题之一。随着专项整治工作的不断深入，组织对公司安全责任体系进行进一步的梳理与优化，更加明确安全质量环保责任，优化责任考核体系。

推进区域分级管理，明确电厂各区域、系统和建构筑物的责任处室、责任人及相应的风险管控与隐患排查责任；建立安全质量环保隐患 TOP10 机制，落实重要隐患的跟踪管理督办责任；为落实安全监督责任，提高安全监督效能，探索实施“大监督”管理模式，组织整合安全、质量和环保等 6 个监督处室的监督工作，统一监督流程、平台；明晰违章管理、责任考核与追究适用范围，加大责任考核力度，并实施承包商违章对业主连带考核，督促主体责任落实。

2）细化责任分工，目标责任层层落实

通过梳理明晰安全生产工作责任，根据岗位的性质、特点和具体工作内容，采取员工先自行修订、班组或部门讨论、安全部门核定的方法，将安全生产责任制内容转化为具体工作事项，形成所有层级、各类岗位的安全责任任务清单，明确任务完成目标；组织逐级签订《安全、质量、环保责任书》《年度党建及经营绩效责任书》，党委书记、董事长与党委副书记、总经理，副书记、总经理与各分管领导，各分管领导与各处室负责人及支部书记等，将安全生产目标指标层层分解细化，压实到每一个岗位和每一个人，实现“纵向到边、横向到底”。

3）加强责任考核，强化职责担当

安全责任不能仅仅落实在责任书上，而要扎扎实实地落实在每一项工作中。各级负责人是本级的安全生产第一责任人，根据“一岗双责”的要求，管生产必须管安全，负责督促、检查本单位的安全生产工作，及时消除生产安全事故隐患；安全管理部门及安全管理人员要深入现场开展安全监督检查，排查整改安全隐患，治理纠正违章指挥、违章作业、违反劳动纪律的现象；每一名员工要严格遵守安全管理制度，严格执行安全操作规程，确保“三不伤害”。

为了实现对安全生产目标和指标完成情况的动态考核，定期开展安全质量环保责任考核，对提高电厂本质安全水平、保障重要设备安全状态、提升公司安全管理水平的事项或班组进行奖励，对突破责任目标行为、事件及违规行为进行考核，双向激励落实到个人。当发生履职尽责不到位时，要求所涉处室支部成立调查组进行调查。

安全生产专项整治三年行动以来，安全质量环保责任考核切实发挥以考核促落实、激发全员履行安全生产职责的作用。在责任考核的双向激励下，公司各党支部、各岗位员工全员参与辨识安全风险和隐患排查治理工作，落实各级安全生产责任，将思想学习和实际行动相统一，切实担负起新时代安全生产的重要使命。

3. 实施效果

通过“3＋1”“党建＋安全”的分层次、多角度的研究和实践，在公司内建立了“党委一党（总）支部一党员”三个层级和“责任考核”一个抓手的“党建＋安全”安全管理新模式，充分发挥党建职能，以党管党，以党带群，增强了公司全员安全生产履职能力，在安全生产中发挥各党（总）支部的战斗堡垒作用及党员同志的先锋模范作用，把党建促安全不断向纵深推进、向基层延伸，使党旗在安全生产一线阵地上高高飘扬。2021 年，公司未发生突破目标指标的事故事件，在多台机组大修的情况下，违章数量比 2020 年同期下降 25％，单机组一般问题隐患同比下降近 50％，有力保障田湾核电基地安全质量环保形势稳定可控。

4. 总结及展望

习近平总书记在全国国有企业党的建设工作会议上强调，中国特色现代国有企业制度，“特”就特在把党的领导融入公司治理各环节，把企业党组织内嵌到公司治理结构之中。实践“党建＋安全”品牌工程就是要将党建引领作用充分发挥在安全生产阵营上，坚持和加强党对安全生产工作的全面领导，积极发挥党组织的带动优势，推动党的组织建设与安全生产工作体系有机统一，将党组织带动作用嵌入安全生产工作全过程。

实践证明，“3＋1”“党建＋安全”管理模式是科学的、可行的且富有成效的。通过对国内同行的调研，同行核电厂的安全生产现状与田湾核电相比，内外部所面临的安全生产风险与薄弱环节大体相同，这使得本课题对于同行核电厂具有非常高的参考和实际应用价值。但是，“党建＋”品牌的创建是一个持续培育和提高、不断接受党员和群众检验的过程，要在实践中持续坚持党对安全生产工作的全面领导，建立抓好党建品牌创建的长效机制，让“3+1”“党建+安全”管理模式不断创新发展，为实现公司科学、健康和可持续发展保驾护航。

1.1.2 以总书记重要论述为指引，以特色安全活动为载体，打造全国安全文化示范企业

基本情况	单位名称	中核核电运行管理有限公司
	案例所属专题/领域	学习宣传贯彻习近平总书记关于安全生产重要论述专题
	类型	□ 技术优化 ☑ 管理提升
	主要创造人	王常明、郭守锋、刘义明
	参与创造人	汪洪涛、程家胜、祝赵栋、任彦燊、施亦茹、王虎、龙鑫宇

案例简介 Case Introduction

为实现“确保核安全”“零事故、零伤亡”安全生产总目标，防止各类生产安全事故，强化全员安全红线意识，营造“我要安全、我会安全、我能安全”的良好安全氛围，2020—2022年秦山核电常态化开展公司“2·14”安全警示日暨反习惯性违章专项活动、集团公司“4·6”安全生产日暨安全生产月活动、6月全国“安全生产月”活动、公司领导讲新年安全第一课、各处室负责人讲“安全生产公开课”、党组中心组开展安全生产专题研讨和党建引领安全专题活动等，多措并举，推动学习贯彻习近平总书记关于安全重要论述走深走实，促进了公司整体安全文化水平提升和安全文化建设。秦山核电每年通过“三个月”安全活动工作的总体部署安排，开展形式丰富、内容多样的特色安全活动，深入学习宣贯习近平总书记关于安全生产的重要论述，完善安全管理机构和领导组织体系，进一步加强全体员工的安全意识、责任意识。

案例详细介绍 Detailed introduction to the case

1. 实施背景

为深刻汲取“2·14”“4·6”等事故教训，切实贯彻“安全是核工业的生命线”理念，践行“安全是中核集团企业核心价值观”，坚持“安全是技术、安全是管理、安全是责任、安全是文化”，深入开展精细化安全管理，进一步推动安全文化入心入行，秦山核电常态化开展公司“2·14”安全警示日暨反习惯性违章专项活动、集团公司“4·6”安全生产日暨安全生产月活动、6月全国“安全生产月”活动、公司领导讲新年安全第一课、各处室负责人讲“安全生产公开课”、党组中心组开展安全生产专题研讨和党建引领安全专题活动等，多措并举，推动学习贯彻习近平总书记关于安全重要论述走深走实，促进公司整体安全文化水平提升和安全文化建设。

2. 主要做法

（1）公司加强活动宣传引导，以多种渠道、多种形式开展活动宣传

如图1-1、图1-2所示，通过公司主页飘窗、安全生产网、活动签名展板及专栏、办公楼及生产区域大屏幕、大修现场展示和各厂区单元拉设主题横幅等开展形式多样的宣传工作，营造浓厚、良好的安全活动氛围。

图1-1　公司主页飘窗

图1-2　活动展板

（2）开展新年安全第一课，推动学习贯彻习近平总书记重要论述走深走实

2020年公司党委书记、董事长以“从新冠肺炎疫情个人行为谈安

全行为规范”为题，2021 年公司党委书记、董事长以“抓好落实促提升，专项整治强本质，为秦山核电‘十四五’开局筑牢安全发展基石”为题，2022 年公司党委副书记、总经理以“深入开展批评与自我批评，全面持续提升公司安全管理水平”为题分别讲授专题安全课，各处室负责人纷纷开讲“安全生产公开课”，宣贯安全理念，分享安全体验。

(3) 开展综合安全检查，保障活动期间安全形势

为保障活动期间公司 9 台机组安全稳定运行，根据 2020—2022 年《秦山核电安全检查工作计划》，在活动期间，公司组织开展了一系列专项和综合安全检查，如图 1-3、图 1-4 所示，由公司领导带队，检查范围覆盖各生产单元、输电线路、仓储库房、应急设施、行政后勤、工程基建项目及飞地、培训设施、电力监控系统等全区域。

图 1-3　公司领导现场交流

图 1-4　开展安全检查

(4) 发布安全生产专题学习材料，动员各处室、协作单位开展新年安全课、反违章专题学习及节后收心专题教育等活动

“2·14”安全警示日暨反习惯性违章专项活动期间，为消除春节后员工节后心理怠倦状态，激发员工安全生产责任心，结合近年内外部事件及秦山核电管理规定，分析提炼出“习惯性违章行为典型 20 条”；针对人因事故，强调应用 11 种“防人因失误工具”；继续发放《秦山核电安全生产典型违章汇编》，供各处室、协作单位学习；动员各处室、协作单位开展新年安全课，并观看集团公司安全环保警示教育片《生命红线》《中核集团核安全文化推进三年行动》宣传视频等学习材料，如图 1-5 所示。

图 1-5　新年安全课

（5）落实安全生产责任制

“2·14”活动期间，为落实“党政同责、一岗双责”“三管三必须”原则，推动各级人员履职尽责，压实全员安全生产责任制，按照“最多签一次”要求组织开展了安全生产责任书签订工作。

（6）结合安全活动促进安全教育培训多样化，同时开展培训演练，提升安全业务能力

在安全教育方面，秦山核电开设专题专栏，结合“2·14 安全警示日暨反习惯性违章活动”“4 月、6 月安全生产月”等系列安全活动，全面开展安全主题宣传和安全教育活动，如图 1-6 所示。

图 1-6　安全主题宣传

秦山核电建设完成工业安全事故震撼教育设施及配套系统、工业安全技能实操培训室等安全体验培训设施。工业安全实操培训教室设置了安全带使用、人字梯倾翻、走道扶手、安全帽撞击、安全鞋冲击、模拟触电及坑洞坠落七大实操培训场景，常态化组织生产相关处室人员、承包商作业人员开展轮训，如图 1-7 所示。

图 1-7　安全体验培训

通过“安全生命线”创新工作室，创建工业安全加油站 VR 体验室，创新培训管理模式，加强环境与生产安全灾害事故科普宣传教育，编制完善安全警示录、警示视频，通过对典型案例深入剖析，用鲜活事例启发思考，提升安全教育培训质量，让安全生产深入人心。

根据年度应急演习计划，活动期间，秦山核电开展防汛防台、人员安全救援、突发群体性事件、锅炉事故、危险化学品事故、意外停机停堆事故和消防疏散逃生等一系列专项演练，如图 1-8 所示。

图 1-8　专项演练

(7) 紧扣活动主题，开展安全承诺在线传递活动

公司通过微信小程序制作在线安全承诺，在“2・14 安全警示日暨

反习惯性违章活动”“4月、6月安全生产月”等系列安全活动期间在处室、协作单位群组、安全员群组进行分发推送，号召全体员工坚守安全底线，遵章守规，履职尽责，积极践行“做一名有高度责任心的核电工作者”。

（8）开展企业百万员工安全大培训

根据《浙江省应急管理厅关于继续推进企业百万员工安全大培训工作的通知》，按照海盐县应急管理局相关要求，在2022年“4月、6月安全生产月”期间，秦山核电针对安全生产重点岗位人员，组织生产安全相关处室和核心协作单位参加网络安全大培训活动。

（9）贯彻落实安全生产法，当好“第一责任人”

2022年“安全生产月”期间，秦山核电按照新《安全生产法》企业负责人7条法定职责条款逐条梳理摸排，从组织部署、落实落地和优化提升等几个方面反思查摆问题，开展安全生产监督评价工作。

（10）组织“安全宣传咨询日”和安全宣传“五进”活动

如图1-11所示，2022年“安全生产月”期间秦山核电面向全体员工开展新《安全生产法》知识竞赛活动，并组织全体核电从业者参加全国“新安法知多少”网络知识竞赛活动。同时制作了“安全亲情视频”在公司公众号上进行播放，如图1-9所示，通过员工家属的安全寄语，动之以情，大力营造“关爱生命、关注安全”的浓厚氛围，让参观者感受到安全生产工作的重要性。

图1-9　安全亲情视频

3. 实施效果

（1）秦山核电通过常态化开展公司领导讲新年安全第一课活动，积极推动学习贯彻习近平总书记重要论述走深走实。

（2）梳理、完善秦山核电《全员安全生产责任制》程序和“一岗一清单”标准，科学分解、层层压实安全生产责任，并创新开发《协作单位安全生产自主管理标准规范》。

（3）秦山核电开放工业安全实操培训和工业安全加油站 VR 体验室，总计参训人数已达 7 000 余人。具有实操性、震撼性的工业安全实操培训项目让受训人员直观地认知现场作业风险，深化全员安全意识，提高作业人员安全技能；以 VR 虚拟现实技术还原生产现场环境和事故过程，通过 VR 体验设备，让体验人员实际感受生产现场中的高处作业、吊装作业和电气作业等作业过程。各处室及协作单位通过开展有针对性的各项应急演练，有效阻止了事故事件的发展，减少事故损失，防止人员伤害和降低事故影响，锤炼了各部门人员及应急人员在事故发生时的应急响应能力，检验了各类应急预案的有效性和可执行性。

（4）2022 年，秦山核电已有 5 500 余人次参与并通过线上考试，取得结业证书，如图 1-10 所示。企业百万员工安全大培训覆盖处室负责人、安全管理人员和从业人员三个层次，实现安全技能和应急处置能力全面提升。

图 1-10　结业证书

（5）2020—2022 年，秦山核电组织共两万余人参加了在线承诺活动，如图 1-11 所示，通过微信聊天、朋友圈分享、小程序互动等进行在线传递，累计在线传递八万余次，两千余人次写下了对秦山核电安全生产的良好寄语，在微信群组、朋友圈营造人人参与共建、大家口口相传的良好安全氛围。

图 1-11 在线承诺活动

（6）“安全宣传咨询日”和安全宣传“五进”活动期间，秦山核电积极动员全公司员工参与安全答题活动。为取得优异成绩，员工们共同探讨，查阅资料，形成了浓厚的答题热潮，让全体职工对新《安全生产法》有了更好的学习和认识，营造出全员学法、守法和用法的浓厚氛围。秦山核电约 6 800 人参与竞赛答题，共回答竞赛题目 590 289 道，累计获得 900 893 分。通过走进社区宣传和安全警示教育，提升家属们对核安全的认知度和接受度，激发广大群众自觉维护安全的意识，营造人人关注安全、时刻注意安全、处处关心安全的良好氛围。

1.1.3 首创“学、练、考、评”一体化安全教育平台，打造“安全直通车”品牌

基本情况	单位名称	福建福清核电有限公司
	案例所属专题/领域	学习宣传贯彻习近平总书记 关于安全生产重要论述专题
	类型	□ 技术优化　　☑ 管理提升
	主要创造人	叶应权、纪伟、王凯
	参与创造人	郭振杰、周旭飞、刘杨、张驰、沈苗妙、王一宏

案例简介 Case Introduction

福清核电利用“互联网＋安全”信息化技术开发“安全直通车”平台，整合安全学习、检测、竞赛和资料查询等需求，打造包含学习测试、资料查阅和答题竞赛等功能的一站式安全宣教服务平台，利用信息化手段面向全员提供高效、便捷的线上安全宣教服务，提高员工参加安全学习活动的便捷性、及时性和有效性，为培训学习活动拓展新的组织渠道，解决员工安全学习活动组织过程繁杂、数据统计低效和效果跟踪困难等问题。

“安全直通车”学习平台是安全教育培训精细化管理的典型示范案例，平台集安全知识学、练、考、评等功能于一体，每月定期推送1～2期学习课程，方便中国核电各成员单位全员随时随地在手机上学习，并实现学习和测试联动，多维度评价培训效果，保障安全知识学习的系统性、持续性和成长性，为常态化开展安全培训教育拓展新的渠道，为增强企业全员安全文化提供新思路、新方式，值得推广应用。

案例详细介绍 Detailed introduction to the case

1. 实施背景

随着各级部门对安全生产工作的重视，安全生产相关工作要求也在增加，核电厂传达学习各类安全相关文件的任务量很大。按照传统的会议、授课或自学等形式开展学习，组织流程繁杂，统计学习参与率及学习效果评价分析费时费力，学习过程跟踪和追溯均存在一定困难。因此，需要开辟一种新的并且更加高效便捷的学习方式以提高学习活动组织效率，简化学习效果评价机制，提升各部门参与安全活动的积极性，切实提升学习活动实效，确保各类安全工作要求落地。

2. 主要做法

（1）合理应用移动端平台，提高组织效率

“安全直通车”平台匹配 PC 端管理界面，可以上传学习资料，设置课程名称、学习对象、学习时间、学习频次，以及设置试题类型、数量、分值等内容。学习结束后，可以统计分析活动按期参与率、通过率、未答题及未按期学习等情况，方便组织者全面掌握学习活动实施进展和测试情况。

（2）科学设计学习流程，提高学习效率

按照培训需求和培训目标将学习内容细分为“我的课堂”“安全加油站”和“安全生产网”三个栏目。“我的课堂”手机端显示页面如图 1-12 和图 1-13 所示，员工可通过手机随时随地参与安全学习活动，减少大量邮件来往、数据收集和组织会议次数，有效降低组织安全学习活动的时间成本，提高了安全学习活动的即时性、便捷性。

（3）简化效果评价方法，强化学习效果

“安全直通车”不定期推送内外部安全学习资料，每期学习的“在线测试”为必需操作环节（见图 1-12 右图），通过预设的及格分数线（系统默认 80 分），系统判定为“已学习”状态，否则系统会提示“继续学习”。安全加油站设置“错题本”（见图 1-13 右图），我的课堂错答题目加入错题本，通过错题本重新答题，正确题目不再显示。既能保证安全重要信息传达到位，也能为学习效果评价和后续培训内容优化

提供基本数据支持，进一步提高安全学习效果。

图 1-12 “我的课堂”手机端显示页面

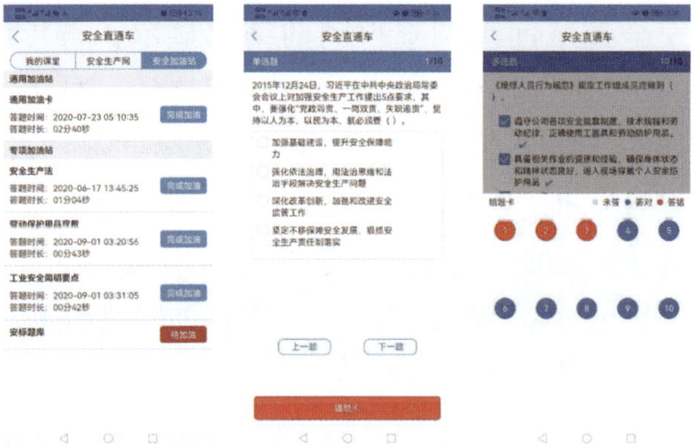

图 1-13 “我的课堂”手机端显示页面

（4）紧贴实事专题学习，保障内容时效

通过安全直通车开设“习近平总书记关于安全生产重要论述”学习专栏，动态更新学习材料，建立长期学习机制，通过定向推送、测试答题等方式组织学习习近平总书记关于安全生产重要论述，促进员工深刻理解其核心要义和丰富内涵，让理论知识“入脑入心”，持续强化安全生产政治意识。

（5）拓展开通“安全社区”功能，提供面向全员的安全信息交流平台

使用者可在“安全社区”以实名或匿名形式提出问题，为他人答疑解惑，共享和交流安全管理经验。

3. 实施效果

（1）降低成本

自2020年6月上线以来，“安全直通车”平台已发布四十多期安全学习课程，涉及《安全生产法》、习近平总书记关于安全生产重要论述、典型安全事故事件经验反馈和全国防灾减灾日宣传等内容，累计72 000多人次参加学习；发布1期“通用加油卡”和5期“专项加油卡”，涉及劳动防护知识、工业安全基础知识和安全生产标准化测试等内容，累计一万多人次参加学习。预估百万机组每年有两万人次使用“安全直通车”答题，每人次在线答题节约的工时费为5元，预估百万机组年净效益约10万元。

（2）提高效率

福清核电安全领域问卷调查得到的结果显示，与传统的“开会＋讨论＋签字”的学习形式（占比29.7%）相比较，员工更愿意选择通过学习效率更高的“安全直通车”平台进行安全学习（占比70.3%）。

通过长期宣传和推广“安全直通车”应用，促进员工养成“安全直通车”平台学习答题的习惯，安全学习活动按期参与率从初期28%～40%水平提升至目前95%以上，答题测试通过率接近90%，各处室按期参与率和通过率总体均呈上升趋势，如图1-14所示。

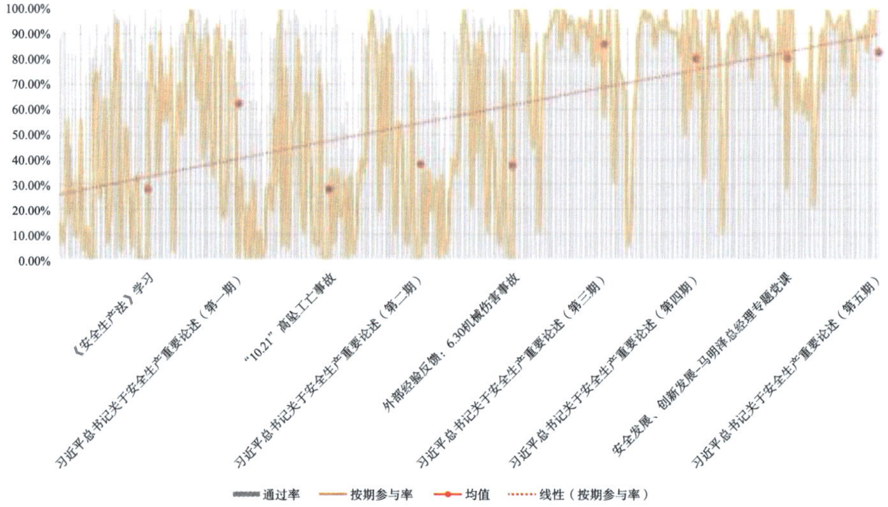

图1-14　往期各处室参与情况统计图

“安全直通车”已有三年的核电厂应用经验，先后被集团公司纳入《中核集团安全环保工具书》在全系统推广，被中国核电纳入“安全管理良好实践”并推广至其他成员单位。目前已实现向中国核电各成员单位全员一键发布学习任务的功能，适用于集团公司系统内所有单位的安全管理绩效提升，在国内各行业均具有潜在推广价值。

1.1.4 工程党建融入安全生产的施工班组建设实践

基本情况	单位名称	中核霞浦核电有限公司
	案例所属专题/领域	学习宣传贯彻习近平总书记 关于安全生产重要论述专题
	类型	□ 技术优化　☑ 管理提升
	主要创造人	郑砚国、刘弼华、周易川
	参与创造人	周赛军、汪章云、郝大胜、 王恩国、杨振宇、李欣宇

案例简介 Case Introduction

基层班组作为企业战略实施的基本作战单元，是企业生产经营的前沿阵地，在推动企业高质量发展中有着非常重要的地位。施工班组是基层党建的着力点，也是安全生产的落脚点，通过探索党建融入班组建设，实现企业党建和班组互融共促，才能焕发企业党建新活力、催生班组建设新动力，将党组织的支部堡垒作用与党员的先进模范性转化为班组综合水平提升的强大动力。调研发现，核电工程班组建设机制不够完善、党建与安全生产缺乏深度融合，班组员工的安全意识、技能和思想政治觉悟与新时代的班组建设要求存在较大差距等问题普遍存在。

针对上述调研发现的问题，霞浦核电通过“党建＋班组建设”一体化建设，将党建与企业中心工作相结合，构建科学化、规范化工作机制，不仅能为班组赋能，而且能在思想认识、组织结构、制度机制、目标措施和考评奖惩方面开辟两者融合发展的新路径新机制，将党的政治优势转化为企业的发展优势，提升全体示范快堆工程建设者的安全生产意识。

案例详细介绍 Detailed introduction to the case

1. 实施背景

(1) 贯彻党中央、国务院有关重大决策部署，建设平安中国的必然选择

国有企业要准确把握新时代新征程对安全生产工作的新要求，就要强化基层班组基本组织、队伍、制度建设，提升班组的安全素质。做好基层班组安全生产工作，夯实安全生产基础，就要坚持党的领导，充分发挥党组织的政治优势、组织优势、制度优势和密切联系群众的优势，为建设更高水平的平安中国和全面建设社会主义现代化强国提供坚实安全保障。

(2) 落实集团公司三位一体战略、提升企业核心竞争力的现实要求

核工业是高科技战略产业，是国家安全重要基石，要坚持安全发展、创新发展，坚持和平利用核能，全面提升核工业的核心竞争力，续写我国核工业新的辉煌篇章。核电工程建设作为一项庞大的系统工程，必须坚持系统观念，坚持“强基导向”，将安全责任落实到基层、压实到班组一线，推动核电工程安全、高质量发展。

(3) 核电建设企业坚持政治方向、实现高质量发展的内在需求

在核电工程建设劳务用工模式的新常态下，工程建设班组人员呈现出“两少”（专业技术人员少、正式职工少）和“两多”（农民工多、劳务分包多）的态势。班组员工的核安全意识、技能和思想政治觉悟与新时代的班组建设要求仍存在差距，上级党组织“高标准、严要求”的管理期望难以有效层层传递至基层。因此，新时代的班组建设要充分发挥党组织的思想政治引领作用，持续传递核安全文化理念，提升施工班组安全意识，确保核电工程安全、高质量完成。

2. 主要做法

(1) 指导思想

以习近平总书记关于安全生产重要指示精神为指引，严格落实安全生产责任制，围绕提升班组基础保障能力，全面加强班组安全理念建设、制度机制建设，切实提高安全工作执行力、班组安全素养和现场安全管理水平，推进安全工作贯彻落实到班组、现场和岗位，打通安全管理“最后一公里”。

(2) 建设内涵

通过构建以班组核安全文化理念为引领、以班组组织与制度建设为保障、以提升班组安全文化素质为动力、以班组标准化管理和党员骨干进班组为抓手、以提高现场安全管理水平为核心、以班组安全文化活动为载体的“六位一体”施工班组建设模式，有效减少“三违”和不规范操作行为，提升现场安全管理水平。

(3) 实践做法

1）筑牢思想建设，提高班组战斗力

霞浦核电组织全体核电工程建设者对习近平总书记关于安全生产重要论述精神进行学习、研讨，结合核电工程建设实际，引导基层班组建设者从“讲安全就是讲政治”的高度对待安全生产工作，把学习的成效转化为具体的安全举措清单，确保党中央的各项决策和部署不折不扣地层层落实到基层班组。借助“领导讲安全课”“党员干部说安全”“联系班组活动”等载体，牢固树立“安全第一”的价值取向，着力提升基层班组员工的安全意识。

2）强化组织保障，筑牢班组建设新阵地

一是成立党建联建联合委员会，通过定期会议制度，积极协调班组建设过程中的突出问题，并将班组建设的各项决策、部署贯彻落实下去，充分调动和发挥基层班组的积极性、主动性和创造性，引导大家在推动班组建设中担当作为。

二是成立“班组建设党员突击队”，为施工班组建设的发展规划、标准的制定提供全方位技术支撑。通过构建上下联动的班组建设责任体系，明确班组建设负责人、班组建设推进者、班组建设指导员和班组长的角色和定位，为班组建设各项工作任务的完成提供有力保障。

3）精准教育培训，促进班组人才队伍建设

一是定期开展班组建设标准解读，培养班组建设人才。针对部分参建单位班组建设人才短缺的实际情况，定期开展班组建设专项培训，对施工班组建设进行全面部署和动员，对标准化建设评价标准进行逐条解读，统一标准认知。

二是创新培训教育方式，提升全员综合素质。针对各参建单位一线施工人员文化程度不高、安全意识薄弱，常规安全理论培训效果不佳的问题，霞浦核电开发并运行安全体验设施和 VR 体验项目，通过沉浸式互动体验的方式，提高基层员工的安全素质。

4）构建“四化”模式，推进班组建设新升级

一是党员示范化，实施“以人为本”的党员联系班组活动机制。围绕实现“培养一批金牌班长、建设一批星级班组、保障重大关键节点、成就一批项目成果、培育一批产业大军”的目标，制定班组建设专项提升方案。

二是职责精细化，实现班组建设全员参与。把班组岗位职责与流程相融合，制定班组岗位职责分工说明书，明确、细化班组成员工作分工和班务分工，明确每一个流程环节对应的岗位。在具体实施过程中建立“角色”体系，流程关联角色，角色关联岗位，确保每一个岗位都能关联到参与的流程、负责的业务、遵循的规范，使班组人员“知其任、明其责、有其能、尽其职”。

三是工前检查制度化，防范和化解安全风险。在工程现场全范围建立了作业前环境核查工作机制，编制《作业前安全环境核查单》，作业人员在作业前检查周边环境并填写《作业前安全环境核查单》，采取风险防范有效措施，经班组长和安全人员验证后开始现场作业。

四是现场标准化，形成持续改进的良性循环。结合集团公司安全生产标准化要求，建立适合工程现场的班组标准化建设体系，包括量化班组建设水平评价、设置班组性质类型修正系数、对评价结果开展趋势分析、定期开展自评和复评，以及定期开展评比活动等。

5）融合考评机制，激活班组建设新动力

实施党员进班组“亮灯”机制，设立“安全贡献奖”。将党员骨干与所联系班组的安全生产绩效联动考核评价，结成荣辱与共的“对子”，用安全生产工作的实效来检验党建工作的成果。对于联系班组出现安全事故/事件、红线违章进行“亮灯”，对应的联系党员骨干则不能参加当季优秀评比活动。此外，重奖激励安全生产隐患举报，设立“安全贡献奖”，鼓励员工对安全生产重大风险、事故隐患和违法行为进行举报。2022年度共计评选145名季度“优秀党员”，鼓励先进典型，营造良好的联系班组活动氛围。此外，年度共计评选出32项“安全贡献奖”，用好安全生产“吹哨人”制度，有效遏制生产安全事故发生。

3. 实施效果

通过开展党建融入安全生产的班组建设，围绕实现“安全零伤亡、质量零事件、环境零污染”的安全目标，贯彻“以人为本”的理念，通过发挥党组织的引领作用、完善班组建设顶层设计、健全班组制度化建设和实施联系班组人文关怀等方法，有效提升基层班组员工工作积极性，促进基层施工班组规范化、精细化和标准化，打造形成一套科学的施工班组精细化管理体系，工程现场20万工时隐患率、风险值逐步降低，并顺利通过集团公司安全生产标准化一级达标，有效推进核电工程安全、高质量发展。党员骨干联系班组活动被评为中国核电党建评估“良好实践”，并获得集团公司党组的批示肯定。

1.1.5　以“党建＋安全”为抓手，深入推动习近平总书记关于安全生产重要论述落实落地

基本情况	单位名称	中核国电漳州能源有限公司
	案例所属专题/领域	学习宣传贯彻习近平总书记 关于安全生产重要论述专题
	类型	☐ 技术优化　☑ 管理提升
	主要创造人	张旭健、赵云鹏、谢华盛
	参与创造人	/

案例简介 Case Introduction

本案例运用系统工程方法，从方案制定、载体依托、组织领导、宣传报道和监督反馈五个方面，对“党建＋安全”进行整体谋划，并将其应用在漳州能源“华龙一号”批量化首堆重大工程中，经过一系列调校、总结和提炼，形成了重大工程安全生产专项整治三年行动典型案例，具备一定的推广价值。

案例详细介绍 Detailed introduction to the case

1. 实施背景

发展决不能以牺牲人民的生命为代价。当前一些企业负责人和基层工作人员仍存在侥幸心理，嘴上重视安全，行动上藐视安全，在行动不一的道路上越走越远。提升企业负责人和基层工作人员的安全生产意识迫在眉睫。

2. 主要做法

主要做法分为以下五个主要方面。

（1）制定方案，明确具体行动项

依托“党建优秀、管理一流”主题创建，将“党建＋安全”纳入方案内容，组织工程、生产、安全相关部门在 8 月召开“零事故”专题组织生活会，全体党员紧密围绕“零事故”主题，开展批评与自我批评。

（2）依托载体，提升全员思想意识

依托党委会第一议题制度、党委理论学习中心组和党支部三会一课等平台，深入学习习近平生态文明思想和习近平总书记关于安全生产重要论述，加深对重要论述的理解，结合中心工作研究贯彻落实措施。

（3）加强组织领导，成立由公司班子成员组成的领导小组，指导开展安全生产专项整治三年行动

2020 年，公司根据上级单位关于开展安全生产专项整治三年行动

的要求，第一时间成立以党委书记、董事长为领导小组组长的安全生产专项整治领导小组和9个专项整治工作组（见图1-15），组织编制了《漳州能源安全生产专项整治三年行动实施方案》并于2020年5月29日经公司党委会审议通过，在安全质量月度工作会、安委会等会议上对方案进行了宣贯动员。2020年7月28日根据上级单位新要求，组织第2次修订，经公司党委会审议正式发布。

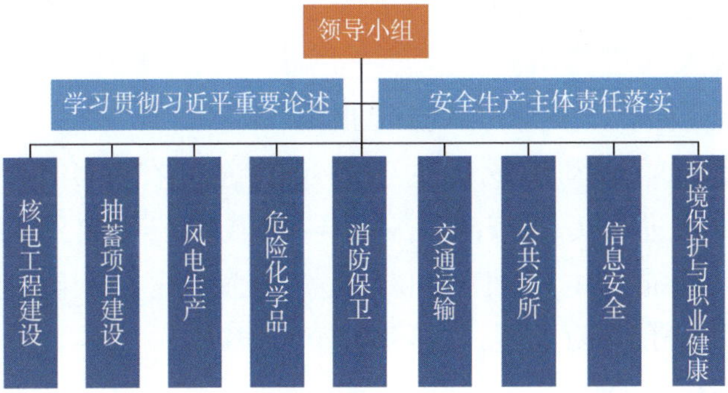

图1-15 专项整治工作组架构

(4) 大力开展宣传报道，营造浓厚氛围

依托安全宣传栏、电子大屏等积极开展宣传活动，邀请外部专家开展专题培训，采取多种形式向全员广泛宣传重要论述思想精神，推动安全发展理念入脑入心。

1）开展习近平总书记关于安全生产重要论述系统学习

2020—2022年，公司党委理论学习中心组围绕“安全是中核集团的企业核心价值观”进行学习研讨，组织全员开展安全核心价值观专题研讨学习和讨论。公司结合“4·6”安全生产日暨安全生产月、“5·12”防灾减灾日暨宣传周、6月安全生产月等专项活动，组织党委理论学习中心组、各党支部和各处室多次开展专题学习习近平总书记关于安全生产重要论述、观看《生命重于泰山》电视专题片等。同时通过液晶显示屏、安全专栏等多种方式广泛宣传，前后共组织开展了9轮次学习，对重要论述精神进行全员学、再学习、反复学，深刻领悟习近平总书记关于安全生产重要论述精神，累计学习达3 200余人次。通过反复学习宣贯，进一步加深各级人员对习近平总书记关于安全生产重要论述的理解，增强安全生产的思想自觉和行动自觉。

2）邀请外部专家开展专题培训

通过邀请外部专家针对漳州能源安全管理进行会议讨论，会议上向专家通报了公司总体情况和项目进展、2021 年以来安全生产总体情况，以及存在的问题和挑战。专家对工程建设期间的安全管控要点、安全管理薄弱点、现阶段存在的问题和挑战等方面进行充分的交流和讨论，提出了近 30 项积极的改进意见和建议，对漳州能源安全管控水平提升起到较大促进作用。

3）开展多渠道、多种形式宣传报道

专项整治三年行动期间，党建群工处通过在主页制作专题飘窗，对三年整治行动进行专题报道。对于各领域在三年整治期间取得的成果，党建群工处通过电子大屏、新闻宣传栏等途径进行优先报道，进一步浓厚三年整治活动氛围。

(5) 做好监督反馈

升版《职工代表大会管理》程序，明确安全质量处负责每年至少一次向公司职代会报告安全生产情况，包括安全生产重要论述落实情况、安全风险管控及隐患排查治理情况等相关内容。

3. 实施效果

以“党建＋安全”为抓手，深入推动习近平总书记关于安全生产重要论述落实落地，有效确保公司安全环保各项指标总体受控。公司安全生产标准化达标评审得分 91.6 分，实现一级达标要求。在首次工程创优施工质量评价外部评价中得分 93.29 分，名列国内同行前茅。核安全文化建设管理创新被中国电力设备管理协会评为“安全文化优秀工程”，QC 小组成果“提高钢衬里焊接一次合格率”斩获国际质量管理小组大会金奖。2022 年未发生质量事件，工程质量可控在控。

1.1.6　“三亮两心创一流”打造三年行动党员进班组新格局

基本情况	单位名称	中核辽宁核电有限公司
	案例所属专题/领域	学习宣传贯彻习近平总书记 关于安全生产重要论述专题
	类型	□ 技术优化　　☑ 管理提升
	主要创造人	马静、娄志宇、孙荣忠
	参与创造人	王菲菲、宫赐钰

案例简介 Case Introduction

自徐大堡核电3、4号机组开工建设以来，工程现场任务接口愈发繁密、一线班组人员流动加快，同时还面临冬季施工、疫情影响及设备运输进场等重重困难。为有效应对诸多挑战，充分发挥党员先锋模范作用，徐大堡核电在借鉴兄弟单位先进经验基础上，联合各参建单位扎实开展党员进班组工作，切实增强一线作业班组的凝聚力和战斗力，实现党建助力班组建设，为打造“精品标杆”工程赋能。

辽宁核电党委积极落实“一线吹哨，党员报到”工作机制，以“三亮两心创一流”为品牌载体，以“四制两联三单”为保障，抓实抓细党员进班组工作内容、工作流程和监督考评等规范化建设，引导党员坚持为班组办实事、解难事和做好事，实现党员服务意识持续增强、服务水平不断提高，为项目稳步推进和打造精品提供坚强组织保障。

案例详细介绍 Detailed introduction to the case

1. 实施背景

按照中国核电安全生产专项整治三年行动要求，辽宁核电认真开展学习宣传贯彻习近平总书记关于安全生产重要论述专篇工作。自徐大堡核电3、4号机组开工建设以来，工程现场任务接口愈发繁密、一线班组人员流动加快，同时还面临冬季施工、疫情影响和设备运输等重重困难。为有效应对诸多挑战，充分发挥党员先锋模范作用，徐大堡核电在借鉴兄弟单位先进经验基础上，联合各参建单位扎实开展党员进班组工作，切实增强一线作业班组的凝聚力和战斗力，实现党建助力班组建设，为打造“精品标杆”工程赋能。

辽宁核电党委积极落实“一线吹哨，党员报到”工作机制，以“三亮两心创一流”为品牌载体，抓实抓细党员进班组工作内容、工作流程、监督考评等规范化建设，引导党员坚持为班组办实事、解难事、做好事，实现党员服务意识持续增强、服务水平不断提高，为项目稳步推进和打造精品提供坚强组织保障。

2. 主要做法

(1) 党员亮身份、工作亮职责、服务亮实效

党员亮身份。通过佩戴党员徽章，把党员的身份亮出来，全面了解班组思想动态、解决班组实际困难，提高团队凝聚力，提升班组安全意识和技能水平，真正起到“一个党员就是一面旗帜”的作用。冬施期间，辽宁核电进班组党员原林主动为班组增配保暖品，让一线工人感受到关怀和温暖；中核工程进班组党员刘军在每次爆破作业前亲自踏勘现场环境，确保施工人员安全撤离。党建联建联合委员会先后选派104名党员进驻53个作业班组，在“横向到边、纵向到底”的网格化管理实践中推动安全生产责任落实。

工作亮职责。创建并运行党员进班组“四制两联三单”模式，建立“结对子、促安全、办实事”工作清单，促进班组问题解决。进班组党员共发现并解决班组安全、质量和进度隐患问题220余项，问题反馈答复率达100%。面对现场脚手架搭拆频繁、结构不稳和占用作业面大等难题，中核二二进班组党员王飞提出定制脚手架勿拆警示贴、设计并自制钢筋三角挂凳，在保证施工安全的基础上，极大提升了施工质效。

(2) 服务精品工程建设“中心”、服务现场一线职工“人心”

服务精品工程建设“中心”。中核二二徐大堡项目部核岛一队的金彦结合自身经验总结出党员进班组“三字经”：以“谋”明确目标方

向，细化施工方案，与工人共同研究解决业务难题；以“谈”主动融入班组，带头与工人话家常，以实际举措解决工人困难；以“干”激发班组活力，结合专业优势帮助班组创新工法、提升工效。从脚手架搭设到钢筋绑扎，从埋件安装到混凝土浇筑，进班组党员带头扎根在现场，与班组想在一起、干在一起，加班加点抢设承重架，推动安全生产标准化建设与日常工作有机融合。

服务现场一线职工“人心”。辽宁核电党员袁家德围绕挖运班组安全管理绩效的改进与提升出实招、抓落实、求实效。在落实安全责任的同时，进驻班组的党员还深入贯彻落实“我为群众办实事”和“精细化管理提升”主题实践活动，积极推动解决技术难题、劳保用品配备不及时、保温措施不足和餐饮需求保障等百余项困难问题，真正做到了聚人心、暖人心。图 1-16 为班组党员为工人准备消暑汤的场景。

图 1-16　班组党员为班组工人准备消暑汤

3. 实施效果

辽宁核电“党员进班组”活动始终将精细化理念融入班组建设全过程，党员与班组想在一起、干在一起，协同解决实际问题，助推项目建设。探索形成的“三亮两心创一流”特色品牌及“四制两联三单”特色运行机制等具有普遍推广价值，对于更好发挥重大工程党建联建作用，打造“精品标杆”工程具有重要的推动作用。

1.2 落实企业安全生产主体责任专题

1.2.1 承包商安全生产自主管理能力建设

基本情况	单位名称	中核核电运行管理有限秦山核电
	案例所属专题/领域	落实企业安全生产主体责任/工业安全
	类型	□ 技术优化　☑ 管理提升
	主要创造人	王常明、刘义明、薛一帆
	参与创造人	任彦燊、程家胜、祝赵栋、施亦茹、龙鑫宇

案例简介 Case Introduction

秦山核电承包商管理存在人数多、承担任务风险高、安全管理水平参差不齐的问题，加之承包商员工流动性大，对安全管理提出巨大的挑战。同时各承包商均有出现安全生产责任落实不到位、工器具管理不足和用工合规性待提升等情况，需要系统性补齐相关安全管理短板。秦山核电结合国内运行核电厂承包商管理实际情况，创新性地制定了“四个1”的承包商安全管理思路，即“1个标准规范、1个沟通平台、1套评价体系、1项激励基金”。将各承包商的安全生产自主管理能力量化得分，纳入秦山核电特色的承包商单位安全绩效评价体系，实现了各承包商单位安全绩效考核的可排名。最终形成了一套承包商安全管理能力不断提升、核电厂营运单位安全管理水平不断精进的长效机制。

案例详细介绍 Detailed introduction to the case

1. 实施背景

当前核电企业涉及的生产活动专业分工细化，市场化程度不断提高，充分利用外部专业化承包商是提升整体效率和竞争力的必然选择。承包商大量从事检维修和基建等安全高风险工作，正如“木桶理论”

所指出的一样，承包商安全管理水平的高低从一定程度上决定了核电厂整体的安全管理水平。相关统计数据显示，当前核电企业约 80%的检维修和基建活动是承包商实施的，近五年中国核电发生的 7 起工亡事故中，发生事故人员全部为承包商工作人员，承包商安全生产风险极高。秦山核电现场高峰时期的承包商员工达万余人，大量从事维修、变更和基建等安全高风险工作，各个承包商间安全管理水平参差不齐，加之承包商员工流动性大，对安全管理提出了巨大的挑战。在各类型安全检查，特别是安全生产履责检查中，发现各承包商均有出现安全生产责任落实不到位、工器具管理不足、用工合规性待提升等情况，存在较多安全管理共性问题，亟待补齐相关安全管理短板的系统性手段。因此建立一套旨在针对承包商提升安全自主管理能力、对承包商安全绩效量化考核的标准，以及指导规范承包商单位安全管理的体系，对于最终提升核电厂总体的安全管理水平有很大的帮助。

2. 主要做法

(1) 建立一套清晰的承包商安全管理模型

以安全生产标准化基本规范为基础，结合相关管理制度要求，编制发布了《协作单位安全生产自主管理标准规范》，整合形成承包商应落实的 7 大管理要素，93 个安全管理履责要点，实现安全管理要素和履责条款、执行措施等重要信息清单化、标准化，使承包商单位清晰掌握甲方安全管理期望和要求，并有效与承包商内部安全管理模式深度融合，指导、督促承包商履行本单位安全生产主体责任。安全生产自主管理要素对应关系如表 1-1 所示。

表 1-1 管理要素与履责要点

一级要素	二级要素	履责要点数量/个
1 目标职责	1.1 目标	4
	1.2 机构和职责	11
	1.3 安全生产投入及用工合规性	7
2 制度化管理	2.1 法律法规及上游制度识别	3
	2.2 规章制度、操作规程	3

续表

一级要素	二级要素	履责要点数量/个
3　教育培训	3.1　教育培训管理	6
	3.2　教育培训实施	13
4　现场管理	4.1　设备设施管理、工器具管理	8
	4.2　工业安全高风险作业管理	6
	4.3　特种作业与特种设备作业人员管理	3
	4.4　安全监督检查	4
	4.5　危险化学品安全管理	4
	4.6　劳动保护	7
	4.7　分包管理	2
5　应急管理与调查处理	5.1　应急管理	3
	5.2　事故事件报告	2
6　经验反馈	—	3
7　持续改进	—	4

以“4·2　工业安全高风险作业管理”为例，6 项要求包括：许可证管理、专项安全技术措施方案、人员资质管理、安全风险与技术交底、旁站监督和高风险作业巡检。每项要点包括具体的履责标准、检查内容、标准分及评分标准。

(2) 打造有效的安全履责情况监督模式

实施开展承包商安全生产自主管理标准化建设专项活动，保障规范要求得到有效落实，指导并督促各承包商有效履行安全职责。活动过程采取大力宣贯、个别指导、重点帮扶和加大奖惩等措施，以“承包商单位自查整改、接口处室全面检查、安全处重点抽查”的方式，让各责任方行动起来，保证承包商单位安全生产主体责任、接口处室管理责任、安全监督处室监督责任都得到有效落实，形成多方共管的安全履责情况监督模式。检查发现问题类别和数量如图 1-17 所示。

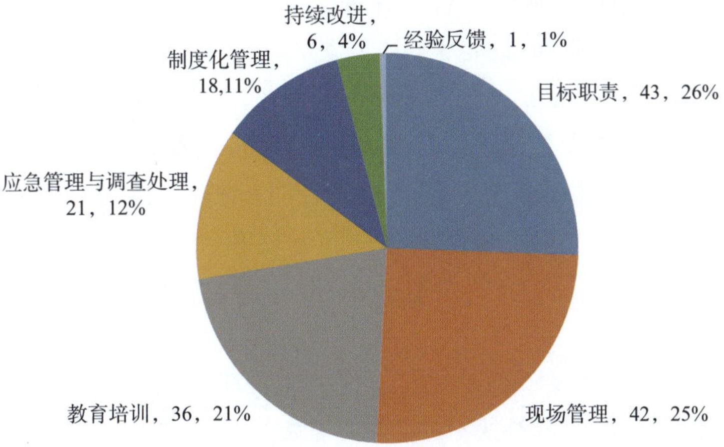

图 1-17　检查发现问题

(3) 建立一套承包商安全绩效量化考核体系

1）要素项目分析

为了安全绩效指标设置合理，综合考虑各要素特征，设置要素和项目如表 1-2 所示。

表 1-2　设置要素和项目

序号	要素内容	设置项目
1	指标体现承包商承担的工作量的多少及工作风险大小	设置基础项
2	指标体现安全过程控制，综合考虑了不符合秦山核电安全管理要求的行为（如违章、隐患、偏差数量）	设置扣分项
3	指标体现承包商自我安全管控，综合考虑了承包商安全自查开展情况（如自查隐患、偏差数量）	设置自查加分项
4	指标体现表彰承包商安全行为，综合考虑承包商安全活动开展的奖励（如秦山核电认可的承包商良好实践、承包商个人良好行为）	设置奖励加分项
5	指标体现安全管理人员综合评价，将安全管理部门、项目管理部门的安全管理人员对承包商的安全情况进行打分	设置综合评定项

2）安全绩效考核量化算法设计

根据要素分析，最终纳入量化考核的项目为基础项、扣分项、自查加分项、奖励加分项和综合评定项，具体设计过程中将整合为基础分、加分项、扣分项和综合评定项四类。

3）考核频度设置

秦山核电承包商主要分为日常和大修项目两类，日常考核频度分为月度考核、年度考核。日常月度考核是针对承担日常维护项目的承包商，每月考核一次。年度考核综合日常月度考核和大修考核的结果得出。大修项目考核以大修周期为考核周期，一般一次大修结束考核一次。

4）计分方式

月度（单次）考核得分＝（基础分＋加分项－扣分项＋综合打分）×70%＋安全自主管理得分×30%

大修考核得分＝基础分＋加分项－扣分项＋综合打分（大修周期内）

年度考核得分通过累加月度得分与基础分进行百分化计算，计算公式如下：

$$年度考核得分=\frac{(单次基础分+单次实得分)}{单次基础分}\times 100$$

$$单次实得分=加分项-扣分项+综合打分$$

5）安全考核信息化

以上数据的提取依托秦山核电的工业安全管理系统，针对隐患、偏差、表扬和违章等信息进行动态统计分析数据，秦山核电安全管理人员对承包商录入信息进行审核后纳入量化指标考核。

6）考核结果的通报和利用

秦山核电每月组织各主要承包商项目经理、安全员召开安全联席会议，考核结果在承包商安全联席会议上公布，同时公布重点扣分项目。对于考核结果优秀的单位予以表扬，对于排名靠后的单位进行督促，秦山核电项目管理部门和合同管理部门会结合考核结果，在合同支付、合同签订和竞标评标中予以一定考虑。

3. 实施效果

在《协作单位安全生产自主管理标准规范》落地实施前，秦山核电承包商日常责任问题数量常年保持在 1 000 项/堆年左右；实施后，承包商安全管理水平普遍提升，良好管理实践得到固化，现场安全异常（问题）数据普遍下降，2020 年为 11 863 项，2021 年为 10 817 项，2022 年为 10 534 项，隐患数量总体下降 11%，各类型异常隐患数量下降至 450 项/堆年左右。2020—2022 年现场主要隐患数据如图 1-18 所示。按近年中国核电历次生产安全事故调查报告中直接经济损失平均计算，预估百万堆年净效益约 130 万元。

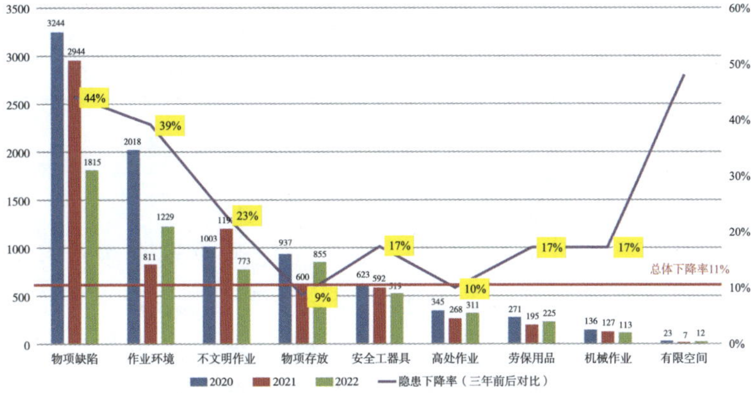

图 1-18　2020—2022 年现场主要隐患数据

通过制定落实《协作单位安全生产自主管理标准规范》，以及承包商安全绩效评价模型的应用，固化先进全过程管理经验，将安全管理体系分项分条款，促进了安全“精益化”管理，从机制上落实先进管理经验，提升承包商安全自主管理能力，形成安全管理水平的客观评价机制，为培养一批可靠的长期合作伙伴奠定了基础。同时将指导与督促结合，利用供应链关系促进承包商达到安全生产标准化要求，累计十余家承包商通过安全生产标准化体系达标评审，实现安全管理模式的分享与共赢提升。核心协作单位评分统计表如图 1-19 所示。

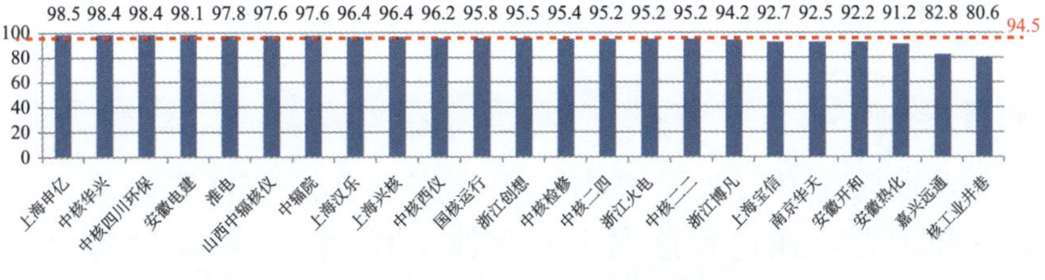

图 1-19　核心协作单位评分统计表

1.2.2 基于自主安全管理的派驻式专职安全员团队建设

基本情况	单位名称	三门核电有限公司
	案例所属专题/领域	落实企业安全生产主体责任专题
	类型	☐ 技术优化　☑ 管理提升
	主要创造人	缪亚民、魏俊明、王旭
	参与创造人	侯俊健、卯春福、陈道晰、柏明超、张波、高君阳、宁珂

案例简介 Case Introduction

为深入贯彻习近平总书记关于强化企业安全生产主体责任落实的重要论述，有效推进《安全生产法》“管生产必须管安全、管业务必须管安全”安全监管要求，组织为涉及现场作业活动或涉及现场作业承包商监管并存在一定安全监管难度的处室配备专职安全员，不断强化各类安全风险管控，有效做细做实安全基层基础工作。

通过考核竞聘上岗、严格责任划分、实施双重管理、加强日常指导、严格年度考核和设置职业晋升专属通道等，充分发挥派驻专职安全员主观能动性，因部门施策，建立行之有效的安全管理体系，引领派驻处室/协作单位在安全管理上持续发力，做细做实各项安全管理实施举措，在安全管理上能管会管、被动变主动，提升各部门/协作单位的自主安全管理水平，进而推动企业总体安全管理水平和绩效持续提升。

案例详细介绍 Detailed introduction to the case

1. 实施背景

为深入贯彻落实习近平总书记关于安全生产的重要论述，牢固树立安全发展理念，强化和落实企业主体责任，有效推进“管生产必须管安全、管业务必须管安全”的监管要求，三门核电通过派驻专职安全员至一线作业部门，协助作业部门负责人开展部门安全管理工作，将安全管理要求快速高效传达到作业部门和基层班组，引领作业部门不断提升自主安全管理水平，实现安全管理的纵深穿透，形成安全管理有效合力，提高企业安全生产水平。

2. 主要做法

（1）深化安全员技术序列革新，打通晋升通道

1）明确派驻原则，设立专属岗位

三门核电基于作业现场安全风险管控和安全绩效改进提升需求，对一线作业部门派驻专职安全员，协助作业部门负责人开展部门安全管理工作。开发专职安全员技术序列，将专职安全员岗位纳入员工职业发展体系，分别设置安全专员（部门内设机构副职级）、安全经理（部门内设机构正职级）、高级安全经理（部门副职级）专属职位。

2）严格准入条件，层层考核聘用

三门核电发布《专职安全员从业管理办法》，明确专职安全员的资格准入要求，成立竞聘工作领导小组，设置安全技术能力笔试、安全综合能力面试环节多轮筛选，最终人选经公司党委会研究决定聘任公示，确保派驻专职安全员队伍是一支具备较高安全素养的队伍。

3）坚持能上能下，激励担当作为

每年组织一次在岗专职安全员职级晋升。专职安全员申报职级晋升前满足公司同等岗级晋升要求，经考核评价领导小组审议并报请公司党委会研究决定，可直接晋升一个职级，充分调动专职安全员主观能动性和工作积极性，激发其干事创业的热情。

建立专职安全员岗位考核指标体系，在岗期间派驻部门所辖业务范围内若发生突破考核指标的事件，经考核评价领导小组审议后报请公司党委会研究决定，下调或取消其专职安全员资格，调整其工作岗位，鞭策专职安全员担当履职。

（2）深化安全员双重管理模式，打破监管壁垒

1）厘清管理责任，明确派驻权责

专职安全员派驻后协助作业部门负责人开展安全管理工作，不转移部门负责人应负的安全责任。专职安全员上岗前与作业部门负责人、

安全监管部门负责人签订《派驻专职安全员岗位分工责任书》。

明确专职安全员基本责任，重点督查部门安全履职、发掘管理隐患，找问题、剖原因、定举措，以隐患排查为基础，分析评估安全薄弱环节并落实整改，培育作业部门安全文化和提升安全管理绩效，助推作业部门自主安全管理。

赋予派驻安全员基本权利，包括制止违章行为、要求停工、直接落实部门和人员处理紧急隐患，以及组织开展班组安全建设等，使其能管、敢管，为安全员履职提供有效组织保障。

2）引领安全管理，保障独立监督

如图 1-20 所示，专职安全员日常行政管理属于派驻部门，绩效指标与作业部门的安全管理工作紧密结合，深入融入作业部门，推行安全管理举措，全面压实对派驻作业部门的主体责任，推动强化作业部门自主管理，提升安全管理效率和业绩。

专职安全员的派驻模式使得专职安全员独立于派驻部门，保障安全监督的客观性和公正性。结合派驻作业部门领域工作特点，推行作业部门内部自主处罚机制，不断倒逼其加大安全资源和精力投入，采取有效措施强化内部自主安全管理。

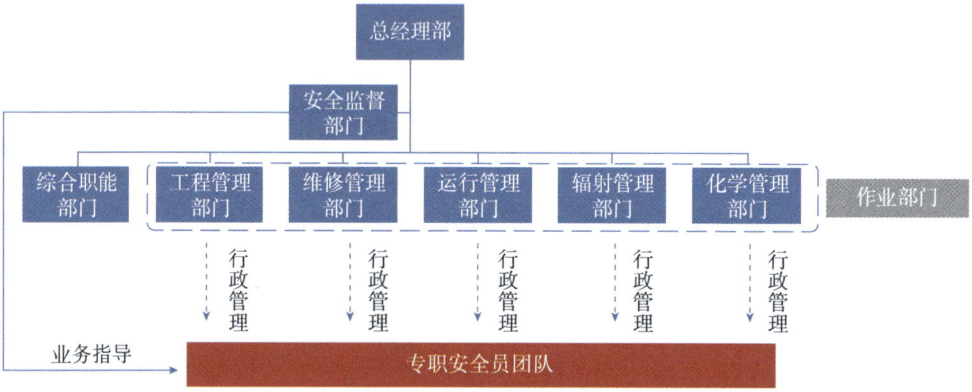

图 1-20　部门结构体系

3）统一安全理念，促进互通交流

专职安全员队伍采用一体化运作，统一安全理念、安全标准。派驻专职安全员作为安全监管部门的代表，引领作业部门的安全管理工作；搭建执行方和监督方沟通桥梁，将作业部门的安全管理实际情况及时反馈到安全监管部门，形成安全信息和问题动态交流。

安全监管部门紧密结合现场安全监管重难点，组织定期集中培训，促使安全员安全专业技能持续提升。组织专职安全员周对话会，剖析各作业部门安全管理薄弱环节，研究制定改进方向，实现实时协调和决策。

3. 实施效果

（1）以点带面，提升全员安全素养

三门核电通过对作业部门派驻专职安全员，充分发挥安全纽带作用，使得各项安全管理要求快速高效传达到作业部门和基层班组，实现了安全管理向部门、向班组的纵深穿透。在专职安全员的示范带动和检查督促下，作业部门安全管理工作形成了良好安全氛围，有效推动主体安全责任的落实。

通过派驻专职安全员示范、引领作用，一线作业人员的安全意识、技能、素养得到持续的提升，实现自主安全管理。

（2）百花齐放，产出安全管理成果

专职安全员充分发挥引导、激励、督促作用，精准引领作业部门建立适宜的安全管理方式方法，在安全管理上能管会管、被动变主动。专职安全员产出的安全管理实践成果涵盖管理要求、安全标准、现场案例、纠偏图册和本质安全工具等各方面，不断固化、制度化，落实到三门核电安全管理程序和现场作业规程中，源头推动现场安全管理状况持续向好。

（3）持续改进，确保安全生产零事故

三门核电聚焦现场和作业过程安全，以安全生产零事故为落脚点，主动探索并实践专职安全员管理创新，不断迭代团队管理模式，提升专职安全员团队安全能力，各领域保持良好安全业绩，未发生一般及以上安全生产事故。

1.2.3 安全小白卡的应用与实施

基本情况	单位名称	中核核电运行管理有限公司
	案例所属专题/领域	落实企业安全生产主体责任专题
	类型	☐ 技术优化　☑ 管理提升
	主要创造人	姚照红、王常明
	参与创造人	忻盛、李技、郭守锋

案例简介 Case Introduction

秦山核电坚决贯彻落实习近平总书记关于安全生产重要论述和指示批示精神，按照安全生产专项整治三年行动的工作要求，结合安全学科综合性特点，针对核电厂复杂的工作环境、现场存在的各种高风险设备和对象，通过构建业务指导体系和开发应用安全小白卡，形成安全检查和隐患处理业务规范、统一有效的安全标准。

安全小白卡提高了现场本质安全，提升了安全美誉度和安全绩效，在安全生产专项整治行动中发挥出重要作用，体现了“含金量高”的安全价值优势，其专业化、规范化和精益化的应用模式，获得国防科工局、中国电力企业联合会、集团公司的高度认可与推广。

案例详细介绍 Detailed introduction to the case

1. 实施背景

秦山核电坚决贯彻落实习近平总书记关于安全生产重要论述和指示批示精神，根据《全国安全生产专项整治三年行动计划》、国家能源局《电力安全生产专项整治三年行动方案》和《中国核工业集团有限公司安全生产专项整治三年行动计划方案》等上级要求，以落实“安全是中核集团企业核心价值观”的理念为主线，狠抓安全环保责任落实和本质安全建设，扎实开展安全生产专项整治行动，落实风险分级管控和隐患排查治理的双重事故预防机制，针对安全隐患排查中“查什么、怎么查”“做什么、怎么做”的问题，积极思考和创新做法，努力提高安全生产专项整治实效。

在风险分级管控和隐患排查治理中，最大的难题是安全检查多，但标准规定太分散，缺乏有效的统一标准，检查往往流于形式，人员凭经验、靠感觉，重点不突出，检查下来现场遗留隐患还是很多，因此，制定并规范“一张清单”式的统一标准，重视隐患排查工作是迫切且必要的。

2. 主要做法

（1）业务组织

1）组织结构

首先构建安全隐患排查业务指导体系，如图 1-21 所示，以业务流向为核心，按照顶层设计，实现分层管理，创建以业务实现为核心，业务策划、业务执行与业务支持围绕核心运作的新模式，强调业务层之间相互协同和并行同步，做大做强业务前端，加快业务功能实现，缩短业务开发周期。

图 1-21　业务结构

因此，成立业务项目组（以下简称“项目组”），项目组织如图 1-22 所示，设项目组长和协调员，又根据不同的功能实现，分成多种安全小白卡业务，设置若干个不同的业务执行小组，执行小组设执行专工和执行督导员，具体业务实行执行专工负责制。

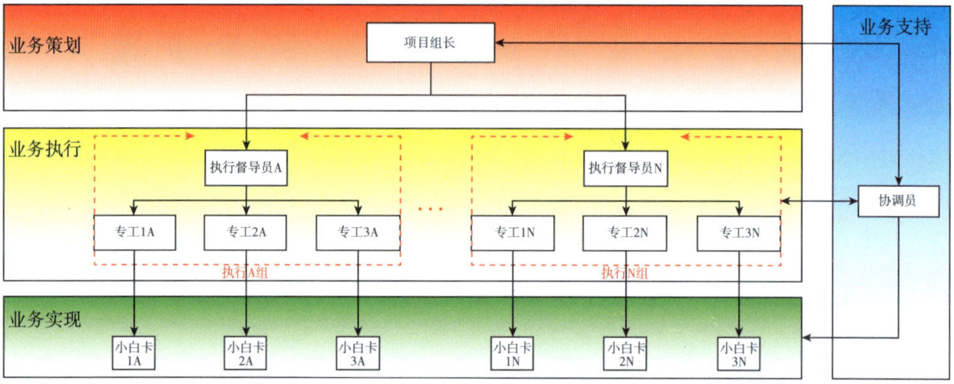

图 1-22　项目组织

2）工作职责

聚焦业务主线，“扁平化”的组织模式与平台，在每种安全小白卡业务中，综合考虑专职安全工程师的学历背景、专业能力和擅长方向。

项目组成员职责如下：

(a) 项目组长

负责组织策划总体工作，制定和决策工作各阶段目标与计划，作为业务策划层，部署工作和人员安排，配置业务运作所需的各种资源，以及完成业务实现后的成效验收。

(b) 执行专职安全工程师（执行专工）

负责具体的开发应用工作，收集整理相关的国家标准、行业标准、秦山核电规定、内外部经验反馈，作为业务执行层，开发并制定出切合现场实际、实现安全目的和功能的标准与规范，开展场景应用、安全高风险检查、意见反馈、成效收集、维护或升版。

(c) 执行督导员

负责审查和评价开发出的具体采用标准与规范，作为业务执行层，对专工的研发工作进行必要的指导，督促改进落实。

(d) 协调员

负责安全高风险工作计划跟踪、信息反馈、定期汇报，作为业务支持层，协调排版定样、印刷投放等所需的内外部事务性接口工作。

3）业务执行

业务执行主要是执行专工和执行督导员按照业务策划要求，明确“查什么、怎么查”“做什么、怎么做”，落实具体开发对象，提炼安全隐患判别标准和预防规范要求，开发出切合现场实际、实现安全目的和功能的采用标准与规范，并开展场景应用（隐患排查）。标准开发方法如下：

（a）掌握国家标准与技术规定。

（b）辨识现场风险点，创新开发单点风险（F）风险值公式，对开发对象进行“分点量化”，确定检查重点。

单点风险（F）风险值公式：$\sum q_n = q_1 + q_2 + q_3 + q_4$

式中因子：q_1——重要性，q_2——风险级别，q_3——发生频率，q_4——潜在危害性，结合现场实际，按照高（0.5）、中（0.2）、低（0.1）情况赋分，进行单点风险（F）辨识，如图 1-23 所示。

a）F 点风险值 $\sum q_n \geqslant 1$，则为必检项，列入安全小白卡检查项。

b）根据 $\sum q_n$ 值大小，排列 F 点优先级和确定重点检查内容。

开发对象				
风险点F	重要性q_1	风险级别q_2	发生频率q_3	潜在危害性q_4
风险点F_1	低	低	高	低
风险点F_2	中	低	高	中
…				
风险点F_n	高	中	低	高

图 1-23　单点风险辨识

（c）标准化：权威，有效解决“查什么、怎么查”。

（d）指导性：现场隐患排查的重要指南。

（2）安全小白卡

1）业务策划

安全涉及面广、标准要求高、管理对象繁多，怎样才能做到既贴合现场实际，又准确体现安全小白卡的价值所在？业务策划是项目指导和资源统筹的关键，业务启动和效果验收的最重要步骤，项目成果预期和最终的价值实现在一定程度上源于最初的策划。因此，业务策划要考虑开发来源和业务目标，为安全小白卡确定一系列小目标。

（a）开发来源

按照高风险隐患分类分级管控思路，通过对隐患类型和数量进行分析，对安全管理指令或程序中的重点对象与要求进行层层分解，对专项安全或综合性检查的问题汇总分析，业务策划能够辨识并发现可能造成严重后果的风险隐患，由此确定开发对象。

（b）业务目标

业务目标如图 1-24 所示。

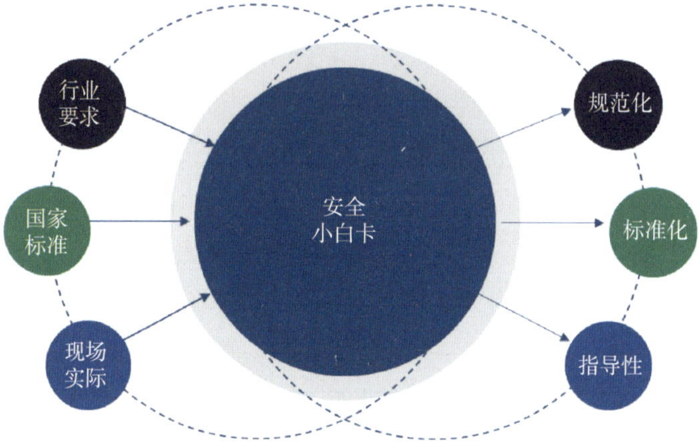

图 1-24　业务目标

a）“合”“明”“简”：提炼要求和参数。

b）规范化：无论“谁来查”，做到严细有深度。

2）业务支持

主要是协调员负责计划跟踪、信息反馈、定期汇报，协调排版定样、印刷投放等所需的内、外部事务性接口工作。按照统一风格的版面样式，进行印刷和投放。

3）业务实现

经过业务策划、业务执行与业务支持围绕业务实现（安全小白卡）模式运作，实现安全期望和要求与现场深度融合，成为易懂高效的安全标准。

（3）闭环管理

安全小白卡实物如图 1-25 所示。安全小白卡处于隐患排查的前端和治理验证的后端，从源头制定检查标准，进行指导和问题发现，既可在隐患出现苗头时介入处理，也为后端的整改、跟踪和复查提供了检查依据，完善了安全隐患闭环管理，如图 1-26 所示。

图 1-25　安全小白卡实物图

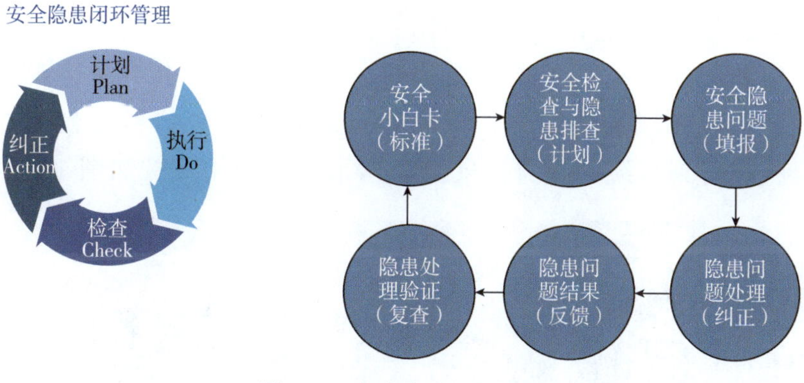

图 1-26　安全隐患闭环管理

3. 实施效果

针对企业安全检查流于形式，成效较低的问题，秦山核电首创安全小白卡系列安全标准，是认真落实和积极践行习总书记作出的“强化风险防控和消除事故隐患”重要指示精神，结合安全生产专项整治三年行动的工作要求，主动思考、善于作为的行动实践，是对企业安全管理思维、方法和制度的一种创新和尝试，并不断外溢到各行业，生动展示了其魅力和成效。

(1) 现场隐患显著下降

通过推广和应用安全小白卡，统一现场排查标准，加强隐患专项难点问题处理，从初期试用到广泛推广及应用，秦山核电现场安全隐患逐年明显下降，2020 年总体隐患数 11 863 项，2021 年 10 817 项，2022 年 10 534 项，隐患数量总体下降 11%。随着安全生产专项整治行动的不断深入和安全小白卡的广泛应用，以往易被忽略的隐患也被现场人员辨识出来。对比三年数据，尽管前后有波动，但自整治行动实施后，主要隐患都呈现下降趋势，如物项存放隐患下降 44%，作业环境隐患下降 39%，不文明作业隐患下降 23%。

(2) 安全期望及时落地

通过对秦山核电各生产单元不同领域，特别是运行、维修等重点部门和承包商单位的访谈，受访人员普遍认为安全小白卡言简意赅、设计轻便、可操作性强、适用度高、整合性好，同时还具有易学、易知、易查、易记、易用、专业突出、门槛低、宜学和宜用等特点，界定了标准和要求，提高了检查效率，安全期望和要求传递给现场各类人员，并转换为现场执行力，现场安全风险防控更加科学规范，现场的安全状况得到系统的提升。安全小白卡现场应用实例如图 1-27 所示。

①气瓶无安全帽　　②有安全帽

图 1-27　安全小白卡现场应用

(3) 安全管理精益求精

构建安全隐患排查业务指导体系，用扁平化的方式，以小组为主的单元管理模式，统一管理要求、管理流程，有效地规范了工作节点，将安全管理责任压实到管理模块中，极大提高运作效率，实现安全管理资源的最优化，达到统一思想、统一目标和统一行动的目的，安全管理更加精准化和精益化。

(4) 安全文化有效提升

现场人员通过安全小白卡的学习和使用，也对安全知识和标准有了更新、更深刻的认识，从而有效提升企业全员的安全防控意识与安全隐患辨识技能，形成良好的安全文化氛围。

(5) 创新成果适宜推广

安全小白卡从源头起，从根本上排查隐患，定重点、出标准、树典型，做到“合”“明”“简”，相较以往凭经验为主的安全检查，检查工作的系统性和有效性得到了很大提升，实效性也更高。

在安全生产专项整治行动中，安全小白卡发挥出重要作用，形成了“一张清单、统一标准、全员参与、共管安全”的安全文化新形态，提高了现场本质安全，提升了安全美誉度和安全绩效，体现了“含金量高”的安全价值优势，其专业化、规范化和精益化的标准制定、开发应用、管理创新等成果不断外溢，获得集团公司、国防科工局、中国电力企业联合会的高度认可与推广，助力核能行业、国防工业、电力行业的安全文化提升。

安全小白卡成果如图 1-28 所示。

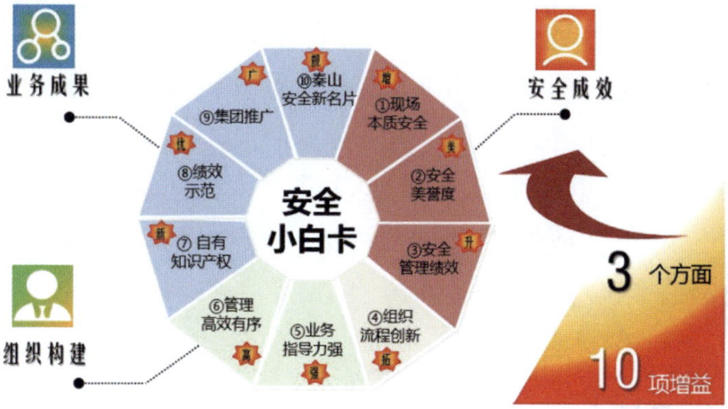

图 1-28　安全小白卡成果

1.2.4 构建“4831”班组安全标准化建设模式，打造卓越五星级班组

基本情况	单位名称	中核武汉核电运行技术股份有限公司
	案例所属专题/领域	落实企业安全生产主体责任专题
	类型	□ 技术优化 ☑ 管理提升
	主要创造人	刘鸿运、徐玉虎、汪刚
	参与创造人	金望明、焦南杰、高善、张学葵、雷瑜、何方晖、吴昊旻

案例简介 Case Introduction

中核武汉核电运行技术股份有限公司在专项整治三年行动中构建了四项基础管理、八项过程控制、三项文化支撑及一个目标考核的“4831”标准化班组管理模式。

通过全面推行“4831”班组安全标准化建设工作，规范了班组安全管理流程，推动班组积极开展安全自查自纠，有效降低现场隐患数量，提高班组自主化管理水平；推动班组不断创新改进，提高班组工作效率及本质安全水平，多次获得业主表扬及肯定。

“4831”班组安全标准化建设模式入选了《中国核工业集团有限公司安全环保管理工具书》（第二辑），并获得集团公司安全环保综合信息日报表扬。

案例详细介绍 Detailed introduction to the case

1. 实施背景

班组作为企业中最基本的生产单元，是落实现场安全管理的“最后一公里”，是企业安全标准化的关键环节。因核电行业的特殊性，实际工作中核电技术服务班组通常呈现以下特点：核安全责任重大、辐

射安全风险高、监管要求高、班组人员素质要求较高。因此要真正做好班组安全工作，就必须探索更加适合核电技术服务班组的班组安全标准化管理模式，从而提升班组自主安全管理水平，建立班组的长效安全管理机制。

2. 主要做法

（1）构建班组安全标准化建设“4831”模式

2020 年，中核武汉组织一线作业班组长、安全管理人员及专家开展多轮次的研讨及实践，构建了“4831”班组安全标准化管理模式，发布了《安全标准化班组建设指南》，明确了建立“岗位有职责、作业有程序、操作有标准、过程有记录、绩效有考核、改进有保障”的“六有班组”的目标。

“4831”管理模式在各工作环节融入了核安全文化、防人因失误工具及经验反馈等理念，强化了职业健康管理要求及人员培训授权要求，建立了四项基础管理、八项过程控制、三项文化支撑及一个目标考核的班组管理模式，如图 1-29 所示。

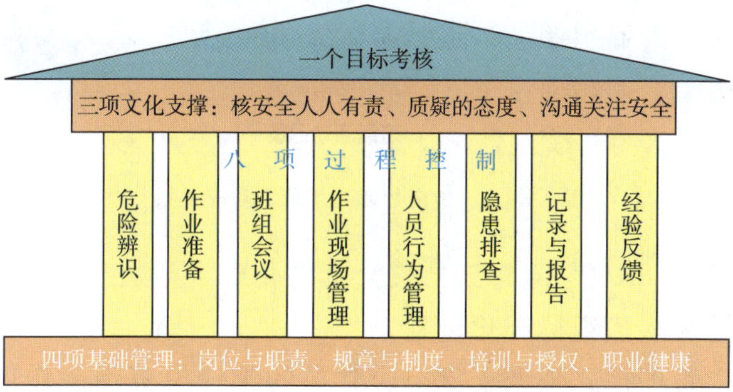

图 1-29 “4831”班组安全标准化管理模式

“4831”管理模式中制定了班组安全标准化建设考评标准。综合各项要求的重要性，在考核评价标准中对四项基础管理设置权重为 50 分，对八项过程控制设置权重为 100 分，以上 150 分为基础分；对三项文化支撑要求设置权重为 50 分，此 50 分为加分项。评价结果采用星级评定，具体的准则如表 1-3 所示。

表 1-3　星级评定准则

序号	评价得分	星级评定
1	（基础管理＋过程控制）得分≥135 且加分项≥30	五星级班组
2	（基础管理＋过程控制）得分≥120 且加分项≥20	四星级班组
3	（基础管理＋过程控制）得分≥120	合格班组
4	其他情况	不合格班组

为了保障各项具体要求能够在各个班组得到落实，同时为了规范各个班组的活动记录管理，确保“过程有记录”，开发了《班组安全标准化工作手册》，如图 1-30 所示，手册内容涵盖了班组开展安全标准化建设的具体要求、班组在基础管理阶段应该准备的资料、班组在作业过程中需要采用的记录单模板及其他班组常用的信息，供各班组使用。

序号	《指南》管理要求		《手册》对应内容
1	基础管理	岗位与职责	安全责任书模板
2		制度与规程	班组适用文件清单
3		培训和授权	人员信息表
5	过程控制	危险辨识	作业现场安全风险分析一览表
6		班组会议	班组活动记录
7		隐患排查	班组活动记录

图 1-30　《指南》和《手册》对应关系

（2）开展“4831”卓越五星安全标准化班组创建

1）党建融入班组标准化创建

“4831”管理模式强调了班组内党员的先锋模范带头作用，要求党员“亮身份、做表率”。各大修技术服务现场通过组织建立党员先锋队、与协作单位开展党建联建等形式，推动“360 安全卫士”党建＋安全品牌深入一线班组。图 1-31 为岭澳 L118 大修现场开展活动的情景。在现场工作中，要求党员带头讲安全、查隐患，引领班组安全标准化创建工作。

图 1-31　岭澳 L118 大修现场——开展“360 安全卫士”党建联建活动

2）“4831”卓越五星级班组创建情况

2020—2022 年，中核武汉在 360 余个核电技术服务现场班组及台架试验班组全面开展了五星级班组安全标准化创建活动。各技术服务现场班组依据“4831”管理模式及配套手册规范开展了风险分析、隐患排查及班组会议等安全工作，实现了班组安全管理的标准化、规范化和制度化，推动各班组积极践行核安全文化理念，提升现场班组自主安全管理水平。

中核武汉根据制定的班组安全标准化建设考评标准，针对 360 余个核电技术服务现场班组及试验台架班组开展了星级评定考核。经考核评选，其中 33 个现场技术服务班组及 2 个台架试验班组四项基础管理得分＋八项过程控制得分≥135 分，且三项文化支撑作为加分项≥30 分，二者同时满足，被评选为“五星班组”。

3. 实施效果

（1）创新性

自 2020 年以来，中核武汉在公司安全生产标准化建设的基础上，借鉴安全生产协会标准，结合核电技术服务工作的特点，创新性提出了四项基础管理、八项过程控制、三项文化支撑及一个目标考核的“4831”核电技术服务班组安全标准化管理模式。在各核电技术服务项目中实践应用后，取得良好的效果。

（2）实用性

根据班组评分情况，大部分班组在四项基础管理及八项过程控制方面得分情况较好，通过班组安全标准化建设及星级评定工作，有效地激发了班组自主加强安全管理的热情。中核武汉全面推行班组安全标准化创建工作后，班组自主安全管理水平得到有效提升，将2020年（实施前）全年现场安全隐患与2021年及2022年现场安全隐患进行对比。2020年全年现场数量18个（业主监督发现隐患24个，内部监督发现隐患237个），2021年全年现场数量22个（业主监督发现隐患25个，内部监督发现隐患192个），2022年已结束现场数量18个（业主监督发现隐患19个，内部监督发现隐患155个），单个现场业主监督及内部监督发现隐患的平均数如图1-32所示。

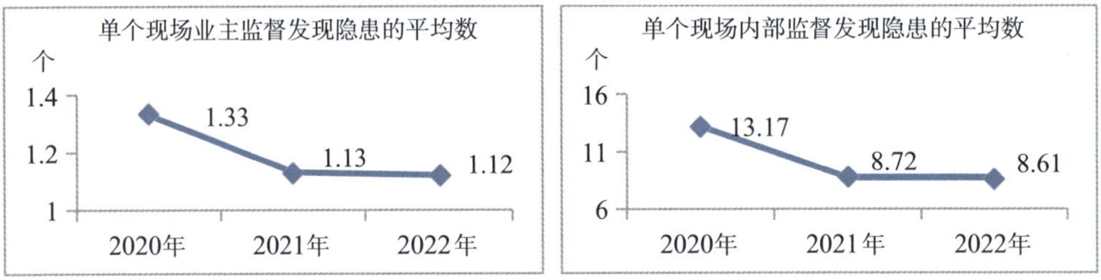

图1-32　2020—2022年核电现场项目隐患数量对比

“4831”管理模式还建立了对“五星班组”的奖励机制，进一步激发了现场班组不断提升自身安全管理水平的主观能动性，涌现出一大批严格落实“4831”管理要求且采取有效安全改进措施的优秀班组实例。

1）在方家山206大修、中核运行三厂211等大修中，浙江分公司蒸汽发生器冲洗班组针对异物抓取工作，积极调研开发了管间吸尘及异物松动工具，并在模拟体上进行针对性抓取演练，高质量地完成了蒸发器异物抓取工作，提高了工作效率，减少了高剂量区域工作时间，有效降低了集体剂量。

2）在田湾213大修中，蒸汽发生器传热管涡流检查班组通过采用新型C-Smart涡流检验设备箱，从作业效率、辐射防护最优化等多方面极大地优化检验过程，缩短准备工期24 h；此外，班组还建立了标准化作业流程，规范了设备维护、设备转运和大修实施过程等工作，以实现标准化作业过程，保证技术服务的专业性和准确性，实现了现场作业零偏差。

3）在福清 404 大修中，蒸汽发生器冲洗班组精细管控，从人、机、料、法、环和测全方位开展作业风险识别并针对性部署，将防人因工具有效应用于项目技能培训、考核环节和项目施工过程，增加管线残水吹扫等防范措施，现场实现了零人因，零偏差，零违章；班组创新应用了第一支撑板泥渣冲洗设备，优化冲洗工艺，既提升了泥渣冲洗效果，又保障了大修主线工期。

(3) 推广性

中核武汉通过构建“4831”管理模式，并在公司核电技术服务班组全面推广应用和实践，实现班组管理工作的标准化、规范化和制度化，提升了班组自主安全管理水平，在实际中取得良好的效果。其他核电技术服务单位也可参考推广应用以加强班组建设，提升班组自主安全管理水平。

中核武汉班组安全标准化建设工作也获得集团公司的认可及推广。2020 年，中核武汉“4831”模式班组安全标准化入选《中国核工业集团有限公司安全环保管理工具书》（第二辑）；2022 年 10 月 22 日，中核武汉“4831”班组安全标准化创建工作作为良好实践，在集团公司安全环保综合信息日报（总第 488 期）中予以推广。

1.2.5　危险物项双重预防机制精细化管控

基本情况	单位名称	中核辽宁核电有限公司
	案例所属专题/领域	危险物项双重预防机制精细化管控
	类型	□ 技术优化　☑ 管理提升
	主要创造人	高小林、张顺心、秦玉玲
	参与创造人	袁家德、董恩成、江锋、张会新、李沐晔、温佳、王明明

案例简介 Case Introduction

为进一步深入贯彻落实习近平总书记生态文明思想和安全生产重要论述精神，防范重大事故风险，消除重大风险隐患，要将安全风险管控工作关口前移，源头管控，做到事前预防。近年来施工现场起重设备和高风险作业的安全生产事故时有发生，究其根本原因主要是对安全隐患排查重视力度不足，表象改了就好，没有从管理层和技术层面有效分析，找出隐患存在的内在原因，解决深层次的意识问题、技术问题和管理问题。无数案例证明，大部分事故发生前都存在安全隐患，因此，做好风险识别消除事故隐患，是预防事故发生重中之重的工作。

辽宁核电危险物项双重预防机制管理提升，重点对构筑物、系统或设备设施等组织开展固定危险源辨识、风险分类分级管控，组织各参建单位对中、高风险以上的固定危险源编制危险物项安全环保敏感 SSCs 检查表，由施工单位网格化安全员按照既定的检查时间，对重要风险定时开展安全隐患排查治理，及时发现设备设施、系统中不符合项，消除安全隐患，事前预防和防止事故发生，确保安全风险处于可控状态，进一步保证设备设施系统的本质安全。

案例详细介绍 Detailed introduction to the case

1. 实施背景

为进一步深入贯彻落实习近平总书记生态文明思想和安全生产重要论述精神，防范重大事故风险，消除重大风险隐患，安全风险管控工作关口前移，源头管控，做到事前预防。近年来施工现场起重设备和高风险作业的安全生产事故时有发生，究其根本原因主要是对安全隐患排查重视力度不足，表象改了就好，没有从管理层和技术层面有效分析，找出隐患存在的内在原因，解决深层次的意识问题、技术问题和管理问题，无数案例证明，大部分事故发生前都存在安全隐患，所以，做好风险识别消除事故隐患，是预防事故发生重中之重的工作。

2. 主要做法

辽宁核电结合中国核电《核电厂危险源分类分级标准》管理要求，持续完善双重预防机制，进一步梳理安全风险辨识程序和方法，全方位、全过程开展安全风险识别和分级管控，充分压实和细化各级安全责任，持续强化红线范围内危险源识别和分级管控。

重点对相对固定的区域、构筑物、系统或设备等长期存在的固定危险源组织开展危险源辨识和风险分级，建立危险源清单，制定管控措施和方法，对固定危险源中识别出的设备、设施和系统类危险源进行分类分级。组织各参建单位进行讨论分析，对辨识出的中、高风险级以上，以及存在频繁发生事故事件的特种设备和作业过程中风险较高的设备设施，识别出可能造成人身伤害、财产损坏或环境污染的安全环保敏感部件或系统，参照相关的技术规范、操作规程和技术规格书的要求，制定出危险物项安全环保敏感 SSCs 检查表，如图 1-33 所示，由施工单位网格化安全员对该部件或系统定期开展安全检查工作，及时发现不符合项以消除安全隐患，专人跟踪闭环管理，确保安全风险处于可控状态。

按照危险源分类分级管控的要求，辽宁核电对辨识出的危险物项进行了分类分级管控。为确保执行的有效性，辽宁核电组织工程公司、监理公司和各施工单位的安全管理负责人及危险源管理的负责人共同研讨危险物项安全环保敏感 SSCs 检查工作实施。采取的主要措施和方法如下：

（1）充分识别固定危险源

徐大堡施工现场各施工单位合理、准确划分辨识单元，按照场所位置、生产工艺、设备设施、作业活动或上述几种方式的结合来划分作业单元，制定科学的安全风险辨识程序和方法，全方位、全过程辨识生产过程中存在的安全风险，对识别的固定危险源给出有效安全措施，明确管控责任主体，分类、分级、分层、分专业管控，充分压实和细化各级安全生产责任。

建安阶段危险物项安全环保敏感SSCs安全检查表

编码：IS-LN-120.04-001

危险物项名称	塔式起重机	设备编码		检查周期	每月
检查单位		检查区域			
检查时间		检查人			

安全环保敏感点	检查要素	检查标准	检查结果	检查问题描述（如有）
SSCs-1	防碰撞系统	交叉作业的塔吊，安装有效的防碰撞系统。	□是 □否 □NA	
SSCs-2	回转制动器	在非工作状态时，应松开回转制动器，回转部分应能自由旋转，回转各部件的润滑及运转情况良好。	□是 □否 □NA	
SSCs-3	塔基基础	1、基础无积水、销轴无锈蚀。 2、标准节、起重臂等连接部件无松动变形。 3、塔吊垂直度允许差不应大于4‰，下部小于2‰。	□是 □否 □NA	塔吊垂直度：________‰
SSCs-4	缓冲止挡器	行走式塔式起重机距轨道终端1m处应设置缓冲止挡器，其高度不应小于行走轮的半径。	□是 □否 □NA	
SSCs-5	行走限位装置	1、轨道式塔机行走机构应在每个运行方向设置行程限位开关； 2、在轨道上应安装限位开关碰铁，其安装位置应保证塔机在与缓冲止挡器，电缆线应有足够富余长度。	□是 □否 □NA	
SSCs-6	起升高度限位器	1、起升高度限位器灵敏有效。	□是 □否 □NA	
SSCs-7	回转限位器	1、回转限位器灵敏有效，回转角度正负540°。 2、塔机回转部分在非工作状态下应能自由旋转。 3、在回转过程中主电缆保持松弛状态，无扭曲，破损。	□是 □否 □NA	
SSCs-8	小车断绳保护装置	小车变幅的塔机，变幅的双向均应设置断绳保护装置。	□是 □否 □NA	
SSCs-9	小车断轴防坠保护装置	小车变幅的塔机，设置小车断轴防坠保护装置。	□是 □否 □NA	

图 1-33　安全环保敏感 SSCs 检查表

（2）识别重点风险，制定检查表

对固定危险源进行分类分项，重点识别特种设备、高风险、危险性较大的构筑物、系统、设备辨识出安全环保敏感部件，按照相关的技术规范、操作规程和技术规格书的要求，对可能存在高风险的部件针对性地制定出安全环保敏感 SSCs 检查项。

（3）中、低风险物项管控

对识别出施工机具、小型工器具等中、低风险物项类危险源，结合施工单位工器具管理要求，组织开展季度检查工作，并要求编制季度检查记录表，检查内容要识别物项的安全环保敏感部件，并将检查内容和检查要求落实到检查表中，确保检查内容的全面性和检查结果的有效性，及时发现并消除安全隐患。

（4）土石方施工机械管控

针对土石方施工机械，要求各施工单位区域安全员和作业人员在施工机械入场前和每日作业前，按照机械设备检查表的要求开展检查工作，确保安全有效才能进场作业。在运行过程中，网格化安全员随机抽查，防止带病作业。

（5）常态化管理提升

各单位在落实使用危险物项安全环保敏感 SSCs 检查表过程中，对检查表的内容进行评估，给出适用性及持续完善的合理化建议，根据现场实际情况，各单位对新增或变化的危险物项及时查漏补缺，为确保执行的有效性，辽宁核电三方（中核咨询、中核工程和辽宁核电）联合开展监督检查工作（见图 1-34），增强对安全环保敏感 SSCs 工作的监督检查力度，将检查结果纳入安全环保的绩效定期考核之中。

图 1-34　各方参与开展危险源管控工作

3. 实施效果

结合徐大堡核电工程项目的实际情况，组织制订了危险物项安全环保敏感SSCs检查表，如塔式起重机、气瓶等标准化检查表共计23份，明确检查标准、检查责任人和检查周期，用于指导工程现场各施工承包单位网格化安全管理人员按照检查表的内容对高风险的设备、设施和系统定期开展高风险点的检查工作，该检查表具有检查点明确、检查标准翔实和指导性强等特点，能够有效地指导检查人对责任范围内的危险物项进行周期性监督检查。该项工作的开展提升了本质安全管理水平，及时消除安全隐患，实现常态化管理，预防和防止事故事件发生。

1.2.6 班组安全管理标准化建设

基本情况	单位名称	江苏核电有限公司
	案例所属专题/领域	落实企业安全生产主体责任专题
	类型	□ 技术优化　☑ 管理提升
	主要创造人	程开喜、陆秋生、朱见平
	参与创造人	周晨、俞文伟、白文君、黄林燕、郑志豪、赵岚琪

案例简介 Case Introduction

2021年，江苏核电组织编制了集团公司《班组安全管理标准化实施指南》，同时，在中国核电各成员单位班组安全管理自查的基础上，提炼良好实践、总结共性问题，以强化安全意识、规范安全行为、提升事故防范能力、养成安全行为习惯为目标，以落实电力生产、施工反事故措施为抓手，组织开展班组安全管理提升专项行动和班组标准化建设等系列活动，并按照《班组安全生产标准化管理》程序要求开展班组标准化自评、复查和示范班组评选，规范和指导公司班组安全管理标准化建设工作，构建自我约束和持续提升的班组安全建设长效机制。同时为有效应对公司基层作业班组技术骨干人员流失、班组年轻成员经验不足和群堆管理下机组年度大修频繁等问题，公司组织运行、维修、化学、仪控等7个一线班组为试点，分领域分专业编制针对性的班组安全管理指导性手册，实现班组作业流程化、管理标准化，为常态化保持班组安全管理水平和建立“一专多能”的复合型人才队伍打下基础。

案例详细介绍 Detailed introduction to the case

1. 实施背景

近年来，国务院下发班组“六个必须”行动措施，国家能源局多次发文要求不断强化班组安全建设，要求秉承“安全是技术、安全是管理、安全是文化、安全是责任”的理念，以强化安全意识、规范安全行为、提升事故防范能力、养成安全行为习惯为目标，以落实电力生产、施工反事故措施为抓手，构建自我约束、持续改进的班组安全建设长效机制。各上级监管单位对班组安全标准化管理的要求越来越严格，但是随着核电行业的发展，基层作业班组技术骨干人员不断流失，班组年轻成员占比较大且经验不足，同时群堆管理下机组年度大修频繁等问题对一线作业班组安全生产工作带来的挑战也越来越大，上述问题也逐渐成为公司整体安全发展的重要制约因素。

结合上述主要问题，公司结合生产现状，按照运行、维修和工程建设三个领域分别编制班组标准化建设考评表，常态化开展班组安全管理标准化建设与具体业务的融合，达到不断强化基层作业人员安全意识、规范安全行为、养成良好作业习惯、提升事故防范能力的目的，实现班组管理标准化、作业流程化。

2. 主要做法

（1）完善班组安全生产管理体系

依据法律法规、国家规范和集团公司导则等要求，组织梳理班组安全管理薄弱环节，指导班组安全管理体系建设精细化。同时按照“一级抓一级、一级对一级负责”的原则，组织班组成员签订安全生产责任书，将安全质量环保责任目标层层分解，建立“横向到边、纵向到底”的全员安全生产责任体系。

（2）明确班组成员“一岗双责”

通过对集团公司、中国核电关于全员安全生产责任制的整理，进一步完善班组各级安全生产责任，依据《岗位说明书》设置要求，明确各岗位业务职责和安全职责，实现“一岗一清单”，严格落实“一岗双责”要求。

（3）分领域分专业编制针对性的班组安全管理指导性手册

组织一线班组综合分析近年来一线作业班组卓有成效的具体做法，结合上级文件要求、公司管理程序、班组具体做法，并调研同行班组良好实践，进一步总结、梳理班组安全生产标准化管理经验，选取有代表性的七个班组的事件经验，汇编成《田湾核电班组安全生产管理标准化指导手册（运行检修领域）》。

手册内容主要包括班组安全生产责任制、班组制度建设、班组安全教育培训、班组安全生产管理、班组安全活动、班组应急管理、承包商管理和班组具体业务流程等，力争实现班组管理标准化、作业流程化，为常态化保持班组安全管理水平和建立“一专多能”的复合型人才队伍奠定基础。

（4）建立班组安全管理标准化达标标准

通过对法律法规、国家规范和集团公司导则等进行整理，构建适用性强、内容全面的班组安全管理建设标准。根据班组现场实际作业活动，构建班组安全管理组织体系建设、安全生产责任制和安全目标管理、班组制度管理、安全生产、安全活动、安全教育培训、安全文化建设、应急能力建设和承包商管理 9 个标准要素，根据班组实际得分情况，设置公司级示范班组、优秀班组、合格班组和不合格班组四个层级，并按照总得分和每一要素得分进行控制。

（5）建立顶层奖惩考核机制

基于将源头预防、过程管控与结果考核相结合的班组安全管理专项奖惩考核机制，秉持“奖励到人、考核到人”的原则，以《安全质量环保责任考核管理》程序为基础，制定公司级示范班组专项奖励。结合班组年度自评情况，对各班组自评结果进行复评，在符合示范班组必备指标的基础上，根据班组安全管理各要素复评得分情况，进行具体化奖惩考核，同时将评选结果择优推荐至中国核电等上级单位。

3. 实施效果

基于班组安全管理标准化建设管理的实施，各一线生产班组自主安全管理意识显著提升，公司各基层单元组织安全管理建设工作得到推进。通过总结班组安全管理工作经验，打造具有本班组特色的安全生产管理标准化手册，为建立“一专多能”的复合型人才队伍打下基础。

2022 年度公司共计 13 个生产领域处室，103 个班组参与班组安全生产标准化管理自评，自评结果为不合格班组数量 0 个、合格班组 31 个、优秀班组 20 个、示范班组 52 个。

1.2.7　基于 PDCA 的工业安全高风险作业全过程管控

基本情况	单位名称	海南核电有限公司
	案例所属专题/领域	落实企业安全生产主体责任专题
	类型	□ 技术优化　☑ 管理提升
	主要创造人	凌天云、胡冬清、代淑伟
	参与创造人	杨青松、王有勇、夏浩、鲁立新、石洋、曾利民、戴湘

案例简介 Case Introduction

为深入贯彻落实习近平总书记关于安全生产的重要论述，创新安全管理方法以适应新时代对安全生产更高的要求，改善工业安全高风险作业管控依赖人力、技术手段缺乏等薄弱点，打造一套基于 PDCA 循环，注重计划和准备工作，致力于全过程管理、验证跟踪和持续改进的安全管理模式，规范工业安全高风险作业各个阶段的管控要求，持续提升安全管理水平，确保各项工业安全高风险作业安全高效开展，形成安全生产的长效机制。基于 PDCA 的工业安全高风险全过程管控集合了数字化网络技术手段和精细化管理措施，具有数字化、可执行性强及持续改进等特点，有效提升了核电厂工业安全高风险作业管理水平。

案例详细介绍 Detailed introduction to the case

1. 实施背景

习近平总书记关于安全生产作出一系列重要论述，强调要牢固树立安全发展理念，坚持人民利益至上，始终把安全生产放在首要位置，切实维护人民群众生命财产安全。新《安全生产法》以习近平新时代中国特色社会主义思想为指导，同时新发展阶段、新发展理念和新发展格局对安全生产提出了更高要求。因此迫切需要细化和创新安全管理方法，以适应新时代对安全生产的要求。

核电厂在执行设备检修、检查、试验和实施变更改造等活动时存在很多工业安全高风险作业，如高处作业、重大起重吊装、有限空间作业和潜水作业等，存在诸多的安全风险，可能会导致物体打击、机械伤害、起重伤害、触电、淹溺、高处坠落、灼烫、中毒和窒息等伤害的发生。在核电厂中，与纵深防御的核安全相比，工业安全相对薄弱。而目前各电厂工业安全高风险管控主要依赖于人力，技术手段缺乏，并且没有成熟的全过程管控。而依靠人力就存在人员素质不齐、管理粗放和工作效率低下等问题。这就急需一套系统性的工业安全高风险作业全过程管控，以提升工业安全高风险作业管理水平，保障核电厂安全高效发展。

2. 主要做法

PDCA 循环是美国质量管理专家休哈特博士首先提出的，由戴明采纳、宣传并最终获得普及，所以又称戴明环，是用于指导企业质量管理的科学手段。目前，PDCA 循环已被普遍应用于企业安全管理领域。通常情况下，一个 PDCA 循环一般需要经历以下四个阶段，如图 1-35 所示。

（1）P（Plan）计划：包括方针和目标的确定，以及活动规划的制定。

（2）D（Do）执行：根据已知的信息，设计具体的方法、方案和计划布局；再根据设计和布局，进行具体运作，实现计划中的内容。

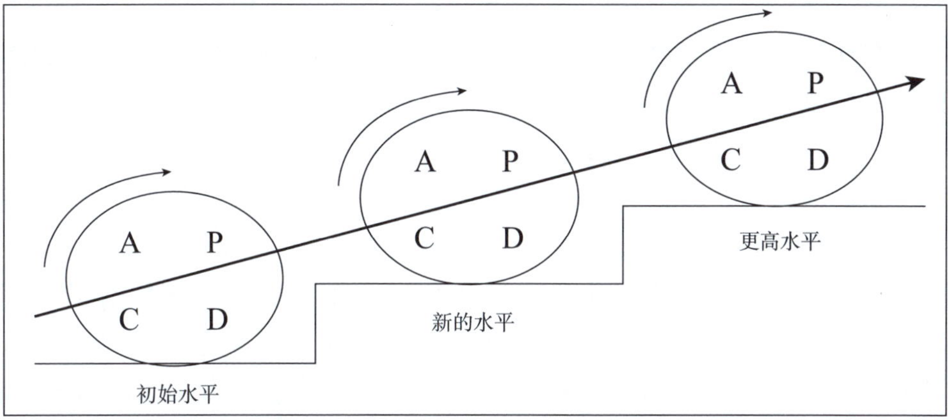

图 1-35 PDCA 循环示意图

(3) C (Check) 检查：总结执行计划的结果，分清哪些对了，哪些错了，明确效果，找出问题。

(4) A (Action) 改进：对 C (Check) 检查的结果进行处理，对成功的经验加以肯定，并予以标准化；对于失败的教训也要总结，引起重视。

PDCA 循环是周而复始地进行，一个循环完了，解决一些问题，未解决的问题进入下一个循环，这样阶梯式上升。

目前，国内石油、矿山和建筑等行业已经应用 PDCA 理论开展安全监督工作，并取得良好效果。PDCA 安全管理模式的应用将我国传统的安全管理进行系统的规范和改进，并使中国企业的安全管理模式与国际接轨。然而国内核电厂尚未应用 PDCA 理论开展工业安全高风险管理工作。基于此，海南核电以 PDCA 循环为理论基础，系统地打造核电厂工业安全高风险全过程管控。

基于 PDCA 的工业安全高风险作业全过程管控主要规范核电厂工业安全高风险作业四个阶段的管控流程及要求，这四个阶段分别是工业安全高风险作业准备阶段、工业安全高风险作业实施阶段、工业安全高风险作业监督阶段和工业安全高风险完工后总结阶段，分别对应 PDCA 循环的 P (Plan) 计划、D (Do) 执行、C (Check) 检查和 A (Action) 改进。

（1）P（Plan）计划—工业安全高风险作业准备阶段管控

在计划阶段，主要是做好工业安全高风险作业的各项准备工作，具体包括以下三个方面的内容：

1）作业前环境勘查确认

工作准备时，要求工作负责人提前到工作场所进行作业环境勘察确认，主要目的是熟悉工作环境，更重要的是辨识作业环境中的高风险要素。由于工作负责人水平参差不齐，判别高风险因素时容易出现遗漏的情况。这时就需要建立标准的高风险作业环境勘查确认表，以便于工作负责人对现场环境中的高风险要素进行勘查确认，从而准确地确定作业高风险等级和作业环境风险要素。

根据不同作业类型，海南核电分门别类地建立了各种作业环境下的勘察确认表，如高处作业环境勘察表明确了实际作业高度、最大坠落半径，以及是否涉及搭设/拆除悬挑式脚手架、无牢靠支撑点的作业面上作业、高空不可达等环境要素。根据环境勘察确认表，工作负责人逐项进行确认，保证作业环境要素不遗漏，确保作业准备工作完善。

2）工业安全二级高风险作业推演

风险级别最高的工业安全二级高风险作业，一般都存在两种及以上的高风险因素。为确保工业安全二级高风险作业风险分析全面、防范措施完善，就需要多方参与，确保作业准备工作万无一失。

为此，海南核电建立了工业安全二级高风险作业推演制度。对于工业安全二级高风险作业，要求开展作业前推演工作。首先在推演实施前核实现场作业内容、环境并编制《工业安全高风险作业专项安全技术措施方案》；然后由相应专业的科室负责人组织对施工方案、工业安全高风险作业专项安全技术措施方案进行推演评估，分管处室领导、协作单位项目负责人、工作负责人、安全员参加，并通知公司主管领导，公司主管领导必要时参加；最后在推演后填写工业安全二级高风险作业推演评价表，推演结果评估合格方可办理高风险作业申请流程。

工业安全二级高风险作业推演对作业步骤中的风险和预防措施逐项分析演练、逐项检查，进一步识别出作业过程中未识别出来的风险，从而补充完善风险预防措施，把现场风险控制在可以接受的范围内，如：通过二级高风险作业前推演发现1/2MX行车载荷试验未能识别存在地面坍塌风险。

3）高风险作业许可

根据安全生产法要求，严格落实高处、有限空间等高风险作业审批手续，海南核电建立了工业安全高风险作业许可制度。工作负责人根据作业环境勘察确认表对作业环境的高风险要求勘察完毕，并汇报工作准备人，由工作准备人办理高风险许可证。如果是工业安全二级高风险作业，则需要开展推演并评估合格后，才可以办理高风险作业许可证。

（2）D（Do）执行—工业安全高风险作业实施阶段管控

在实施阶段，主要是做好工业安全高风险作业的各项自检、释放及旁站检查工作，具体包括以下三个方面的内容：

1）作业班组自检

自我检查是防人因失误工具之一，是为确保工作结果与预期一致的强大工具。自检也适用于工业安全高风险作业，通过作业前对作业现场的准备工作进行自我检查，包括作业基本信息、工业安全风险、现场环境、个人防护用品、人员准备、工器具准备、文件准备和应急准备等内容。为规范作业班组自检工作，海南核电根据不同作业类型，分门别类地建立了各种作业环境下的作业安全措施自检单。

2）安全检查释放

为树立好工业安全高风险安全监督屏障，确保工业安全高风险作业严格按照方案执行，海南核电制定了工业安全高风险作业安全检查释放制度。

安全检查释放重点检查内容包括：检查现场防护措施、个人劳保用品防护措施落实情况；确认工作票和高风险许可证是否齐全、特种作业人员资质是否满足要求、高风险作业是否有应急预案；核实开工条件确认环节是否满足要求；检查工前会风险分析是否到位、工作组成员是否明确各自职责；检查作业现场使用的计量器具、安全工器具检验合格且在有效期内，作业现场环境满足要求，如照明、通风和作业隔离区建立等；检查是否开展经验反馈提示信息学习；根据应急预案，检查应急物资现场是否配备齐全。

作业开工前，安全管理人员根据安全检查释放单，逐项检查各项安全措施，确保作业现场的安全措施得到有效落实，如：通过安全检查释放发现 ED 外围 MBR 池渗透膜更换现场防毒面具准备不足。

3）作业过程旁站检查及区域巡查

为加强工业安全高风险作业执行过程中的检查，海南核电对工业安全高风险作业分级管控：要求专业科室人员对工业安全二级高风险作业全程旁站检查，一级高风险作业进行区域巡查。

海南核电针对现场工业安全高风险作业的风险点进行归纳总结，提炼出工业安全高风险作业旁站和巡查重点检查表，确保专业科室人员旁站和巡查工作有效开展。

（3）C（Check）检查—工业安全高风险作业监督阶段管控

在检查阶段，主要是做好工业安全高风险作业的监督工作，具体包括以下三个方面的内容：

1）利用智慧云眼 4G 移动摄像头远程监控

对于特殊的工业安全高风险作业，如带压堵漏工作，在执行过程中除必要工作组成员外其他人员需要清场。为做好此类特殊作业的安全管控，海南核电使用移动摄像头实时监控高风险工作现场。

移动监控设备使用带有移动电源的 4G 无线网络监控摄像头，利用运营商现成的基站塔进行信息传输，并能传输至监控平台，以便公司各级人员及相关安全管理人员通过手机客户端实时监控现场作业情况。监控界面如图 1-36 所示。

图 1-36　智慧云眼 4G 移动摄像头远程监控界面

2）二级风险点智慧监控

为确保二级风险点处于安全状态，仅通过人员的巡检，不但浪费大量的人力，而且效率较低，同时无法随时掌控二级风险点情况。海南核电从节约安全管理人员投入及提高管理效率出发，通过技术手段协助，提高安全管理水平。

具体措施主要是通过开发智能监控监管平台，通过二级风险点信息录入，从而更好地对分散的二级风险点进行管理。同时在高风险区域安装监控摄像头，开发对应的智能分析算法，针对摄像头采集图像进行识别分析，实现智能化巡检功能。

安全管理人员可通过企业内网随时查看高风险区域情况，从而达到高风险区域安全管控目的。

3）高风险作业管理平台

开发高风险作业管理平台，如图 1-37 所示，通过电子地图标注，可直观查看各厂房区域内当日的高风险作业信息。且高风险作业管理平台关联重点区域摄像头，可远程实时监督检查作业情况。高风险作业信息展示平台有助于各级管理人员及时了解各厂房当天开工的工业安全、动火及高辐射高风险作业的作业信息，以及进行部分重要工作的远程监督检查，进一步提升对工业安全高风险作业的管控。

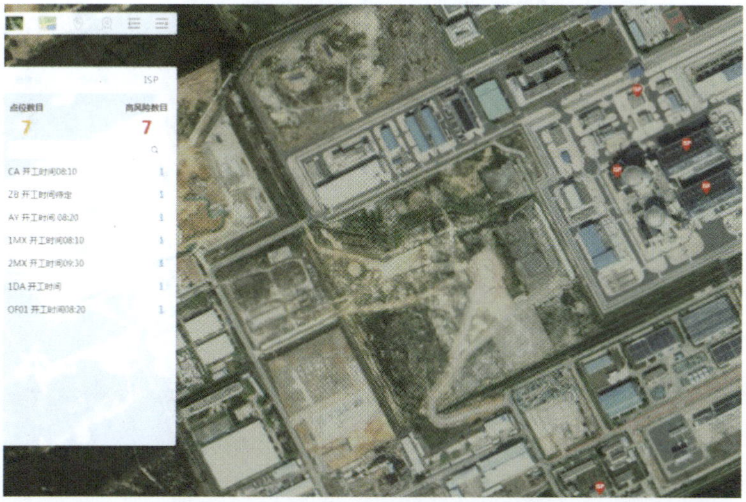

图 1-37 高风险作业管理平台界面

4）特种人员管理平台

核电厂工业安全高风险作业中有大量的特种作业和特种设备作业，特种作业包括电气、焊接和脚手架作业等，特种设备作业包括锅炉、压力管道和起重机械等作业。《中华人民共和国安全生产法》第三十条规定：生产经营单位的特种作业人员必须按照国家有关规定经专门的安全作业培训，取得相应资质，方可上岗作业。特种作业和特种设备作业的安全管理是核电厂一项极其重要的工作，必须对从事特种作业和特种设备作业的人员进行严格的管理。

为进一步规范特种人员证件管理，便于现场信息核实，确保特种人员证件真实有效，海南核电开发了特种人员扫一扫管理平台，如图 1-38 所示。该管理平台可实现特种人员身份信息、证件类型、有效期、复审记录及证件信息实时录入和查询功能。同时针对每个特种人员制作了二维码帽贴，通过手机扫描二维码，即可出现详细证件信息，极大地优化了特种人员的安全管理工作，且该管理平台具有证件到期自动提醒功能，极大地减轻了人工统计工作量，以及有效地避免了人因失误造成的证件超期等问题。

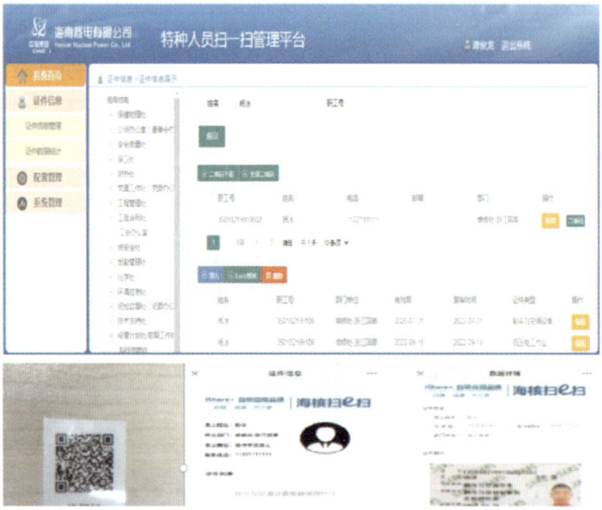

图 1-38　特种人员管理平台界面及二维码扫描演示

(4) A (Action) 改进—工业安全高风险作业完工后总结阶段管控

安全生产监督管理工作的实施是一个长期的、动态的、不断改进的行动过程，工业安全高风险作业管理工作同样也是一个不断总结和改进的过程。在改进阶段，海南核电制定了高风险作业评价制度，通过对一项高风险作业全过程流程进行整体评价，分析存在不足及制定改进建议，并反馈于作业单位，从而促进工业安全高风险作业安全管理工作持续提升。

3. 实施效果

基于PDCA的工业安全高风险作业全过程管控以作业流程为基础，通过明确各阶段工作管控要求和要点，固化相关流程，规范工业安全高风险各阶段安全管控相关工作，建立系统化的工业安全高风险作业全过程管控流程；改变了传统的人员现场巡检方式，各级管理人员通过办公终端，即可第一时间了解高风险区域及高风险作业情况，有效地提高安全管理效率和管理水平；实现通过科技手段替代部分人员巡检的模式，每年可节省安全巡检人员两人工作量的投入，节约费用为：44万元×2＝88万元。通过工业安全高风险作业全过程管控实施，2022年工业安全高风险作业问题数量相比2021年下降了50%，作业现场安全状况得到较大改善。

同时，使用PDCA质量管理工具优化提升工业安全高风险管理工作，为海南核电安全管理工作开辟新的思路和方法，也为兄弟电厂的安全管理工作提供参考和借鉴。该项工作也得到上级单位和同行的肯定，如高风险作业推演制度被核能行业协会和中国核电认定为工业安全强项（STR）和安全管理良好实践。

1.2.8 电厂危险源创新性管理应用

基本情况	单位名称	中核核电运行管理有限公司
	案例所属专题/领域	落实企业安全生产主体责任专题
	类型	☐ 技术优化　☑ 管理提升
	主要创造人	王常明、肖炜、朱维东
	参与创造人	陈廷伟、陈昊、林洋、王晓刚

案例简介 Case Introduction

为持续强化电厂风险分级管控和隐患排查治理，进一步完善安全双重预防机制建设，推进安全与运行可靠性全面提升工作，秦山核电按照中国核电关于“建立安全环保敏感设备分级标准，落实设备管理措施”的工作要求，对生产现场的固有设备设施开展危险源再辨识工作，建立危险源分类与分级管理体系，规范秦山核电危险源标准化管理机制，预防和减少电厂生产安全事故。

针对危险源的辨识与管控，秦山核电特立独行，通过独创的梳理办法和首发的管控标准，重点突出“简明”“高效”“规范”的工作思路，强化管理方法，升华管理理念，从根本上解决检查标准不统一、隐患排查不规范和管控要求不明确等诸多方面存在的问题，进而有效地提升电厂风险管控与隐患治理双重预防机制，推动安全生产关口前移。

案例详细介绍 Detailed introduction to the case

1. 实施背景

危险源是安全风险的重要载体，实施精准的分类分级管理能有效提升核电安全与运行可靠性水平。当前行业内存在危险源辨识方法、危险源分类分级标准、危险源现场检查标准依据复杂，危险源管控要求标准未统一等管理难点，需以上级单位工作部署为指引，策划实施危险源创新性管理。为此，秦山核电在中国核电的领导下，开发了独具核电特色的危险源辨识和分类分级机制，通过“简明、高效、规范”的工作思路，从根本上解决检查标准不统一、隐患排查不规范和管控要求不明确等诸多方面存在的问题，为提升核电危险源管控水平给出秦山方案。

2. 主要做法

秦山核电危险源标准化管理模式，以开拓为导向，以高效为核心，创建一套统一性、标准化的管理机制。通过“合并同类项”的梳理方法，将电厂危险源辨识之初的海量信息，从“散”到“聚”，化零为整，使后期的管控工作更为便捷，可操作性强、可执行性高；制定规范的标准检查流程，助推高效的创新管理理念，大力提升电厂安全隐患排查与治理的卓越绩效，强化了电厂的危险源管控机制，此方法在核电板块乃至行业领域实属首创之举。已完成了诸多卓有成效的工作，其主要成果有以下几点。

（1）构建危险源创新性管理模式

结合秦山核电多个专业领域为建设背景，成立专项工作小组，严格遵守国家相关标准，深切落实秦山核电管理要求，制定统一性、标准化的危险源管控方案，重点突出管理模式的合理化和专业性，创建电厂危险源专项安全管控平台。

（2）制定危险源精细化管控方法

针对各类危险源的管控方式，按照“专业”“标准”“实用”的工作思路，首次融合国家标准与行业规范，携手电厂各专业技术领域，共同开发极具专业性、实操性和简明化的“安全管控标准”。同时还根据管控区域存在的个性化差异，对管控方法进行适应性补充和完善。对外，聚焦国标与行规最新要求；对内，不断总结与更新管理思路，创建一整套完善的、精准的管控方法。

（3）实现安全管控与现场检查深切融合

明确电厂危险源安全管理思路，首次将管理流程与细节要求相结合，通过制定标准检查单的形式细化管理，使管控责任人对管理目标和要求清晰明了，目标与要求能与现场实际情况深切融合，促使危险源的安全状况能够得到全方位管控。

（4）形成危险源标准检查模板库

为保证所有类别的危险源能够得到全方位的专业化管控，首次联合电厂各专业领域专工和危险源管控责任人，针对危险源的共性和个体化差异，再结合分类分级管控原则、现场实际情况和以往的管理经验，进行专业化探讨，将各类检查单汇聚成标准模版，形成专业的模板库。

（5）实现高效精准管控

危险源的标准模版式管控采用专业化强、实操性强和标准统一的管理思路，深入浅出，全面提升危险源的管控效率，构建高效、精准、简明的危险源创新性管理与应用的新典范。

危险源标准检查单的开发以遵循规范性和标准化为基础，以实现高效和精准为目标，结合危险源专业性特点和技术专工队伍建设背景，按照秦山核电“五个一”品牌建设专项工作思路，消化吸收国家关于风险管控与隐患治理双重预防机制的相关规定，创建形成“清单式”的危险源专项管理思维与现场工作实践。

本项目主要涉及危险源精细化梳理、专业化技术评估、标准化模版建库及全面落实管控责任，从四个方面深入优化秦山核电关于危险源管控的管理机制，主要做法如下：

(1) 组织机构

1）组织层级

危险源标准化管理根据专项流程逐级开展，如图 1-39 所示，依照“马斯洛金字塔”模型设计，逐级落实专项目标，创建以项目策划为基石、管理实践为核心、业务执行为枢纽的新模式，深入强化业务各层级之间相互协同与并行同步，加快危险源标准化管理的功能实现，缩短项目开发周期。

在组织机构上，由监督部门人员、管控部门人员和各领域技术专工共同成立危险源管理专项组，根据危险源的各类专业技术，将专项组划分为若干个不同的业务执行小组，建立专工业务责任制。

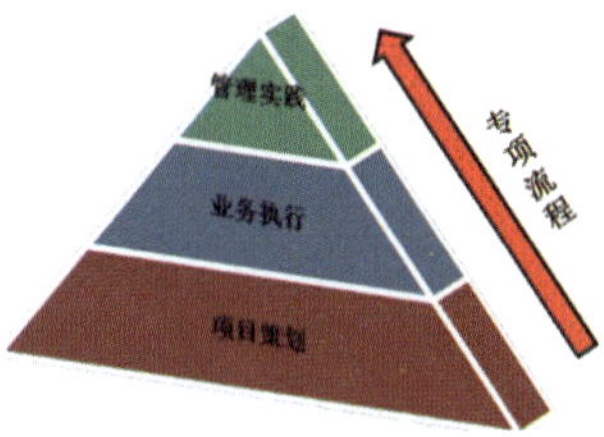

图 1-39 危险源标准化管理层级

2）工作职责

为保证专项工作有序开展，减少执行环节中的重复率，危险源专项组成员各司其职，充分结合专工技能知识和专业能力，在每一类危险源管控方案编制的平台上，合理安排一到两名技术专工负责专业把关，再由各管控责任人对标准模版进行差异性补充，以高质高效的管理手段实现危险源管控的精细化管理模式，构建创新性管理平台。

如图 1-40 所示，专项组各成员分工明确，相关职责如下：

（a）策划组

由安全质量处负责组织专项工作的总体策划，制定工作总计划和阶段性目标。作为专项工作策划层，负责工作部署和人员协调，提供标准检查单模版格式，搭建专项运作所需的资源平台。

（b）执行组

由各技术领域专工和管控责任人共同组成的专项执行小组，负责对危险源标准检查单模版的开发，收集相关国家规定与行业标准，再融合秦山核电管理要求，梳理并制定出切合现场实际、满足国家及行业规范的标准管控方案，开展专项应用后的模板优化与更新工作。

（c）实践组

由管控责任人负责对危险源标准检查单模版进行优化与补充，实现现场合理化管控，并按照管控要求与区域责任制规定，完成所辖区域危险源的定期检查，针对检查中发现的安全隐患，及时申报并落实整改，实现隐患排查与治理的全流程闭环管理。

（d）督导组

由安全质量处负责对专项工作开展的督促与指导，审查总结业务执行后的实现成效，监督落实管理实践的完成情况。

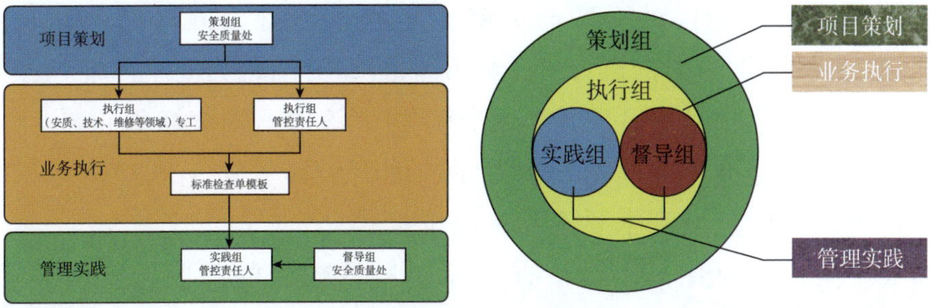

图 1-40 危险源管理专项组构成与分工

(2) 项目流程

1) 项目策划

秦山核电基于危险源治理经验，首先确立危险源定期检查制度，为贯彻隐患排查治理体系明确“查什么、怎么查”“做什么、怎么做”思想，2021 年公司组织各相关处室广泛参与，共同制定危险源标准检查单。

(a) 精准细化检查单类别

根据危险源场所类型分析，将危险源类别细化成 25 个专业小类，比如“危险化学品”类细化为 6 个专业（柴油、酸碱、涉氢、危化品库、实验室和储存间、液化石油气瓶间)，使检查单分类更精准。

(b) 制定专业化模板检查单

为提升检查单编制质量，公司组织安全、维修、技术、消防、保卫、辐射防护、环境与应急等众多专业领域技术专工，开展模板检查单编制和交叉审查，确保检查单的专业性。

2) 业务执行

秦山核电打造安全管理保姆式服务，在宣贯模板检查单的基础上，组织各危险源安全管控责任处室从实际应用出发，制定操作性强的检查单，检查项目注重查证标准，体现管理要求。制定过程加深了管控责任人对危险源的风险认知，帮助理顺了管控思路，为后续的实质管控工作奠定了基础。

(a) 精准分类：对所有七大专业类别危险源，进行梳理和分析，细化成 25 个专业小类，比如“危险化学品”类细化为 6 个专业（柴油、酸碱、涉氢、危化品库、实验室和储存间、液化石油气瓶间)。

(b) 要素标准化：确定安全警示、固有设施安全、风险防范措施、应急措施及场所环境五个要素为标准框架。

(c) 模板专业化：针对检查单编制质量较低的问题，安全质量处组织维修、技术、消防、保卫、辐射防护、环境与应急安全等众多专业领域技术专工参与编制和互审 25 类检查单参考标准模板，提升编制质量。

(d) 宣贯：安全质量处组织各管控责任部门编制人开展了关于危

险源标准检查单模板的宣贯会。

(e) 重启编制：会后各部门根据管控区域存在的个性化差异，对适用的检查单模板进行适应性补充和完善。

(f) 最终定稿：安全质量处对所有检查单进行审核并提出修改意见后，最终形成覆盖所有危险源的 291 份检查单，实现对所有危险源全覆盖。检查单示例如图 1-41 所示，具体分类如表 1-4 所示。

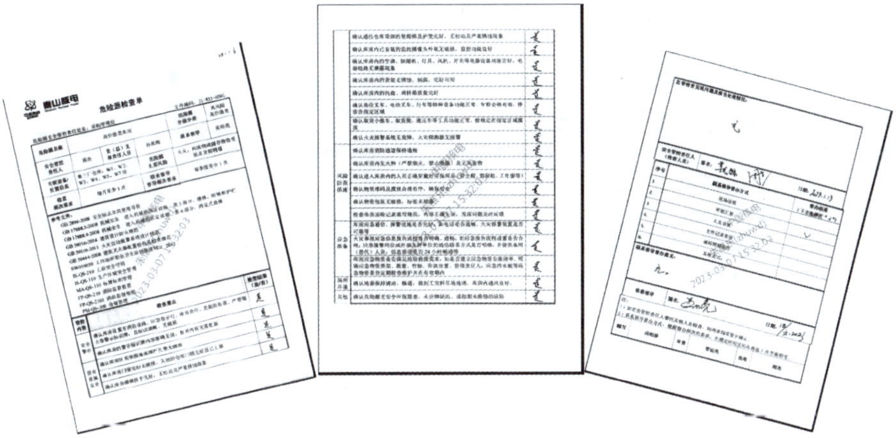

图 1-41　危险源检查单

表 1-4　危险源检查单分类

序号	检查单类别	风险类别	执行组别
1	柴油发电机及燃油储存区域、燃油贮存容器	火灾、爆炸	维修领域、技术领域、保卫处
2	危化品使用设备、储存间、储存容器	火灾、爆炸、灼伤、腐蚀	技术领域、维修领域、保卫处
3	危险废物暂存点	环境污染	环境应急处、保卫处（火灾）
4	在线运行设备（泄漏风险）	环境污染	技术领域、环境应急处
5	高温高压介质排放口	灼烫	技术领域、维修领域、安全质量处
6	开关站、变压器、箱变	触电、火灾	技术领域、维修领域、保卫处

续表

序号	检查单类别	风险类别	执行组别
7	汽轮发电机组（氢冷）	火灾、爆炸、飞车、损坏	技术领域、维修领域、保卫处
8	涉氢储存区域、设备	火灾、爆炸	技术领域、维修领域、保卫处
9	放射源库	辐射、放射源丢失	辐射防护领域
10	放射性废物暂存库	辐射	辐射防护领域
11	辐射区域	辐射	辐射防护领域
12	废气缓冲罐	辐射	技术领域、辐射防护领域
13	仓库（危化品仓库、高价值品仓库）	火灾、爆炸、中毒	保卫处（火灾）、安全质量处（高价值、中毒）
14	危化品储存柜、储存间	火灾、爆炸、中毒	保卫处（火灾）、安全质量处（中毒）
15	各厂区防护装置（钢格栅、直爬梯、围栏、生命线）	高处坠落	维修领域（工程管理处）
16	机械转动设备	机械伤害	安全质量处
17	酸碱储存区域	灼伤、腐蚀	安全质量处
18	气瓶存放区、容控箱、污水站、集水井等	火灾、冻伤、窒息	保卫处（火灾）、安全质量处（冻伤、窒息）
19	起重设备	高处坠落、物体打击、机械伤害	技术领域、维修领域（维修支援处）
20	电梯	可能因故障失控导致人身伤害	技术领域、维修领域（工程管理处）
21	锅炉	火灾、爆炸、触电	技术领域、维修领域、保卫处
22	叉车	高处坠落、物体打击、机械伤害	安全质量处
23	和面机	机械伤害	安全质量处
24	油务厂房	火灾	保卫处
25	液化石油气	火灾、爆炸	保卫处

3. 实施效果

(1) 规范现场专项检查，消除现场安全隐患

通过手持标准检查单，统一现场排查标准，加强隐患专项难点问题处理，秦山核电固定危险源的安全隐患数量明显下降，如图 1-42 所示，2022 年相较 2021 年隐患总数下降 43%，其中：危险化学品类下降 52%，电离辐射类下降 50%，高价值类下降 46%，电气类下降 43%，机械类下降 52%，特种设备类下降 34%，其他类下降 33%。

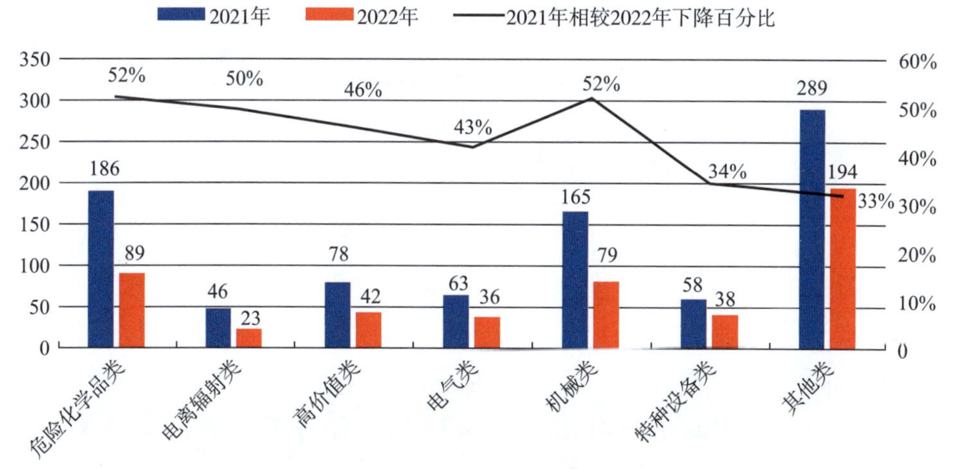

图 1-42 2021—2022 年隐患数量对比

(2) 开辟安全管控新思路，实现精细化管理目标

创建专项安全管理新模式，用扁平化的方式，统一管理、精准把控，有效地规范了各项管理工作，将安全管理责任压实到管理模块中，极大提高了运作效率，实现了安全管理资源的最优化，达到了统一思想、统一目标和统一行动的目的，促进了专项安全管理更加“精益化”。

通过实现危险源检查专业化、管控责任落实全覆盖、隐患的闭环管理及危险源的精准管控等目标，形成一套标准化、精细化、实用化的检查流程，从本质上提升了危险源检查的专业化水平，切实推动危险源管控责任及措施真正落地。项目团队按照秦山核电“五个一”工作理念，助推工作高效新速度，通过项目团队对其不断地优化和升华，已形成独具特色、知名度高、影响力大的安全价值品牌，未来将在

“五个一”的工作理念指引下，融入秦山，迈向世界。

1.2.9 工业安全高风险作业管理

基本情况	单位名称	中核核电运行管理有限公司
	案例所属专题/领域	落实企业安全生产主体责任专题
	类型	□ 技术优化　☑ 管理提升
	主要创造人	王常明、肖炜、朱维东
	参与创造人	陈廷伟、王虎、忻盛、何勇、林洋、高伟、钱碧军

案例简介 Case Introduction

在中国核电安全生产专项整治三年行动中，秦山核电秉承习总书记关于构建安全生产双重预防机制的指导思想，进一步深耕作业过程中风险分级分类管控流程，针对工业安全高风险作业的管理进行了全盘的梳理和优化。

通过梳理秦山核电工业安全高风险作业管理流程，针对发现的安全措施编制不专业不完善、部分文件可执行性不强、内容/功能重复、流程效率不高和文件结构不统一等问题，开展了一系列优化工作。以组织专家编制安全措施库条目、优化文件组成架构、整合流程节点和信息化手段改良等方式，提升流程的专业化、可执行化、精简化和标准化程度。完成了生产管理平台中工业安全高风险作业许可证模块的改版上线和管理程序的升版，使得高风险作业的风险分析和防护措施切实可行，现场实施高效规范，安全监督有的放矢，实现了安全管理实质提升与现场减负双丰收。

案例详细介绍 Detailed introduction to the case

1. 实施背景

秦山核电的工业安全高风险作业管理自 2006 年创新实施以来，目前已形成了以高风险控制为中心，以许可证管理为重点的系统化安全管理模式。同时也通过信息系统履行创建、审批、签发、现场监管及见证等多道控制关卡，以达到高风险作业的全流程、持续提升的管控。经过多年的实践，在行业安全管理领域获得了一致的好评和推行。

该模式在多年的运作过程中，由于法规变动、事故经验反馈、上级或公司管理要求变更等因素做过适应性微调，但同时也由此积累了一些与原有思路不完全一致、与固有流程不完全兼容，以及部分未与时俱进的问题，亟待进行系统性梳理和整治。因此在安全生产专项整治三年行动中，将工业安全高风险作业管理优化纳入重点工作之一，着重开展针对流程中不专业、不完善、不合理、不统一和不高效等方面的优化整治工作，将工业安全高风险作业管理提升至一个新的水平。

2. 主要做法

（1）问题分析

通过对整个流程的梳理和总结，存在的问题主要为以下几个方面。

1）安全措施编制专业性问题

高风险作业许可证是由作业人员创建并编制的，但受制于编制人的工作经验及业务水平，无论是 ISP1 涉及的自检单还是 ISP2 涉及的专项安全技术措施方案，针对一项高风险作业所编制的安全措施存在描述不准确、引用标准有误、各项措施之间的分类逻辑不清晰（图 1-43）和涵盖的范围不完善、不全面等问题。另外，由于现有系统内置安全措施条目库分类为实体屏障、管理要求和应急措施 3 类，其内涵逻辑不太清晰和直观，客观上也会造成编制人在条目库中选择对应安全措施时存在一定的疑问。

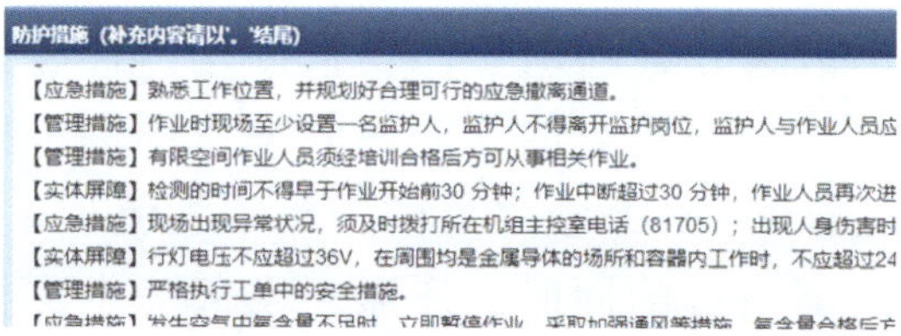
防护措施（补充内容请以'。'结尾）

【应急措施】熟悉工作位置，并规划好合理可行的应急撤离通道。
【管理措施】作业时现场至少设置一名监护人，监护人不得离开监护岗位，监护人与作业人员应
【管理措施】有限空间作业人员须经培训合格后方可从事相关作业。
【实体屏障】检测的时间不得早于作业开始前30 分钟；作业中断超过30 分钟，作业人员再次进
【应急措施】现场出现异常状况，须及时拨打所在机组主控室电话（81705）；出现人身伤害时
【实体屏障】行灯电压不应超过36V，在周围均是金属导体的场所和容器内工作时，不应超过24
【管理措施】严格执行工单中的安全措施。

图 1-43　方括号中的分类不直观

2）文件模板使用问题

ISP2 涉及的专项安全技术措施方案仅提供了一个空白表格形式的模板，并无标准模板，编制人往往根据自身的工作经验和行文习惯进行章节的设置，导致不同部门、不同专业甚至同岗位不同的人员所编制出来的方案内容差异较大。不但不便于后续审批人员的审核，更不利于现场作业人员的执行。

高风险作业安全措施自检单的使用也存在疑议，如图 1-44 所示，通过信息平台操作会自动生成一份自检单，其中的安全措施与系统中所编辑和勾选的内容相关，但同时管理程序中也有一份自检单模板，它与系统生成自检单内容、版式、分类均有差异。

工业安全高风险作业自检单

作业基本信息

安全措施自检项目

基本应急措施自检项目

其他安全及应急措施

信息平台生成自检单

有限空间作业安全措施自检单

作业基本信息

工业安全风险

基本安全措施项目

程序附件自检单

图 1-44　不同的自检单

3）流程效率问题

专项安全技术措施方案因从空白模板创建，且通过人工方式手动编制，在内容和水平参差不齐的同时，效率也不高。另一方面，方案的生效流程是独立于 EAM 系统之外的文档审批流程，如图 1-45 所示，编制人在发起许可证流程的同时，还需再发起一个文档审批流程，存在许可证与方案流程冗余且低效的问题。

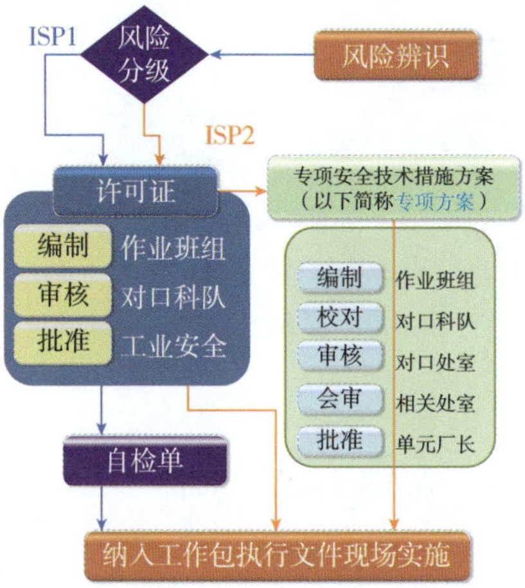

图 1-45 高风险许可流程

4）可执行性问题

自检单是用于工作负责人工作前对所涉及的风险采取对应安全措施的检查，因此类似“必须全程系挂安全带”的管理要求无法在工前准备阶段完成检查确认的动作，存在不可执行的问题。同时，专项安全技术措施方案中未设置确认方框，其中的内容也大多是对管理要求的罗列，从形式和内容上来说并非一份可执行文件。

另根据管理程序和实际工作中要求，均需要作业现场安全监护人的信息，但系统中未设置，编制人在无明确提示的情况下也很难做到每次均主动提供。还有 ISP2 流程中设置有停工待检点环节，但实际执行中选点环节并不明确，存在程序要求执行不畅或不到位的问题。

5）重复问题

内容重复：许可证、自检单中的安全措施内容均源自系统的勾选和编辑的文本，内容和来源完全重复。

功能重叠：自检单用于工前检查确认环节，专项安全技术措施方案中也有工前检查确认章节，因此该两份文件功能定位重叠。

步骤多余：系统流程按钮设置如图 1-46 所示，许可证审批流程中设置了“释放”步骤，但在实际操作中，“批准”之后均会立即释放，且后续还有“签发”步骤，该控制步骤设置没有意义，而且经常发生因许可证未释放导致工单状态无法推进的情况。

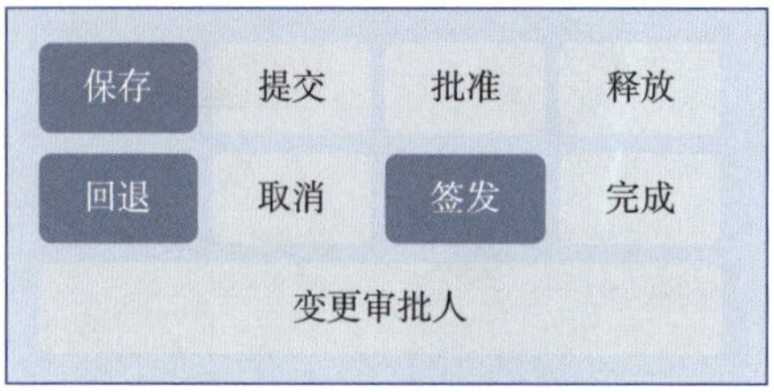

图 1-46　系统流程按钮设置

(2) 对策制定

通过上述问题分析，制定了相应的解决方案，设定了精细化工作的目标。

1）组织专业团队

针对安全措施编制专业性不高的问题，组织安全专业人员重新梳理 EAM 平台内置的安全措施条目库，梳理思路如图 1-47 所示，以工作条件及环境确认、个人防护用品准备确认、人员准备确认、物项准备确认、文件准备确认、风险告知和安全技术措施交底和应急措施七大要素为框架重新归类。并在此基础上，补充完善在梳理中发现的所有不完善、不全面的关联条目，使得安全措施库更准确、更实用和更专业。

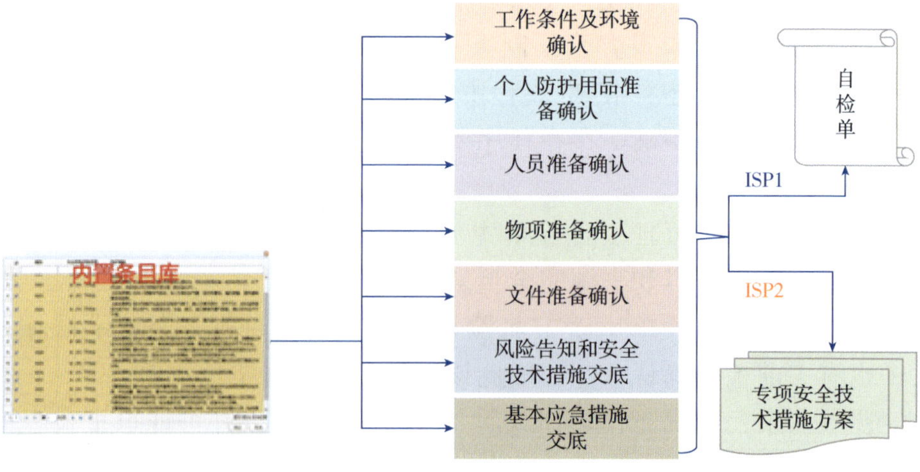

图 1-47　梳理思路

通过梳理，本项工作涉及多类作业类型，条目繁杂，需投入大量的人力和时间完成编制。具体梳理内容如表 1-5 所示。

表 1-5 安全措施库梳理内容

所属库	类别名称	梳理条目数
ISP1	距坠落高度基准面 5～15 m，使用软梯的高空作业	32
	距坠落高度基准面 5～15 m 脚手架搭设、拆除	36
	液氮冰塞作业	25
	一般有限空间作业	29
	重大起重作业	28
ISP2	380V 及以上动力电缆切割更换作业	30
	安全壳打压	34
	带电作业	24
	带压堵漏作业	32
	带压酸碱设备检修作业	37
	电梯整体更换作业	26
	高度 15 m 及以上的脚手架搭设，拆除作业	45
	高空悬挂作业	44
	攀爬 30 m 以上（中间无转换平台或无护笼）的登高作业	35
	水（井）下作业	57
	悬吊式脚手架搭设作业	46
	有水淹风险的海水系统内部作业	34
	在 GIS 开关站，三变区域内不停电情况下进行脚手架搭设作业	27
	重大有限空间作业	44
	坠落高度 15 m 及以上，使用软梯的高空作业	37
基本风险类型	爆炸	9
	触电	14
	冻伤	6
	高处坠落	18
	化学品腐蚀	8

续表

所属库	类别名称	梳理条目数
基本风险类型	机械伤害	8
	起重伤害	15
	物体打击	7
	淹溺	14
	窒息	13
	中毒	13
	灼烫	9

2）制定标准模板

针对专项安全技术措施方案内容形式各异、自检单执行存在疑议等问题，则通过编制新的方案模板来改善，并利用信息化手段将格式、条目分类固化于相应的文档位置，使得方案格式标准化，便于在编制、审批和执行等各个环节更具效率，并降低人因失误概率。标准模板如图 1-48 所示。

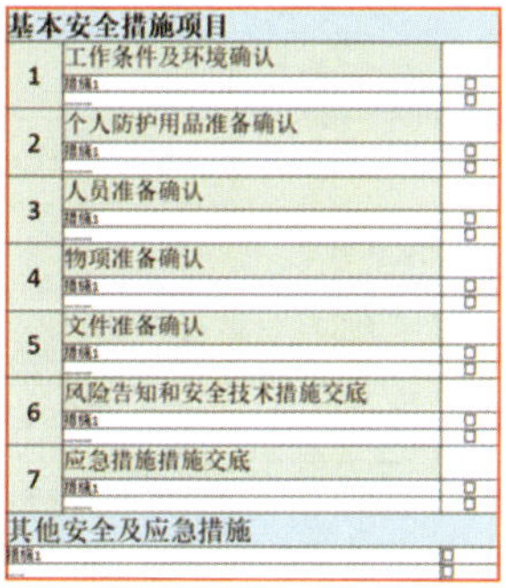

图 1-48　标准模板

3）结合实践经验

针对部分管理要求和注意事项的条目无法在工前准备阶段实施的问题，结合作业人员实际运用此类条目的情况，后续将这些信息类的条目放入“风险告知和安全技术措施交底”中。工作负责人以信息告知和交底的方式执行，以信息传达到位作为检查确认标准，这样更贴合现场使用场景，消除作业人员使用中的疑虑。

同时根据以往工作需要，在平台中增加现场安全监护人填写栏、停工待检点设置及文件模板中的执行确认方框等功能，既满足相关管理要求，又便于相关联的工作开展。

4）挖掘信息手段

针对专项安全技术措施方案编制效率不高、流程有分支的情况，基于目前的信息化平台进行优化。将内置安全措施条目库作为基础内容直接抓取至方案编制过程中，如图 1-49 所示，编制人根据作业类型、风险种类选取合适的条目后，平台将自动生成一个方案的底稿，在保证格式标准化的基础上，还提高了编制的效率。同时，关联许可证与文档审批平台的功能，编制人可以在许可证平台上直接发起文档审批流程，以减少平台切换操作所带来的低效和人因失误，并且还可以实现许可证与文档状态联锁来确保许可证签发前文档已生效。

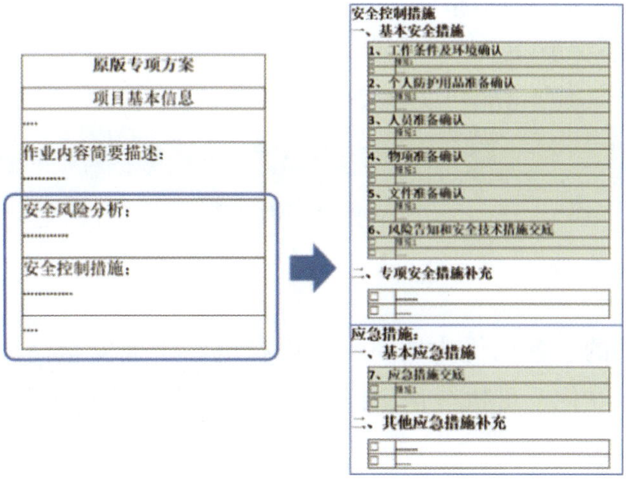

图 1-49　方案生成方式

5）精简重复多余

针对流程中有文件内容重复、功能重叠和步骤多余的问题，首先通过平台文本调整去除重复的内容，然后在 ISP2 中合并自检单与方案消除重叠的功能，再将平台中释放与批准步骤合并解除多余步骤。以此从视觉上、执行上和时序上精简整个流程，使得执行过程更流畅和简洁。

(3) 对策实施

秦山核电从2021年12月起开始实施相应的对策，行动项如图1-50所示。

序号	行动项	完成时间
1	针对一项ISP1/ISP2作业类型，进行内置条目初步梳理，制定梳理形式及提交表格模板	2021-12-20
2	针对各项风险类型，进行内置条目初步梳理，形成属性对照清单初稿	2022-01-06
3	收集专项安全技术措施方案标准模板，制定模板样式，并编制针对一项I业类型的样例	2022-01-26
4	**完成内置条目梳理，提交属性对照清单终稿**	2022-03-19
5	与信息部门前期沟通，落实系统改版方案中各项变更的可操作性	2022-03-25
6	完成相关材料和数据的收集，在ECM协同系统中提出信息化需求申请流程	2022-05-09
7	**与福清海南沟通**，确认信息化需求的一致性	2022-06-29
8	组织并完成系统改版功能测试验证	2022-10-13
9	完成系统**改版上线**	2022-10-26
10	组织系统改版后使用流程及功能变化的专项培训	2022-11-28
11	《工业安全高风险作业许可管理》适应性**升版**	2022-12-31

图1-50　具体行动项

3. 实施效果

通过上述的一系列优化调整，秦山核电在工业安全高风险作业管理的专业化、标准化、可执行化、信息化及精简化等方面又得到显著提升。

(1) 专业化

安全专业人员通过分工合作重新梳理的安全措施条目库，从七大要素着手，囊括了现场作业各个方面。对于各条需要做何种确认的标准，进行更准确描述，从专业角度保障了现场高风险作业的安全措施实施的完善和准确。

(2) 标准化

高风险作业相关的文件实现标准化，从文本格式到版面设计，从前后时序到分类逻辑均达到了高度的统一。编制人员摆脱了“从零开始”或者“复制粘贴”的固有文本编辑模式，审批人员也不再被样式各异的内容、格式、排版及分类逻辑所困扰，现场执行人员也可以拿到一份一眼即可分辨出性质的文件。

(3) 可执行化

由于之前的自检单和专项安全技术措施方案有大量的管理要求在工前准备阶段无法确认，因此文件执行往往流于形式。升版后的安全措施库具备更高的可执行性，大大增加了工作负责人逐项执行的主观能动性。

(4) 信息化

本流程已在信息平台上运行多年，也是较早实现信息化的。但信息平台本就在不断地更新升级，因此在界面操作、后台流程和数据配置等方面都有可以更加信息化的提升。本次优化后，不但许可流程和文档流程得到了优化，安全管理人员还可以自行配置安全措施库内容、分类及风险类型关联。这样在现场变化、程序升版和法规标准修订等情况下更新数据库更为灵活方便。

(5) 精简化

内容、功能上的精简受到了作业人员和审批人员的好评。以往无论是许可证还是自检单，亦或是专项安全技术措施方案上都是大段文字，这一让人无所适从的情况得到了极大缓解，“ISP1 使用自检单，ISP2 使用方案”要求非常简洁明确无歧义。而释放与批准合并使得审批工作中大量的“释放”需求消失了，与之同时消失的是提醒释放、确认释放和催促释放等工作环节，提高了流程的效率。

1.2.10 田湾核电站 1～6 号机组本质安全提升项目

基本情况	单位名称	江苏核电有限公司
	案例所属专题/领域	落实企业安全生产主体责任专题
	类型	☐ 技术优化 ☑ 管理提升
	主要创造人	张远、姚俊峰、刘冬冬
	参与创造人	张国彪、胡继火、张海龙、刘振宇、罗淞元、朱见平、杜文胜

案例简介 Case Introduction

田湾核电站1～6号机组核岛、常规岛及其他厂房设备众多，部分区域无检修平台、吊装梁、吊点、爬梯、护栏、警戒警示线和自闭安全门等设施，日常、大修检修和操作时需频繁搭设脚手架，其工作量较大、工期较长、风险性较大，且有时很难做到及时有效。如不彻底整改，将影响到日常及大修期间检修、隔离等工作的顺利进行。为进一步加强安全生产工作，提升安全管理水平，维修支持处组织相关部门人员现场核实后形成工程量清单，签订合同开展实施工作，切实提升电厂本质安全。

案例详细介绍 Detailed introduction to the case

1. 实施背景

根据党中央、国务院关于安全生产工作的系列决策部署，以及国家能源局《关于开展电力行业安全生产专项整治工作的通知》、江苏能监办《省电力安全生产专项整治实施方案》《连云港市深入开展安全生产专项整治行动工作方案》及连云港市相关行业领域的专项整治实施方案等文件要求，为进一步强化安全生产工作，根据《田湾核电站安全生产专项整治工作方案》行动要求及运行部门打造“精品厂房”的要求，需要实施本质安全设施改造，包括增加检修平台、护栏、护笼、爬梯、吊点和吊车梁等。

同时根据江苏核电有限公司2022年第13次总经理办公会纪要要求，对标同行电站安全管理先进单位，调研本质安全项目管理情况，进一步完善本质安全整治顶层设计，合理配置设施，提升电厂安全管理水平。

2. 主要做法

(1) 依据性文件

1）江苏核电有限公司2022年第13次总经理办公会纪要（苏核纪要〔2022〕19号）。

2）《田湾核电站安全生产专项整治工作方案》（GE-TR-INS-000-2019087）。

3）《田湾核电安全生产专项整治三年行动实施方案》（GE-TR-INS-007-2020007）。

（2）技术方案

维修支持处主动牵头，多次与安全质量处、运行处、维修处开展现场踏勘并组织专题会进行讨论，党员同志冲锋在前、勇于担责、主动作为、共同作战、明确目标、勇挑重担，坚守“安全是核工业生命线”的安全理念，坚持科学统筹、严格落实，将精细化的理念贯彻到本质安全的每一项工作中，以高度的使命感和责任感严守安全关、严把质量关、严控风险关，连续作战、攻坚克难，确定排查清单并有序完成本质安全精细化管理实施计划。

为加强安全生产工作，从本质上提升安全管理水平，维修支持处处例会每周跟踪本质安全项目进展情况，处室负责人靠前指挥，现场监督专项实施计划的推进；土建科多次开展本质安全专题会议，对于高度、中度风险等专项施工工作，全程安排人员跟踪监督，主动排查现场安全隐患并及时处理。根据现场实际情况，论证施工图纸的可行性，及时跟设计单位进行沟通，多次优化施工节点，确定最优化的设计图。对中小型钢平台，共同设计和细化，明确每一个连接节点和固定方式，确保成型的平台安全、稳定、可靠。

大修前根据项目清单，土建科多次组织讨论和分析，确定大修期间执行的项目，同时跟运行、维修部门反复确认施工场地和窗口，并根据多方部门的意见编排了项目施工计划。本质安全项目实施期间，需要与维修、役检和运行操作等各项工作错开窗口，且施工活动交叉作业多。面对重重压力，维修支持处处室、科室负责人及专业工程师始终坚守在作业现场，一线跟踪进展、一线解决问题。围绕项目实施计划，采取合理安排施工班组倒班作业，及时优化施工工艺，多方协调实施窗口，第一时间协调解决问题。

3. 实施效果

通过利用日常及大修窗口完成以下1～6号机组本质安全工程量：

增加钢平台210个、垂直生命线103条、水平生命线41条、护栏及护笼158项、吊点28个、吊梁及轨道梁4项、起重孔洞盖板刷漆42项、过道刷漆68项、灭火器刷漆146项、地漏刷漆80项。其中，31/41UMA厂房8 m、15 m、24 m均已增加百叶窗检修平台，如图1-51和图1-52所示，UMA95 m二次胶球滤网增加检修钢平台约360 m^2，平台离地高度4 m，大大减少现场中高风险脚手架搭设频次，降低工业安全作业风险，提高大修、日常检修效率。减少现场长期脚手架230个，减少占用脚手架材料280余吨，减少高风险工作80余项，从源头消除高空临边作业等工业安全风险，进一步提升了田湾核电站安全精细化管理水平。项目实施过程中维修支持处土建科与施工单位、运行、维修部门积极沟通协调，合理规划施工，现场落实各项安全措施，专人负责监督管控等措施，保障了施工顺利进行，有效提升了1～6号机组本质安全水平，为推进田湾核电本质安全工作贡献力量。

41UMA 5 m悬挑式检修平台，平台面积84 m^2，减少长期搭设的脚手架30 t。

图1-51　增设悬挑式检修平台

41UMA南侧百叶窗检修平台共计四层，每层跨度45 m，顶层平台离地高度21 m，总重量超过60 t。

图 1-52　增设百叶窗检修平台

1.2.11　核电企业基于安全事故场景的精细化安全培训体系构建

基本情况	单位名称	江苏核电有限公司
	案例所属专题/领域	落实企业安全生产主体责任专题
	类型	□ 技术优化　☑ 管理提升
	主要创造人	鲍振利、秦颂瑜、江苗龙
	参与创造人	秦正权、潘爱云、张国彪、乔钧、杨伟涛、刘远良、陈中凯

案例简介 Case Introduction

为适应核电行业发展需要，贯彻落实集团公司和中国核电的发展战略，江苏核电提出构建以安全事故场景为基础的基于“课堂培训＋体验式安全技能实操培训＋VR 安全培训”的安全培训体系，细化工种岗位，精确安全培训对象，从精细化角度出发，精准分析各领域安全常见事故特点，在课堂培训的基础上，设计出安全技能实操体验实验室和 VR 安全培训实验室，通过理论知识学习和沉浸式体验相结合，达到不断夯实安全基础，提高员工安全意识的培训效果。

案例详细介绍 Detailed introduction to the case

1. 实施背景

(1) 聚焦高质发展，落实习总书记讲话的总体需要

党的十八大以来，以习近平总书记为核心的党中央高度重视安全生产工作，习近平总书记指出："人命关天，发展决不能以牺牲人的生命为代价，这必须作为一条不可逾越的红线。"核工业是高科技战略产业，对国家安全和发展具有重要意义。习近平总书记在我国核工业创建 60 周年之际作出重要指示："要坚持安全发展、创新发展，坚持和平利用核能，全面提升核工业的核心竞争力，续写我国核工业新的辉煌篇章。"2020 年，为认真贯彻落实习近平总书记关于安全生产重要论述，特别是关于"从根本上消除事故隐患"的重要指示精神，国务院安委会印发了《全国安全生产专项整治三年行动计划》。其中一个重要的专题就是学习宣传贯彻习近平总书记关于安全生产重要论述。做好安全生产工作，首要的是要学习好、领会好习近平总书记关于安全生产的重要思想，一以贯之抓好落实。

(2) 贯彻集团公司部署，推动精细化管理工作的迫切需要

2022 年是集团公司"精细化管理年"，江苏核电坚决落实党中央的决策部署，多层次压实责任，从根本上消除事故隐患，基于安全事故场景，做好精细化安全培训工作。江苏核电培训领域聚焦精细化管理，育新机、开新局、创新法，结合培训行业前沿技术、前沿培训观念，细化工种岗位，精确安全培训对象，通过精细化管理手段使安全培训更具有针对性，促进培训效果提升，提高从业人员，特别是现场作业人员风险预知和应急处置实战能力。

(3) 满足生产需求，提高人员安全意识和水平的需要

近年来，江苏核电有限公司正处于高速发展阶段，随着 5、6 号机

组正式商运，7、8号机组开始工程建设，江苏核电正式进入群堆化管理模式。现有商运机组6台，公司员工和承包商人员逐年增加，人员素质和知识水平参差不齐。为满足安全生产需求，江苏核电迫切需要通过精细化安全培训，建立一支安全意识强、技能水平高、操作效率快的员工队伍，为机组的安全稳定运行保驾护航。

2. 主要做法

提高从业人员，特别是现场作业人员风险预知和应急处置实战能力，是落实总体国家安全观和能源安全新战略的具体体现，是积极响应习近平总书记关于安全生产重要论述，特别是安全培训到位、安全投入到位的指示精神。越来越多的员工参与到田湾核电的生产运行管理工作中，人员成为安全运行的重要影响因素。因此，建立一套有效的安全培训体系，使员工具备基本的核电企业安全意识和行为规范，保障核电企业的安全运营是非常必要的。

（1）基于现有安全培训体系的分析

为了系统化地开展人员安全培训工作，保证人员的培训质量和提高人员的安全素养，降低现场安全事故发生概率，江苏核电积极调研国内同行业安全教育培训模式构建情况，并结合江苏核电自有安全教育培训模式实际情况（表1-6），提出将江苏核电安全培训模式优化分为三阶段开展：第一阶段利用现有的培训设施，并考虑寻找有资质的外部支持单位，提供合适的培训设施与场地；第二阶段利用江苏核电培训处现有场地或寻找符合要求的场地，根据现场作业的特点，与相关职能处室共同协商，调研现场作业的特点，建议针对易出现人因事件的带电作业、起重作业、登高作业、容器作业、动火作业、酸碱作业、急救作业、异物控制、坑洞作业及辐射控制区出入等现场工作，建设实体模拟体培训场景；第三阶段利用目前成熟的虚拟现实（Virtual Reality，以下简称VR）技术，结合现场工作中存在的安全风险和实际案例，设置如高处孔洞坠落体验、起重落实伤害体验、窒息伤害体验和灭火技能体验等相关体验场景，将工业安全作业知识实地拍摄成可视化培训教材，强化全体受训人员在带电作业、起重作业、登高作业、容器作业、动火作业、酸碱作业、急救作业、异物控制和坑洞作业等现场工作的风险意识。

表 1-6　江苏核电自有安全教育培训模式实际情况

序号	公司安全培训体系	存在问题
1	安全培训方式	多堂教学、理论灌输为主。缺少必要的案例剖析和互动，学员兴趣索然，难以保证安全培训质量。在安全培训过程中，大多数的安全知识只能通过课堂学习进行获取，不能通过实体的培训设施进行配套学习，课堂传授的安全知识的学习效果也因学员文化水平而变得参差不齐
2	学员素质	因自身知识获取层面和自身所处的环境，造成人员在进行安全教育学习时，不能对安全知识及时地理解通透，也就造成在从事现场具体工作时不能很好按照安全规章制度或岗位安全操作技能进行，这也为发生事故埋下一定的伏笔

（2）基于精细化安全培训体系的建立

近年来，江苏核电高度重视员工安全培训工作，通过对当前安全培训深入调查研究，发现仍存在以下问题：一是"一窝蜂地上"，培训时间比较集中；二是"一大锅地煮"，培训学员人数较多，层次不分；三是"一把尺子量"，在安全培训考核时所有岗位员工同一个标准。此外，岗位针对性不强、安全时效性较差等问题也对安全教育培训的效果产生一定影响。为扎实落实企业安全培训主体责任和全员安全生产责任，江苏核电从岗位任务需求分析出发，通过开展建立岗位安全风险库、建立安全培训教材定期修订制度、建立健全安全培训质量控制制度，以及实施基于岗位风险的精准化和精细化安全培训等方式，提高员工危险有害因素辨识能力，掌握岗位安全风险及管控措施，实现公司安全培训精细化水平进一步提升，安全培训基础保障能力和安全培训质量明显加强。

1）岗位任务需求分析，精准安全培训内容

江苏核电依据各岗位实际工作内容全面梳理各工作岗位可能发生事故的安全风险，依编制岗位安全风险分析清单，建立一套完整的岗位安全风险库，实现安全风险"一岗一清单"。同时，结合现场实际工作，建立了风险库定期更新制度，并由各处室参考岗位风险库定期辨识分析各岗位安全风险。同时为确保岗位安全风险辨识准确，由各处室自行辨识后，均安排专业安全管理人员校核，确保全公司范围内安全风险辨识到位、贴合实际。

根据国家标准 GB 6441《企业职工伤亡事故分类》，目前已组织对一线相关处室的 861 个岗位进行逐个梳理，分析岗位涉及到的高风险作业主要包括高处作业、有限空间作业、电气作业、起重作业、带压堵漏、气焊与气割作业等共计 22 项。

2）依托岗位培训大纲优化安全培训模式，实现精细化管理

目前公司各处室的岗位培训大纲主要侧重于技能培训，相关岗位安全培训内容较少或不全。为解决安全培训方式单一、培训缺少案例剖析和学员兴趣索然等问题，江苏核电采取了“安全监督处室整体负责、各处室配合参与”的模式，其中，“安全监督处室整体负责”是指由其负责公司安全培训教材及考核试题库编制，建立一套完整、系统、科学、规范的安全培训计划，实现相同风险的岗位培训内容和要求统一、考核内容统一；“各处室配合参与”是指由处室及班组安全员负责组织开展二、三级安全教育培训，并组织考核；同时在培训过程中向安全监督部门提出培训教材等存在的问题，持续提升安全教育培训效果。

江苏核电根据岗位安全风险分析清单，按照“以风险定培训课程”的原则，完成岗位安全培训课程清单，并根据此清单将相应安全教育培训课程纳入各处室岗位培训大纲，与个人工作授权等直接关联，建立健全安全培训质量控制制度，严格按照培训大纲开展培训和考核，切实做到考核不合格不上岗，有效解决安全培训与岗位培训大纲结合度不强等问题。在复训周期方面，江苏核电要求两年内须完成一轮岗位安全培训，以实现安全教育培训的常态化。

3）完善安全培训教材，规范安全培训考核

当前，安全生产形势复杂多变，安全生产的要求也有相应的新举措新方法。江苏核电结合实际情况，建立安全培训教材定期修订制度，持续完善安全培训内容，编制针对性、时效性强的培训教材。当国家、上级单位及公司安全生产相关要求发生变化时，及时组织更新培训材

料，确保最新安全生产要求能够及时、准确传达到位，畅通安全培训的“最后一公里”。同时，由教材编制部门负责编制统一的考核试题库，有效避免了前期各部门自行编制试卷出现的难度不统一、水平有差距等问题。此外，为杜绝安全教育培训“走过场”等行为，江苏核电安排培训主管部门和安全监督部门定期对安全教育培训情况进行监督检查，确保安全培训落在实处。

4）优化、创新安全培训形式

核安全是核电企业的生命线，保证安全生产、开展安全培训是核电企业的重中之重。江苏核电培训处结合培训行业前沿技术、前沿培训观念和体验式安全技能培训教室，优化安全培训模式，切实提升安全培训的实际效果。江苏核电安全培训建设应贴合江苏核电常见事故案例发生特点及现有安全教育培训效果情况，构建以培训考核为主、体验为辅的安全培训建设，结合各岗位风险安全培训要求设计核心素质课程和公司通用课程，对江苏核电现有安全培训进行优化，形成一套“理论知识学习＋体验式安全培训＋VR 安全培训”的安全教育培训新模式。安全培训采用“课堂培训＋体验式安全技能培训＋VR 安全技能培训”相结合的培训体系，通过理论知识学习和沉浸式体验，达到不断夯实安全基础，提高员工安全意识的培训效果。

（a）安全培训课程设置

培训就是通过改变学员的知识、技能和工作态度，从而提高其知识水平和个人技能水平，使其具有相当的工作能力、工作态度和安全意识去胜任当前的工作。为了保障现场的安全生产，让人员具备充足的安全意识与安全技能，江苏核电结合核电厂自身特点和国家、行业相关规定，根据中国核电的统一要求，安全准入培训课程包括安全简明、核素养、工业安全、消防保卫、质量保证、防人因失误、辐射防护及专项安全培训课程等，并将此类课程纳入各岗位培训大纲的核心素质课程。

江苏核电根据公司岗位设置，全面梳理公司各岗位存在的安全风险，编制岗位安全风险分析清单，根据各岗位安全风险分析出岗位安全培训要求，并纳入各岗位培训大纲的公司通用课程体系，实现安全培训精细化管理。

除此之外，江苏核电对于需担任某项专项工作的负责人，在完成自身岗位培训大纲相关课程的培训考核并取得岗位工作任务授权的情况下，结合专项工作负责人的工作特点，设置形成脚手架作业、高处作业、起重作业和有限空间作业等七门工作负责人专项安全培训课程，并根据考核分数情况的不同对工作负责人进行分级授权，不同级别的工作负责人所从事的工作内容也不尽相同。

（b）体验式安全技能实验室的建立

核电厂的安全管理由于其行业的特殊性，与一般企业的安全管理有所区别。电厂的任何工业安全事故，不仅在经济上有直接损失，更有难以估量的间接损失甚至是政治影响。电厂工业安全目标是在现有的工程设计的基础上，通过科学管理，防止人身伤害事故和职业病的发生，为职工提供劳动安全的必要条件和保护，营造良好的作业环境，使电厂的工业危害的事故风险降低到合理、可行、尽可能低的水平，最终达到防止重大伤亡事故、重大设备损坏事故发生的目的。而教育、培训是预防事故的基石。单纯的安全知识、技能培训，以及培训不及时或不充分或不恰当，都将无法满足事故预防的要求。为做好体验式安全技能实操实验室的建设，让实验室的安全体验设施更加贴近电厂现场常见的典型事故案例特点，江苏核电从工业安全、消防安全、异物控制、辐射安全和职业健康安全等专业出发，收集各专业常见事故的案例及常见的基本安全知识，形成了高处作业、触电体验、有限空间、防坠器使用、起重吊装、卫生出入口、污染体验区、辐射水平体验区和心肺复苏等共计三十多个实体体验区。通过人工搭建的设施和精心设计的场景，将各种深奥的原理、理念以互动式予以显现，通过有趣的游戏体验，达到让参训者“领会知识、提升技能、提高意识”的实训目的。在保证学员安全培训的前提下，整个体验式实验室建设过程全面参考电厂现场的相关要求或现场实际情况进行复制，联合各专业处室提供培训教材、培训考核表等系列教学资源，为开展体验式安全教育提供资源保障，使学员在体验中掌握电厂的相关规定要求及相应的应急救援方法。

(c) VR 安全技能培训实验室的建立

VR 技术已取得了引人瞩目的成果，在国内外也引起了广泛的重视。VR 技术能够在计算机中构造出形象逼真的模型，人与模型进行交互操作，并产生与真实世界一致的反馈信息，使人们得到与现实世界中同样的感受。VR 技术可以将“高危险性、不可达、不可见”的培训风险降到最低。为了更加全面地做好 VR 安全培训实验室的建设工作，江苏核电积极调研国内 VR 制造厂家，学习国内同行电厂 VR 建设良好实践，提出江苏核电 VR 安全技能培训室建设的构想：紧密贴合江苏核电常见事故案例发生特点及现有安全教育培训效果情况，培训方式主要以培训考核为主、体验为辅，进行 VR 安全设备设施的建设构建。

为了更加贴合江苏核电现场情况，采用 VR 技术 1∶1 还原真实作业场景，构建虚拟立体可视化训练场景，在 VR 建设前期，技术人员深入江苏核电现场开展工作任务，进行一对一的工作跟踪，并采用三维激光扫描和摄像等技术采集江苏核电现场工作流程，以及现场构筑物和设备设施情况。将电厂典型事故案例中的常见人身伤害特点通过 VR 技术进行展示，情景化再现电厂典型事故案例，形成高处坠落、中毒窒息、脚手架倾倒、起重伤害、触电伤害、高温蒸汽烫伤、火灾逃生、动火作业、水池边作业和指套管抽拔等一系列共计 29 个 VR 安全培训场景。建成后的江苏核电 VR 安全技能培训室主要由硬件和软件两部分组成，其中硬件主要包含一台定制 6 人 VR 座舱、两台 KAT-DZ-100 万向行动平台、VIVE 头戴设备、手柄、控制中心、显示大屏和交互手套等设备；软件可分为体感互动软件和培训考试互动软件，培训考试互动软件主要包括“VR 体验”“VR 操作培训”“VR 操作考核”和“系统维护”四个功能模块，体感互动软件模拟工业安全、异物控制、消防安全和辐射防护等不同主题类型的虚拟三维工作场景，动态模拟工作过程并进行交互体验。为了加深学员对课堂理论培训所学知识的理解和消化，VR 安全技能培训实验室设置工业安全、消防安全、辐射防护和异物控制四个大专业，学员通过一台 VR 座舱和两台万向行动平台参与各种经典事故案例的体验培训。除此之外，为了增强学员的体验感受，6 人 VR 座舱由可伸缩旋转的液压支杆支撑，并且座舱上方安装有出风加热模块和触电感受模块，可以根据体验的 VR 场景，使学员体验发生触电、高处坠落和蒸汽烫伤等不同事故案例给人的带来的伤害，从而给予学员强烈的震撼，提升学员的安全意识。VR 安全技能体验式培训应用能力源于实践，教育效果持久，体验历久弥新，形式更丰富，互动性更强，接受程度更高。多感官“沉浸式”的体验，让安全知识入脑、入心，有效提升了员工全方位的安全意识。

5）安全培训模式的运用

安全培训是一个循序渐进、由表及里的过程，所以其培训内容应当结合生产，联系实际，按照“因地制宜，因人而异”的原则，精心组织设计培训内容和形式。田湾核电站针对员工的安全培训，在满足国家法律要求、中国核电要求的前提下，积极优化丰富安全培训，针对进入不同区域的员工，除了其安全准入培训课程不一致，对于担任不同岗位的员工，其岗位大纲的培训内容也不尽相同。为了使培训更加精细化，人员培训效果最大化，在进行体验式安全培训和 VR 安全培训时，针对不同岗位的员工，其培训侧重点将有所不同，如对于岗位涉及高处坠落和起重伤害风险的员工，在进行体验式安全培训时，将选择工业安全-人体坠落体验、高处坠落-巡检 VR 和起重伤害 VR 的场景进行针对性的安全体验，借助声、光、电等特效技术手段，让学员通过视觉、听觉、触觉来体验事故发生时感受，亲身体会违章作业的后果及给自身或他人带来严重伤害的情景，从而心生警惕，自觉主动落实防护措施，实现“要我安全”到“我要安全、我能安全”的根本转变。

3. 实施效果

江苏核电培训领域聚焦精细化管理，育新机、开新局和创新法，在安全培训领域采用“课堂培训＋体验式安全技能培训＋VR 安全技能培训”相结合的培训体系，通过精细化管理，细化工种岗位，精确安全培训对象，使安全培训更具有针对性，减少不必要的培训内容，促进培训效果提升，提高从业人员特别是现场作业人员风险预知和应急处置实战能力，使员工深刻地认识到核电安全工作的重要性，体会到不断提高安全意识、规范安全行为的必要性，自觉转变思维，牢记

“四不伤害”，营造电厂浓厚的安全文化氛围，降低电厂人员发生不安全行为的概率，从而提高电厂的整体安全管理水平，为打造双一流核电基地做好铺垫。

在安全培训领域采用“课堂培训+体验式安全技能培训+VR安全技能培训”相结合的培训体系，提高现场工作人员的安全意识与安全技能操作水平，有利于加快电厂现场设备的检修进度和提高现场设备的检修质量，基于精细化安全培训体系的安全培训取得良好的培训效果。江苏核电每年发生的安全事件数量呈现降低趋势，大修工期逐年缩短。具体为：2014年发生6次安全事件，2015年与2016年各发生2起安全事件，2018年与2019年各发生1起安全事件，2020年和2021年各发生2起安全事件。2022年各机组大修工期都较计划工期提前，圆满完成年度大修工作，如TW-OT601大修于6月15日04：50成功并网，大修实际工期45.69天，较计划工期提前9.31天；TW-OT403大修于6月23日03：04成功并网，大修实际工期22.3天，较计划工期提前5.7天，取得了明显的经济效益和社会效益，再次树立了田湾品牌，擦亮了田湾名片。

1.2.12 田湾核电安全管理网络运作管理提升

基本情况	单位名称	江苏核电有限公司
	案例所属专题/领域	落实企业安全生产主体责任专题
	类型	□ 技术优化　☑ 管理提升
	主要创造人	程开喜、陆秋生、张国彪
	参与创造人	乔钧、毛伟、李俊杰、杨景春、仇理、朱见平、牛志丹

案例简介 Case Introduction

安全管理网络是企业安全生产工作中的重要组成部分，其管理水平、能力素质等都直接影响到企业安全管理要求能否落实到位，只有打造出一批管理水平高、能力素质过硬的安全管理队伍才能推动企业安全管理水平有效提升。当前，江苏核电安全管理网络中多数人员均为非安全管理“科班”出身，存在能力有高有低、素质有强有弱等一系列问题。根据集团公司“精细化管理”要求，为切实提高安全管理网络运作水平，江苏核电坚持问题导向，部署采取了一系列针对性举措，包括健全安全管理制度、开发安全管理网络系统、完善考评激励机制和优化培训模式等，从能力、素质和水平等多方面帮助安全管理人员提升，进一步推动公司安全管理水平再上新台阶。

案例详细介绍 Detailed introduction to the case

1. 实施背景

近年来，党和国家高度重视安全生产工作，习近平总书记曾多次就安全生产工作作出重要指示批示，为做好安全生产工作指明了前进方向、提供了强大动力。进一步加强安全管理队伍建设，是贯彻落实习近平总书记关于安全生产重要论述，统筹发展和安全的内在要求；是强化企业安全生产基础建设，持续提升企业安全管理水平和从业人员安全素养的重要途径。

2022 年，集团公司提出“精细化管理”要求，通过对江苏核电现有安全网络人员管理模式进行深入分析，针对公司主页“安全员和安全联络员清单”手动更新不规范、安全员考评和激励政策不完善等问题，认为江苏核电现阶段安全网络运作管理与精细化管理要求还存在差距，对管理效果产生了一定影响。

为进一步提高安全管理网络运作水平，江苏核电坚持问题导向，部署采取了一系列针对性举措，包括健全安全管理制度、开发安全管理网络系统、完善考评激励机制和优化培训模式等，从能力、素质和水平等多方面帮助安全管理人员提升，进一步推动公司安全管理水平再上新台阶。

2. 主要做法

江苏核电始终坚持问题导向，坚持以解决实际问题、提升安全管理水平为指引，抓住关键问题进行深入分析思考，针对上述提出的安全网络运作管理现存的问题，江苏核电以解决问题为目标，主要从健全安全管理制度、开发安全管理网络系统、完善考评激励机制和优化培训模式等方面开展了如下工作：

(1) 建立健全管理制度，完善安全网络管理

江苏核电制定了《安全网络人员和安全生产专家管理》管理程序，编制了各处室专（兼）职安全员设置清单，设置了专职安全员 11 名，兼职安全员 78 名，安全联络员 27 名，明确了专（兼）职安全员及安全联络员的职责与权力。同时根据需要适时对程序进行升版，现阶段通行的有效版本为 B2 版，如图 1-53 所示，于 2022 年 9 月 7 日生效。

安全网络人员和安全生产专家管理

Safety Network Personnel and Safety Production Expert Management

IS-TW-120

Rev.B2

原程序编码	原程序名称

田湾核电 TNPS

本文件属于中核集团江苏核电有限公司和中核苏能核电有限公司所有，未经书面许可，任何单位和个人不得挪用、复制或转让。

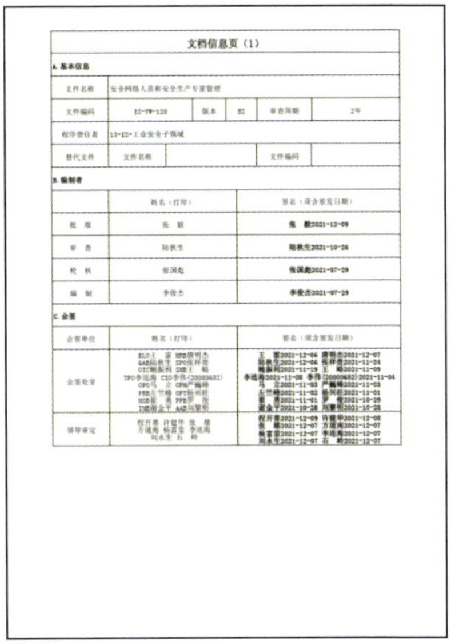

文档信息页（1）

A. 基本信息

文件名称	安全网络人员和安全生产专家管理				
文件编码	IS-TW-120	版本	B2	审查周期	2年
程序责任者	13-IS-工业安全子领域				
替代文件	文件名称		文件编码		

B. 编制者

	姓名（打印）	签名（须含签发日期）
批准	张毅	张毅2021-12-09
审查	陆秋生	陆秋生2021-10-26
校核	张国彪	张国彪2021-07-29
编制	李俊杰	李俊杰2021-07-29

C. 会签

会签单位	姓名（打印）	签名（须含签发日期）
会签处室	[illegible]	[illegible]
领导审定	[illegible]	[illegible]

图 1-53 《安全网络人员和安全生产专家管理》Rev. B2 的封面及信息页

江苏核电建立了定期例会机制，定期开展安全管理网络专题会议，及时沟通工作中存在的问题，分享工作中的良好实践经验。会议提出的内容以行动项的形式下发各相关处室，会议纪要示例如图 1-54 所示。

江苏核电有限公司
Jiangsu Nuclear Power Corporation
中核集团 CNNC

会 议 纪 要

编制部门	记录整理	审 核	批 准	纪要编号
安全质量处	乔钧 2022/08/16	张国彪 2022/08/17	俞文伟 代 2022/08/17	JY-JNPC-INS-2022021
地 点	综合办公楼 910 会议室			
主持人	张国彪	时 间	2022年08月11日	
项目名称	田湾核电站通用项目			

会议名称：

公司安全管理网络工作会议

依据/参考文件编号：

参加单位/人员：
谭德群（PPB）、韩绍南（AAB）、何 帅（OPO）、李志丰（SPO）、李浩然（TPO）、万 涛（OPM，代张雅文）、李 舒（SMB，代刘奇）、邓 科（TMB）、杜文胜（MSB）、胡胜利（PRB，代曹凡）、高 坤（PRB，代曹凡）、张国彪（QAB）、张晔（QAB）

成文时间	2022 年 08 月 16 日	第 1 页/共 3 页

抄送：PPB,AAB,OPO,SPO,TPO,OPM,MSB,QAB,SMB,TMB,PRB

图 1-54　公司安全管理网络工作例会会议纪要

（2）开发安全管理网络系统，规范人员变更流程

江苏核电开发出安全网络系统，满足以下条件的申请人可在系统内提报安全员资格授权申请，经线上审批完毕后获得安全员资格：具备高度责任心；具有大专及以上学历；合同制员工且具有三年及以上工作经验，熟悉本处室工作岗位主要危险源、职业健康有害因素及控制措施；取得注册安全工程师资格，或聘任为专职安全员两年内取得注册安全工程师资格，或聘任为公司内部安全生产专家的人员；通过安全员基础专业知识考核；身体健康，无职业禁忌疾病。

存在本人长期不履行专职安全员岗位职责或者委托他人代为履行的；授权有效期满，未重新授权；未履行安全管理人员法定职责，导致安全事故发生；连续两次未参加安全网络相关会议；连续两次被人投诉未履行安全职责且事实清楚的；个人发生安全违章行为的；因岗位变更，不能再继续履行安全职责；连续两个考评周期内评为不称职的；其他主观或客观因素，导致人员不能完全履职等情况时，将在系统内提报安全员资格撤销申请，经线上审批完毕后取消安全员资格，并在 15 个工作日内在系统内重新授权有资格的人员。

在安全管理网络系统内建立安全管理网络电子化台账，有效解决公司主页“安全员和安全联络员清单”手动更新不规范的问题，有需求的人员可随时登录安全网络管理系统查看人员档案、筛选出需要的人员名单，实现了动态化管理。

(3) 完善考评与激励机制，定期开展考评工作

为充分调动安全网络人员的积极性，江苏核电制定了安全网络人员考评与激励机制，考评内容包括安全员基础工作、加分项、约束性指标及扣分项，共计 4 大类 28 小类。鼓励安全员在履行基本职责的基础上，主动承担公司安全管理专项活动，主动采取有效措施培育集体安全文化、提高集体安全绩效，积极为所在集体和公司赢得安全荣誉。

每季度组织专职安全员评比，由江苏核电安全生产委员会办公室依据“安全员考评表”组织初评，并将结果报送安全质量环保责任考核小组审核。考评结果分为卓越、优秀、良好、称职和不称职。对于季度考核结果为卓越、优秀、良好的处室专职安全员，由江苏核电安委办报公司安全质量环保责任考核小组给予嘉奖，嘉奖金额分别不低于 4 500 元、3 500 元和 2 500 元，称职及以下专职安全员不进行嘉奖。

每年度组织兼职安全员评比，由江苏核电各处室参照“安全员考评表”进行初评，初评结果分为良好、称职和不称职三个等级。对于年度考核结果为优秀、良好的兼职安全员，由江苏核电安委办报安全质量环保责任考核小组给予嘉奖，嘉奖金额分别不低于 3 000 元、2 000 元。

对于考核结果为优秀及以上的专（兼）职安全员，江苏核电一并予以发文表彰，授予“优秀安全员”荣誉称号并优先安排参加安全相关培训。

(4) 优化培训模式，助力安全管理网络能力提升

如图 1-55 所示，江苏核电每年定期组织开展专（兼）职安全员安全管理培训，邀请外部安全生产专家进行授课，详细地讲授了企业在落实安全生产主体责任重点事项清单方面的基本要求、本质安全的定义及内涵、本质安全与事故预防的关系等，并通过事故案例分析和责任追究，进一步强调企业落实安全生产主体责任就必须要做到安全投入到位、安全培训到位、基础管理到位、应急救援到位，确保事故隐患及时消除。

图 1-55 安全管理人员培训

此外，江苏核电每年组织安全员分批次开展外部安全知识拓展培训（见图 1-56）及去国内外各个安全管理先进企业对标交流（见图 1-57～图 1-62），持续加强安全管理网络建设，拓展提升安全管理人员知识技能水平，借鉴优秀经验推动安全管理高质量发展。

图 1-56 安全管理人员参加外部知识拓展培训

图 1-57 赴徐州中国安全谷对标交流

图 1-58　赴徐工汽车制造有限公司对标交流

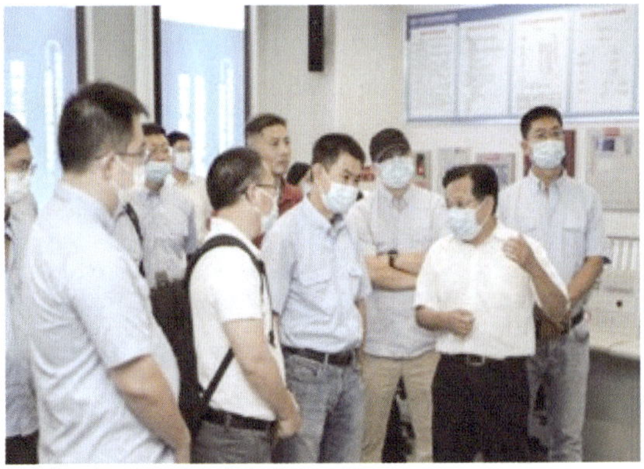

图 1-59　赴苏州张家港中远海运化工园区对标交流

图 1-60　赴徐工消防安全装备有限公司对标交流

图 1-61 赴国能徐州发电有限公司对标交流

图 1-62 赴滨海发电有限公司开展安全管理对标交流

3. 实施效果

安全管理网络是企业安全生产工作中的重要组成部分，通过开展安全网络运作管理精细化工作，在积极践行“安全是核工业的生命线”、培育良好安全文化氛围的同时，有效规范了安全网络人员的管理，安全管理人员素质能力和水平得到明显提升，在日常安全管理、安全活动开展、安全宣教和现场监督检查等方面发挥重要作用，扎实做好基础工作、夯实安全生产根基，坚决守好安全生产红线底线，推动落实全员全过程安全生产责任，有力地确保了公司安全生产形势总体稳定。

1.2.13 安全生产标准化管理信息化建设

基本情况	单位名称	江苏核电有限公司
	案例所属专题/领域	落实企业安全生产主体责任专题
	类型	□ 技术优化　☑ 管理提升
	主要创造人	程开喜、陆秋生、张国彪
	参与创造人	乔钧、毛伟、李俊杰、杨景春、仇理、朱见平、牛志丹

案例简介 Case Introduction

安全生产标准化建设是落实企业安全生产主体责任，提高企业安全生产水平的重要手段。为进一步提升田湾核电站安全生产标准化管理水平，践行“安全是核工业的生命线”理念，江苏核电以考评标准检查全覆盖、标准化建设责任层层落实为目标，开发安全生产标准化自查评系统，推动安全生产标准化管理水平提升。通过安全生产标准化自查评系统，将《中核集团安全生产标准化考核评级标准》中考评标准以系统任务的方式触发给相关处室，各处室依据考评标准开展自查自纠，进一步落实各级人员安全生产主体责任，推动公司安全生产标准化管理全员全过程参与，加强生产经营活动各环节的安全生产全面管控。

案例详细介绍 Detailed introduction to the case

1. 实施背景

集团公司印发安全生产标准化考核评级标准，每年度开展一次全面自评，评审条款复杂、涉及处室多，工作量大且繁杂，需要耗费大量人力物力。江苏核电组织开发安全生产标准化自查评系统，将考评标准通过系统自评任务触发给相关处室，再分发给直接填报人，根据各处室填报情况导出相关信息形成自评报告，有效提高工作效率、降低人因失误；同时，自查评系统能够保留相关评审记录，作为可追溯资料，减少重复性工作。

2. 主要做法

(1) 配置安全生产标准化考评标准

以《中核集团安全生产标准化考核评级标准》中考评内容、标准分和评分标准为依据，逐项创建自评任务（见图 1-63），明确考评任务标准分、中止项和重点扣分项等评分要素，如图 1-64 所示，并按照各业务处室安全质量环保职责确定责任部门。

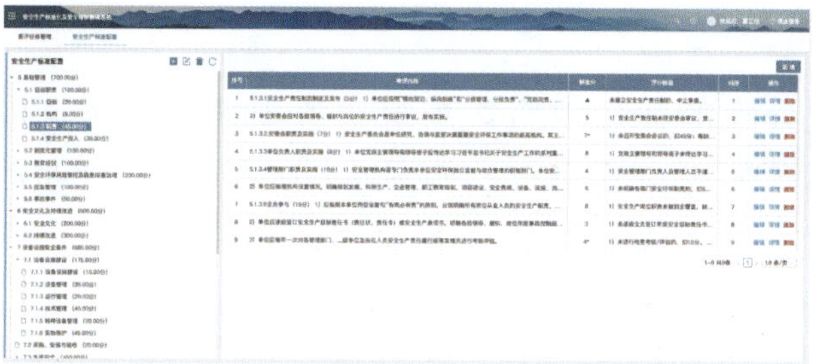

图 1-63　创建安全生产标准化考评任务

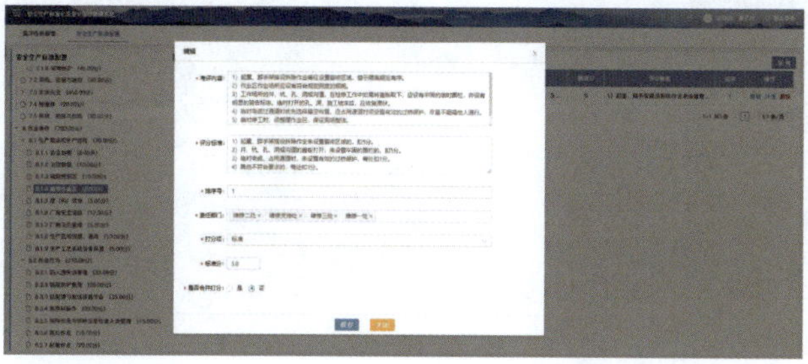

图 1-64　确定考评任务责任部门、评分要素

(2) 开展安全生产标准化自评

江苏核电按照公司安全生产标准化自评工作方案，通过安全生产标准化自查评系统将自评任务触发到相关处室，相关处室将自评任务下发责任人，责任人按照评分内容及评分标准的要求，以查阅文件资料（程序制度文件、执行文件记录等）、现场检查生产设备设施安全状况及人员作业行为等方式开展自评工作，并逐项逐条填写评审记录及

评审扣分、评审得分情况，得出自评结果，自评结果经逐级审批后完成自评任务填报，如图 1-65 所示。

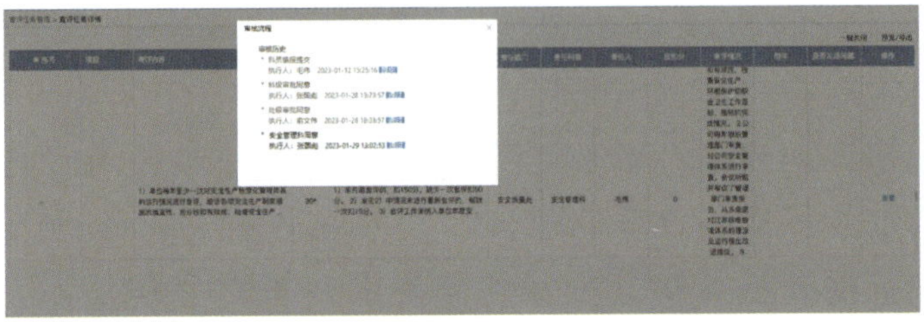

图 1-65　安全生产标准化自评任务填报

(3) 形成自评报告

根据相关处室的任务填报，系统对各项评分任务问题及扣分情况进行识别计算，形成自评报告，如图 1-66 所示，自评报告包括评分汇总表、扣分项目汇总表及查评任务明细，详细记录了安全生产标准化查评情况、问题及扣分情况等内容。

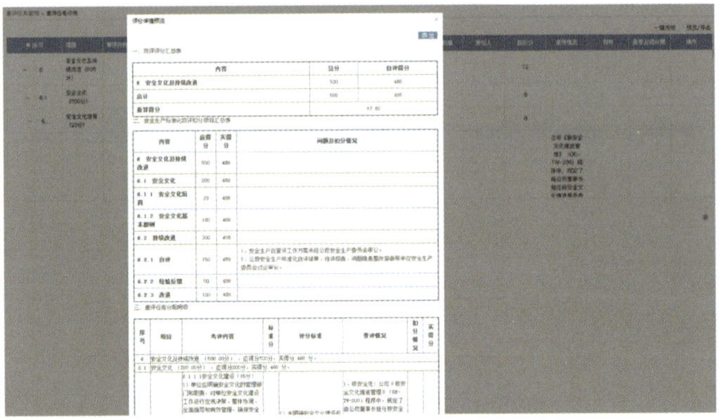

图 1-66　安全生产标准化评分详情

3. 实施效果

通过安全生产标准化自查评系统，在 2022 年度安全生产标准化自评过程中，人员工作量大幅降低，工作效率有效提升，使用效果良好，实现了信息化技术赋能安全管理水平的作用。主要体现在：

（1）提高了安全生产标准化自评工作档案管理水平，实现将自评文件资料如实、翔实记录，存档备查。实现安全生产标准化自评工作档案的长期保存。

（2）推动公司安全生产标准化管理全员全过程参与，通过安全生产标准化自查评系统，将考评标准以系统任务下发至各相关处室、责任人，扩大自评工作范围。

（3）强化安全生产长效管理机制，安全生产标准化自评的全员全过程参与，增强人员安全素质、强化岗位责任落实，有效提高公司安全生产管理水平。

1.2.14 基于双重预防机制的危险源辨识和隐患排查实践

基本情况	单位名称	江苏核电有限公司
	案例所属专题/领域	落实企业安全生产主体责任专题
	类型	□ 技术优化 ☑ 管理提升
	主要创造人	张毅、陆秋生、陈中凯
	参与创造人	黄林燕、张永初、毛伟、俞文伟、仇理

案例简介 Case Introduction

江苏核电根据自身的特点，在对标调研的基础上，形成核电厂的双重预防机制架构。开展建立标准“安全风险/隐患排查标准条款库”、全面推行风险分级管控、根据风险分级结果开展隐患排查治理和持续经验反馈等一系列活动，强化了现场安全风险管控。

通过制定系统化的风险分级分区原则，解决现场安全责任不明确和安全措施不清晰的问题；通过“一岗一清单”动态形成有针对性的区域、专业“安全隐患排查表”，解决了现场安全巡查“查什么、如何查、如何改”的难题；通过对全过程各类数据统计分析，实现了安全隐患排查治理闭环管理。

期间共产生动态危险源辨识记录 2 000 余条，开展隐患排查活动 8 万余次，发现隐患问题 2.5 万余条，实现双重预防机制的良性循环。

案例详细介绍 Detailed introduction to the case

1. 实施背景

(1) 国家政策方面

2016 年 1 月，习近平总书记在中共中央政治局常委会会议上提出："对易发重特大事故的行业领域采取风险分级管控、隐患排查治理双重预防性工作机制，推动安全生产关口前移。"2016 年 10 月，国务院安委会办公室发布《关于实施遏制重特大事故工作指南构建双重预防机制的意见》(安委办〔2016〕11 号)。

(2) 安全法律方面

2021 年 9 月 1 日新修订实施的《安全生产法》，规定生产经营单位要构建双重预防机制，同时要建立安全风险分级管控制度和生产安全事故隐患排查治理制度，并安全制度开展相关工作。

(3) 安全管理方面

双重预防机制是一套行之有效的方法，是安全管理非常好的工具和机制，把双重预防机制做好了，企业安全管理基本上也就做好了，可以提高企业的安全管理水平并有效地避免生产安全事故。

江苏核电基地经过多年持续努力，基本建立了安全风险分级管控和隐患排查治理的双重预防机制。

2. 主要做法

江苏核电根据自身的特点，在对标调研的基础上，形成了核电厂的双重预防机制架构，包括事前、事中和事后控制。其中事后控制主要是注重经验反馈和考核，主要如下：

(1) 标准先行，建立"安全风险/隐患排查标准条款库"

组织人员对适用于企业安全生产管理的各类法律法规、国家标准、规范文件的各项条款逐一进行梳理，形成企业安全管理最基础的标准条款数据库。将标准条款按照维度和级别进行分类、分级，将标准条款同危害因素、风险评价、风险等级、控制措施、作业活动风险、隐患排查标准和隐患问题分类分级等进行关联，形成一套全过程、全方位的统一标准。实际工作期间只需要选择隐患问题对应违反的标准条款，即可完成隐患问题的分级和分类，实现多维度统计、分析。将此标准库应用到危险源辨识和隐患排查过程中，对危险源采取的控制措施采用标准库内容；在隐患排查过程中，将此标准的控制措施转化成“查什么隐患”的安全隐患排查表。

（2）事前控制，风险分级管控

安全风险分级管控是企业开展双重预防机制的关键环节，是企业开展安全隐患排查治理的前置关口。企业需要对现场实施危险源辨识、风险评价，识别出事故风险点，并进行分级管控，达到优化操作流程、量化规范要求的效果。

根据危害因素和类别确定“什么级别”的风险等级，即重大风险（红色）、高度风险（橙色）、中度风险（黄色）和低风险（蓝色）；制定“什么标准”的控制措施，建立不同级别的风险点清单；针对不同级别的风险点，从组织、制度和技术等方面确定现有及后续的控制措施，按照“谁主管、谁负责”的原则，风险级别越高，管控层级越高，逐级落实具体措施，分级、分层、分类和分专业落实各层级安全风险预控责任。建立核电厂厂区风险展示信息化系统，通过各厂房平面图对应关联的房间实时展示风险分级管控、高风险作业跟踪等信息，以及厂区风险四色图。

（3）事中控制，隐患排查治理

隐患排查是一个全员参与的过程，如何将各级安全生产责任细化到实处，如何对隐患问题进行合理的分类、分级，是企业一直探寻的工作。各类文件均提出事故隐患排查治理信息档案包括排查时间、参加排查人员、事故隐患治理情况、复查情况、复查人员和复查时间等信息。

核电厂安全隐患排查的主体是工程技术人员，将缺陷处理部门前置，从而做到标准化、专业化的全员隐患排查治理，减少了中间管理环节，从而保证反馈信息不失真，真正做到情况在现场了解，问题在现场解决，隐患在现场排查。

针对厂房区域、安全设施和作业风险辨识结果建立动态的“清单化”专项隐患排查表，作为跟踪记录风险点的安全管控、巡查档案，解决现场安全巡查“查什么、如何查、如何改”的难题，以及根据

"违反哪一条标准"的安全隐患排查表，确定"什么类别、什么级别"的隐患问题，包括安全隐患、"次标准"问题，解决隐患分级的痼疾。

（4）事后控制，开展经验反馈

公司以考核激励为目标导向，每季度组织召开安全质量环保责任考核会议，对安全生产相关责任事项作出嘉奖和处罚决定，做到激励和处罚并重，督促公司各级人员按要求落实岗位安全生产责任。

通过对全过程各类数据统计分析，找到安全管理的薄弱环节，有针对性地制定改进方案，如从工程技术措施上来消除或替代，开展本质安全提升项目，设立安全隐患 TOP10 管理量化评估及分级督办机制；隐患排查统计分析结果反馈到危险源辨识过程，实现双重预防机制良性循环。

3. 实施效果

（1）经过不断实践和完善，江苏核电建立了包含共两千余条条款的条款库，涵盖工业安全、交通安全、消防安全、保卫安全、辐射安全、应急管理和环境要求等多个领域。工作人员在进行危险源辨识的过程中仅需要根据危害因素的不同分类，在数据库中进行检索或按照分类勾选，即可找到合适的控制措施。

（2）公司每年组织一次对全厂共七千余房间和区域开展的全面危险源辨识，共生成危险源辨识记录一千余条，其中辨识出高度风险点辨识记录三十余条、中度风险点辨识记录八十余条，所有风险辨识结果均进行动态管理。

（3）公司共产生安全隐患排查记录八万余条，提出安全隐患问题两万余条，所有隐患问题均发起隐患处理流程进行跟踪处理。

1.2.15 构建厂前区标准化安全管理体系，提升厂前区安全管理效能

基本情况	单位名称	福建福清核电有限公司
	案例所属专题/领域	落实企业安全生产主体责任专题
	类型	☐ 技术优化　☑ 管理提升
	主要创造人	叶应权、纪伟、刘丽娟
	参与创造人	李海明、朱恒政、黄孟超、段国斌、张金国、王阳

案例简介 Case Introduction

为规范化厂前区安全管理，按照“统筹兼顾、精益求精”的管理原则，针对厂前区安全管理制度缺失、作业管控流程空白、管理与监督薄弱，以及人员风险分析能力偏弱等问题，通过完善安全管理体系、强化承包商安全生产自主化管理、增强安全监督管理力度和深化安全培训等途径，推动厂前区安全管理全面提升。通过发布厂前区作业管理程序、开发作业审批流程和完善工业安全四色图等措施强化风险管控，以承包商安全备案制度来确保厂前区作业单位及人员资质满足要求，通过建立长效机制，持续提升厂前区子项的安全管理水平。专项工作开展以来，厂前区安全工作成果显著，实现厂前区安全管理制度化、执行标准化和监督常态化，工业安全违章数量保持零增长、安全隐患数量同比/环比双下降，第二食堂、0AY 扩建工程和 ED2 等子项建设顺利完成。

案例详细介绍 Detailed introduction to the case

1. 实施背景

厂前区子项又称为“自管子项”，长期以来采取的是独立于生产机组之外的“自管”流程，即作业过程管理、人员管理、设备设施管理和工器具管理等工作由接口处室自行管控，普遍存在安全管理制度不完善、安全管理与监督薄弱、承包商管理存在盲点、作业人员安全意识与技能不足，以及作业环境的风险辨识不充分等问题，导致风险管控措施落实不到位、安全隐患排查治理不彻底，甚至出现红/黄线工业安全违章的问题。为全面转向商业运行提供全局化的安全管理体系，福清核电急需构建标准化的安全管理体系和富有成效的长效机制，以推动厂前区各子项的安全管理水平得到持续改进。

2. 主要做法

(1) 成立厂前区安全管理提升项目组

如图 1-67 所示，成立安全监督组、接口处室管理组两个层级的厂前区安全管理专项提升项目组，全面领导各项工作，深耕“党员责任田”，通过安全监督部门、管理部门党建联合，从安全管理制度、人员能力提升和规范化安全检查等方面加以改进提升，将规范的安全管理理念和完善的安全管理制度移植到厂前区安全管理中。

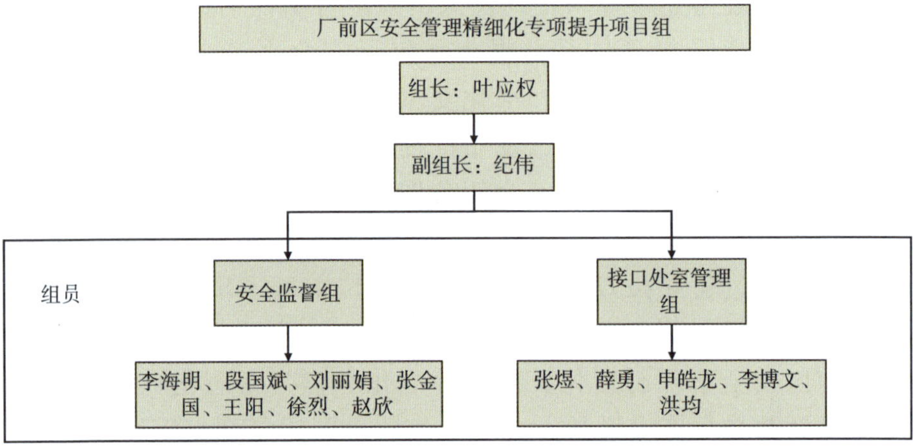

图 1-67 厂前区安全管理精细化专项提升项目组

（2）完善厂前区安全管理制度和承包商安全管理体系

1）发布《厂前区作业管理》管理程序，规范厂前区作业管理，明确厂前区作业审批流程、工业安全高风险作业及动火作业的审批流程，弥补厂前作业管理的制度空白。

2）将厂前区各子项纳入总平面管理区域清单，细化现场安全检查、风险项目督查、隐患整改、监督与评价等子项安全责任。

3）升版《工业安全高风险作业管理》程序，建立全区域的高风险作业管控体系，统一高风险作业类型、许可证审批流程和现场监督等安全管理要求，进一步强化风险管控。

4）编制标准化的承包商安全管理体系评价文件，组织开展自评及复评工作，推动承包商完善自身的安全管理制度，提升自主化管理水平。

5）根据中国核电危险源辨识导则，采用直接判定法、作业条件危险性分析法（LEC）对厂前区进行危险源全面辨识与分级，并实施动态管理，以达到降低风险、预防事故的目的。

(3) 强化厂前区安全管理与监督力度

1）创建厂前区作业许可信息化流程。依据《厂前区作业管理》程序规定，创建厂前区作业许可电子审批流程，许可单内嵌高风险作业审批单，使得厂前区作业进入“持票作业”时代，工业安全高风险、动火作业由线下审批转为线上审批，实现对厂前区高风险作业的电子化审批，便于后续查阅和分析。实施以来，已完成七百余项作业审批，接口处室巡查ISP1级高风险作业58项，安全管理处室旁站监督见证ISP2高风险作业21项。

2）制定厂前区安全巡视计划，通过专项安全检查与日常安全巡视相结合，由过去单一的隐患排查拓宽到工作控制、人员行为等方面，强化作业流程管理与过程风险管控，已完成安全管理巡视324人/次，完成隐患整改157项。

(4) 强化厂前区承包商安全管理

1）制定《厂前区承包商安全管理体系评价细则》，通过6个方面17项工作开展安全管理体系评价，开展常态化体系自评，推动承包商强化与落实自身的安全管埋制度。

2）将厂前区作业单位纳入公司承包商安全管理体系，共组织厂前区7家承包商参与承包商月度联席会议，进一步传递安全管理理念，提升安全管理期望。

以安全管理信息化为支撑，在工业安全管理系统中落实承包商安全备案制度，对承包商单位安全管理、事故应急预案等管理程序的有效性和管理人员证件有效性进行审查，已完成20家承包商、20名项目管理人员、20名安全管理人员的信息安全备案；同时，建立特种作业人员台账，对其准操项目、证件有效性进行定期审查，杜绝无证/假证上岗，已完成77名特种作业人员的安全备案。

(5) 提升作业人员安全技能

1）发布工业安全行为手册，厂前区各子项共发放50余册，进一步指引与规范人员行为。

2）发布班组安全管理标准化建设方案，共发放110余本班组安全管理标准化管理手册，提升承包商现场安全管理水平。

3）组织双重预防机制专项培训，并联合接口处室共同开展现场安全隐患专项检查，提升承包商安全管理能力；根据现场作业特点针对性地开展受限空间、高处作业等专项培训，提升人员安全技能水平。

4）针对典型作业的主要风险点，开发标准化检查单，建立风险管控与隐患治理的长效机制。

（6）改善现场作业安全条件

1）应用本质安全理论，针对高处作业等典型作业，开展本质安全改造与作业方式优化，已完成气象塔垂直生命线安装、登高作业车的推广应用。

2）完善现场安全标识牌，提供完善的工业安全指引和指导，已完善第二食堂、7AB 库房和 7AX 危化品库房等区域工业安全标识牌 201 块。

3. 实施效果

（1）安全目标达成情况

所有对策实施后，对照 2022 年厂前区安全管理成效进行检查确认，13 项提升指标项均全部实现，具体值如表 1-7 所示。

表 1-7　提升指标项数值对比

序号	提升指标项	目标值	实际值
1	发生轻伤及以上生产安全事故	0 起	0 起
2	发生一般及以上特种设备事故	0 起	0 起
3	重大安全事故隐患	0 项	0 项
4	协作单位工业安全系统备案率	100%	100%
5	协作单位安全生产管理人员、特种作业人员、特种设备作业人员等持证上岗率	100%	100%
6	人员三级安全教育完成率	100%	100%
7	工业安全高风险作业持票率	100%	100%
8	特种设备年检率	100%	100%
9	临时入厂人员授权上岗率	100%	100%
10	临时入厂设备检验率	100%	100%
11	管理部门对所辖子项日常工作每周开展安全巡查	≥1 次	7 次

续表

序号	提升指标项	目标值	实际值
12	协作单位各级人员安全生产责任书签订率	100%	100%
13	隐患排查按期整改率	100%	100%

(2) 安全生产态势变化

从工业安全违章、安全隐患数量，以及承包商安全管理能力等方面进行全面分析，项目实施后，厂前区各子项工业安全违章数量保持零增长，安全生产态势得到根本扭转。

1.2.16　以本质安全为抓手，降低高处作业安全风险

基本情况	单位名称	福建福清核电有限公司
	案例所属专题/领域	落实企业安全生产主体责任专题
	类型	☑ 技术优化　　☐ 管理提升
	主要创造人	纪伟、董志刚、朱恒政
	参与创造人	薛有潘、吴镇邦、罗成、陈友华、余晓辉、刘勇

案例简介 Case Introduction

通过对现场高处作业危险因素的分析，制定专项措施降低高处作业风险，如现场安装生命线，解决高处作业无安全带挂点和高处攀爬需交替使用安全带问题；对日常经常操作、检修区域设置检修平台，减少临时搭设脚手架工作高处作业；现场高处平台入口增加自闭门，降低高处平台人员坠落风险；将现场直爬梯改成斜爬梯，从根本上消除高处攀爬风险。

案例详细介绍 Detailed introduction to the case

1. 实施背景

福清核电现场维修项目多，高风险作业中脚手架搭设、高处临边

作业等类型数量位居前三，且部分区域安全防护条件不满足要求。为降低高处作业人员坠落风险，福清核电策划实施爬梯生命线安装、钢平台改造等高处作业本质安全提升项目，通过三年行动的实施与落实，以问题为导向，突出整治效果，达到减少隐患、降低风险和管理提升的目的，确保现场高处作业安全可控。

2. 主要做法

（1）高空生命线安装

为提升本质安全，确保高处攀爬及作业人员安全，福清核电对现场使用频次高、落差大的爬梯、高处作业场所进行识别，确定对气象站、常规岛行车轨道和 500 kV/220 kV 开关站等地点开展生命线安装（见图 1-68），生命线安装完成后组织对高处作业相关人员开展生命线使用培训，确保人员熟练掌握生命线使用要求；每年组织生命线安装单位对生命线进行检验，确保生命线完好可用，极大地提升了高空攀爬作业的安全性和便捷性。

图 1-68　高空生命线安装

（2）生产厂房固定钢平台改造

福清核电现场存在部分日常操作、检修区域未设置爬梯及检修平台，检修工作中需要搭设大量脚手架，降低工作效率的同时也引入脚手架作业人员高坠风险。为解决不可达区域相关设施的操作问题，在对现场评估后增设固定钢结构平台（见图 1-69），以减少脚手架搭设数量，降低高处作业风险，提升安全及成本效益。

图 1-69　生产厂房固定钢平台改造

(3) 自闭门改造

针对生产厂房爬梯的临边防护，通常采取设置防坠链条的方式防止人员意外坠落，存在日常使用不便且管控效果不佳等问题。对此，福清核电进行自闭门改造，在临边通行位置设置自闭门（见图 1-70），人员在通过后自闭门能够自动完成关闭，替换爬梯防坠链条。安全生产专项整治三年行动期间，福清核电累计完成 333 项自闭门改造任务，并将自闭门纳入安全设施管理清单，开展定期检查与维护，确保自闭门安全可靠。自闭门投用后，在保证临边作业安全的同时减少人员操作步骤，提升了高处作业本质安全水平。

图 1-70　自闭门改造

(4) 直爬梯改造

为减少现场直爬梯攀爬带来的高处坠落风险，福清核电组织专业人员识别现场使用频率较高的爬梯，制定爬梯改造方案并组织开展现场直爬梯改斜梯工作（见图 1-71）。改造完成后，极大提升高处爬梯攀爬安全性，人员无需使用安全带，节省人员高处攀爬体力，提高现场工作效率。

图 1-71　直爬梯改斜梯

3. 实施效果

(1) 提升本质安全

生命线的安装解决了高处作业无可靠挂点的问题，确保人员高处作业安全，同时避免攀爬过程交替使用安全带，减少人因失误带来的高坠风险，极大提高作业安全性。固定钢平台改造后，现场巡检、维修有可靠的作业平台，降低高处作业风险；减少脚手架搭设所带来的误碰设备、人员高坠、物体打击风险，安全效益显著。自闭门实施前，现场平台使用防坠链条，可靠性不足，且需要人员操作，存在人因失误导致防坠措施失效的风险；自闭门改造项目实施后，现场使用的自闭门可自动关闭，高处平台防坠落措施更加可靠。直爬梯改造前，人员攀爬 4 m 上直爬梯需系挂安全带，改成斜梯后，从根本上解决人员高处攀爬风险，提升现场本质安全。

(2) 提高工作效率

气象站等区域安装完垂直生命线后能省去人员攀爬时交替使用安全带的步骤，节省人员体力，提升高处攀爬效率。固定钢平台改造后，可大量减少现场脚手架搭设工作，节省大量人力、时间，极大提升现场工作效率，降低工作成本。直爬梯改造后，人员现场巡检、工作无需使用安全带，提高人员巡检及维修工作效率。

1.2.17　工业安全防护设施共性问题专项整治

基本情况	单位名称	海南核电有限公司
	案例所属专题/领域	落实企业安全生产主体责任专题
	类型	☐ 技术优化　☑ 管理提升
	主要创造人	蒋晓炜、周涛、刘刚山
	参与创造人	王珏、魏子程、曹姝、代淑伟、陈秘、叶进、张建博

案例简介 Case Introduction

为进一步提升海南核电运行机组生产厂房工业安全防护设施的本质安全和投用状态，完善工业安全防护设施配置和管理，提高风险防控能力，海南核电针对工业安全防护设施存在的典型和共性问题进行了系统分析，成立专项组，综合公司生产厂房工业安全设施数量和分布特点、设施改造难度和备品备件配备等多个因素，开展专项整治提升工作，形成了一套适合于运行核电厂的工业安全防护设施标准化图册和管理标准，可在各运行核电厂内推广使用。

案例详细介绍 Detailed introduction to the case

1. 实施背景

海南核电针对典型共性问题，结合现场排查的薄弱环节和良好实践，形成了《安全防护设施标准化图册》，明确了生命线、爬梯护笼、自闭安全门、转动部位防护罩的设置标准。经过专业小组的专项排查、整改提升、技术改造，已累计完成了71处工业安全标识标牌更新增设工作，安装1 270余处防飞溅酸碱法兰防护罩、新增12处机械转动部位防护罩、新增设 8 处洗眼器装置、完成 43 处电气防雷及接地隐患整改、装设 138 扇自闭式安全门，安装 34 条垂直/水平生命线。

2. 主要做法

(1) 明确专项整治内容

分析排查运行机组工业安全设施的管理现状、设备/设施缺陷、管理漏洞及管理难题等共性问题，并开展相应的专项整治工作，其中工业安全设施包括不仅限于：屋面、行吊轨道等设置的生命线、避雷线，围栏及侧向栅门，转动机械护罩，格栅盖板，地面孔洞盖板，应急洗眼器，消除静电装置，工业安全标识，爬梯、铁梯、楼梯及相关扶手，护笼和防坠链，自闭门等。

(2) 成立专项工作组

电厂安全质量处、运行处、维修处、保健物理处、商务合同处和生产计划处协同成立专项整治工作小组，明确工业安全设施整治工作的重点和范围、专项小组成员的具体工作及职责，制定《工业安全防护设施共性问题专项整治工作实施方案》。

(3) 专项整治流程

专项整治流程如图 1-72 所示。

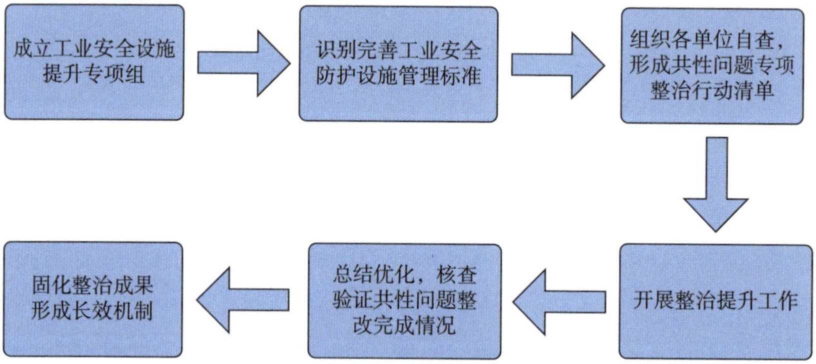

图 1-72　专项整治流程

(4) 系统分析存在问题

系统分析各类设施存在的共性问题如表 1-8 所示。

表 1-8　各类型设施存在的共性问题

设施类型	共性问题
固定围栏	临边围墙高度不足，需要巡检的屋面临边却只有不结实的避雷线，无可靠的安全带挂点；移动式围栏损坏但仍在现场使用，无人及时修复等
生命线	屋面、行吊轨道和临边平台等设置的生命线长期不使用，缺少维护保养检查，设施可靠状态未知
避雷线（器）、除静电装置	脱焊或是其条基上部歪曲变形，周边存在裂缝，可能从墙体脱出却未得到及时维护；除静电装置故障等
转动机械/酸碱系统法兰防护罩	防护罩松动、脱落，转动/酸碱设备未设置防护罩等
格栅盖板、地面孔洞盖板	盖板尺寸缺陷导致留有较大缝隙、盖板晃动和打开后未及时恢复等
应急洗眼器	应急洗眼器喷淋龙头损坏、洗眼器不出水和设置位置不合理等
工业安全标识	工业安全标识破旧掉色、影响辨识等
爬梯护笼、扶手	爬梯护笼及扶手锈蚀、脱焊和固定端松脱等
自闭门、防坠链条	自闭门故障、防坠链固定端松脱等
过桥盖板	人员通道处地面管线未设置过桥盖板、容易发生磕碰或踩踏管线设备
防磕碰设施	螺栓突出、通道立柱等易磕碰处未设置保护措施，采用防撞警示软条、保护帽等
其他设施及管理性问题	备品备件不足，设备设施锈蚀（老化）等

3. 实施效果

专项整治工作形成《安全防护设施标准化图册》《生命线、自闭门、爬梯护笼、栏杆设置及管理标准化图册》《机械伤害防护培训及转动机械防护罩设置及管理标准化图册》，明确生命线、爬梯护笼、自闭安全门、转动部位防护罩的设置及管理标准（见图 1-73），如经过专业小组的专项排查、整改提升、技术改造，累计完成 71 处工业安全标识标牌更新增设工作，安装 1 270 余处防飞溅酸碱法兰防护罩，新增 12 处机械转动部位防护罩，新增设 8 处洗眼器装置，完成 43 处电气防雷及接地隐患整改，装设自闭式安全门 138 扇，安装垂直/水平生命线 34 条。

一、直爬梯增加护笼

1) 单梯段高度＞3m且场地条件具备时，增设安全护笼；
2) 3m＜单梯段高度≤5m且不具备增加安全护笼的条件时，人员可使用安全带双钩交替攀爬；
3) 攀登高度＞5m且不具备增加安全护笼的条件时，设置垂直生命线；（规范是单梯段大于7m，但结合公司程序要求，建议统一定为5m）

二、直爬梯增加垂直生命线

1) 攀登高度＞5m且无安全护笼时，增设垂直生命线；
2) 有安全护笼但单梯段高度＞10m时，增设垂直生命线。

三、直爬梯增加自闭门、防坠链

1) 攀登高度＞1.2m的直爬梯通向屋顶、楼面、储罐顶部、操作平台、观察平台、通道平台的位置无女儿墙等隔断措施且直爬梯顶部无进出引导平台时，增设自闭门；（受场地影响不具备安装自闭门条件时，可酌情降级使用防坠链）
2) 攀登高度＞1.2m的直爬梯通向屋顶、楼面、储罐顶部、操作平台、观察平台、通道平台的位置无女儿墙等隔断措施但直爬梯顶部具有高于上述平台的进出引导平台时，优先考虑安装自闭门，也可根据现场实际情况选择安装防坠链（防坠链应安装在进出引导平台远离坠落临边的一侧）。

2、转动机械安全防护装置的安全技术要求：

（A）为防止手指尖误通过造成伤害时，其开口宽度：直径及边长或椭圆形孔的短轴尺寸应小于6.5mm，安全距离不应小于35mm；
（B）为防止手指误通过造成伤害时，其开口宽度：直径及边长或椭圆形孔的短轴尺寸应小于12.5mm，安全距离不应小于92mm；
（C）为防止上肢误通过造成伤害时，其开口宽度：直径及边长或椭圆形孔的短轴尺寸应小于47mm，安全距离不应小于460mm；
（D）为防止足尖误通过造成伤害时，防护罩底部与地面的（或站立平台）的间隙应小于76mm，安全距离不应小于150mm；

图 1-73　各类安全设施设置标准

1.2.18　安全环保职业健康制度体系建设项目

基本情况	单位名称	中核汇能有限公司
	案例所属专题/领域	落实企业安全生产主体责任专题
	类型	□ 技术优化　☑ 管理提升
	主要创造人	段继兵、李亮、邓辉
	参与创造人	刘蕴华、么亮、蔡宁川、赵鹏飞

案例简介 Case Introduction

中核汇能有限公司（以下简称“中核汇能”）装机规模

从2019年年初的180万千瓦增长到2022年年底的1200余万千瓦，业务规模快速发展，安健环制度体系与公司的规模、未来的发展已不匹配。主要问题包括覆盖不全面、制度间存在冲突、省公司及项目公司制度缺乏有效管控、领域划分不适用和制度分类繁多不便于使用等。

针对以上问题，本次制度体系建设结合体系文件的策划、编制工作，按照安健环管理体系12个单元39个要素进行系统梳理，完成中核汇能本部修编制度32部、省公司修编制度56部，覆盖安健环管理体系所有要素，符合体系相关要求。

新能源安全环保职业健康制度体系建设进一步完善公司制度体系，保持本部、省公司、项目公司安全环保职业健康管理的高度一致性，实现管理制度化、制度流程化、流程表单化，且为进一步流程信息化、表单信息化夯实基础。

案例详细介绍 Detailed introduction to the case

1. 实施背景

随着中核汇能所属项目公司新能源电站数量和业务规模同步快速增长，安全生产管理难度加大。安全是核工业的生命线，公司在非核新能源行业的发展同样要传承集团公司的安全文化理念！发展不能以牺牲人的生命为代价，发展过程中坚决不能碰触红线，坚决守住底线。

安健环体系是国际公认的安全生产管理体系，是现代化安全生产管理的必由之路，它将为安全生产管理工作提供一套综合解决方案。在十四五期间，随着公司产业的不断壮大、人员的递增、风险的加大，同时国家对安全管理的要求不断提高，新的安全管理要求不断出台，标准化、体系化的安全生产管理是中核汇能的必然选择。

2. 主要做法

（1）明确安健环管理体系建设工作目标

体系标准内容全面，符合最新国家法律法规和标准的要求，满足中核汇能及所属企业生产和经营活动中控制安全风险的需要。

体系结构层次分明，融合安全、职业健康管理体系的共性，体系架构能分别符合和满足国家和地方政府安监部门、职业健康管理部门、消防和安保部门执法检查对相应标准和制度建设的要求。

（2）搭建安健环管理体系建设体系框架、导则编制

1）确定要素管理边界。根据《安健环体系框架（初定）》《业务调研分析表》《要素、业务、制度对照表》和其他调研结果，确定框架范围内各要素的管理边界，提高体系要求与现场实际的结合度，以及从有利于员工理解的角度重新对部分要素的名称进行命名，最终实现实用性的目标。

2）确定管理要素之间关系。根据业务、要素之间的关系，编制《安健环管理体系全要素流程地图》，找出要素与要素之间的数据输入输出关系，对框架范围内各要素进行重新排列组合，确定中核汇能安健环管理体系全新的单元结构和要素组成，最终实现系统性的目标。

3）收集合理化建议，编制体系导则。结合收集的各级人员合理化建议，最终编制完成《中核汇能有限公司安全健康环境管理体系导则（初稿）》，体系导则包括但不限于以下内容：适用范围、术语与定义、体系文件概述、体系单元介绍、体系要素介绍、体系建设原则、体系评审原则。

（3）编制安健环管理体系建设指南

1）法律法规及相关要求识别、分析。识别要素适用的法律法规及相关要求（包括法律、行政法规、部门规章、国家标准、行业标准、集团公司制度、中国核电和中核汇能本部制度等），针对适用的条款逐条进行分析如何应用，输出应用结果，完成《法律法规及相关要求清单》《法律法规及相关要求分析表》。

2）相关体系要素对照、分析。针对《职业健康安全管理体系要求及使用指南》（GB/T 45001—2020）、《环境管理体系要求及使用指南》（GB/T 24001—2016）、《质量管理体系要求》（GB/T 19001—2016）等管理体系标准要求，进行要素对照、分析，输出应用结果，完成《相关体系要素对照表》。

3）业务流程梳理与优化。在了解待修订要素相关修编依据（法律法规及相关要求识别，相关体系要素对照、分析，相关制度文件，企

业实际，合理化建议等）的基础上，按照 PDCA 的思路，梳理该业务管理流程，优化要素的管理节点设置，完成《要素业务流程梳理表》。

4）完成规范要求的编制。基于梳理结果，修改要素的管理要求。完成要素建设指南规范要求内容编制，初定格式《建设指南模板（示例）》。

（4）编制安健环管理体系评估标准

1）明确每个要素的 P、D、C、A（策划、执行、检查、绩效）四个环节的重点评估内容，包括赋分、评估要点、评估标准和初定的评估标准。

体系要素和内容的设置符合国家和国际安健环管理体系的要求，为公司未来可能的安全职业健康体系获得国际和国内认证、电力行业安全标准化评级，以及集团公司对安全生产管理体系确认提供基础。

在保持体系先进性、规范性的前提下，尽量贴近实际、贴近现场，提升规范的适用性。收集、整理安健环体系中引用的国家、行业和集团公司的标准和规定，建立公司法律法规数据库。

努力将体系建设成与国际跨国企业安全管理接轨、国内电力行业领先、紧密结合中核汇能及所属企业安全管理实际需要的综合管理体系，且可执行、操作性强。

争取让体系中部分标准获得国家和行业认同，并上升为国家或电力行业安全管理标准。

2）评估环节共分为 P、D、C、A 四个环节。

3）赋分：

设置各单元要素赋分权重，各要素 P、D、C、A 各环节的赋分权重暂定 10%、40%、10%和 40%。

4）评估要点编写：

采用 P、D、C、A 的评估思路，先评估企业的策划（标准或制度、方案或计划等），再按照企业策划的要求去评估具体工作。找出每个要素的重点评估内容，不在于“面面俱到”，而在于“重点聚焦”。对于没列出的工作，引导评估员去按策划的要求评估。

5）记分方法：

P、D、C 和 A 各环节评估采用扣分制。P 环节扣分率下限为 50%，D、C 和 A 环节不设扣分下限，直至扣完为止，各环节不出现负分。

评估得分率为各单元审核总分数之和除以总赋分。

（5）编制安健环管理体系管理导则

1）管理标准编写

（a）根据《安健环体系建设指南》确定的单元及要素，以及中核汇能当前的制度清单，确定需要编制的《管理标准清单》。

（b）根据《法律法规及相关要求清单》《法律法规及相关要求分析表》的识别、分析结果，确定需要融入管理标准的法律法规及其他要求，确保管理标准的合规性。

（c）根据《安健环体系建设指南》中要素的管理节点，再结合实际业务的流程、节点，同时也要考虑公司信息化系统的流程设置，确定管理标准的管理流程及节点，确保符合 PDCA 闭环管理的要求。

（d）对确定的管理流程及节点，充实管理要求，明确 5W1H。

（e）明确管理流程图、相关技术性支撑文件、记录及表单。

2）发布征求意见稿

通过征求意见稿的发布，既可以提前让各级人员学习、了解安健环管理体系的最新内容和要求，又是集思广益（全员参与体系顶层设计的一种方式）的一种持续改进方法，最主要的目的就是提高体系文件的现场实用性。征求意见稿经中核汇能相关领导审核后，由中核汇能安全运营部具体组织实施，建议用《通知》的方式向各部门、各单位发布，同时抄送公司领导，征求意见的周期为 5 天，在之前完成征求意见工作，并完成最终的文字校对工作。征求意见期间，由中核汇能项目经理组织所有专家小组成员实时参与，采用不定期的方式组织线上讨论会，对各级人员提出的意见和建议不间断地建档、研判、讨论、修订。

3）终稿评审及发布

安健环管理体系文件最后的终稿审核，其主要目的不在于对内容的质量把关，而是通过审核的形式让高层领导能够参与到安健环管理体系建设工作之中，让安健环管理体系文件的发布匹配到与之对应的规格。

由中核汇能安全运营部组织策划，先将体系文件终稿提报分管领导审核，最后采用恰当的形式（如安委会）对体系文件终稿进行审定发布。在终稿评审及发布会上，主要会议内容如下：

(a) 总体介绍中核汇能安健环管理体系文件的修编成果。

(b) 总体介绍后续中核汇能安健环管理体系建设思路及目标。

(c) 中核汇能安委会成员对以上内容进行商讨。

(d) 中核汇能安委会主任正式签署发布安健环管理体系文件。

(6) 试点省公司安健环管理体系建设

1）试点区域指导启动。由咨询公司试点区域指导组的专家组制订试点区域的体系建设工作计划，明确工作步骤、工作内容、工作方法、关键时机节点和内外部分工等。再由中核汇能本部组织召开试点区域体系建设启动会，制定体系建设目标和要求，最好以目标责任书的方式签订发布，以提升试点省公司参与体系建设的主动性。

2）危害辨识与风险评估。开展作业风险评估和专项风险评估（设备风险评估、环境风险评估、交通风险评估和火灾风险评估）培训，让参与风险评估的主要人员掌握风险评估的流程和方法。采用作坊式的咨询辅导方式，指导试点省公司的试点场站开展作业风险评估、设备风险评估、环境风险评估、职业健康风险评估、交通风险评估和火灾风险评估，建立各类风险数据库及风险概述。梳理风险评估结果，特别是评估中发现的中高风险，针对中高风险逐条制定并审核控制措施。编制《新能源企业典型风险数据库》。

3）承接管理标准。对《中核汇能有限公司安全健康环境管理体系管理标准》进行属地化承接，结合试点省公司的职能分配特点、岗位设置特点、风险分布特点进行承接、修订、补充和完善。编制试点省公司的《安健环体系管理标准》。

4）体系要素培训。组织开展全员的安健环体系基础理论知识培训，全员建立安健环体系基本意识。根据体系要素分工，对所有要素负责人进行一对一的培训，让所有要素负责人理解所负责要素的内容、工作开展的方法。对试点省公司的试点场站进行驻场培训，让场站所有人员掌握体系要素中要求场站开展的各项工作内容。建立新能源场站《一岗一册》，明确新能源场站每个岗位的工作目标、工作流程、工作标准和工作表单。

5）体系运行指导。按照试点省公司的《安健环体系管理标准》，对试点省公司本部相关岗位进行驻点一对一指导，严格按照管理标准的要求开展各项工作，确保《安健环体系管理标准》在省公司本部的落地生根、常态化运行。按照试点省公司的《安健环体系管理标准》，对试点省公司的试点场站进行驻点指导，严格按照管理标准的要求开展各项工作，建立各项标准台账，确保《安健环体系管理标准》在试点场站的落地生根、常态化运行。

6）试点省公司验收。对试点省公司体系建设流程、重点工作的开展模式、关键成果进行总结，提炼出一套可推广可复制的《安健环体系试点建设经验汇编》。召开安健环体系试点建设现场验收会，同时提出所有省公司全面推广建设的要求，宣布目标指标和奖惩机制。

3. 实施效果

完成中核汇能本部修编制度 32 部、省公司修编制度 56 部，覆盖安健环管理体系所有要素，符合体系相关要求。

新能源安全环保职业健康制度体系建设进一步完善公司制度体系，保持本部、省公司和项目公司安全环保职业健康管理的高度一致性，实现管理制度化、制度流程化和流程表单化，且为进一步流程信息化、表单信息化夯实了基础。

1.2.19 “360 安全卫士”党建引领安全发展，360 度全方位筑牢安全防线

基本情况	单位名称	中核武汉核电运行技术股份有限公司
	案例所属专题/领域	落实企业安全生产主体责任专题
	类型	□ 技术优化　☑ 管理提升
	主要创造人	徐玉虎、李新菊、夏想山
	参与创造人	焦南杰、姜鑫、高善、尹剑航、汪刚、雷瑜、吴昊旻

案例简介 Case Introduction

中核武汉核电运行技术股份有限公司为扎实开展安全生产专项整治三年行动工作，充分发挥党建引领作用，创建了“360 安全卫士”党建融入中心品牌，以安全质量大队伍为基础组建“360 安全卫士”团队，践行“安全是技术、安全是管理、安全是文化、安全是责任”理念，360 度全方位、无死角筑牢安全生产防线，守护中核武汉人员健康安全。

2020—2022 年每年结合当年度专项整治重点工作，赋予“3”个要旨、“6”项工作、“0”目标的具体含义，开展“360 安全卫士”建设活动，始终服务一线生产中心，持续推动中核武汉安全质量精细化管理，全方位提升安全质量管理水平。

2021 年，中核武汉《党旗下的“360 安全卫士”》入选中核集团党建融入中心案例集《核力铸魂》。

案例详细介绍 Detailed introduction to the case

1. 实施背景

中核武汉为有序推进安全生产专项整治工作，充分发挥党建引领作用，着力打造“党建＋安全”管理平台，2020 年成立了“360 安全卫士”党员先锋队，创建了“360 安全卫士”党建＋安全品牌，围绕专项整治三年行动各个整治行动项，聚焦“两个清单”内容，落实“安全是技术、安全是管理、安全是文化、安全是责任”的“四个安全”治理理念，着力于“从根本上消除事故隐患的整治要求”，以党建引领安全生产各项工作，充分发挥党建工作的政治优势、组织优势、引领优势，贯彻底线思维、系统思维，强化风险意识、忧患意识、责任意识，落实企业安全生产主体责任，助力公司安全生产专项整治工作有序、高质量开展。

2. 主要做法

（1）构建“360 安全卫士”促进安全质量提升党建品牌模型

中核武汉以安全质量大队伍为基础组建“360 安全卫士”团队，构建“360 安全卫士”模型，确定每年结合当年重点安全环保工作，赋予“3”个要旨、“6”项工作、“0”目标的具体含义，开展“360 安全卫士”党建品牌建设的思路，“360 安全卫士”模型及内涵如图 1-74 所示。360 度全方位、无死角筑牢中核武汉安全生产防线，守护中核武汉人员健康安全，始终服务一线生产中心，持续推动中核武汉安全质量精细化管理，全方位提升安全质量管理水平。

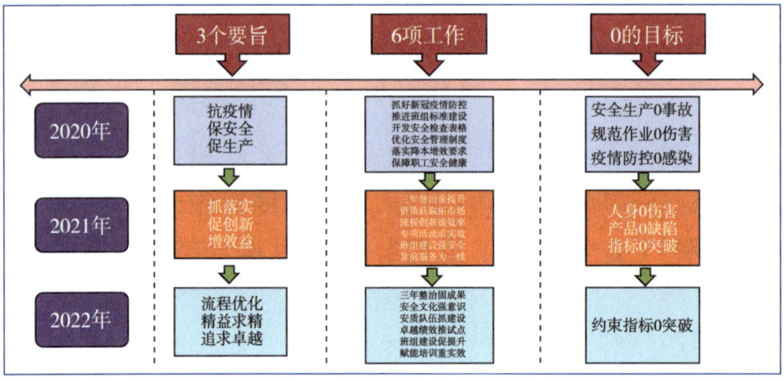

图 1-74　“360 安全卫士”模型及内涵

2020 年，围绕“抗疫情、保安全、促生产”3 个要旨，开展“抓好新冠疫情防控、推进班组标准建设、开发安全检查表格、优化安全管理制度、落实降本增效要求、保障职工安全健康”6 项工作，实现“安全生产 0 事故、规范作业 0 伤害、疫情防控 0 感染”的目标，360 度全方位、无死角筑牢安全生产防线，守护中核武汉人员健康安全。

2021 年，基于当年安全环保重点工作，赋予“3”个要旨、“6”项工作、“0”目标新的含义，围绕“抓落实、促创新、增效益”3 项活动宗旨，开展“三年整治重提升、资质获取拓市场、流程创新提效率、专项活动求实效、班组建设强安全、靠前服务为一线”6 项工作，实现“人身 0 伤害、指标 0 突破、产品 0 缺陷”的活动目标。

2022 年，进一步延伸“360 安全卫士”模型，围绕“流程优化、精益求精、追求卓越”3 个要旨，开展“三年整治固成果、安全文化强意识、安质队伍抓建设、卓越绩效推试点、班组建设促提升、赋能培训重实效”6 项工作，实现“约束指标 0 突破”的活动目标。

(2)“360 安全卫士”促进安全质量提升模型实施情况

1）党委书记为“360 安全卫士”授旗

中核武汉以安全质量大队伍为基础组建“360 安全卫士”团队，打造了一支涵盖各生产部门、覆盖各作业班组的安全、质量人员队伍，为各项安全、质量管理要求在一线的执行提供了监督保障，为打通安全、质量管理的“最后一公里”构建了组织屏障。为进一步加大党建与业务的结合，持续推动管理创新，不断强化品牌建设。中核武汉党委书记吴岗同志为“360 安全卫士党员先锋队”授予了旗帜（图 1-75），要求不断壮大“360 安全卫士”队伍，加强与内外部兄弟单位的外联，通过党建联建活动不断提高公司安全质量管理水平，努力将“360 安全卫士”打造成一个具有广泛影响的“党建＋安全质量”品牌。

图 1-75　党委书记为“360 安全卫士”授旗

2）亮明身份、有效履职

为提高“360 安全卫士”队伍的履职能力，提升安全质量管理工作有效性，中核武汉设计“360 安全卫士”专属 LOGO，制作了“360 安全卫士”旗帜，订制“360 安全卫士”安全帽，如图 1-76 和图 1-77 所示，通过在各核电技术服务现场大修、试验大厅等生产作业场所配发、佩戴等方式，“亮明身份”，提高人员的使命感与责任感，促进有效履职。

图 1-76　“360”安全卫士旗帜

图 1-77　“360”安全卫士专用安全帽

3）攻坚克难，促进安全质量管理水平不断提升

“360 安全卫士”团队在安全生产专项整治三年行动中攻坚克难、勇挑重担，组织开展“4831”班组标准化建设、开发并初步应用科研院所可量化安全管理指标评价体系、推进安全管理工作标准化信息化、推进降低集体剂量等一系列工作，促进安全质量管理水平不断提升。

（a）构建“4831”班组标准化建设模式，有效提升班组标准化水平。2020 年“360 安全卫士”组织开展安全标准化班组建设活动，构建班组安全标准化建设“4831”模式，包括四项基础管理、八项过程控制、三项文化支撑和一个目标考核评价，编制并印刷了《班组安全标准化工作手册》，三年间共在 360 余个作业班组中实施，有效提升班组自主安全管理水平。

（b）开发并初步应用科研院所可量化安全管理指标评价体系。2021 年，“360 安全卫士”开发科研院所可量化安全管理指标评价体系，通过识别影响单位安全绩效的 20 个事故、事件、违章、隐患及外部管理规定等因素作为安全指标，按照影响程度对安全指标进行分类、赋值，制定评分标准。每月依据评分标准进行测算打分，根据得分数值绘制出指标折线图，能够量化、清晰、客观和动态地反映单位安全管理状态，并根据指标值的变化情况，查找、剖析单位安全管理水平变化的内在因素，然后实施针对性改进。

（c）规范管理流程，推进安全管理工作标准化、信息化。2020—2021 年，“360 安全卫士”组织推进安全管理工作标准化、信息化，编制 20 余类标准化安全检查表，同时依托中国核电 App“CNPOBIS”等平台，打造隐患排查移动信息平台，实现手机客户端在线填报安全检查记录、处理隐患排查流程和查阅隐患排查台账等功能，推动隐患排查工作标准化、规范化。

（d）自主组织开展科研院所核安全文化自评估活动。2022 年，“360 安全卫士”依托自身在核安全文化领域的技术优势，结合科研院所业务实际，自主组织并实施了一次核安全文化评估活动。活动主要以问卷调查和人员访谈的形式开展。在策划阶段，“360 安全卫士”制定了活动方案，结合自身特点开发完成了调查问卷和访谈提纲等技术文件；在实施阶段，“360 安全卫士”开展问卷调查，共计回收 466 份调查问卷，完成率 98.5%；结合调查问卷的结果，评估组开展了 24 场人员访谈活动，涉及现场技术服务人员、科研人员和基层管理人员等，收集了大量的信息和数据，为下一阶段的核安全文化建设规划提供了有力的支持。集团公司在 2022 年 1 月 20 日的安全环保综合信息日报中将此活动列为了“系统内良好做法”。

4）设立“啄木鸟”论坛，促进内部交流提升

“360 安全卫士”为了增强全员参与安全、质量工作的热情，秉承“人人都是一道安全质量屏障”的理念，在公司办公网设立“啄木鸟”安全质量论坛，及时解答员工在安全质量方面的诉求，为员工提供了安全和质量问题讨论、知识交流、政策宣贯的交流平台。

3. 实施效果

（1）推动专项整治工作取得明显成效

中核武汉“360 安全卫士”始终将安全生产专项整治工作摆在安全管理工作的重要位置，通过三年时间的努力，圆满完成 2 个专题、9 个重点领域共 105 项整治工作任务，进一步建立健全安全生产责任，优化安全生产管理流程，增强人员安全意识，有效提升公司总体安全生产管理水平。

2020 年开展安全生产专项整治三年行动工作以来，中核武汉安全形势总体较好，如图 1-78 所示，公司级安全事件及安全违章的数量总体呈下降趋势，2022 年公司级安全事件及安全违章数量相比 2017 年有

较大幅度下降。

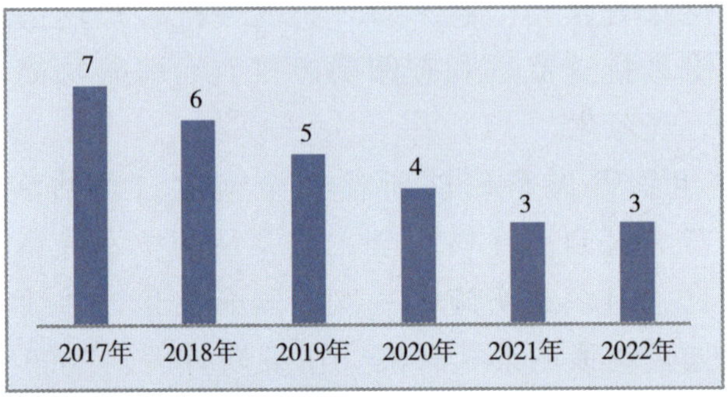

图 1-78　近几年公司级安全事件/违章数量

在此过程中涌现出许多亮点工作和良好实践。构建并推动“4831”班组安全标准化建设，作为良好实践入选了《集团公司安全环保管理工具书》（第二辑）；开发并初步应用科研院所可量化安全管理指标评价体系，入选了集团公司 2022 年 1 月 1 日《安全环保综合信息日报》，被列为“系统内良好做法”予以推广；开展科研院所核安全文化自评估活动，入选了集团公司 2022 年 1 月 20 日《安全环保综合信息日报》，被列为“系统内良好做法”。

（2）获得集团公司认可

1）2021 年，中核武汉《党旗下的“360 安全卫士”》入选了中核集团党建融入中心案例集《核力铸魂》，如图 1-79 所示。

图 1-79　《核力铸魂》摘录——党旗下的“360 安全卫士”

2）中核武汉“360 安全卫士引领安全、助力专项整治工作”在集团公司 2021 年 5 月份安全环保例会上作为亮点工作被予以宣传。

1.2.20　开发应用安全管理指标评价体系，助力科学决策指引问题整改

基本情况	单位名称	中核武汉核电运行技术股份有限公司
	案例所属专题/领域	落实企业安全生产主体责任专题
	类型	□ 技术优化　☑ 管理提升
	主要创造人	徐玉虎、王玉珍、焦南杰
	参与创造人	汪刚、何方晖、张学葵、吴昊旻、雷瑜

案例简介 Case Introduction

2021 年，中核武汉开发科研院所可量化安全管理指标评价体系，通过识别影响单位安全绩效的二十余个事故、事件、违章、隐患及外部管理规定等因素作为安全指标，按照影响程度对安全指标进行分类、赋值，制定评分标准，并结合实际进行应用。每月依据评分标准进行测算打分，根据得分数值绘制出安全指标折线图，能够量化、清晰、客观和动态地反映单位安全管理状态，并根据指标值的变化情况，查找、剖析单位安全管理水平变化的内在因素，助力科学决策，继而实施针对性改进提升。

案例详细介绍 Detailed introduction to the case

1. 实施背景

目前大多数科研院所尚未建立一套完整有效的安全管理评价指标体系，科研院所安全目标指标的评定多数通过安全指标考核法、安全管理评价法。安全指标考核法通常在年初制定单位的整体目标指标，层层分解落实，在年底统计各类安全目标指标的实现情况，以此评定

单位的全年安全状况，这种评价法只有到年底才能知晓年初制定的年度目标指标是否实现；安全管理评价法是评价单位的安全管理体系及管理工作的有效性和可靠性，评价单位预防事故发生的组织措施的完善性，评价单位管理者和操作者素质的高低及对不安全行为的可控程度，具有全面性、系统性，但是评价周期长。

因此建立一套完整可量化的安全管理评价体系，能够清晰、客观、动态反映单位在某个阶段的安全管理水平，动态掌握和分析单位当前安全绩效状态，便于领导决策分析，已成为科研院所亟须解决的课题。

2. 主要做法

（1）体系架构

根据科研院所安全生产管理关注重点和考核要点，将指标划分为若干个相对独立又相互联系的组成要素，主要分类别层和指标层。类别层反映不同指标对单位整体安全绩效的影响重要性程度，单位结合工作实际划分类别层，主要包括约束性指标、重要性指标、一般性指标和加分项指标；指标层是针对各类别层细化所得到的具体指标内容。

（2）评价方法

单位安全管理指标重要性的评价方法为直接判定法和打分法。

打分法参照的是 LEC 作业条件危险性评价方法，通过确定与安全绩效贡献度及指标可靠性有关的四种因素分值之积，来评价安全管理评价指标的重要性，即利用数据客观性（K）、问题发生概率（G）、出现问题的后果严重性（Y）及数据的可测量性（C）进行综合测算，得出评价数值（Z），测算公式如下：

$$Z=K\times G\times Y\times C$$

为保证测算结果的准确性，中核武汉组织专家根据多年来科研生产安全管理经验，对科研院所实际运行中涉及的人、物、环、管等方面 57 项安全评价指标进行赋值，依据打分法公式测算，评价情况如表 1-9 所示。

表 1-9　安全管理评价指标重要性评价

序号	安全管理影响因素	安全管理评价指标	数据客观性 K	问题发生概率 G	出现问题后果严重性 Y	数据可测量性 C	综合测算结果 Z
1	人的因素	作业人员心理情绪不佳	1	7	4	1	28
2		作业人员身体健康不良，出现身体疾病	1	5	4	3	60
3		作业人员的安全生产知识/安全生产技能缺乏	3	1	4	3	36
4		作业人员科研生产知识不足	1	3	4	3	36
5		作业人员发生安全红线违章	3	3	10	3	270
6		作业人员发生安全黄线违章	3	3	7	3	189
7		作业人员发生一般安全违章	3	3	4	3	108
8		作业人员未按规定佩戴劳动防护用品	3	3	1	3	27
9	物的因素	设备有缺陷	3	5	1	3	45
10		防护设备/设施未配备	3	3	1	3	27
11		防护设备/设施有缺陷	3	3	1	3	27
12		新研制设备/工具无防护装置	3	3	4	3	108
13		新研制设备安全验收不合格	3	3	4	3	108
……							
24	环境的因素	场所通风不畅	3	5	1	3	45
25		场所照明不足	3	5	1	3	45
26		场所干净整洁度差	3	7	1	3	63

续表

序号	安全管理影响因素	安全管理评价指标	数据客观性 K	问题发生概率 G	出现问题后果严重性 Y	数据可测量性 C	综合测算结果 Z
27	环境的因素	场所气温湿度不满足规定要求	6	3	1	3	54
28		室外高温/冰冻/大风/暴雨下作业情况	3	1	7	3	63
……							
54	管理的因素	顾客抱怨/投诉	6	3	4	3	216
55		安全相关台账/记录/档案不全	3	5	1	3	45
56		违反国家相关规定受到相关监管部门处罚情况	9	1	10	6	540
57		违反相关规定受到相关监管部门/上级管理部门书面通报批评情况	9	1	7	6	378

通过表 1-9 的数据，对评价数值 Z 进行大数据分析，可以得知评价数值 Z 最大值 1 000，理论最小值为 1，根据单位安全管理实际要求，每个因素至少 2 级或以上，即 $n\leqslant3$，则 $Z_{\min}=256$，因此以 250 为阶段分值，将低于 250 的指标列为非评价指标，将分值 250 以上的指标作为评价指标，评价指标分为一般性指标（$250<Z\leqslant500$）、重要性指标（$500<Z\leqslant1\,000$），如表 1-10 所示。

表 1-10　评价指标重要性（Z）划分

序号	Z 值	指标类别
1	$500<Z\leqslant1\,000$	重要性指标
2	$250<Z\leqslant500$	一般性指标
3	$\leqslant250$	非评价指标

(3) 评价结果

经过打分法计算，得出评价指标有 17 项，其中约束性指标 2 项，重要性指标 4 项，一般性指标 11 项。

结合安全生产工作的关注重点，以及专家经验，对“发生安全环保职业卫生事故”“内部安全事件”“火险事件”“单位检查发现重大安全隐患数量”“单位检查发现一般安全隐患数量”“单位检查发现安全异常”“管理巡视/观察指导”及“加分项指标”进行指标直接判定，作为上述打分法结果的补充。

经综合采用直接判定法和打分法后，确定了单位安全管理评价指标 24 项，其中约束性指标 3 项，重要性指标 5 项，一般性指标 13 项，加分项指标 3 项，结果如表 1-11 所示。

表 1-11 单位安全管理评价指标

序号	指标因素	评价指标
1	约束性指标	安全环保职业卫生事故
2		受到相关监管部门处罚
3		受到相关监管部门/上级部门书面通报批评
4	重要性指标	内部安全事件
5		重大安全隐患
6		安全红线违章
7		安全黄线违章
8		顾客安全相关抱怨/投诉
9	一般性指标	一般安全违章
10		火险事件
11		隐患按时整改率
12		月度隐患整改率
13		新研制设备/工具无防护装置
14		新研制设备安全验收不合格
15		新研制设备/工具未开展安全风险识别
16		管理巡视/观察指导

续表

序号	指标因素	评价指标
17	一般性指标	班组星级评定不合格数
18		个人剂量值超过单位管理目标值
19		外部安全检查通报问题数量
20		公司检查发现一般安全隐患数
21		公司检查发现安全异常数
22	加分项	受到监管部门/上级部门安全工作书面表扬
23		顾客方单位级安全书面表扬
24		连续 N 个月未发生违章及事件

单位安全管理评价指标体系的评分方法遵循可操作性原则，评分实行扣分和加分相结合的方法，具体为：设置总评分基础点 1 000 分，减去评价指标的扣分，再加上加分指标的得分。其计算公式为：

$$D=1\,000-S_1-S_2-S_3+S_4$$

式中，D 为当月安全管理得分，S_1 为约束性指标扣分，S_2 为重要性指标扣分，S_3 为一般性指标扣分，S_4 为加分指标得分。

其中，当 $D\leqslant 800$ 时，说明单位安全绩效异常，约束性指标/重要性指标可能已突破或即将突破，单位应引起重视，应及时查找问题，开展安全专项工作，实施针对性整改。

当 $800<D\leqslant 900$ 时，说明单位安全绩效良好，主要突破的是一般性指标，单位应加强日常管理。

当 $D>900$ 时，说明单位当前安全绩效优良。

基于表 1-11 安全管理评价指标结果，评分指标确定了评价指标 21 项和加分指标 3 项，根据各项指标对安全绩效影响度大小，分别对各指标进行评分赋值，建立出单位安全管理评价指标模型如表 1-12 所示。

表 1-12　单位安全管理评价指标模型

类别	序号	安全指标	单项扣除分	指标说明
基础分：1 000 分				
约束性指标 S_1	1	安全环保职业卫生事故	−500	每起，包括安全生产事故、职业病危害事故、辐射事故、责任交通事故、爆炸事故、火灾事故和环境事件等
	2	受到监管部门安全相关行政处罚	−300	每起，安全相关行政处罚书，包括但不限于安全、环保和职业卫生等监管部门的行政处罚
	3	受到监管部门、上级单位安全相关书面通报批评	−200	每起，包括但不限于安全、环保、职业卫生监管部门及集团公司、中国核电的安全相关书面通报批评
重要性指标 S_2	4	内部安全事件	−200	每起
	5	重大事故隐患	−200	每个
	6	安全红线违章/严重违章	−150	每起
	7	安全黄线违章/较大违章	−100	每起
	8	顾客安全相关的抱怨函	−60	每个
一般性指标 S_3	9	一般安全违章	−50	每起
	10	火险事件	−50	每起
	11	隐患按时整改率	−10	不足 100%部分每个百分点扣 10 分
	12	月度隐患整改率	−10	不足 95%部分每个百分点扣 10 分
	13	班组星级评定不合格班组个数	−20	每个
	14	个人剂量超过公司管理目标值（计划外）	−30	每起，包括个人单日剂量和个人年度剂量
	15	外部单位检查发现/通报的问题	−5	每个，含政府、集团公司和中国核电等外部单位检查发现的安全问题及技术服务现场外部通报的安全问题

续表

类别	序号	安全指标	单项扣除分	指标说明
一般性指标 S_3	16	新研制设备/工具无防护装置	−30	每个
	17	新研制设备安全验收不合格	−50	每个
	18	新研制设备/工具未开展安全风险识别	−30	每个
	19	管理巡视/观察指导	−5	每少于1次
	20	公司检查发现的一般安全隐患	−3	每个
	21	公司检查发现的安全异常	−1	每个
加分项	22	受到监管部门及上级单位安全相关书面表扬	50	每次
	23	顾客方公司级安全相关书面表扬	30	每次
	24	连续 N 个月未发生违章及事件	$5N$	每月5分，每月加分上限不超过60分
最终分＝基础分－扣除分＋加分				

注：同一问题若涉及多项指标，适用就高不就低原则，不重复扣分。如顾客抱怨函同时被定性为严重违章，仅在严重违章处扣150分。

依据该评分方法对每月安全管理评价指标进行测算，可得出各月安全管理评价指标得分数值，将每月得分数值相连，可绘制成单位在一个阶段时期的管理评价指标折线图，可以直观反映单位当前的整体安全水平，达到及时动态掌握单位安全管理现状的目的。

3. 实施效果

(1) 动态反映安全状态，助力科学决策

根据建立的安全管理评价指标体系模型，中核武汉对年度安全管理评价指标进行了测算，得出2021年度和2022年度安全管理评价指标体系模型图，如图1-80和图1-81所示。

通过单个月的安全指标数值测算，可知晓该月安全工作状况，能够量化、动态反映单位安全管理状态；通过连续几个月的指标数值连接，可知晓一个阶段时期的整体安全形势，并可直观体现某月和某阶段安全工作形势。

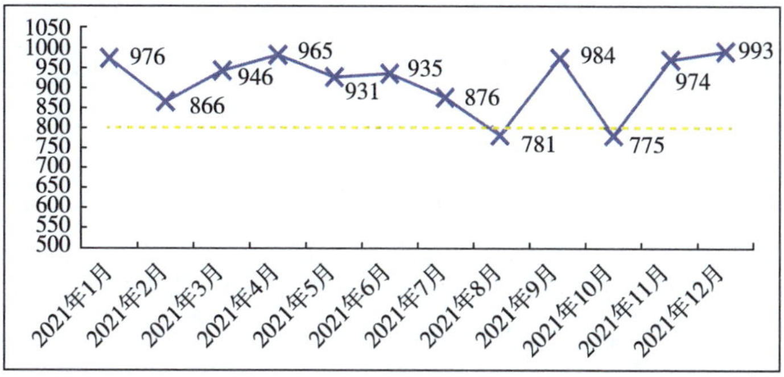

图 1-80　2021 年度安全管理评价指标折线图

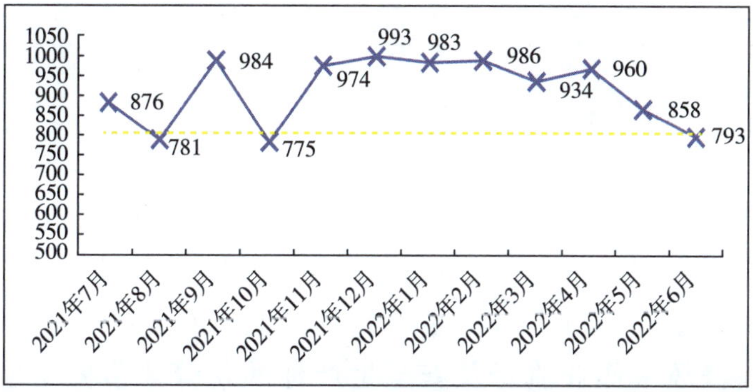

图 1-81　连续 12 个月（2021.7—2022.6）安全管理评价指标折线图

自 2021 年 1 月起，中核武汉在每次安委会例会上都展示该安全管理评价指标，便于安委会及时掌握单位安全管理状态，为开展工作部署、科学决策提供了客观依据。

(2) 直观显示趋势，指引问题整改

通过应用该安全管理评价指标体系模型，可直观显示安全管理水平的趋势，锁定扣分安全指标项，识别安全不足之处，减少其对单位科研生产带来的负面影响。

通过该指数识别出 2021 年 8 月、10 月及 2022 年 6 月得分较低，进而发现在相关方管理、配电箱及消防安全管理、安全管理制度管理上存在不足，采取了针对性改进措施，不断补齐管理短板。

1.2.21 基于“双重预防机制”的大业主模式安全管理手段优化与实施

基本情况	单位名称	中核霞浦核电有限公司
	案例所属专题/领域	落实企业安全生产主体责任专题
	类型	□ 技术优化　☑ 管理提升
	主要创造人	王恩国、汪章云、周赛军
	参与创造人	郝大胜、刘欢欢、周易川、杨振宇、蒋正江、李欣宇

案例简介 Case Introduction

中核霞浦核电有限公司（以下简称“霞浦核电”）依据集团公司和中国核电《安全生产专项整治三年行动实施方案》的工作要求，为有效解决示范快堆工程风险防控、隐患排查治理、高风险作业监督及安全生产标准化等诸多安全管理难点和痛点问题，“从根本上消除事故隐患”，健全风险防范化解机制。基于“双重预防机制”，组织优化安全管理平台，完善安全管理核心业务流程，构建风险量化分析预测预警机制等，提升项目整体安全风险防控预警能力，防范遏制事故发生。最终实现年度安全生产零事故，项目整体通过安全生产标准化一级达标，确保了快堆工程建设安全高质量顺利建成投用。

案例详细介绍 Detailed introduction to the case

1. 实施背景

示范快堆工程为首堆工程，厂址坐落于海岛上，施工场地狭小；工程为“四边”工程，设计固化与施工条件不足，厂房布置密集、结构复杂；工程采用大业主工程管理模式，不同于其他核电工程的 EPC

模式，建设工期紧，施工量大，参建单位和作业人员多，危大工程项目和高风险作业活动多，项目现场土建施工、设备安装、调试活动及生产运行等各类工作深度介入或交叉开展，“边、临、散、角”等区域现场安全管理人员无法实现区域监管全覆盖，存在安全监管盲区和死角，风险隐患排查治理难度大；各参建单位风险隐患管控能力水平参差不齐，机制手段也不统一，缺少规范和科学的风险隐患预测预警机制；项目整体风险值一直处于高位，风险隐患未得到有效控制；原安全管理平台业务系统和风险隐患分析研判机制已远远不能满足项目工程安全管理信息化需求。

针对上述情况，霞浦核电依据集团公司和中国核电《安全生产专项整治三年行动实施方案》要求，健全风险防范化解机制，“从根本上消除事故隐患”，基于“双重预防机制”，组织优化安全管理平台，完善安全管理核心业务流程，构建风险量化分析预测预警机制等。重点解决一是降低项目整体风险值，有效控制风险隐患；二是通过安全管理平台业务流程优化和完善，减少安全管理人员工作量，精准提高工作效率；三是深化应用双重预防机制，总平面管理制度，强化危险源、安全环保敏感系统/设备/构筑物（SSCs）分类分级管控工作，全面落实安全风险分级管控责任；四是构建风险量化分析预测预警机制，提升项目整体安全风险防控预警能力，防范遏制事故发生，保障快堆工程建设安全高质量顺利建成投用。

2. 主要做法

（1）安全管理平台优化完善

1）对安全管理平台整体框架机构重构，实现 GIS 大数据看板

霞浦核电对原安全管理平台框架结构、15 个主要功能模块及其运行部署环境等进行整体重构。如图 1-82 所示，基于双重预防机制，运用移动互联网、大数据和智能化手段，实现安全风险防控 GIS 一张图，通过大数据看板，借助和运用信息化手段，增加相应预警指标可视化展示，直观展示项目各参建方数据信息，如风险和隐患等执行情况等，使其系统真正发挥帮手工具的价值，进一步深化应用双重预防机制，全面提高安全管理的精准性及风险隐患治理效率，为工程项目整体安

全生产研判、决策和分析提供科学依据。

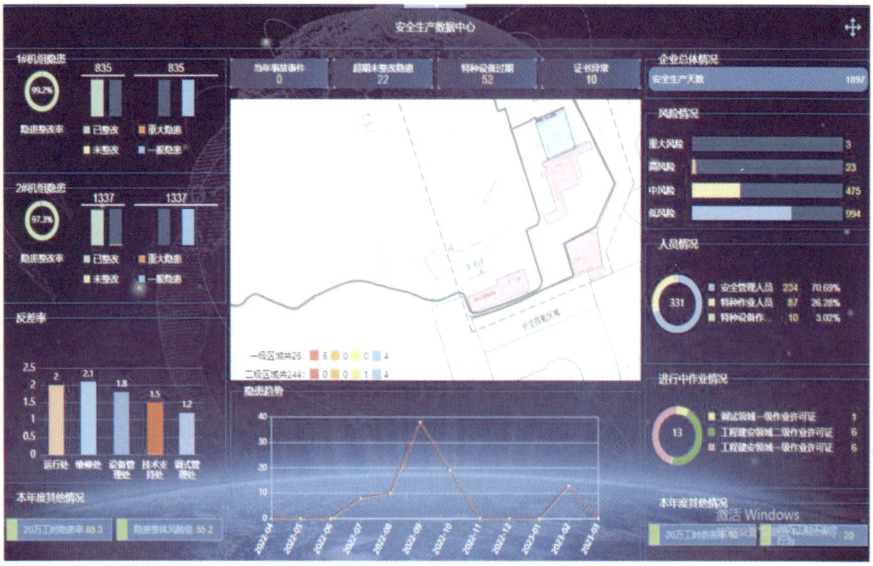

图 1-82　安全管理平台 GIS 大数据看板

2）以安全生产法规标准为基础，优化完善安全管理平台

霞浦核电依据新颁布执行的《中华人民共和国安全生产法》《企业安全生产标准化基本规范》（GBT 33000—2016）、《中核集团安全生产标准化考核评级标准第 1 部分：综合管理》（Q _ CNNC GB 1. 1—2021）、《中核集团安全生产标准化考核评级标准 第 5 部分：核电》（Q _ CNNC GB 1. 5—2021）、《中核集团安全生产标准化考核评级标准 第 9 部分：工程项目管理》（Q _ CNNC GB 1. 9—2021）和《中核集团安全生产标准化考核评级标准　第 10 部分：建筑施工》（Q _ CNNC GB 1. 10—2021），优化完善 15 个安全管理核心模块，增设安全生产标准化模块，建立考评库、考评计划和考评打分管理，内容涵盖目标职责、教育培训、安全环保风险管控及隐患排查治理、教育培训等 20 项考评要素，同时实现风险管控和隐患排查治理模块的数据交融和互通，进一步夯实安全生产标准化工作，打造“统一管理、集中控制、资源共享、上下互动”的一体化和穿透式安全管理模式。

3）将平台由外网迁移部署到公司内网和企业微信，实现手机端移

动录入功能

霞浦核电将原安全管理平台由外网迁移部署到公司内网和企业微信，开发移动端 H5 版本，手机移动端具备在企业微信录入、跟踪和验证关闭风险隐患等功能，登录界面如图 1-83 所示。实现同中国核电《平面图责任划分及危险源辨识与分类系统建设方案和数据对接标准》的工作要求，解决和满足参建各方实施动态移动录入安全风险隐患的管理痛点、难点问题和需要。

图 1-83　手机移动端企业微信登录界面

4）以风险管控为核心，构筑双重屏障

霞浦核电以风险管控为核心，从源头上消除、降低或控制风险，基于中国核电《关于进一步加强危险源辨识与分类分级管理工作的通知》，强化危险源、安全环保敏感系统/设备/构筑物（SSCs）分类分级管控工作，查找风险管控措施的失效、缺陷或不足，采取措施予以整改，全面落实公司级、处室级和科室级的风险管控责任。实现安全风险分级管控措施清单和隐患清单数据信息化，实现动态管控风险管控措施和隐患数据库，及时更新安全风险管控措施和隐患数据库，动态显示安全风险分布电子地图，通过风险防控一体化管理，避免信息孤岛，深化应用双重预防机制，构筑双重保护屏障，杜绝和预防事故发生。

（a）建立危险源管控措施数据库，全面管控风险

根据 GB/T 13861—2022《生产过程危害和有害因素分类和代码》，以构筑物、系统、设备、作业活动、环境及管理活动为对象，在安全管理平台建立危险源及管控措施清单库，可实施查看，通过建立标准的数据库，

有效指导各参建方辨识评价危险源、制定管控措施及有效组织实施检查。

(b) 进一步明确管控措施与责任，实现安全风险分级管理，做到“风险可识可知可控”

根据辨识评价出的安全风险分级管控措施清单，制定管控措施，明确责任人和检查频次，通过安全管理平台触发相关辨识工作和检查活动等提醒，同时系统平台可实现开展可视化展示，实时查看公司级、处室级、科室级等人员的风险评价及管控措施执行情况，通过信息化手段，实现安全风险分级管理，做到“风险可识可知可控”。

(c) 实现风险隐患排查治理全生命周期动态闭环管控

全面排查风险管控措施缺失、漏洞和风险控制失效环节，将安全风险隐患排查与危险源管控措施数据库对接，使用手机端 App 隐患随手拍，录入上报现场隐患，相关隐患可匹配数据库自动进行隐患分类分级。检查人员可快速便捷实现安全隐患的排查计划制定、隐患录入、隐患处置整改、验收及关闭等工作。同时，系统平台根据各级人员填报的隐患数据生成预警画面，提示隐患集中区域，提醒相关人员加强巡视与管控。另外，系统平台也实现了隐患趋势可视化实时展示，如各参建方的隐患排查数量、隐患排查反差率和隐患整改率等情况，如图 1-84 所示，为安全隐患整治和防控提供了研判、决策和治理方案依据，确保把隐患消灭在事故发生之前，实现隐患排查治理全生命周期动态可视化闭环管控。

5) 实现建安和调试运行高风险作业审批信息化

中国核电 ASP-1 实现了生产阶段高风险作业线上申请准备、审核、批准、签发及办结等工作，但是尚未建立针对建安施工和调试运行阶段的高风险审批模块。霞浦核电针对建安和调试运行阶段实际，开发完成高风险作业模块，高风险作业审批信息可视化展示如图 1-85 所示，实现电脑端和手机移动端作业申请、审核、批准、签发及办结，以及特殊时段提级和降级等管控环节的线上工作业务流程。同时，通过内设风险级别和对应高风险控制措施数据库，方便申请人员填报及对照自查填报的准确性和符合性，实现实时高风险作业动态审批许可，大大节省了高风险作业审批时间，保障工程项目施工活动的有序推进。

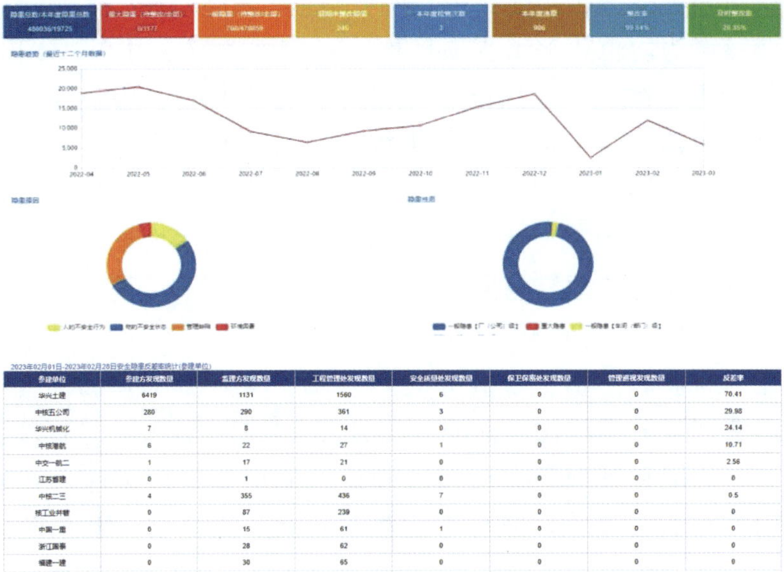

参建单位	参建方发现数量	监理方发现数量	工程管理处发现数量	安全质量处发现数量	保卫保密处发现数量	管理巡视发现数量	反差率
华兴土建	6419	1131	1560	6	0	0	70.41
中核五公司	280	290	361	3	0	0	29.98
华兴机械化	7	8	14	0	0	0	24.14
中核港航	6	22	27	1	0	0	10.71
中交一航二	1	17	21	0	0	0	2.56
江苏管建	0	1	0	0	0	0	0
中核二三	4	355	436	7	0	0	0.5
核工业井巷	0	87	239	0	0	0	0
中国一冶	6	15	61	1	0	0	0
浙江国泰	0	28	62	0	0	0	0
福建一建	0	30	65	0	0	0	0

图 1-84　隐患排查治理全过程可视化展示

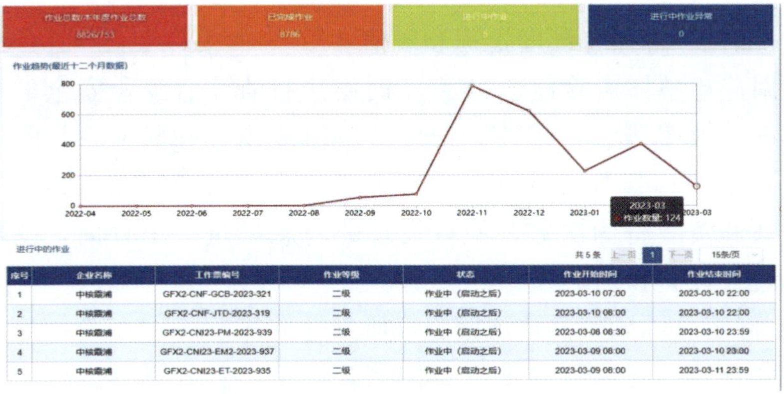

序号	企业名称	工作票编号	作业等级	状态	作业开始时间	作业结束时间
1	中核霞浦	GFX2-CNF-GCB-2023-321	二级	作业中（启动之后）	2023-03-10 07:00	2023-03-10 22:00
2	中核霞浦	GFX2-CNF-JTD-2023-319	二级	作业中（启动之后）	2023-03-10 08:00	2023-03-10 22:00
3	中核霞浦	GFX2-CNI23-PM-2023-939	二级	作业中（启动之后）	2023-03-08 08:30	2023-03-10 23:59
4	中核霞浦	GFX2-CNI23-EM2-2023-937	二级	作业中（启动之后）	2023-03-09 08:00	2023-03-10 23:00
5	中核霞浦	GFX2-CNI23-ET-2023-935	二级	作业中（启动之后）	2023-03-09 08:00	2023-03-11 23:59

图 1-85　高风险作业审批信息可视化展示

6）优化业务处置流程，精简录入工作并增设批量导入导出功能

优化安全管理业务处置流程，精简业务数据录入工作，增设如危险源、特种设备和特种作业批量导入功能；增设如日常安全检查记录、专项安全检查报告、安全隐患排查清单、日报和月报等导出功能，大幅降低安全管理人员日常安全统计工作量，提高人员整体工作效率。

（2）风险量化分析预测预警机制构建

霞浦核电为防范化解工程项目整体安全风险，运用“一体化”“系统化”的管理思维，构建风险量化指标及分析研判预警机制，通过安全管理平台，建立现场风险与隐患排查治理的直接实时关联机制，通过对安全风险隐患的实时分析与监控，有效降低项目整体风险值，实现即时进行纠偏，为安全生产研判和决策提供科学依据，全面提升项目整体安全风险防控预警能力。

1）建立风险量化的预警维度

依据《企业职工伤亡事故分类》（GB 6441—1986）和《生产过程危险和有害因素分类与代码标准》（GB/T 13861—2022）等标准，以人因、设备、环境和管理等方面风险管理控制措施失效可能会造成人员伤亡和财产损失为基础，充分考虑核与辐射、工业安全和消防安全等风险，结合霞浦核电“6.30”“2.24”生产安全事故，确定风险量化维度，主要为隐患整体风险值、20 万工时隐患排查率、工业安全事故率和隐患排查整改率等。

2）细化分解预警维度指标和阈值

针对隐患整体风险值、20 万工时隐患排查率、工业安全事故率和隐患排查整改率等预警维度，细化分解维度指标和阈值。如隐患整体风险值判定和计算标准为统计周期内发生的工业安全红药水、未遂，安全红线和黄线行为次数，检查发现的隐患数量 3 个方面，设置相应风险值进行计算和判定。

3）确定总体风险值及预警趋势研判标准

对各预警维度风险值进行总体综合评定，引入工时进行关联。明确预警值，红、黄、绿的预警区间指标阈值及区间判定标准。整体风险值，红、黄、绿的预警区间指标阈值及区间为：绿区风险值≤85；85＜黄区风险值≤101；101＜红区风险值。通过安全管理系统平台，实现风险量化分析预测预警，统计分析风险变化趋势、所属区域和责任单位、产生的原因及管控措施执行情况等，如图 1-86 所示，研判风险管控措施执行情况和实施效果，以即时进行纠偏。为安全生产研判和决策提供科学依据，全面提升项目整体安全风险防控预警能力。

序号	风险类型	本月隐患数量	本月风险值	容忍值	预警状态
TOP1	物体打击	483	483	49	预警（超过容忍值）
TOP2	触电	361	361	55	预警（超过容忍值）
TOP3	高处坠落	229	229	90	预警（超过容忍值）
TOP4	火灾	159	159	67	预警（超过容忍值）
TOP5	机械伤害	82	82	12	预警（超过容忍值）
TOP6	坍塌	69	69	15	预警（超过容忍值）
TOP7	起重伤害	18	18	23	正常
TOP8	车辆伤害	18	18	12	预警（超过容忍值）
TOP9	中毒窒息	13	13	1	预警（超过容忍值）
TOP10	爆炸	8	8	28	正常

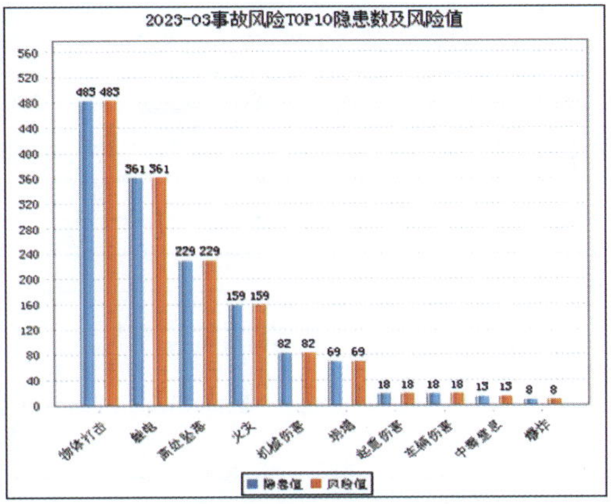

TOP7 起重伤害

序号	风险名称	总隐患数	风险总值	容忍值	预警状态	风险趋势（相比上月）	责任处室	责任人（公司内部）
TOP7	起重伤害	18	18	23	正常	下降	工程管理处	

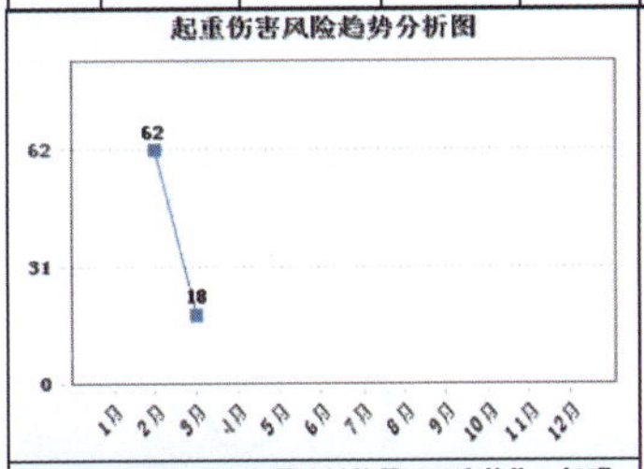

分析：3月份起重伤害风险总体呈现下降趋势；起重伤害风险较高单位为华兴土建、中交一航二、中核霞浦核电有限公司；风险较高区域为2#核岛、22UBS2号应急柴油发电机厂房、1#核岛；起重伤害重大风险隐患0项。

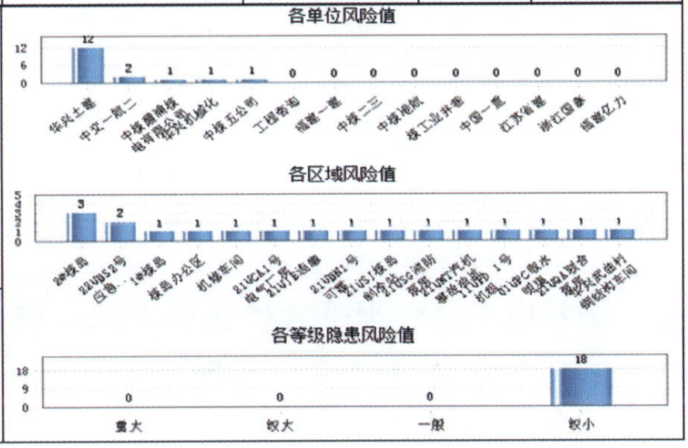

图 1-86　20 类事故风险可视化展示

3. 实施效果

（1）工程项目整体安全风险得到有效控制

霞浦核电风险量化指标及风险分析研判预警机制建立以来，项目整体安全风险得到有效控制，如图 1-87 和图 1-88 所示，2022 年整体风险值从 72.8 下降到 25.1，20 万工时安全隐患率从 130 下降到 39，安全风险总体呈现下降趋势，工程项目整体保持安全平稳态势。2022 年 8 月，项目参建各方整体通过集团公司建设阶段安全生产标准化一级考评，为示范快堆安全高质量建成筑牢坚实安全基础。

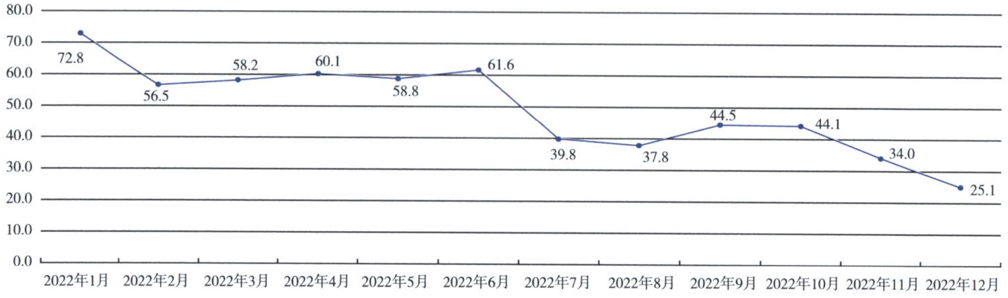

图 1-87　2022 年度整体风险趋势

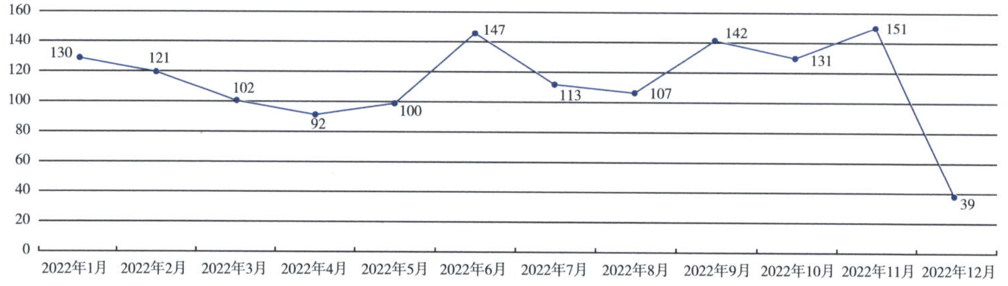

图 1-88　2022 年度 20 万工时隐患率

(2) 项目整体安全工作效率得到全面提升

霞浦核电安全管理平台优化后上线应用以来，借助和运用信息化手段，实现参建各方“统一管理、集中控制、资源共享、上下互动”的“一体化”和“穿透式”本质安全管理目标重塑。高度整合各参建方安全管理资源，贯穿和覆盖了安全管理的全过程和全周期，精简安全管理业务流程 10 项。安全管理业务对象覆盖率 100%，安全管理核心业务流程化和信息集成化覆盖率 100%，安全管理周期覆盖率 100%。日常安全数据统计及安全检查报表制作等工作量降低约 50%，风险隐患防控治理周期缩短约 60%，安全生产工作有迹可循，有效促进了示范快堆安全管理模式和方式的转变。全面提升了工程整体安全工作效率，保障安全管理本质化、一体化、规范化和信息化运行。

(3) 超前实时防控安全风险，科学决策安全生产工作

霞浦核电实现参建各方一体化的风险防控和隐患排查治理管控机制，做到风险超前和实时防控，全面有效管控安全风险。最大限度地降低事故发生概率及后果严重程度，进一步形成有效的隐患排查治理

与风险分级管控双重预防机制，实现安全风险趋势分析和安全状态的实时动态预测预警，为安全生产决策提供科学依据。

1.2.22　基于精细化管理与系统工程的安全生产标准化管理

基本情况	单位名称	中核国电漳州能源有限公司
	案例所属专题/领域	落实企业安全生产主体责任专题
	类型	□ 技术优化　☑ 管理提升
	主要创造人	彭斗光、黄鑫欣、吴志明
	参与创造人	张小青、唐少辉、林伟贤、范耕宇、冉治杰、杨俭泗、洪艳明

案例简介 Case Introduction

1. 在中国核电行业内首创同时实现公司与核电工程项目安全生产标准化双达标。

2. 以精细化理念指引全面贯彻落实集团公司最新安全生产标准化企标要求，运用 PDCA 层层迭代，助力提升安全生产标准化水平。

3. 打造“策划启动—摸底初评—自查—正式自评—实地评价—预评审—达标评审—常态化建设”8S 系统工程管理链条，实现首次双达标零突破的创新管理模式。

4. 以精细化管理指引实现安全生产综合管理与现场标准化管理“双轮驱动”共同提升标准化建设。

5. 创建“统一部署、四位一体、经验反馈”的持续提升机制，共同推进公司与核电工程项目安全生产标准化达标。

案例详细介绍 Detailed introduction to the case

1. 实施背景

（1）标准化建设水平参差不齐

部分参建单位属于首次创建达标；部分单位虽开展安全生产标准

化，但标准新升版发布后暂未开展实践。

(2) 新标准发布宣贯不足

集团公司 2021 年 11 月对标准进行了修订发布，标准的系统性和专业细分程度更强，亟待宣贯以便更好落实。

(3) 施工面广、作业人员素质不高

现场作业、施工环境较复杂，尚未系统落实标准化要求；人员知识技能水平参差不齐，培训有待加强。

(4) 缺少双达标参照经验

集团公司首次提出项目达标后，经调研发现，行业内单位均未开展公司与项目同时双达标，缺少可借鉴经验。

2. 主要做法

在漳州能源公司党委、总经理部和安全生产委员会的正确指导下，在公司各处室、各参建单位的协同努力下，坚持贯彻精细化管理和系统工程思维理念，坚持以问题为导向，克服了各单位标准化建设参差不齐、标准新发布亟待宣贯、现场施工作业环境复杂和双达标无参考经验等困难，漳州能源牵头组织各参建单位系统开展了对标整改和常态化建设、正式自评、达标预评审和达标评审等工作，2022 年公司安全生产标准化达标工作任务顺利完成，主要做法如下：

(1) 高度重视，公司组织成立各层级专项组高效推进专项工作

为有效推进安全生产标准化，公司高度重视，组织成立安全生产标准化专项组织机构。为推进标准化自评，成立了专项自评组织机构。建立会议协调机制，每月组织召开安全生产标准化领导小组/办公室月度协调会；每日组织召开现场安全生产标准化日推进会，协调解决标准化建设重难点问题。组织机构及会议推进机制详见图 1-89。

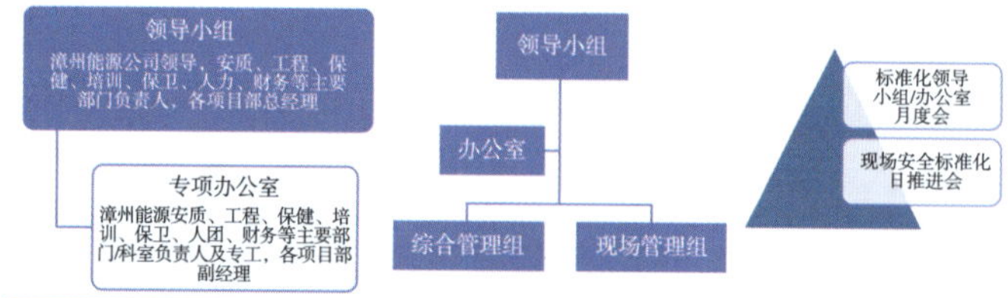

图 1-89　安全生产标准化专项组织机构及会议推进机制

(2) 筑基立杆，公司通过集团公司安全生产标准化一级达标

为深入贯彻落实集团公司《关于进一步加强安全生产标准化建设的通知》的相关要求，漳州能源秉承精细化管理和系统工程管理理念，重点聚焦安全管理体系完善、现场安全设施本质安全提升、作业人员行为规范，推进“核电工程四位一体安全管理”、SAFER 安全管理模型全面应用、关键隐患管理和核工业施工大数据平台安全信息化智能化建设等工作，有效提升安全管理水平。同时按照策划动员、摸底初评、对标自查和常态化建设、正式自评、预评审、现场达标评审和常态化建设七个阶段有序推进安全生产标准化达标工作。漳州能源公司在集团公司安全生产标准化达标评审中得分 91.6 分，符合安全生产标准化一级达标要求。

(3) 守正创新，实现公司法人及核电项目同时双达标

2021 年 11 月，集团公司发布新版安全生产标准化企业标准规范，首次将重点建设项目达标纳入规范和评审范围。经中国核电行业内部调研及漳州能源统一部署安排，2022 年漳州能源首创实现公司及核电项目同时双达标，具体情况详见图 1-90。

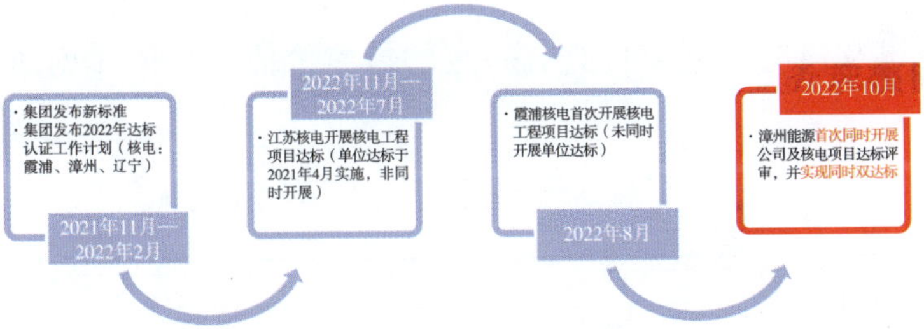

图 1-90　漳州能源首创实现公司法人及核电项目同时双达标时间轴

(4) 精细管理，建立公司安全生产标准化双达标精益管理体系

“精细化管理”是促进漳州能源 2022 年安全生产标准化建设的重要手段之一，也是促进标准化建设的创新举措。漳州能源组织建立运用“双达标”精益管理体系促进公司及核电工程项目标准化建设，具体如图 1-91 所示。漳州能源从组织、计划、管理和考核等多个层次进行了精细化管理，组织制定了安全生产标准化达标实施方案，明确了安全生产标准化达标总体工作安排，按照七个阶段进行推进。其中，按照基于精细化管理与系统工程管理的工作思路，顺利完成了公司及

核电工程项目自评，建立了自评档案和评审申请。自评成果上报中国核电一次通过审查，自评精细化管理获得中国核电肯定（专项建设组织规范、工作细致全面、报告支持材料清晰完整）。

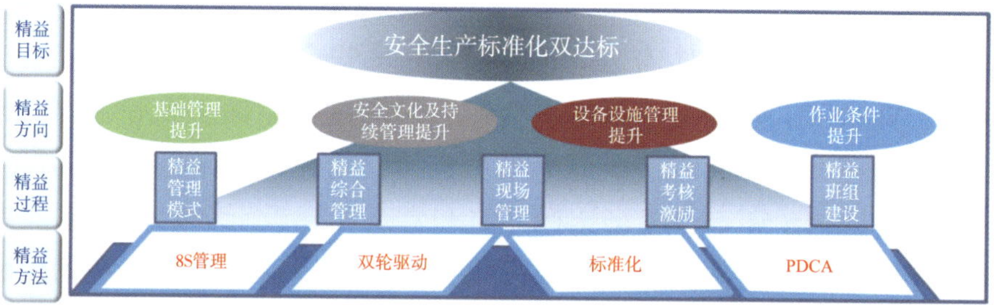

图 1-91　漳州能源安全生产标准化双达标精益管理体系

（5）系统统筹，建立安全生产标准化 8S 系统工程管理链条

漳州能源组织各参建方在标准化建设中，认真贯彻落实系统工程理念，系统策划摸索形成了“策划动员—摸底初评—自查—正式自评—实地评价—预评审—达标评审—常态化建设”的标准化达标 8S 系统工程管理链条，实现了双达标“零的突破”，尤其对于首次开展标准化建设的公司及核电工程项目具有一定的借鉴价值，具体详见图 1-92。

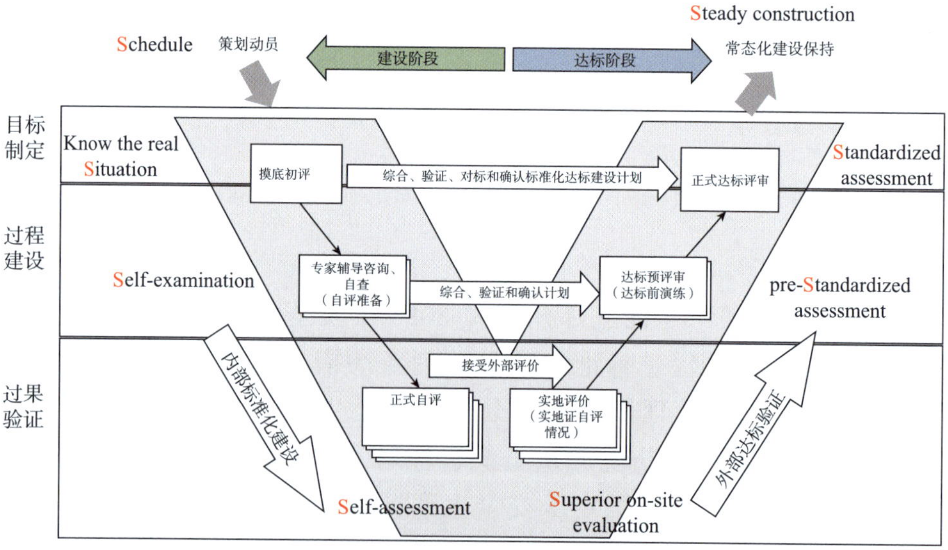

图 1-92　安全生产标准化建设系统工程 8S 管理流程图

（6）双轮驱动，实现安全生产综合管理与现场标准化管理提升

漳州能源充分应用精细化管理与系统管理工具的双轮驱动作用，推进综合与现场管理标准位标准化建设中，在项目自评基础上开展单位自评，提升工作效率。公司按照精细化管理思路组织对安全生产标准化五级条款进行逐条分解，每项条款明确责任处室、配合处室，责任处长、责任人，并将条款落实到程序/文件中，促使安全生产标准化与安全管理体系相融合，工作执行中落实标准化要求。建立考核激励机制，提升自评质量。

现场安全生产标准化按照“责任区、网格化”进行管控，应用标准化图册，成立总平道路、临时用电等专业组，召开标准化日例会，精准推进现场标准化建设工作。漳州能源持续以精细化管理和系统工程理念为指引，实现安全生产综合管理与现场标准化管理“双轮驱动”，共同提升标准化建设，具体机制如图 1-93 所示。

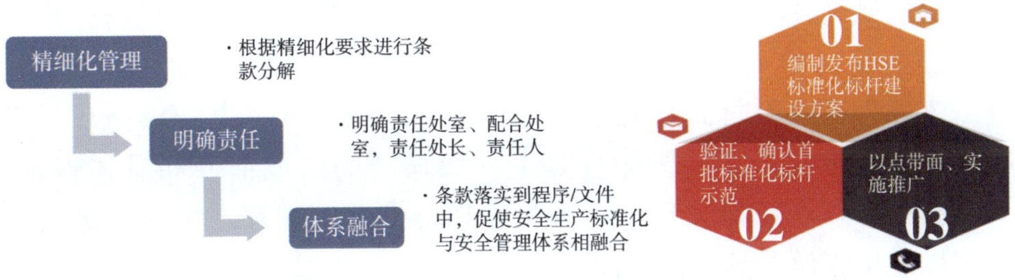

图 1-93　“综合管理”与“现场标准化”双轮驱动机制图

（7）PDCA，建立漳州能源安全生产标准化建设循环提升模式

2022 年，漳州能源组织安全生产标准化建设“PDCA”（计划、实施、检查和改进）循环模式，以年度安全生产工作目标、标准化达标及责任制为总体计划，以制度化建设、教育培训、风险管控及隐患排查治理、应急管理、事故事件管理、核安全文化建设、设备设施管理、作业安全为抓手推进安全生产标准化实施，以正式自评、实地评价、预评审、正式评审为标准化建设成果检查验证手段，依托安全生产标准化经验反馈等开展持续改进，具体详见图 1-94。

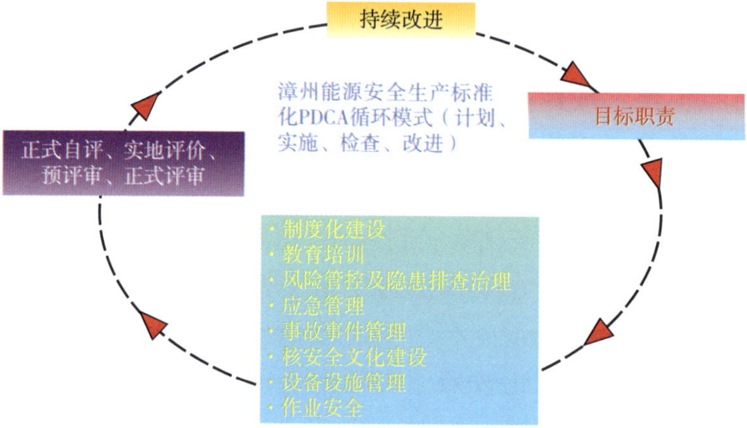

图 1-94　漳州能源安全生产标准化 PDCA 循环管理提升模式

漳州能源系统梳理公司/核电工程项目安全生产标准化工作逻辑关系，不仅将公司/核电工程项目标准化建设体系构成一个大的管理循环，而且促进各单位和各部门的标准化管理、制度体系与现场标准化管理建立各自的 PDCA 循环。漳州能源充分应用“计划—实施—检查—改进”机制不断提升安全生产标准化建设水平。上一级循环是下一级循环的依据，下一级循环是上一级循环的组成部分和具体保证，大环套小环，小环保大环，一环扣一环，推动大循环，不断推进安全生产标准化建设，具体详见图 1-95。

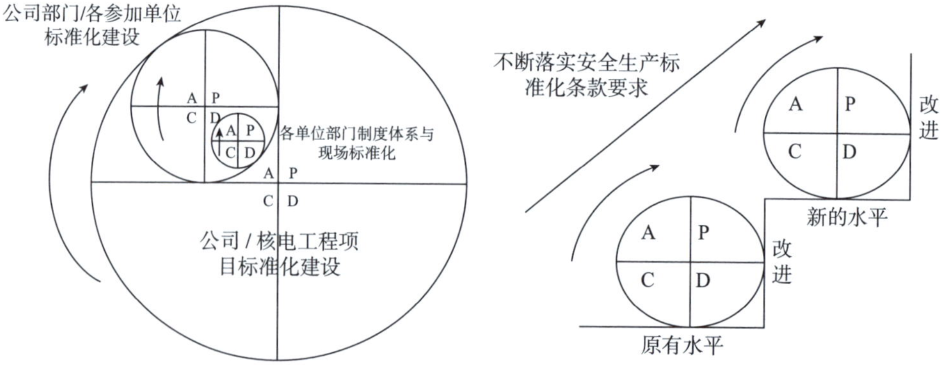

图 1-95　公司/核电工程项目标准化 PDCA 推进建设逻辑图

(8) 持续提升，建立“统一部署、四位一体、经验反馈”持续提升机制

漳州能源标准化专项领导小组牵头统一组织部署了标准化建设各阶段工作，统一思想、凝聚共识，充分做到资源共享、各方联动、同一步调、稳妥推进标准化工作。漳州能源以扁平化管理大力提升现场安全管控效率，成立了漳州能源、中核咨询、中核工程和施工承包商“四位一体”安全管理共同体，组织发起“核电工程四位一体安全管理”，对现场标准化建设进行宣贯培训、建立标杆、对标提升和全面推广。漳州能源组织从四个方面做好经验反馈、持续提升安全生产标准化建设工作：

1）积极组织参加上级单位安排的经验交流与标准宣贯培训。

2）充分做好内部经验反馈，核电、风电、抽蓄相互借鉴，各参建单位相互借鉴。

3）组织与海南、田湾、辽宁等核电兄弟单位对标，对各阶段建设经验进行共享反馈。

4）借助外部咨询单位经验助力标准化建设；对标国际 ISRS 安全标杆体系建设经验。

3. 实施效果

(1) 2021 年 11 月，集团公司发布新版安全生产标准化企业标准规范，首次将重点建设项目达标纳入规范和评审范围。经中国核电行业内部调研及漳州能源统一部署安排，2022 年首创实现公司法人及核电项目同时双达标。

(2) 2022 年 10 月，集团公司组织开展安全生产标准化正式评审。公司安全生产标准化正式评审得分 91.6 分，符合安全生产标准化一级标准要求。

(3) 漳州能源摸底初评、自评与正式评审结果对比，公司及核电工程项目制度体系日益完善、现场管理逐渐规范、标准化建设总体效益显著。

1.2.23 基于行为、能力、绩效的安全生产履职评价模型构建与应用

基本情况	单位名称	中核国电漳州能源有限公司
	案例所属专题/领域	落实企业安全生产主体责任专题
	类型	☐ 技术优化　☑ 管理提升
	主要创造人	彭斗光、黄鑫欣、林伟贤
	参与创造人	唐少辉、吴志明、冉治杰、范耕宇

案例简介 Case Introduction

为有效落实“管行业必须管安全、管业务必须管安全、管生产经营必须管安全”的安全生产要求，切实有效开展安全生产履职评价，督促评价对象安全生产履职尽责，漳州能源应用系统工程思维，基于“履职行为”“履职能力”“履职绩效”“履职业绩”“一票否决项”五个维度，构建安全生产履职评价模型。

通过资料核查、现场观察、抽查询问、考试考核、综合评定和直接判定等方式，按照既定评价要素、评价准则和评分标准等，对评价对象在“履职行为”“履职能力”“履职绩效”“履职业绩”“一票否决项”方面的表现进行多维度、多尺度量化打分评价，将量化评价结果进行归一化处理后，生成雷达图的形式，可以形象、直观展示评价对象的安全生产履职情况。

案例详细介绍 Detailed introduction to the case

1. 实施背景

为切实有效开展安全生产履职评价，督促评价对象安全生产履职尽责，亟须建立一套科学量化的安全履职评价模型，对评价对象安全

生产履职情况进行多维度、多尺度的量化评价，并可形象、直观展示强弱项，有利于评价对象后续进行改进提升，从而有效落实“管行业必须管安全、管业务必须管安全、管生产经营必须管安全”的安全生产要求。

2. 主要做法

(1) 安全生产履职评价模型构建

基于“履职行为”“履职能力”“履职绩效”“履职业绩”“一票否决项”五个维度，构建安全生产履职评价模型，如图 1-96 所示，其中：

1）履职行为检查：通过开展安全生产责任制督查、专有安全生产职责对照检查等，检查评价周期内评价对象的安全生产职责履行情况。

2）履职能力考核：采取抽查询问、试卷考核的方式，考查安全生产应知应会内容。

3）履职绩效核查：对评价对象在评价周期内的安全生产履职绩效进行检查，主要检查人员伤亡、经济损失、社会影响和停工停产等情况。

4）履职业绩核实：对评价对象在评价周期内的安全生产业绩进行检查，主要包括安全生产方面的表彰奖励、管理创新和良好实践等。

5）“一票否决项”考核：自生产安全事故发生之日起半年内，对评价对象进行一票否决。

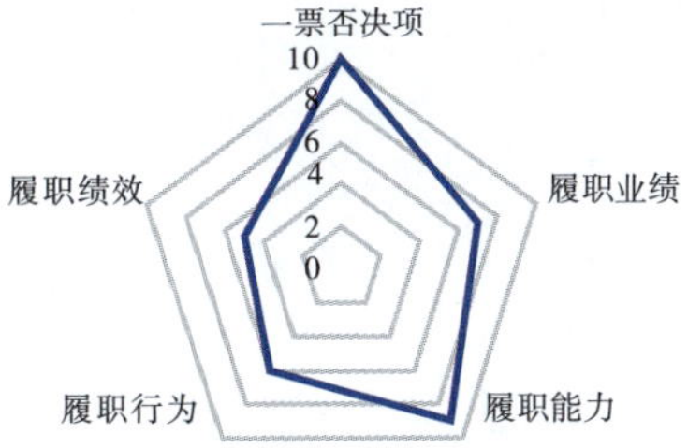

图 1-96 安全生产履职评价模型示例

(2) 安全生产履职评价模型应用

通过检查评价对象在“履职行为”“履职能力”“履职绩效”“履职业绩”“一票否决项”等方面的情况，对评价对象安全生产履职情况进行评价，督促评价对象安全生产履职尽责，并以雷达图的形式，展示评价对象安全生产履职情况，指明存在的问题及需改进提升的方向。

3. 实施效果

如图 1-97 所示，漳州能源已运用本模型对各处室 2022 年度安全生产履职情况进行评价，并以“雷达图”的形式，形象、直观展示各处室安全生产履职情况，指明需改进提升的方向，基本达到预期效果。

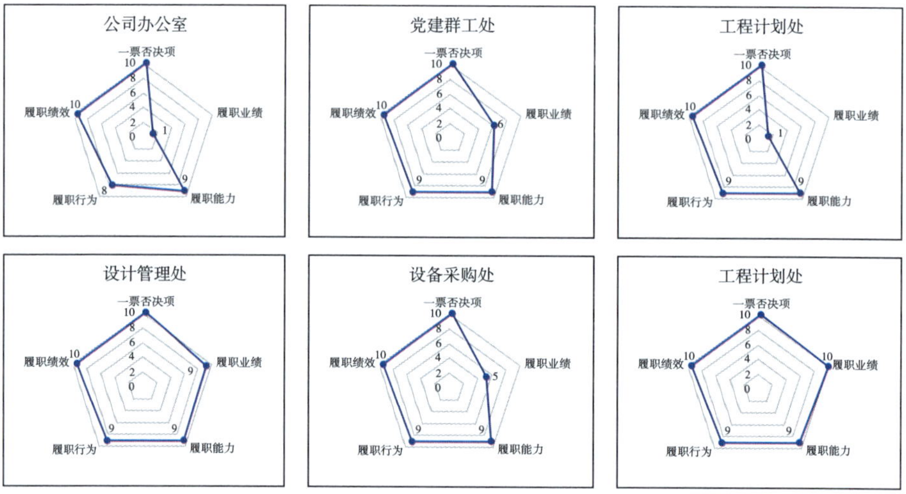

图 1-97　各处室 2022 年度安全生产履职情况雷达图

第二章　重点领域整治专篇

2.1　危险化学品安全整治专项

2.1.1　核电厂化学品储备定额管理的研究与应用

基本情况	单位名称	江苏核电有限公司
	案例所属专题/领域	危险化学品安全专项整治
	类型	□ 技术优化　☑ 管理提升
	主要创造人	王旭初、强浩、庞雷
	参与创造人	陈勇、任丽娟、鹿洪刚、侯峰愿、莫世军、孔亮、杨兴龙

案例简介 Case Introduction

为了从根本上缩减电厂化学品种类和储备数量，减少电厂危化品的储量，化学处积极主动实施电站化学品储备定额管理专项工作任务，从本质安全的角度统筹考虑，与商务合同处、环境应急处共同配合，组织各化学品使用部门专题研讨，按照“能少存就少存，能不存就不存”的原则，梳理全厂危险化学品数量和品种，实施定额储备管理。通过采取缩减电厂化学品台账清单、制定最小定额和合并同类项等方式，减少安全风险源，切实保障现场安全。

案例详细介绍 Detailed introduction to the case

1. 实施背景

在核电厂的生产活动中，为了满足机组生产运行的需要，需使用工艺系统化学添加物、化学辅助材料等化学品。田湾核电站1～6号机组自调试运行以来，化学品种类数量在不断增多，初步统计，全厂化学品种类为 1 233 项。化学品种类繁多，给管理工作带来诸多不便，极大地提高了管理成本。为了落实公司“能少存就少存，能不存就不存”的要求，提升本质安全，从技术和管理两方面着手，缩减电厂化学品种类和数量迫在眉睫。

2. 主要做法

（1）立足实际，把握现状

化学处组织相关处室，对全厂使用和存储的化学品进行统计，并形成“电站化学品种类清单”。从专业和历史使用经验的角度初步判断，电厂化学品种类有较大的缩减空间。

（2）制定方案，合理管控

1）在充分调研现场使用需求的前提下，化学处组织相关处室经多次讨论后，制定了《电站化学品储备定额控制管理方案》。从各处室使用的共性化学品着手，通过梳理比对，对化学品编码重码的、统计在册且后续不再使用的，以及同类型但规格不同的化学品进行分类分析，最终，将全厂使用的化学品种类由 1 233 项缩减至 805 项，缩减 34.7%，如图 2-1（a）所示。

2）为了降低仓库库存化学品种类和数量，组织使用化学品的处室，采取“制定最小定额”“合并同类项”“关闭长期不启用项”等办法，将化学品库房存放的化学品种类由 353 项缩减至 209 项，缩减了 40.8%，如图 2-1（b）所示。

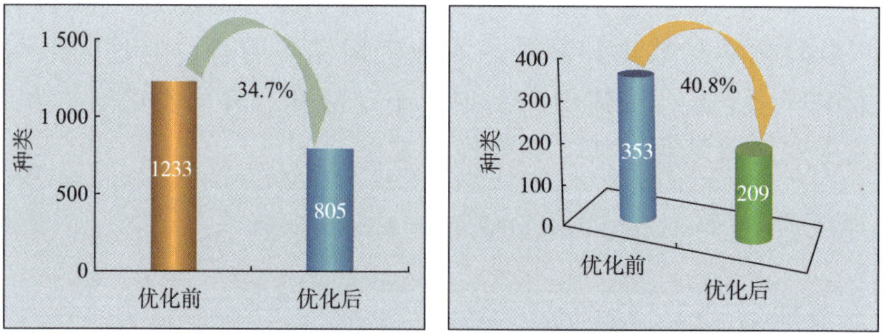

（a）全厂化学品种类　　（b）仓库库存化学品种类

图 2-1　优化前后化学品种类变化

3）针对1～6号机组使用的工艺系统化学品存在不同机组同类化学品指标或规格不同，造成化学品库存种类和数量增多的现象，化学处组织相关部门从技术方面进行分析研判，就降低工艺系统化学品库存量和统一化学品采购技术指标达成一致意见，并将管理要求固化到《化学品管理》程序当中，实现了“盐酸、氢氧化钠等不再设置最低库存量”“硼酸、联氨等部分工艺系统化学品按照六台机统一考虑，结合实际工作调减库存”的预期目标。其中，1～6号机组使用的树脂种类由27种缩减至20种，缩减了25.9%，如图2-2（a）所示。

4）就现场化学品存放点及存放点化学品数量较多的现状，化学处通过专业分析，结合历次现场检查的数据，明确了现场223个存放点危险化学品的最大储存量，同时将有效降低最大存储量作为绩效考核指标加以管控，从源头上减少日常化学品存放点的数量，从223个缩减为74个，缩减66.8%，如图2-2（b）所示，同时有效降低存放点的最大存储量。

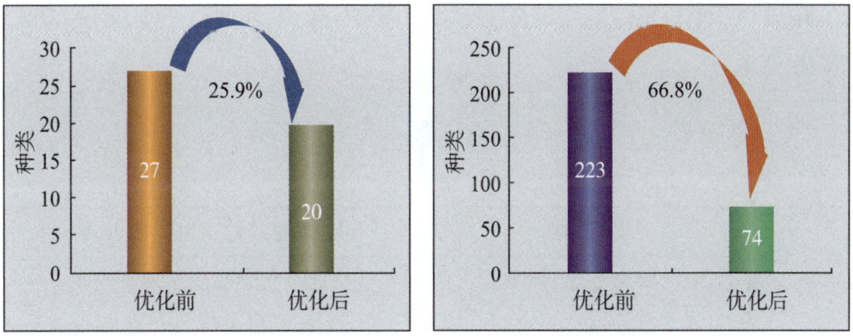

（a）树脂种类　　（b）日常化学品存放点数量

图2-2　优化前后树脂种类及存放点数量变化

5）升级化学品管理系统，实现智能化管理。为每瓶化学品生成唯一编码，通过扫码方式实现出入库、储存、使用和报废等全流程实时智能化管控。系统具备对化学品储存数量过多、有效期超期和账物不一致等问题进行预警的功能，有助于及时提醒管理人员进行干预，同步实现化学品台账自动实时更新和数据统计分析，有效提升管理水平和工作效率。

（3）持续改进，成果固化

针对已经取得实效的有效措施，通过及时升版管理程序，实现管控措施的成果固化。后续，化学处将通过技术手段，实现主数据系统化学品的判定，以彻底消除重码错码的问题，持续改进，从源头上控制田湾核电站化学品种类数量和质量。

3. 实施效果

技术方面，通过研究和落实化学品储备定额管理工作，有效降低化学品的种类和数量，便于更有针对性地开展机组水化学工况的研究与优化工作。

效益方面，在确保满足生产要求的前提下，有效降低电厂库存化学品种类和现场化学品存放点最大存储量，经济效益显著。

管理方面，进一步细化和规范电厂化学品管理流程，实现化学品智能化全生命周期管理。通过讨论优化，统一化学品使用部门的管理思路，有效提升化学品管理水平。同时，锻炼员工在生产实践中发现问题、解决问题的能力，对团队成员整体技术水平、管理能力的提升具有重要意义。

2.1.2 核电高毒危害厂房安全提升专项改造

基本情况	单位名称	福建福清核电有限公司
	案例所属专题/领域	危险化学品安全专项整治
	类型	☑ 技术优化　　□ 管理提升
	主要创造人	汤吉星、任冰琪、闵济东
	参与创造人	黄毓鑫、黄显煊、王安荣、游胜哲、严亮、马贤德、丁波

案例简介 Case Introduction

据中国化学品安全协会统计，2012—2021 年这 10 年间，因中毒而造成的较大及以上事故共 37 起，产生了极大的人员伤亡及经济损失。福清核电现场危险化学品厂房数量多且布置分散，危险化学品种类繁杂，部分厂房缺少危化品泄漏检测、报警装置和电子监控设备，无法连续有效地对危化品区域风险进行监测和预警，存在人员误入危化品泄漏房间而导致人身伤害的风险。

针对上述高毒危害厂房管理的短板，福清核电以习近平新时代中国特色社会主义思想为指导，落实习近平总书记关于安全生产的重要论述，强化底线思维和红线意识，深化源头治理、系统治理和综合治理，切实转变安全理念，坚持以人为本，以实现本质安全为目标，应用新的科学技术对全厂高毒危害厂房管理进行了一系列创新性改造。

案例详细介绍 Detailed introduction to the case

1. 实施背景

习近平新时代中国特色社会主义思想关于安全生产的重要论述，强调"从根本上消除事故隐患"，要求强化底线思维和红线意识，深化源头治理、系统治理和综合治理，切实转变安全理念，要求坚持以人为本，运用先进技术手段实现本质安全。

福清核电结合工作实际，重点分两个专题和十个专项整治深入开展三年整治活动。在危险化学品安全专项整治领域，始终把生命安全放在第一位，坚持问题导向、目标导向和结果导向，用新技术、新手段提升本质安全，有效防范安全风险，构建安全风险预防控制体系，推进安全生产治理体系不断完善、治理能力不断提升。

福清核电 1～6 号机组危险化学品厂房数量多且布置分散，危险化学品种类繁杂，部分厂房缺少危化品泄漏检测、报警装置和电子监控设备，无法探测危化品区域是否存在异常泄漏情况，存在人员误入危化品泄漏房间而导致人身伤害的风险。福清核电以高质量发展理念为指导，以人为本，以本质安全为目标，应用新的科学技术对全厂高毒危害厂房进行安全专项改造。

2. 主要做法

为构建福清核电安全风险预防控制体系，提升福清核电危化品厂房安全管理水平，在相关危化品厂房布置危化品检测分析仪、声光报警装置，安装防爆球形摄像头，设置语音提示装置，实现高毒危害厂房/区域智能预警和实时监测全覆盖，避免发生危化品泄漏导致人身伤害的风险。

经对福清核电 1～6 号机组涉及危险化学品的 62 个厂房/区域进行全面梳理排查，重点核实每个危险化学品厂房/区域的气体监测分析仪、声光报警装置、摄像头和语音提示器是否全面，最终确定需增加相关设备总共 198 台，详细清单如表 2-1 所示。

表 2-1　星级评定准则

设备		0/1/2/9 号机组	3/4/8 号机组	5/6/7 号机组	小计
监测分析仪	氨气	2	2	0	4
	联氨	2	2	2	6
	硫化氢	4	4	4	12
	硫酸	2	2	0	4
	氯气	6	5	5	16
	盐酸	2	2	0	4
声光报警装置		26	27	15	68
语音提示器		17	17	19	53
摄像头		13	13	5	31
总计		74	74	50	198

(1) 危险化学品在线监测预警管控系统

针对各个厂房存放的危险化学品类型和可能异常泄漏的气体，在相应厂房增加气体检测分析仪（氯气分析仪、硫化氢分析仪、氨浓度分析仪、盐酸分析仪、联氨分析仪和硫酸分析仪等），如图 2-3 所示，实现对相关厂房有毒有害气体的实时监测和显示。分析仪设定两级报警（预警值、报警值），当气体分析仪监测到环境气体浓度达到预警值时，仪表本体上会触发报警，并联动声光报警器，如图 2-4 所示。房间内工作人员第一时间得到提醒，及时退出厂房，降低有害气体的伤害；房间外人员观察到报警触发，可有效避免误入有害气体泄漏房间。

预警值及报警值根据《工作场所有毒气体检测报警装置设置规范：GBZ/T 223—2009》要求设置。报警值为超限倍数值，警报提示该工作场所空气中有毒气体已达到或超过国家职业卫生标准，应立即寻查释放点，采取相应的防止释放、通风排风和人员防护等措施；预警值为报警值的 1/2，预报提示该场所可能发生有毒气体释放，应对相关设备进行检查，采取有效的预防控制措施。

图 2-3　气体分析仪

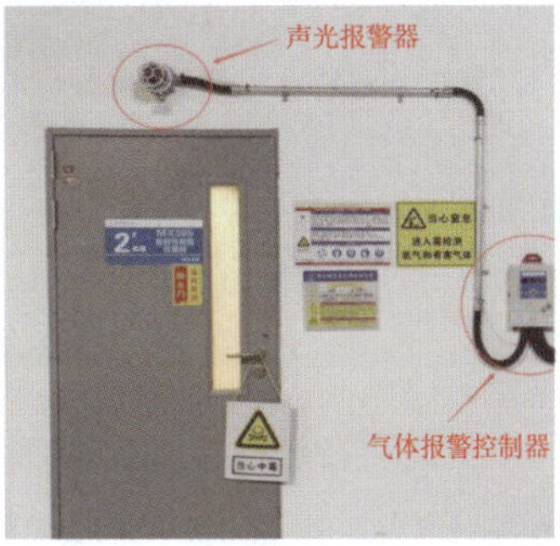

图 2-4　气体报警控制器＋声光报警器

(2) 高风险危化品厂房可视化管理

在高风险危化品厂房安装防爆球形摄像头，开发远程可视化监测平台，将视频监控信号引至福清核电生产活动视频综合管理平台画面，如图 2-5 所示，实现高风险危化品厂房可视化管理。

图 2-5　福清核电生产活动视频综合管理平台画面

防爆球形摄像头具有云台控制功能，可在远程实现焦点移动、光圈放大/缩小和轨迹记录等功能，满足现场实时监测需求，其监控画面如图 2-6 所示。

图 2-6　防爆球形摄像头监控画面

(3) 危化品厂房进口设置语音提示装置

在危化品厂房进口处设置语音提示器装置，如图 2-7 所示，由就近 220 V 电源供电，当人员进入语音提示器红外探测范围内，语音提示器会发出提示“您已进入化学品危险化学品区域，请做好防护措施”。

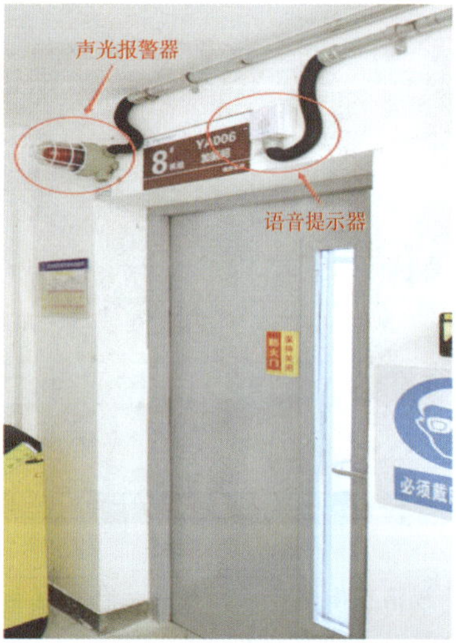

图 2-7　语音提示器+声光报警器

3. 实施效果

截至 2022 年年底，福清核电涉及“两重点一重大”生产装置、储存设施的泄漏检测报警装置和电子监控系统设备改造完成率达到 100%，实现了高毒危害厂房/区域智能预警和实时监测全覆盖，有效构建福清核电危化品厂房安全风险预防控制体系，提升福清核电危化品厂房安全管理水平，从根本上避免发生危化品泄漏导致人身伤害的风险。

4. 主要创新点

（1）高毒危害厂房风险管理重点从事后应急响应向事前防御转移，加强了源头防范；

（2）采用图像、声光等多种技术手段，解决了巡检、预防性维修手段单一、不连续的问题，丰富了高毒危害厂房风险管控策略；

（3）应用智能化技术实现了高毒危害厂房实时监控、预警，通过科学技术手段保障了电厂本质安全。

2.1.3　工艺改进替代高危险活性化学品，提升本质安全水平

基本情况	单位名称	福建福清核电有限公司
	案例所属专题/领域	危险化学品安全专项整治
	类型	☑ 技术优化　　☐ 管理提升
	主要创造人	纪伟、黄孟超、赵欣
	参与创造人	王洪凯、李振、赖宏宇、王颖、张树、谢自彬、林享

案例简介 Case Introduction

为降低现场作业人员安全风险，减少电厂有毒化学品、重点监管危险化学品在线量和储存量，电厂采取技术手段，研究低风险性化学品替代高危险性化学品的本质安全改造措施，通过无毒的“同位素交换液”替代通风系统过滤器性能试验原先使用的有毒化学品“硫酸二甲酯”、低浓度氨水溶液

替代除盐水生产厂房原先使用的重点监管危险化学品“液氨”、电炉灶替代厂区食堂原先使用的重点监管危险化学品“液化石油气”，降低危险化学品的储存、管理风险，减小工业安全异常事件发生的概率，保障现场危险化学品安全。

案例详细介绍 Detailed introduction to the case

1. 实施背景

通过开展危险化学品本质安全提升，研究生产过程中危险化学品在线量减量技术路线，以低风险性的化学品替代高危险性化学品（如有毒化学品、强酸碱等），从而降低高危险性化学品的在线量和储存量，降低人员作业安全风险，降低危险化学品的储存、管理风险，保障现场危险化学品安全。

2. 主要做法

（1）同位素交换液替代硫酸二甲酯

福清核电核通风系统碘过滤器性能试验原先采用硫酸二甲酯法来验证过滤器的性能，硫酸二甲酯具有较强的毒性（2002 版《危险化学品目录》中划分为剧毒化学品，2015 版中划分为危险化学品），试验操作过程、出入库过程中可能发生试验操作人员、库房管理人员中毒事件。通过分析评估硫酸二甲酯法与同位素交换法现场应用试验结果，发现效果相近、净化效率一致，将有毒的“硫酸二甲酯”替换为无毒的“同位素交换液”，满足碘吸附器试验要求。

（2）氨水溶液替代液氨

福清核电水处理相关系统原先通过瓶装液氨汽化添加的方式来配置氨水溶液，由于设备老化或缺陷，可能导致液氨泄漏。液氨具有易燃易爆、腐蚀和有毒等危害性，液氨瓶在运输、吊装、装卸、储存及使用过程中存在着工业安全风险。将 YA 除盐水生产厂房使用的重点监管危险化学品“液氨”替换为“低浓度氨水溶液”，减少利用液氨配置氨水溶液的工艺过程，避免高危险性化学品的储存和操作。

（3）“气改电”炉具改造

福清核电 SA 食堂、检修楼食堂原先使用液化石油气炉灶，液化石油气瓶在运输、装卸、储存及使用过程中存在泄漏爆炸的安全风险。通过“气改电”变更改造，利用电炉灶替代食堂原先使用的重点监管危险化学品“液化石油气”，避免发生液化石油气泄漏爆炸事件。

3. 实施效果

(1) 现场变更改造成果

核通风系统过滤器试验需使用有毒危险化学品硫酸二甲酯，通过使用无毒的“同位素交换液”作为配制溶液进行通风系统过滤器试验，有效降低人员操作风险和试剂储存风险，剩余高毒化学品硫酸二甲酯按照计划运离电厂，并撤销（QS132）硫酸二甲酯存放区，如图 2-8 所示。

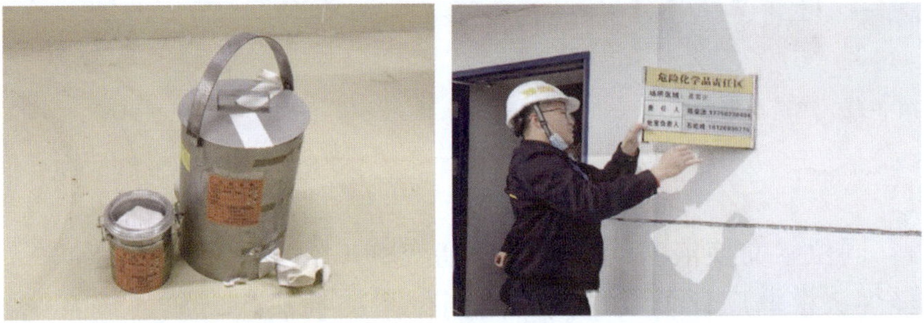

图 2-8　撤销原硫酸二甲酯存放点

通过变更改造，利用 17%浓度的氨水溶液替代液氨，将福清核电 1～4 号机组 MP 化学加药间厂房使用的 14 个 400 kg 液氨钢瓶、YA 除盐水生产厂房使用的 12 个 50 kg 液氨钢瓶（见图 2-9）改造为氨水溶液箱，如图 2-10 所示，消除现场液氨钢瓶爆炸风险，降低日常巡检人员的中毒风险。

图 2-9　改造前现场液氨钢瓶

图 2-10　改造后现场氨水箱

通过“气改电”改造使用电炉灶替代燃气灶，取消食堂燃气库内二十余瓶液化石油气的库存及百余米燃气管道的使用，避免因设施老旧损坏或操作不当导致液化石油气泄漏爆炸事件。改造前液化石油气储藏间如图 2-11 所示，改造后电炉灶如图 2-12 所示。

图 2-11　改造前液化石油气储藏间

图 2-12　改造后电炉灶

(2) 案例推广价值

1）同位素交换液替代硫酸二甲酯变更工作

经多家核电厂评估及应用，用同位素交换法进行核通风系统碘吸附器效率实验的实验结果良好，实验所用设备无需改变，提高了碘源利用率，减少残液处理难度，降低操作风险，具有更好的安全、环境效应，可推广至所有核电厂。

2）氨水溶液替代液氨变更改造工作

核电厂利用氨水溶液对二回路介质 pH 值进行调节，将系统设计的液氨配置氨水溶液方式修改为储存低浓度氨水溶液，消除储存液氨钢瓶可能造成的爆炸、中毒风险，可推广至所有核电厂。

3）炉具的“气改电”改造工作在福清核电已全面完成，电炉灶已投入使用超过 1 a 时间，相较使用燃气炉灶，消除液化石油气储存、使用过程中的燃烧、爆炸风险，可推广至所有企业。

2.1.4　危化品存放管理由标准化走向个性化

基本情况	单位名称	海南核电有限公司
	案例所属专题/领域	危险化学品安全专项整治
	类型	□ 技术优化　☑ 管理提升
	主要创造人	文佳艳
	参与创造人	赵卫泉、孙雪平

案例简介 Case Introduction

海南核电针对全厂危化品储存管理，通过统一监督要求标准、统一实施过程执行标准，扎实推进标准化管理流程的全面建立，落实安全管理要求，切实减少基础问题的频发、重发，有效避免因管理要求不统一造成的扯皮、推诿现象，提高管理效率。

在标准化管理要求的基础上，进一步由各储存存放点责任部门根据自身危化品种类、数量和存放条件等方面的不同进行个性化筛选，制定各部门“个性化”储存检查表共33份，检查内容包含了存储设施条件、存放环境、存放许可、包装标识、数量质量管理和安全管理要求等具体检查标准，进一步降低了基础管理问题的数量比例。危化品管理要求由标准化走向个性化，逐步把要求落到实处，渐渐覆盖到细微之处，最终达到管理提升的目的。

案例详细介绍 Detailed introduction to the case

1. 实施背景

在原有管理模式中，危险化学品安全管理要求不统一，安全质量处、保卫处、化学处在各自监督过程中受限于自身专业认知，检查工作存在隐患数量少且类型不全面的问题。受检查部门也会因监督部门检查依据不充分、整改要求不一致的问题存在大量推诿扯皮情况，各类问题存在频发、重发现象。因此，危险化学品安全管理需要建立统一标准。

2. 主要做法

危化品安全管理新标准要点如图 2-13 所示。

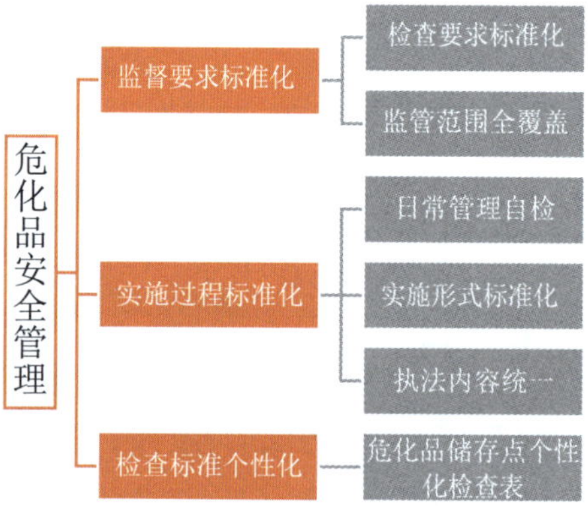

图 2-13　危险化学品安全管理新标准要点

(1) 监督要求标准化

1）通过梳理法规标准、管理程序，制定《危险化学品安全检查基准单》《气瓶安全检查基准单》等标准检查单，如图 2-14 所示，统一检查要求，为现场监督检查工作提供标准依据，有效避免监管漏洞及因管理要求不统一造成的推诿扯皮。

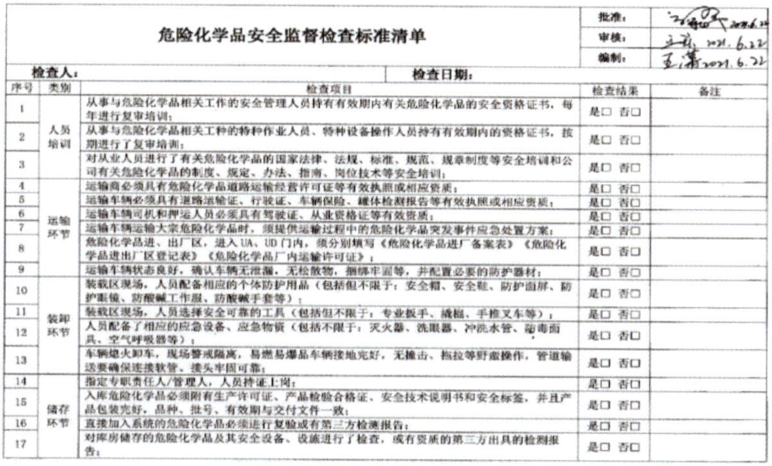

危险化学品安全监督检查标准清单

批准：[illegible]
审核：[illegible] 2021.6.22
编制：[illegible] 2021.6.22

检查人：　　检查日期：

序号	类别	检查项目	检查结果	备注
1	人员培训	从事与危险化学品相关工作的安全管理人员持有有效期内有关危险化学品的安全资格证书，每年进行复审培训；	是□ 否□	
2		从事与危险化学品相关工种的特种作业人员、特种设备操作人员持有有效期内的资格证书，按期进行了复审培训；	是□ 否□	
3		对从业人员进行了有关危险化学品的国家法律、法规、标准、规范、规章制度等安全培训和公司有关危险化学品的制度、规定、办法、指南、岗位技术等安全培训；	是□ 否□	
4	运输环节	运输商必须具有危险化学品道路运输经营许可证等有效执照或相应资质；	是□ 否□	
5		运输车辆必须具有道路运输证、行驶证、车辆保险、罐体检测报告等有效执照或相应资质；	是□ 否□	
6		运输车辆司机和押运人员必须具有驾驶证、从业资格证等有效资质；	是□ 否□	
7		运输车辆运输大宗危险化学品时，须提供运输过程中的危险化学品突发事件应急处置方案；	是□ 否□	
8		危险化学品进、出厂区，进入 UA、UD 门内，须分别填写《危险化学品进厂备案表》《危险化学品进出厂区登记表》《危险化学品厂内运输许可证》；	是□ 否□	
9		运输车辆状态良好，确认车辆无泄漏，无松散物，捆绑牢固等，并配置必要的防护器材；	是□ 否□	
10	装卸环节	装载区现场，人员配备相应的个体防护用品（包括但不限于：安全帽、安全鞋、防护面屏、防护眼镜、防酸碱工作服、防酸碱手套等）；	是□ 否□	
11		装载区现场，人员选择安全可靠的工具（包括但不限于：专业扳手、撬棍、手推叉车等）；	是□ 否□	
12		人员配备了相应的应急设备、应急物资（包括不限于：灭火器、洗眼器、冲洗水管、防毒面具、空气呼吸器等）；	是□ 否□	
13		车辆熄火卸车，现场警戒隔离，易燃易爆品车辆接地完好，无撞击、拖拉等野蛮操作，管道输送要确保连接软管、接头牢固可靠；	是□ 否□	
14	储存环节	指定专职责任人/管理人，人员持证上岗；	是□ 否□	
15		入库危险化学品必须附有生产许可证、产品检验合格证、安全技术说明书和安全标签，并且产品包装完好，品种、批号、有效期与交付文件一致；	是□ 否□	
16		直接加入系统的危险化学品必须进行复验或有第三方检测报告；	是□ 否□	
17		对库房储存的危险化学品及其安全设备、设施进行了检查，或有资质的第三方出具的检测报告；	是□ 否□	

图 2-14　危险化学品安全监督检查标准清单截图

2）制订年度检查计划，确定各项检查的检查范围及各个风险点的检查频次，通过专项检查、联合检查和各部门自查等方式持续、深入开展隐患排查活动，确保监管范围全覆盖。

（2）实施过程标准化

1）制定包括采购、验收、储存、使用、延期和报废等各个环节的自查标准及要求，形成《危险化学品安全管理细则》，如图 2-15 所示，统一管理实施标准，全面落实管理要求，减少基础问题的频发、重发。

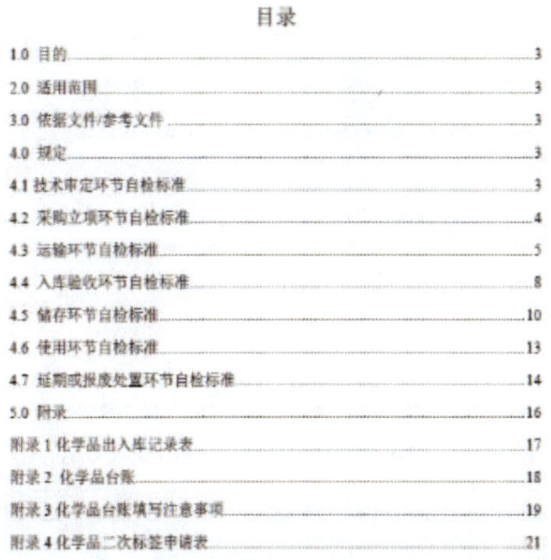
目录

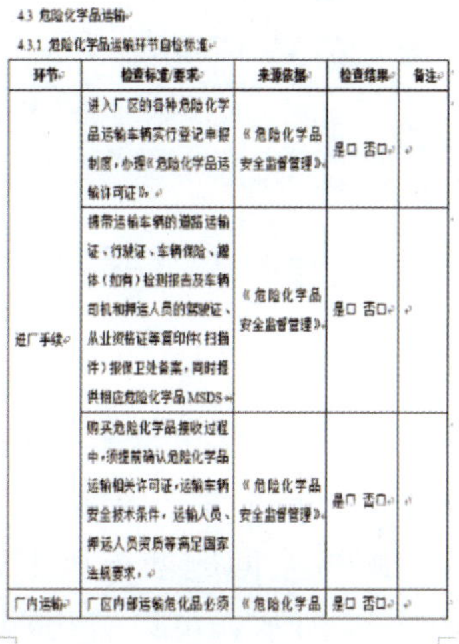
4.3 危险化学品运输

4.3.1 危险化学品运输环节自检标准

环节	检查标准/要求	来源依据	检查结果	备注
进厂手续	进入厂区的各种危险化学品运输车辆实行登记申报制度，办理《危险化学品运输许可证》。	《危险化学品安全监督管理》	是□ 否□	
	携带运输车辆的道路运输证、行驶证、车辆保险、罐体（如有）检测报告及车辆司机和押运人员的驾驶证、从业资格证等复印件（扫描件）报保卫处备案，同时提供相应危险化学品 MSDS	《危险化学品安全监督管理》	是□ 否□	
	购买危险化学品接收过程中，须提前确认危险化学品运输相关许可证，运输车辆安全技术条件，运输人员、押运人员资质等满足国家法规要求，	《危险化学品安全监督管理》	是□ 否□	
厂内运输	厂区内部运输危化品必须	《危险化学品	是□ 否□	

图 2-15 《危险化学品安全管理细则》相关内容截图

2）通过制定化学品台账模板、出入库记录和日常巡检表等模板文件并编制相应使用说明，实现形式上的标准化。

3）针对人员资质不一、人员替换频繁的保卫岗位工作，需结合自身监督管理要求制定《危化品进厂流程检查表》，以帮助门岗人员在实施检查的过程中统一检查内容及检查要求。

（3）储存管理个性化

针对危险化学品长期存放点，各部门根据相关监督标准要求，结合各自存放点危险化学品种类、数量及储存条件制定危险化学品储存“个性化”标准检查表共 33 份，如图 2-16 所示，从存储设施条件、存放环境、存放许可、包装标识、数量质量管理和安全管理要求等方面每周进行一次现场巡检。

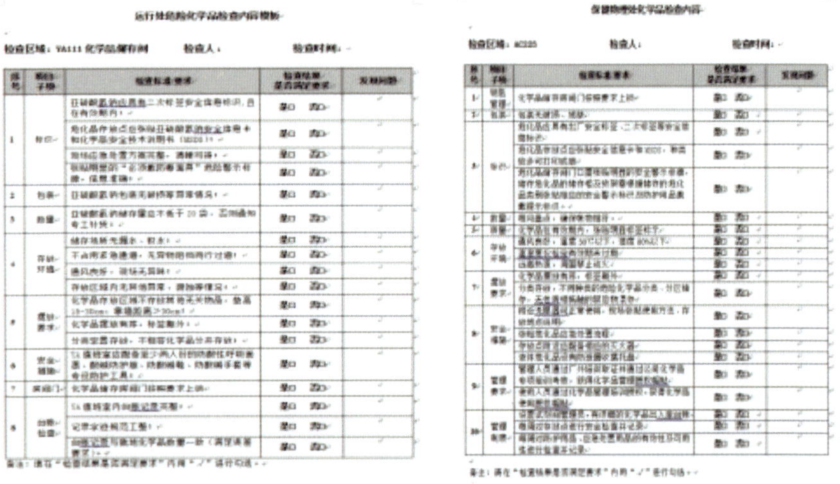

图 2-16　个性化储存检查表举例

3. 实施效果

（1）自 2020 年 9 月开始试行《化学品全流程管理标准化清单》后，在保持同样的每月一次检查频次中，检查发现的问题数量增长约 164.6%由 65 个问题增长至 172 个，如表 2-2 所示。各类型问题所占比例如图 2-17 所示，可以看出四个类型问题比例趋向平衡，监督标准清单的制定有助于各类型问题得到全面关注，危化品管理水平整体得到提升。

表 2-2　标准建立前后化学品检查问题数量统计表

时间段	化学品检查次数	发现问题数量	问题类型			
			物的不安全状态	危险化学品基础管理	场所环境	生产设备设施及工艺
2019 年 9 月—2020 年 8 月	12	64	10	44	10	0
2020 年 9 月—2021 年 8 月	12	172	29	91	39	13
2022 年 1 月—12 月	12	124	34	50	22	18

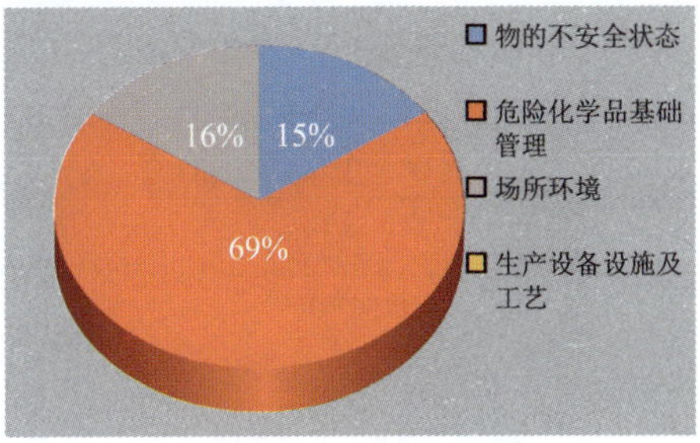

(a) 2019年9月—2020年8月

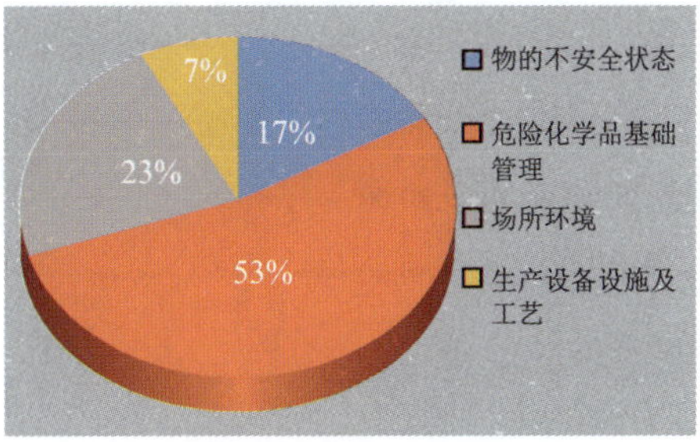

(b) 2020年9月—2021年8月

图 2-17　检查问题类型比例变化情况

(2) 2022 年物的不安全状态、生产设施设备及工艺这两种类型的问题比例相较于往年有较大提升，如图 2-18 所示，这两种类型问题的发现在一定程度上要求监督检查人员需具备一定法规、国标相关的知识储备，说明危化品监管队伍能力有所提升。

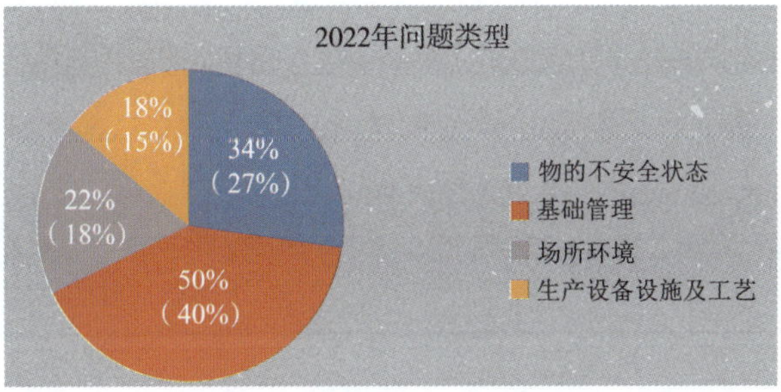

图 2-18　标准建立前后化学品检查问题类型比例分布情况（括号内为建立后数据）

(3) 2022 年，在监督标准清单执行的第二年，检查问题数量较峰值有所减少，说明危化品隐患问题在得到全面关注后能得到有效解决。

(4) 自 2022 年 3 月建立个性化储存检查表后，基础问题数量占全年检查问题数量的比例由第一季度的 56.76% 降低到第四季度的 26.47%，整体呈现下降趋势，如图 2-19 所示。说明建立个性化检查标准有利于减少基础管理问题的频发、重发。

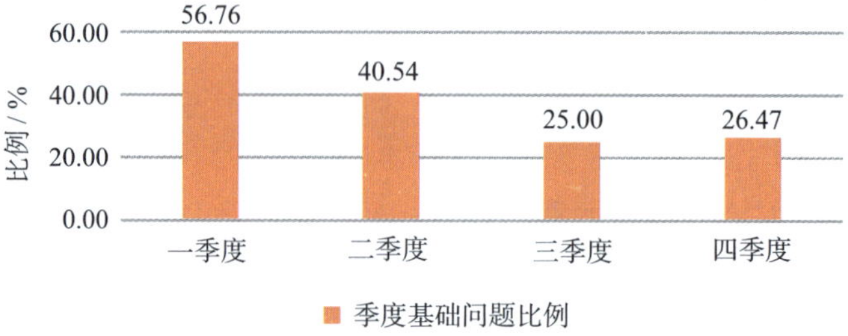

图 2-19　2022 年各季度基础问题比例

2.2　环境应急与职业健康整治专项

2.2.1　入海入河排污口规范化整治提升

基本情况	单位名称	中核核电运行管理有限公司
	案例所属专题/领域	环保领域
	类型	☑ 技术优化　　☐ 管理提升
	主要创造人	姚照红、朱月龙、沈根华
	参与创造人	谷韶中、孙垭杰、王建乐、程建坤、高阳、陈淼、王玺

案例简介 Case Introduction

为深入贯彻落实浙江省生态环境厅下发的《关于开展入海排污口规范化整治提升工作的通知》（浙环函〔2018〕129号）的相关要求，秦山核电开展排污现状梳理排查，对 29 个排放口进行综合整治，通过规范化整治实现雨、污、废分离，完成污水处理设施提标改造，大幅缩减排污口数量，实施排污口在线监测，排污信息定期公示。本项目既是公司安全生产专项整治三年行动的重点任务，也是国家加大对区域环保督查背景下的综合性专项整治项目。项目的实施树立了秦山核电作为清洁能源代表和良好社会责任担当的企业形象。

案例详细介绍 Detailed introduction to the case

1. 实施背景

随着经济和社会的发展，国家对水体保护的要求日益提升，为贯彻落实党的十九大精神，全面推进流域环境和近岸海域综合治理，推进“大湾区”和“美丽浙江”建设，浙江省建立入海排污口动态管理机制，要求健全监测监控机制、完善排污口信息公开和公示制度，确保入海排污口规范设置，稳定达标排放。根据浙环函〔2018〕129号文的相关要求，秦山核电确定质量为本、保护优先的基本原则，着手开展污废水全面整治。

秦山核电四个生产单元建造于不同的历史时期，污废水排放口的排放标准符合当时环保排放要求。但随着公众对环境关注度的逐渐提升和环保意识的逐渐增强，国家和地方政府的监管要求也在与时俱进。秦山核电的入海排污现状已不能满足最新的环保要求，拟通过开展入海排污整治，实现污水深度处理和雨污废分流排放，提升排放水质以及削减排污口，确保入海排放优于国家标准。

2. 主要做法

（1）成立项目组

秦山核电高度重视，成立“秦山核电入海排污口规范化整治提升工作领导小组”，公司主管环保的副总经理任组长，主管工程建设的副总经理任副组长，分管环保的副总工程师任工作组组长，公司环保、工程、安全质量、技术和运行保卫等多部门协同参与，开展入海排污整治工作。同时，编制《秦山核电入海排污口规范化整治提升工作领导小组章程》《入海口排污整治风险解决方案》，明确职责分工和风险应对措施。

（2）前期踏勘

由于秦山核电各机组分阶段建造，缺少统筹规划的排污口设计，经图纸排查和现场踏勘，历时三周梳理出需整治的排污口多达29个，各排污口情况复杂，分布于秦山核电沿岸各区域，同时也明确了各排污口的上游来源及排污性质，为下一步方案设计确定基本思路。

（3）方案确定

考虑到秦山核电的排污现状，为实现综合治理、一次达标，经与设计院沟通，并通过公司总办会讨论进行方案比选，确定了各生产单元单独整治、雨污废分流排放、污水处理设施扩容和提标改造的总体改造思路。同时，积极与地方环保部门沟通，确认改造设计标准和目标时限。

（4）工程设计

为明确设计输入，项目组分别进行取样分析、现场踏勘、系统排查和污水处理设施的运行记录查询，为设计院尽可能提供翔实的设计输入参数。鉴于国内尚无按 DB 33/2169—2018 运行的污水处理设施，也无相关成熟的配套设备，为设计工作带来较大挑战。项目组与设计院各司其职，开展调研和技术交流，比较不同工艺的优缺点，综合评判运行效果、建设成本和运行成本，确定了 AAO 的处理工艺，同时也优化排水路径，降低施工难度。在设计审查中，积极与地方环保部门沟通，本着实事求是的态度探讨排放管理目标，明确电机冷却水、泵轴封水和消防试验水等未受化学污染的清洁废水可免于处理的原则，大幅降低了设计难度和改造成本，避免了过度治理。

（5）施工管理

根据施工图设计，确定施工周期，合理设计二级、三级进度计划，明确了 2022 年年底完成现场施工的总目标进度。开工初期建立项目组月度例会和监理周例会机制，及时沟通施工过程中遇到的难题，便于领导小组及时协调。秦山核电入海排污整治项目的现场施工具有以下 10 个特点：① 因有 9 台在运机组，无法使用爆破或机械开挖，大部分土方开挖工作以人工为主；② 施工区域多为机组建设时的回填地带，施工难度大；③ 部分作业活动需在大修窗口期完成；④ 承担设备安装调试的单位同时参与机组大修，造成局部时段劳动力短缺；⑤ 因图纸缺失，存在多处地下不明管线；⑥ 作业面多达 7 处，现场管理难度大；⑦ 时间跨度长，施工期长达 26 个月；⑧ 作业范围大，涉及管理区、控制区、保护区和多个厂房；⑨ 设备安装和调试阶段处于三十年罕见的高温时段；⑩ 新冠疫情贯穿整个施工期。上述特点对现场施工、设备安装、调试和施工管理提出了极高的要求，对按期完成整治项目构成了巨大挑战。项目组建立 48 h 汇报机制，及时解决现场作业遇到的难题，通过与承包商和设计院积极沟通、统筹安排作业活动、及时协调合理调整工序、实时调整三级进度计划、实时制定赶工计划、加强安全监督、调整作业时间、联系地方疫情防控部门协调人员及设备进场，多管齐下，确保工程如期完工。

同时，建立施工方和监理方考核和经验反馈机制，对于施工过程中出现的偏差及时纠正，开展原因分析，确保工程质量。

(6) 开展调试

鉴于社会上尚无符合 DB 33/2169—2018 排放标准的在运大型污水处理设施，调试人员仅能基于原先设备的使用和调试经验在摸索中开展调试工作。调试阶段恰逢低温时段，不利于菌群培养，这也是造成调试进度缓慢的一个主要因素。项目组及调试人员共同努力，搁置职责边界，以应急的态度对待调试工作，通过各自努力，调配药剂，校准仪表，五套污水处理设施均实现了 DB 33/2169—2018 的出水标准。

3. 实施效果

截至 2023 年 12 月底，秦山核电入海排污整治工程全面进入试运行阶段。整个项目历时近四年，施工周期长达 26 个月，实施党建引领项目实施，开展多方党建联建和党员下班组活动，召开 26 次月度例会，一百余次监理周例会及多次专项协调会。本项目改造难度大、时间要求紧，在国内核电行业尚属首例，项目的开展得到了地方环保部门的高度认可。该项目的实施可提高公司环保管理能力和内部环保监管水平，进一步加强污染强源头控制，适应环境保护工作的新形势、新要求，提升公司环保工作依法合规经营水平。本项目的顺利完工标志着秦山核电成为少数达到 DB 33/2169—2018 排放标准的企业，可为国内其他核电企业实施类似技改提供借鉴。

党的二十大报告中指出，要推进美丽中国建设，坚持山水林田湖草沙一体化保护和系统治理，统筹产业结构调整、污染治理、生态保护、应对气候变化，协同推进降碳、减污、扩绿、增长，推进生态优先、节约集约、绿色低碳发展。本项目的圆满完成是秦山核电积极贯彻落实党的二十大精神和习近平生态文明思想的重要体现，为统筹推进公司“一体两翼”发展战略和“1＋1＋2＋4”发展思路，助力公司实现新时代核电领跑贡献力量。

2.2.2 核电厂应急能力建设评估指南制定及应用

基本情况	单位名称	海南核电有限公司
	案例所属专题/领域	环境应急与职业健康整治专项
	类型	□ 技术优化 ☑ 管理提升
	主要创造人	刘斌、徐春松、白志强
	参与创造人	何鹏、邵旭平、王旺、王凯莉、刘爽、李晗、倪清岱

案例简介 Case Introduction

从核电厂应急能力建设实际出发，基于核电厂核应急与非核突发事件应急能力评估需要，通过充分调研及系统分析，识别应急准备要素并划分应急能力建设评估模块。以法规标准要求为基本遵循，结合实践经验及实际应急需要解读关键条款，识别评估要点及关注问题，按照一致性、适用性、针对性和可执行性原则，明确评估要素、制定评估条款，并分析各要素权重，构建量化考核标准。统筹各级监管要求及核电厂实际，海南核电编制核电厂应急能力建设评估指南，明确评估周期、组织要求和评估方式方法等，并创建系列标准模块，支持评估体系标准化应用。核电厂应急能力建设评估指南的应用为深入查找应急能力建设过程中存在的问题不足提供了依据，也为推进提升核电厂应急能力水平，助力实现应急管理体系和能力现代化打通关键路径。

案例详细介绍 Detailed introduction to the case

1. 实施背景

(1) 推进核电厂应急管理体系和能力现代化需要

习近平总书记在十九届中共中央政治局第十九次集体学习时指出，应急管理是国家治理体系和治理能力的重要组成部分，承担防范化解重大安全风险、及时应对处置各类灾害事故的重要职责，担负保护人民群众生命财产安全和维护社会稳定的重要使命。要发挥我国应急管理体系的特色和优势，借鉴国外应急管理有益做法，积极推进我国应急管理体系和能力现代化。核电厂在推进应急管理体系和能力现代化建设的过程中，需要贯彻落实《中华人民共和国核安全法》《中华人民共和国突发事件应对法》等应急相关法规标准要求，也需要参照科学规范的现代化评估标准，通过评估充分参考借鉴同行电厂经验教训与良好实践，及时发现核电厂应急能力建设存在问题和不足，切实提高核电厂突发事件应对能力。

(2) 推进核电厂应急能力建设标准化需要

国家能源局2018年印发行业标准《发电企业应急能力建设评估规范》(简称《规范》)，2020年印发《电力企业应急能力建设评估管理办法》(简称《管理办法》)，进一步明确应急能力建设评估相关要求，但是《规范》和《管理办法》详细规定非核应急有关能力建设内容，核电厂可以参考《规范》和《管理办法》开展非核应急能力建设评估，核应急相关内容未涵盖。在国家核安全监督管理部门在对核电厂实施的一些检查评估活动中，主要依据《中华人民共和国核安全法》《核电厂核事故应急管理条例》及其实施细则、有关导则、标准等文件中的监督要求，主要针对核事故应急准备与响应相关活动。考虑到核电厂应急工作同时涉及核事故应急及非核突发事件应急，因此有必要编制针对核电厂应急能力建设评估的标准文件，规范核电厂应急能力建设。

(3) 推进核电厂一体化应急能力建设需要

近年来国内多起事故灾害应急经验表明，事故灾害往往是多重叠加的，核电厂应急工作同时涉及核事故应急及非核突发事件应急，虽然外部监管单位关注重点不同，但核电厂实际应急准备工作中，两者之间是相互衔接、密切联系的，如应急组织积极兼容、应急培训演习的组织实施等。新冠肺炎疫情应对经验也充分表明统一指挥、协同响应、应急物资统筹调配的必要性、重要性。因此，应针对核电厂应急能力建设特点，建立统一整体的评估体系，引导核电厂立足实战，统筹考虑核事故应急与非核突发事件应急需要，构建统一指挥、快速响应、高效协同的应急响应体系。

2. 主要做法

海南核电从核电厂应急能力建设实际出发，通过充分调研及系统分析，形成统一认识，在肯定核电厂核应急与非核突发事件应急融合必要性的基础上，识别应急准备要素并划分应急能力建设评估模块。以法规标准要求为基本遵循，结合实践经验及实际应急需要解读关键条款，识别评估要点及关注问题，按照一致性、适用性、针对性和可执行性原则，将 4 大评估部分划分为 19 个要素，并制定评估条款。按照突发事件应对工作预防为主、预防与应急相结合的原则，论证分析各要素权重，构建量化考核标准。

统筹各级监管要求及核电厂实际，海南核电编制核电厂应急能力建设评估指南，明确评估周期、组织要求和评估方式方法等，并创建系列标准模块，支持评估体系标准化应用。

核电厂应急能力建设评估指南的应用，为深入查找应急能力建设过程中存在的问题不足提供依据，也为推进提升核电厂应急能力水平，助力实现应急管理体系和能力现代化打通关键路径。

（1）坚持目标导向，做好成果规划

1）系统分析，明确成果目标

应急能力，即预防和应对突发事件的能力，对核电厂来说，这个“突发事件”包括“核事故”和“非核突发事件”。核电厂应急能力建设的目的是为控制和减少事故危害，缓解事故后果，保障电厂、员工、环境的安全。核电厂应急能力建设评估体系构建过程中，评估模块、评估条款、评估方法均应与应急能力建设目的保持一致，且不违背现有的监督评估体系。此外，项目成果应用对象明确为国内核电厂，其

中既包括运行核电厂，也包括在建核电厂，相应条款制定过程中应具备适用性。据此，成果目标确定为探索建立一套适用于国内在建、运行核电厂的应急能力建设评估体系，可以通过评估体系的实际应用切实发现核电厂应急能力建设工作中存在的不足或待提升项，助力提高核电厂应急能力水平。

2）精细策划，确保目标实现

为确保核电厂应急能力建设评估体系能够高质量完成构建并如期投入应用，海南核电成立由应急管理部门具有多年应急管理经验人员为主组成的专项工作组，部门负责人担任专项组组长。同时制定了专项工作方案，重点明确了组织分工、工作内容、工作节点、质量保证、内外部接口和成果规划等内容，全力保障完成既定目标。

（2）聚焦核电厂应急能力建设实际，构建评估标准模块

1）充分认识核电厂核应急与非核突发事件应急融合的必要性

考虑核电厂非核突发事件应急与核事故应急工作相互衔接，应为统一整体，核电厂应急能力建设评估体系应充分融合国家能源局《发电企业应急能力建设评估规范》《电力企业应急能力建设评估管理办法》相关要求，在符合核电厂应急管理特点的基础上，非核突发事件应急评估相关要求与其尽量保持一致，以使核电厂按照评估标准开展的应急能力建设评估可与《管理办法》要求等效。同时，也应结合核电厂应急能力建设实际，充分融合核事故应急相关管理要求，评估开展过程中同步评估核应急相关内容，通过合并评估提高工作效率，实现资源集约利用。

2）评估标准模块同时体现法规标准要求及核电厂实际

结合有关法规标准要求及核电厂应急能力建设实践，识别核电厂应急准备要素，包括文件体系、组织建设、应急设施与设备物资保障、应急培训、应急演习、应急支援、承包商应急监督、对外交流与公众沟通等方面内容。应急能力建设评估应当以应急预案和应急体制、机制、法制为核心，围绕预防与应急准备、风险监测与预警、应急处置与救援、事后恢复与重建四个方面开展，同时涵盖核事故应急和非核突发事件应急。预防与应急准备方面包括应急文件、应急组织、应急设施设备与物资、应急培训演练、应急支援、承包商应急管理、对外交流及公众沟通等。风险监测与预警方面包括事件监测、预警管理等。应急处置与救援方面包括先期处置、应急指挥、现场救援、信息报送和发布和舆情应对等。事后恢复与重建方面包括后期处置、处置评估和恢复重建等。

(3) 立足法规标准要求，结合实践经验解读要点

1）梳理法规标准关键条款

核电厂组织实施应急准备与响应工作时，国家相关法规标准要求是基本遵循，核电厂定期开展的合规性评价工作中，也对有关法规标准落实情况进行评价。但实际工作中，因对法规标准的理解不同，容易导致工作执行偏差，核电厂日常监督评估发现问题也多数为执行偏差项。核电厂应急能力建设评估体系构建过程中，海南核电组织人员对核电厂应急相关法规标准条款进行梳理，梳理涉及核电厂核事故应急准备与响应，以及非核突发事件应急准备与响应相关内容。梳理过程中，结合日常应急管理工作职责，分模块梳理，内容包括应急文件管理、应急组织管理、应急设施设备及物资管理、应急培训、应急演习、承包商应急准备、应急支援、对外交流及公众沟通，以及应急领域其他管理要求。梳理的法规标准包括国家法律、行政法规、部门规章、国家标准，以及集团公司、中国核电应急相关管理文件等。

2）结合实践经验解读关键条款

梳理完成后，在充分调研兄弟电厂应急准备与响应实践经验的基础上，对有关条款进行详细解读。解读并不是针对相关法规标准逐条解读，而是重点解读核电厂应急能力建设及日常检查评估依据或参考条款，解读内容包括核电厂落实措施及关注点、常见问题等。通过认真梳理核电厂应急相关法规标准和集团公司、中国核电应急管理制度，进一步明确核电厂应急准备与响应工作有关具体要求。结合同行电厂应急能力建设评估调研情况和核电厂应急管理工作实践，针对梳理出的具体条款解读落实措施、重点关注内容，列出日常工作开展、评估检查中常见问题，可以在应急能力建设评估工作开展过程中重点关注，也可供核电厂应急管理人员在实际工作中参考借鉴，有助于核电厂有

效落实相关条款要求，避免同类问题的重复出现。

(4) 制定评估条款及打分标准，实现量化评估

1）明确评估标准编制原则

为保障评估标准的有效应用，标准编制过程中遵循以下原则：

(a) 一致性：有关评估条款应与国家相关法律、法规、标准和上级单位管理要求保持一致。

(b) 适用性：标准适用于各核电厂的应急能力建设评估活动；对于运行核电厂，可参考所有条款开展应急能力建设评估活动；对于在建电厂或特殊项目，可结合实际选择适用条款开展。

(c) 针对性：应针对核电厂应急能力建设特点，同时涵盖核电厂核事故应急准备与响应及非核突发事件应急准备与响应相关内容。

(d) 可执行性：应明确核电厂应急能力建设评估管理要求及标准化应急能力建设评估方法，各核电厂能够参考评估标准顺利完成应急能力建设评估活动。

2）调研聚焦关键问题

针对国内各核电厂，通过多种调研方式，了解核电厂应急能力建设内容、评估方法和常见问题等。核电厂日常会接受外部有关单位的监督检查或评估审查，也会组织多种形式的自评估，评估方法包括文件及记录检查、访谈考问、考试和演习等，以期发现应急能力建设过程中存在的问题，并不断改进提升。通过梳理分析国内同行电厂检查评估中发现的问题可得，核电厂日常检查评估发现问题主要集中于应急文件管理、应急设施设备等方面，应急培训、应急演习记录存在问题较多，应急支援管理、公众沟通等内容近年来也越来越受到关注，核电厂应加强有关方面的规范管理。

3）科学划分评估要素

应急能力建设评估围绕预防与应急准备、风险监测与预警、应急处置与救援和事后恢复与重建四个方面，结合法规标准梳理及核电厂调研结果分析结论，预防与应急准备下设应急法律法规与应急规划、危险源辨识与风险评价控制、应急文件管理、应急组织管理、应急设施设备与物资管理、应急培训、应急演习、应急支援管理、承包商应

急、应急评估、交流与公众沟通、应急经费保障12个要素，风险监测与预警下设风险监测、预警系统2个要素，应急处置与救援下设处置与救援、信息发布与报道、应急救援与处置的暂停和终止3个要素，事后恢复与重建包括后期处置、调查评估和恢复重建3个要素。

4）论证确定各要素权重

在权重设计时遵循突发事件应对工作预防为主、预防与应急相结合的原则，预防与应急准备应占较大权重，应急救援与处置及事后恢复与重建属于应急响应重要部分，权重占比次之。具体各要素占比按照其重要性及其工作要素分析确认，其中关键要素的权重占比不少于1%。为确保各要素权重设计科学、合理，海南核电在标准条款设计完成后，先后组织核电领域专家、国内应急领域专家（其中包含核应急专家及国家能源局南方监管局电力安全专家库专家）进行评审，并汇总专家意见后修订确认。

5）分值设定及得分计算

为便于后续评估标准量化考评应用，赋予应急能力建设评估标准总分1 400分，各要素根据权重比例赋分。结合建设内容及评估标准，明确扣分条款，便于实际评估应用。在实际应用中，评估单位选择适用条款，总分相应调整，严格依据评分标准对各项指标进行评分，逐级汇总并转化为得分率。评估结果根据评估得分率确定，得分率＝（实得分/应得分）×100%。

（5）制定评估指南，指导评估标准应用

1）分析确定评估周期

《中核集团安全生产标准化考核评级标准　第4部分：核电》（Q/CNNC GB 1.4—2016）要求“应每年至少一次组织有关部门对本单位的应急准备能力的保持情况进行检查与评估”，集团公司《核应急能力检查与评估指南（征求意见稿）》要求2～3年进行1次综合或专项评估，考虑同时针对核事故应急及非核突发事件应急的评估应为综合评估，因此评估周期确定为至少5 a一次。

2）合理组建评估工作组

要求核电厂在评估前制定评估工作方案，评估工作方案的内容至

少应当包括评估内容、评估组专家信息、评估期间日程安排、核电厂参与评估及配合人员安排等。其中，为保障评估结果的权威性、可信度，要求核电厂可自行或委托第三方机构组建评估工作组，工作组由不少于5名评估人员（含1名组长）组成。评估工作组中应当至少包含1名电力安全应急专家库中的专家，且选用专家应为非被评估单位人员，可邀请同行电厂应急管理领域专家参加。

3）规范评估形式和方法

将核电厂应急能力建设评估方法分为静态评估和动态评估，评估时可采取两者相结合的方法进行。静态评估是对核电厂应急管理相关制度文件、应急组织管理记录、应急培训演练记录、应急设施设备及物资维护记录和现状，以及整改行动跟踪等方面相关资料进行评估，主要方式包括检查资料、现场查看等。动态评估重点考察核电厂应急管理第一责任人及相关人员对本岗位职责、应急基本常识和国家相关法律法规等的掌握程度，主要方式包括访谈、考问、考试和实操、演练等。不同评估方法针对的对象及人员抽取比例也需得到明确。

4）创建评估记录标准模板

为保障评估标准的可执行性，组织制定了评估指南，明确核电厂应急能力建设评估步骤包括成立评估工作组、制定评估方案、实施评估和形成评估报告等。同时创建了核电厂应急能力建设动态评估题库、静态评估表、动态评估表、评估结果明细表、评估问题整改行动计划模板、评估方案模板和评估报告模板等，并考虑赋予一定的灵活度，各评估单位可以在此基础上结合本单位实际加以修改补充。

5）指导评估结果应用

规定了企业内部及上级单位监督管理要求，要求核电厂应当制定完善应急能力建设评估制度，明确管理部门、职责和目标考核要求，保障工作有效落实。上级单位可对评估报告弄虚作假、评估工作不按规定开展的核电厂采取约谈、通报等方式督促整改，也可针对评估结果，通过组织经验交流、推广良好实践等方式，促进各核电厂应急能力建设水平不断提高。

（6）高标准推进实施，确保评估标准应用实效

为评估发现应急能力建设过程中存在的问题和不足，并促进整改提升，切实提高核电厂突发事件应对能力，海南核电成立评估活动专项组，公司主管领导担任评估专项组组长，全过程指导专项组开展应急能力建设评估活动。在各职能处室支持与配合下，评估专项组应用核电厂应急能力建设评估指南，组织开展了评估活动。

评估过程中，评估组成员对公司十七个部门16%的应急岗位人员采取访谈、考问、考试和实操等评估方式，查阅场内核事故应急预案，抽查了部分应急执行程序、非核突发事件应急预案，以及核电厂应急培训演习记录、应急设施设备检查维护记录和应急响应记录等，现场检查了应急指挥中心、应急集合点等设施，从各方面整体了解核电厂应急能力建设情况，发现应急工作中存在的亮点及不足，最终由评估专家组对核电厂应急能力建设情况作出客观的总体评价。在评估活动结束后，结合专家意见，海南核电进一步完善了评估指南，并报中国核电推广应用。

3. 实施效果

（1）促进核电厂核应急与非核应急能力建设一体化，实现资源集约利用

核电厂应急能力建设评估指南评估范围覆盖核电厂核应急与非核突发事件应急，其应用能够对核电厂应急能力建设整体进行全面评估，避免重复评估活动带来的电厂资源浪费，更符合核电厂应急管理实际，且针对核应急与非核应急在同一方面的问题，有利于促进核电厂组织内部的统一协调、统一整改，实现应急资源集约利用。

（2）深入查找问题不足，推进提升核电厂应急能力水平

2021年11月，海南核电应用核电厂应急能力建设评估指南，在公司进行了现场评估，通过指南应用，评估专家及时发现核电厂应急文件编制、应急设施设备和应急人员技能等方面存在问题和不足，并提出优化改进建议。通过对发现问题及时整改，强化闭环管理，完善制度体系，将应急能力建设评估与安全生产标准化、风险分级管控和隐患排查治理等有机结合，核电厂安全生产与应急管理工作不断强化。

(3) 促进应急管理经验交流，形成应急能力持续改进良性循环

应用核电厂应急能力建设评估指南开展评估时，核电厂可自行或委托第三方机构组建评估工作组，可邀请同行电厂应急管理领域专家参加，应用统一标准开展量化评估，更有利于同行电厂横向对标，发现自身不足并学习改进。此外，结合评估工作开展和评估经验交流，能够推动改进共性问题，推广应急管理良好实践，促进各核电厂共同提高应急能力建设水平。

(4) 积极发挥引领作用，助力实现应急管理体系和能力现代化

核电厂应急能力建设评估指南全面梳理国家有关法律、法规、标准和上级单位相关管理规定，并结合国内同行电厂实践经验解读制定标准，能够引导核电厂成立应急组织并动态维护，建立应急文件体系并不断修订完善，通过定期检查、试验和检定等措施保障应急设施设备可用性，按照年度应急计划开展应急培训演练，有效维持应急能力水平，并参考电力企业应急能力建设评估管理办法，定期组织开展应急能力建设评估活动，不断改进、提升电厂应急能力水平，助力实现核电厂应急管理体系和能力现代化。

2.2.3　核电厂环保敏感 SSCs 分级管理

基本情况	单位名称	江苏核电有限公司
	案例所属专题/领域	环境保护
	类型	□ 技术优化　☑ 管理提升
	主要创造人	马明泽、刘晗晗、韩洪佳
	参与创造人	曹仕玛、高舒静、刘哲、刘海荣、杨宏野、陈卫勇、潘同金

案例简介 Case Introduction

随着安全文化的持续发展，国家与公众对环境保护的重要性认识不断提高，对环境事件关注度日趋高涨，这些都对核电厂安全稳定运行提出更高的要求。为加强中国核电各核

电厂环保风险管控，补充完善核电厂 SSCs 可靠性指标，江苏核电自主研究制定一套核电厂 SSCs 环保分级管理方法。目前环保敏感 SSCs 分级管理已推广到秦山核电、福清核电、三门核电和海南核电等有关单位，推动制定中国核电企业标准《核电厂危险源分类分级标准》与《核电厂工业安全与环保敏感 SSCs 分级管理导则》，《核设施环保敏感系统设备构筑物分级管理》已申报中国核能行业协会的团体标准。通过开展环保敏感 SSCs 分级管理，降低了突发环境事件及放射性物质直排环境导致的运行事件发生的概率，有效避免各类涉核环境舆论事件的发生，为核电安全稳定高效发展创造了良好的社会条件。

案例详细介绍 Detailed introduction to the case

1. 实施背景

生态文明建设是关系中华民族永续发展的根本大计。生态兴则文明兴，生态衰则文明衰。党的十八大以来，国家层面开展一系列根本性、开创性、长远性工作，加快推进生态文明顶层设计和制度体系建设，推动生态环境保护发生历史性、转折性、全局性变化。党的十九大把生态文明建设纳入新时代坚持和发展中国特色社会主义的基本方略中，把“美丽中国”作为建设社会主义现代化强国的重要奋斗目标，坚决向环境污染宣战。生态环境保护工作事关国家生态文明安全，事关社会稳定大局，事关群众切身利益和人民福祉。2019 年，习近平总书记在参加十三届全国人大二次会议内蒙古代表团审议时强调，保持加强生态文明建设的战略定力，探索以生态优先、绿色发展为导向的高质量发展新路子，加大生态系统保护力度，打好污染防治攻坚战。

2. 主要做法

随着安全文化的持续发展，国家与公众对环境保护的重要性认识不断提高，对环境事件关注度日趋高涨，这些都对核电厂安全稳定运行提出了更高的要求。但世界各核电厂在 SSCs 的环保分级原则方面，因安全生产水平、安全文化发展情况和环境法规、标准等方面存在较大差异，存在着无明确标准、标准模糊不易于执行等问题。为加强中国核电各核电厂危险源安全环保风险管控，补充完善核电厂 SSCs 可靠性指标，自主研究制定一套符合国内安全环保法律法规、技术标准要求的核电厂 SSCs 环保分级原则显得尤为重要。江苏核电在国内外同行电厂中首次提出 SSCs 环保敏感分级的概念，制定了《环保敏感 SSCs 管理》制度，完成了 1～4 号机组环保敏感 SSCs 分级，落实了各项管控措施。目前已将环保敏感 1 类 SSCs 纳入了预防性维修，并与工单进行关联，实现了流程化、表单化、数据化管理。环保敏感 SSCs 分级管理实践已推广到秦山核电、福清核电、三门核电和海南核电等有关单位。2020 年 12 月，中核工程咨询有限公司在《田湾核电站 3、4 号机组项目后评价报告》（中核咨询评〔2020〕608 号）中将此工作列为良好实践。目前公司制定的环保敏感分级原则已上升为中国核电企业标准，推动制定了中国核电企业标准《核电厂危险源分类分级标准》与《核电厂工业安全与环保敏感 SSCs 分级执行指南》。通过开展此项工作，降低了电厂三废失控排放、超限值排放的风险，极大地降低了环境事件的发生率，维护电厂周边生态环境安全，有效避免各类涉核环境舆论事件的发生，为核电安全稳定高效发展创造良好的社会条件，具有良好的生态效益与社会效益。

（1）创造性制定环保敏感分级管理制度

创新性制定《环保敏感 SSCs 管理》制度，规定各有关处室职责、环保敏感 SSCs 分级原则及相应的管控措施，为环保敏感分级工作的开展奠定了制度基础。环保敏感 SSCs 与敏感区域分为环保敏感 1 类（ES1）、环保敏感 2 类（ES2）与非环保敏感类。环保敏感 1 类、环保敏感 2 类 SSCs 管控措施如下。

1）环保敏感 1 类 SSCs 管控措施

（a）标识牌管理

在设备标牌上注明该设备的环保敏感分级信息（如“环保敏感 1 类”），如图 2-20（a）所示。环保敏感区域（产生扬尘、噪声的区域，危险化学品、危险废物存储库房等）标识牌格式如图 2-20（b）所示。

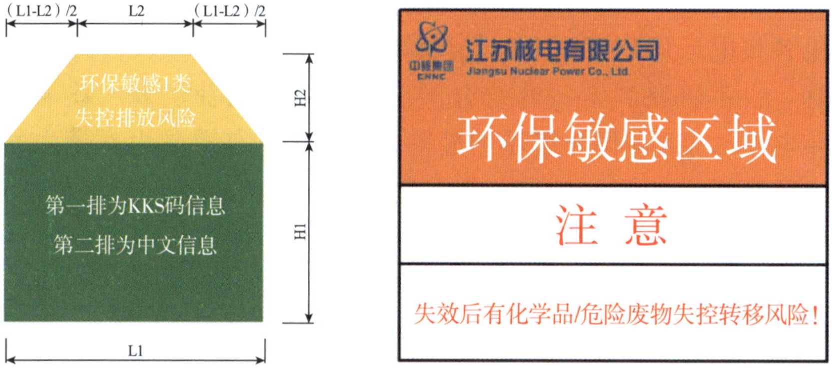

（a）设备标牌　　（b）环保敏感区域标牌

图 2-20　标识牌示例

（b）工单管理

在生成工单时，自动带出“环保敏感分类”“环保风险”等字段。

（c）工作票管理系统

设备增加“环保敏感 1 类”字段，在生成隔离票、解除隔离票和生成工作票时自动带出“环保敏感 1 类”字段。环保敏感 1 类设备发生导致或可能导致有介质向环境直接排放的故障时，按 0 级票的响应流程（根据程序要求立即响应，如果是设备缺陷要求进行故障诊断处理，如果是安全隐患要求进行即时伤害评估，并整改消除）进行管理，并在值班日志中进行记录。

（d）相关的运行操作单中加入环保敏感 1 类设备操作前先决条件检查步骤，防止误操作环保敏感 1 类设备。

（e）运行管理者将环保敏感 1 类设备纳入定期巡检范围。厂房管理者定期对环保敏感 1 类库房状态进行检查，形成检查记录，并建立对该房间人员出入的登记制度。区域管理者定期对环保敏感区域检查，形成检查记录。

（f）对环保敏感 1 类设备建立预防性维修大纲。

2）环保敏感 2 类 SSCs 管控措施

工单管理：在生成工单时自动带出“环保敏感分类”“环保风险”等字段。

环保敏感SSCs分级原则为国内外核电行业首创，是环保敏感分级工作开展的基础。江苏核电已根据制定的分级原则完成1～6号机组核岛、常规岛以及BOP区域环保敏感SSCs分级工作，目前已将环保敏感1类SSCs纳入预防性维修，并与工单进行关联，实现流程化、表单化和数据化管理。

(2) 推动制定中国核电环保敏感SSCs分级企业标准

根据江苏核电环保敏感SSCs分级管理工作开展情况，为向同行电厂推广此良好实践，在中国核电指导下，江苏核电、秦山核电等有关单位对公司开展的工作进行优化，制定中国核电企业标准《核电厂危险源分类分级标准》及《核电厂工业安全与环保敏感SSCs分级执行指南》，以指导各运行电厂危险源分类分级、安全环保敏感SSCs分级工作。

(3) 制作并悬挂环保敏感1类设备标识牌

对识别出的环保敏感1类设备制作并安装专用KKS标牌，注明该设备为环保敏感1类，有失控排放的风险。在产生扬尘、噪声的区域，悬挂了环保敏感区域标识牌，如图2-21所示。

图2-21　标识牌现场实物图

(4) 工单管理

如图2-22所示，在设备主数据系统增加“环保敏感分类”“环保风险”字段，并将环保敏感分级情况与工单进行关联，生成工单时自动带出上述字段。

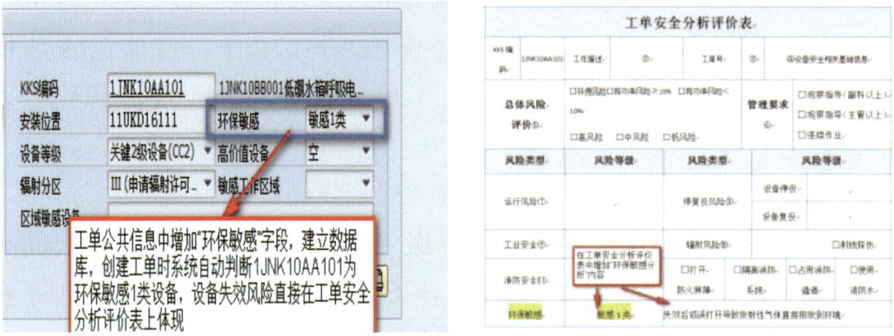

图 2-22　工单管理措施

(5) 工作票管理

优化工作票管理系统，在生成隔离票、解除隔离票、工作许可证时，自动带出环保敏感分级信息，如图 2-23 所示（图中 ES1 表示环保敏感 1 类）。

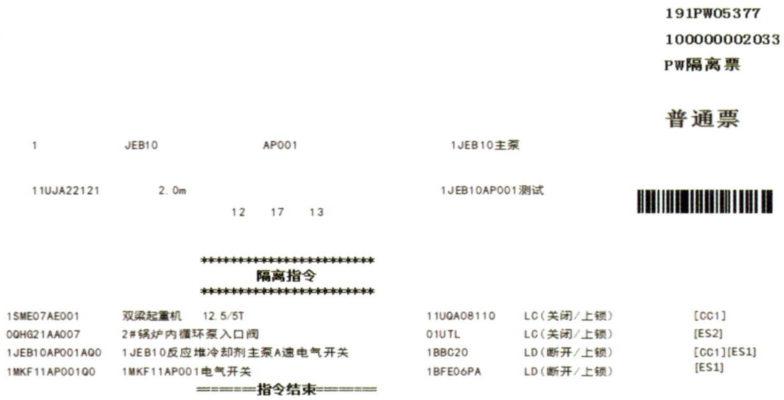

图 2-23　工作票示意图

(6) 缺陷分级管理

修订公司管理制度《日常工作控制程序》，规定在处理环保敏感 1 类设备发生导致或可能导致有介质向环境直接排放的故障时，按 0 级票的响应流程进行管理。

(7) 运行操作单管理

在相关的运行操作单中加入环保敏感 1 类设备操作前先决条件检

查步骤，防止误操作环保敏感1类设备。运行一处梳理出94份、运行二处梳理出45份操作单需要升版，目前已完成运行操作单升版工作。

(8) 日常巡检管理

编制了1～4号机组环保敏感1类设备定期检查操作单，规定每季度对环保敏感1类设备检查一次。升版《1、2号机组辐射控制区定期巡检》《3、4号机组辐射控制区定期巡检》，将OPH责任范围内的环保敏感1类设备巡检要求进行固化。

(9) 纳入预防性维修

目前已将识别出的1～4号机组环保敏感1类设备纳入了预防性维修。通过开展预防性维修，定期关注相关设备运行状态，避免了设备故障导致各类介质直接排到环境中。

3. 实施效果

(1) 管理提升

目前电厂已完成1～6号机组环保敏感分级工作，落实了《环保敏感SSCs管理》规定的各项管控措施。电厂开展的环保敏感SSCs分级工作目前已推广到秦山核电、福清核电、三门核电和海南核电等有关单位，并将环保敏感分级原则上升为中国核电企业标准，推动编制了中国核电《核电厂危险源分类分级标准》(IS-AA-130.100.BZ)与《核电厂工业安全与环保敏感SSCs分级执行指南》(GL-IS-20001)，以指导各运行电厂危险源分类分级、安全环保敏感SSCs分级工作。通过开展此项工作，识别出了设备故障可能导致对外环境排放的敏感设备，以及因管控失效可能导致化学品、危险废物及放射源失控转移的构筑物，并针对性进行管理，大大降低了电厂三废失控排放、超限值排放及危险废物、危险化学品等失控转移的风险，有效确保电厂周边生态环境安全，以行动践行了集团公司“安全是核工业的生命线”的理念。

(2) 社会效益

生态环境保护工作事关国家生态文明安全，事关社会稳定大局，事关群众切身利益和人民福祉。当前，媒体和公众对环保问题高度关注，特别是涉及核与辐射环境安全问题极度敏感，极易引发舆论及群体事件。通过开展电厂环保敏感SSCs分级工作，识别出了单一设备失效导致放射性气体或放射性液体直接排放到环境、单一设备失效导致流出物排放时失去在线监测、单一设备失效导致非放射性液体直接排放到环境、设备失效导致酸碱油等化学品直接排放到环境的末端阀门等相关设备，并制定了相应的管控措施，大大降低了各类介质失控排放或有毒有害物质失控转移的风险，极大地降低了环境污染事件的发生率，有效避免各类涉核环境舆论事件的发生，为核电安全稳定高效发展创造了良好的社会条件。

（3）经济效益

通过开展环保敏感SSCs分级管理，识别出失效后可导致各类放射性、非放射性介质直接向环境排放的设备，以及管控措施失效后导致危化品、危险废物和放射源等失控转移的构筑物。根据环保敏感SSCs管理制度，针对这些具有环境污染风险的SSCs，按照优先抓住“关键少数”的管理理念，优化设备巡检、检查、运行操作、维护管理制度，修订完善关键敏感设备的维修大纲，根据环保敏感级别不同优化相应设备的维修维护策略，提高了设备可靠性，降低了管理成本。

2.2.4 多措并举提升KRS系统可靠性，精准监测筑牢环境安全屏障

基本情况	单位名称	福建福清核电有限公司
	案例所属专题/领域	环境应急与职业健康安全
	类型	□ 技术优化　☑ 管理提升
	主要创造人	王杰、王强、范晓
	参与创造人	黎硕煜、李建良、林颖越、包宏祥、汤吉星、丁波、杨兴荣

案例简介 Case Introduction

厂区辐射与气象监测系统（以下简称KRS系统）需连续为电厂主控室判断周边辐射环境水平、判断流出物排放条件，以

及为核应急行动决策的提出提供关键环境监测数据，这对 KRS 系统的可靠性要求较高。但 KRS 系统在设计上存在缺陷，导致系统投用后相继出现网络安全隐患、数据获取率低、通信冗余性差和岛屿上的监测站维修不便性等问题，通过将 KRS 系统与 DCS 物理隔离、增加就地存储和数据补传功能、升级光纤和 4G 通信，以及增加第三路北斗卫星通信（核电行业 KRS 系统首次应用）、辐射探测器换型的改造，从根本上解决了系统网络安全、数据安全和质量问题，系统可靠性得到了大幅提升。该改造提升方案获得“中国核能行业协会核电工程建设高推广价值五新成果奖”，并向同行电厂及工程建设公司推广使用。

案例详细介绍 Detailed introduction to the case

1. 实施背景

福清核电厂 KRS 系统于 2014 年建成投用，由 11 个环境监测子站和气象站组成，监测子站位置分布如图 2-24 所示，属于福岛核事故后改进项目中要求强化建设的工程。KRS 系统连续监测和记录电厂半径 20 km 范围内环境的 γ 辐射水平和气象数据，相关数据和报警传输到各主控制室、应急管理平台、福建省辐射环境监督站显示。

KRS 系统作为核电厂重要的辐射环境在线监测系统，为电厂主控室判断掌握周边辐射环境水平、判断流出物排放条件，以及为核应急行动决策的提出提供关键数据。其数据还需上报至生态环境部，以及面向社会公众公开，这就要求 KRS 系统必须满足数据准确、运行稳定的基本要求。以往 KRS 系统设计建造时，为了降低建造成本，设计时仅考虑满足 KRS 系统的基本功能，导致系统移交运行后故障频发，陆续出现网络安全隐患、数据获取率低、监测数据波动大且稳定性不足、通信技术落后且冗余性不足、岛屿上的监测站在气象条件差的情况下难以维修使得通信无法恢复的问题，移交运行后花费了大量人力物力处理故障和系统维护，未从源头、设计上解决问题。要解决以上问题，提升系统可靠性，必须对 KRS 系统的结构进行重新集成，针对网络安全、数据传输、通信冗余性和监测数据波动问题分段做提升改造。

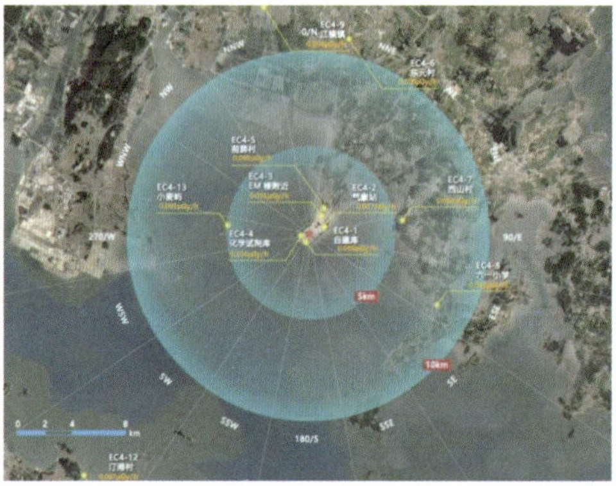

图 2-24　环境监测子站位置分布图

2. 主要做法

KRS 系统可靠性提升的核心做法主要包含以下三部分。

（1）KRS 系统网络安全提升

开展与主控 DCS 系统的物理隔离改造。依次将 KRS 网络连接从 DCS 侧脱离，在主控室单独架设 KRS 监控盘台，KRS 信号采用独立线路引入各主控室。福清核电先后完成 4 台机组的改造，直接避免了 DCS 被网络攻击的风险，解决 DCS 的网络安全问题。

（2）KRS 系统数据安全提升

开展 KRS 系统就地存储改造。依次对各监测子站有线和无线通信进行升级，将原有的调制解调器拨号网络升级为光纤传输；保证有线传输可用后，再将原有的移动 2G 传输升级为 4G 传输网络；最后依次为各监测子站增加第三路北斗卫星通信，配备发射装置，在中央站配备接收端，保证在极端自然条件下可连续传输监测数据，同时提升数据传输的带宽和稳定性，增强通信冗余性。

再依次为各监测子站增加工控机，将探测器的数据采集后直接储存在工控机中，由工控机将数据发往中央服务器，在通信中断、中央服务器故障的情况下可对数据进行独立的存储，故障恢复后将自动补传数据到中央站，提高数据获取率。

（3）KRS 系统数据质量提升

开展 GM 管辐射探测器改造。KRS 系统原有辐射探测器为 GM 管辐射探测器，由于该探测器自身物理特性，在环境级的测量中，监测数据波动幅度大，监测数据不稳定，且容易出现异常值。通过将原有的 GM 管辐射探测器更换为高气压电离室探测器，降低数据波动性，提升数据稳定性，减少异常数据的触发。

3. 实施效果

上述 3 项改造实施后，KRS 系统可靠性较改造前得到明显提升，体现在以下几方面。

(1) 避免主控 DCS 系统受到网络攻击

改造前，KRS 系统采用电信和移动的通信网络将各子站数据传输到中央站，中央站下游通信线路直接接入 DCS 系统，DCS 系统存在通过 KRS 系统被外网攻击的风险，存在极大的网络安全隐患。

改造实施后，KRS 系统与 DCS 网络物理连接断开，采用独立的盘台和通信线路引入主控室，直接避免了 DCS 系统被外网攻击的网络安全风险。

(2) 增强通信可靠性，提升数据获取率

改造前 KRS 系统由于不具备就地存储功能，加上通信手段落后，子站带宽小，导致出现数据获取率低、通信信号不稳定和数据传输易中断等问题，且在极端自然灾害情况下，还存在三大网络运营商通信不可用的问题。

改造后有线通信升级为光纤通信，2G 升级为 4G 无线通信，同时提升了带宽，还创新性地引入了不受自然灾害影响的北斗卫星通信作为最后的备用通信手段（核电行业首次应用），保证岛屿上监测站的通信可靠性，在自然条件差的情况下也能够正常传输数据，解决岛屿上通信中断维修困难的问题。同时在每个子站增加了工控机，实现数据就地存储和补传的功能，数据获取率由改造前的不足 95%提升到 99%。改造后通信稳定性、冗余性和数据获取率均得到大幅提升，系统通信的可靠性明显增强。

(3) 提高辐射监测数据质量，提升数据公信力

改造前使用的 GM 管辐射探测器角响应能力差、精度低、能量响应范围较小，导致改造前 KRS 系统数据波动大、稳定性差。改造后使用高气压电离室作为辐射探测器，高气压电离室和 GM 管技术参数对

比如表 2-3 所示。

表 2-3　高气压电离室和 GM 管技术参数对比

参数类别	高气压电离室（GE RSS-131）	GM 管（WF-GM-FL）
图片		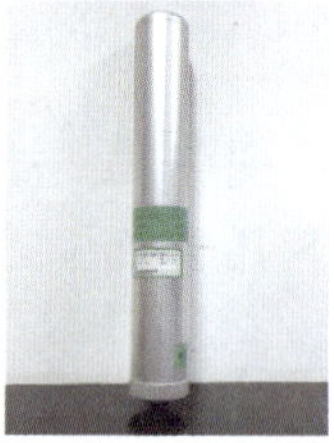
描述	高气压电离室由一个 10 英寸的不锈钢球形外壳组成，内部充有 25 atm 的氩气	GM 管为圆柱形，管内充有惰性气体和少量多原子气体。
测量范围	0～1 Sv/h	0.01 μSv/h～1 Sv/h
精度	≤5%	≤15%
角响应	≤2%（接近 360°）	≤30%
能量响应	60 keV～10 MeV	50 keV～3 MeV

改造后 GM 管和高气压电离室在同一地点、同时间段的测量数据趋势如图 2-25 所示，从趋势图可以明显看出高气压电离室数据波动更小，数据稳定性更好。改造后 KRS 系统辐射数据质量得到明显提高，更有利于监测数据向公众公开，提升了数据公开的公信力。

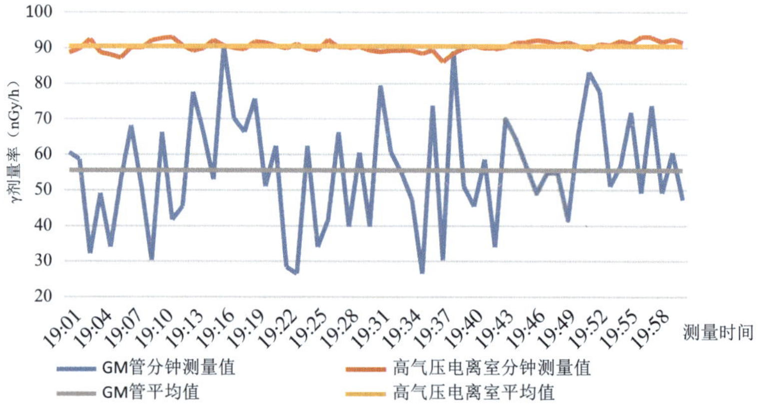

图 2-25　GM 管和高气压电离室数据趋势图

4. 潜在价值

KRS 系统可靠性改造提升项目已获中国核能行业协会“第一批核电工程建设高推广价值五新技术成果奖”及“2022 年福建省百万职工五小创新大赛三等奖”，并推广到同行电厂和工程建设公司使用。

将 KRS 系统可靠性提升所用到的技术反馈至设计单位或工程建设单位推广具有实际的参考意义，整个项目改造历时 2 年，共花费 484 万元，如果从工程设计和建设阶段就考虑以上问题，可大幅降低 KRS 系统运行后的故障率、运维成本、人力成本，避免网络安全风险，增强通信冗余性，提升监测数据质量，减小系统运行后与监督性监测系统的数据差异，同时可提升核电厂环境辐射监测数据公信力，更好地为保护公众，保护环境作出贡献。

5. 取得荣誉

该项目荣获“中国核能行业协会核电工程建设高推广价值五新成果奖”和“2022 年福建省百万职工五小创新大赛三等奖”。

2.2.5 核电搅拌站实施绿色工程管理

基本情况	单位名称	中核国电漳州能源有限公司
	案例所属专题/领域	环境保护和职业健康安全专项整治
	类型	☑ 技术优化 □ 管理提升
	主要创造人	张巍、陈友谊、李辉忠
	参与创造人	黄银宙、孟林锋、陈光辉、鲁保成、洪艳明、杨大伟、毕晶

案例简介 Case Introduction

根据行业惯例，核电现场内均设置自有搅拌站。场内配置混凝土搅拌机组、粉料罐和骨料仓等基础设施。根据环保要求，在天然砂使用受限的情况下，在场内设置机制砂、石生产线。一般情况下，搅拌站、砂石生产线在日常工作中，会对周边环境产生较大的施工噪音及粉尘污染。漳州核电巧妙利用搅拌站搬迁契机，对新建搅拌站、砂石生产线按照绿色工程标准开展建设，解决了搅拌站、砂石生产线在日常工作中对周边环境产生的施工噪音及粉尘污染等问题，环保效果显著，可在行业内推广。

案例详细介绍 Detailed introduction to the case

1. 实施背景

漳州核电原搅拌站建于项目厂区内南部，毗邻山体而建，共有 4＋1 台搅拌机组（1 台为临时搅拌机组）及一条砂石生产线。搅拌站除骨料大棚采用彩钢板进行半封闭围护外，其余力能区均为露天状态；砂石生产线除碎石加工线采用彩钢板围护外，其余骨料堆放区均为露天状态。以上露天状态对周围环境存在较大的粉尘及噪音影响，如搅拌站水泥入罐时会有较多粉尘飞扬、搅拌机组及砂石生产线工作时均会产生较大噪声污染等，以上问题均属于环境保护和职业健康安全专项整治问题。

2. 主要做法

随着漳州核电总平面规划的确定，原搅拌站及砂石生产线需适时搬迁。新迁地址位于厂区北侧，距离周边村民较近，仅两百余米。经公司审议，要求通过方案设计、设备改造等措施做好搬迁后的降噪除尘工作，减少对周边村民的影响；同时要结合工程进度精确分析混凝土需求，做好砂石储备，确保搬迁过程中混凝土的正常生产。为做好相关工作，漳州能源组织总包单位及搅拌站运营单位，对搬迁后的搅拌站及砂石生产线提出相关环保要求，制定降噪除尘措施，要求务必将对周边村民影响程度降至最低。同时根据搅拌站、砂石生产线搬迁计划，结合工程项目计划及进展，督促做好砂石储备工作，以确保搬迁过程中，混凝土可正常生产。

2021 年 8 月，搅拌站搬迁工作正式启动。新站规划建设 6 台搅拌机组，搬迁方案采用先开展新站 5 号、6 号搅拌机组的建设，投入使用后再对原站的 4 台机组采用“两两”搬迁模式，保障搬迁过程中始终有 4 台搅拌机组进行混凝土生产供料。2021 年 11 月 2 日，在完成新建机组的安装、调试等工作，正式开展混凝土拌制、生产后，随即启动原搅拌站的搅拌机组搬迁，并于 2022 年 4 月上旬完成所有搅拌机组搬迁。新搅拌站防噪降尘措施主要包括：

（1）对骨料大棚围护工装进行优化，将原来的彩钢板半封闭工装优化为全封闭工装，将骨料机、骨料运输道路纳入骨料大棚封装内，减少骨料运输、装卸时扬尘对周边的影响及骨料机作业时的噪音影响。同时在骨料大棚内的运输道路上方设置喷淋系统，定时进行喷雾降尘，既达到降尘降噪的目的，又可有效控制骨料的含水量、含泥量等技术指标，如图 2-26 所示。

图 2-26　骨料大棚内改造

（2）升级搅拌站设备，对粉料罐更换脉冲除尘器，可有效降低粉料上料期间粉尘飞扬对周边环境造成的污染。同时对搅拌机组采用彩钢板进行全封闭，可有效控制粉尘及噪声污染，如图 2-27 所示。

（3）对站内地面进行全硬化，定时进行洒水降尘，站内规划混凝土运输罐车冲洗区域，设置污水沉淀池，并定期对沉淀池进行清理，以达到污水排放要求。

图 2-27　搅拌站力能区改造

2022 年 6 月，在完成砂石生产线搬迁过程中砂石储备后，砂石生产线启动搬迁，并于同年 9 月完成搬迁工作，同年 12 月完成碎石生产线的全部彩钢板封装工作，达到降尘降噪要求。砂石生产线将有关生产过程中会产生较大粉尘及噪音的生产线设置于地下，达到防尘降噪的功效。砂石骨料堆放取消原露天堆放的模式，设置骨料大棚，皮带机直接入棚，减少骨料下落产生的粉尘及二次倒运时粉尘对周边的影响，也可有效控制骨料中的含水量，保障骨料质量。砂石生产线所有生产区均进行地面硬化，定时进行洒水降尘，如图 2-28 所示。对碎石生产线每日进行粉尘清理、采集、排放，达到降噪降尘的目的。

3. 实施效果

通过采取一系列防尘降噪措施，新建搅拌站、砂石生产线在日常作业中大大减少了粉尘及噪音对周边环境的污染，大大降低日常作业时对环境管理的难度，满足核电现场安全文明施工及相关环保要求，可作为良好经验反馈在核电行业内推广。

图 2-28 砂石生产线力能区改造

2.2.6 辐射环境监测精细化管理

基本情况	单位名称	海南核电有限公司
	案例所属专题/领域	环境应急与职业健康整治专项
	类型	□ 技术优化 ☑ 管理提升
	主要创造人	徐春松、杨子谦、张鹤峤
	参与创造人	刘小兰、陈斌斌、翁碇强、赵鹏程、潘在望

案例简介 Case Introduction

目前，我国能源转型深入推进，对核电发展提出更高要求，随之而来的便是国家对生态环境保护的重视和对辐射环境监测工作的重视。环境监测实验室作为环境监测机构的核心部门，为全面、及时和准确掌握核电运行对环境影响的水平和趋势提供有力支撑，其科学管理和高效运作理应得到重视。海南核电有限公司历经 8 a 的成长与建设，在辐射环境监测领域取得了长足的进步，但其管理模式依然存在着工作效率不高、部分工作流程零散不系统、人员主观能动性和创造性相对薄弱的问题，对实验室的有效管理存在一定的困难和挑战。因此，环境实验室主动作为，将精细化管理理念应用到实验室日常管理中显得十分必要。

案例详细介绍 Detailed introduction to the case

1. 实施背景

（1）保证辐射环境监测质量的要求

辐射环境监测工作一直被视作核电厂的“眼睛”，它可以验证核电厂是否正常运转，是否出现非计划的放射性释放。核电厂周边环境介质种类多，分析核素、取样和制样及测量方法各有不同，环境实验室每年分析的常规环境监测样品达 1 000 例左右，尚不包括质量保证、参与实验室间比对及对外服务，因此，要保证各项分析测量工作高质量、有条不紊地开展，实施实验室精细化管理是必由之路。

（2）提升工作效率、降低人因失误的要求

随着国家、地方对环境监测质量要求的不断提升，优秀的环境实验室已经不能仅满足于日常监测工作的顺利完成，而是需要不断向降低人工、管理成本及提升单位时间监测工作输出等目标前进。通过头脑风暴分析现行流程，环境实验室认为有机会在不用督促员工加快工作或牺牲工作质量的前提下缩短周期，并处理增加的工作量，通过做出其他的体系化改变，以改进流程，减少延迟，提升工作效率，降低人因失误。

（3）加强实验室保障体系建设的要求

库存管理是实验室能否合理、正常开展监测工作的最大后勤保障。“放得进”“找得到”“拿得出”“账物符”“现场好”这几项基本要求一直以来都是核安全监管部门及核电行业环境实验室关注的重点，但如何在保证满足这些基本要求的前提下，做到“放得好”“找得准”“拿得稳”“账物清”“现场妙”，是环境实验室继往开来，力争成为行业标杆需要考虑的问题。

(4) 营造主动式绩效管理和持续改进的实验室文化的要求

再先进的管理也需要出色的团队成员，环境实验室也不例外。通过精细化管理创新，针对以往实验室人员被动接受任务、团队凝聚力差和不愿意主动思考等内在问题，让各岗位人员都能积极参与到实验室建设中来，主动承担，善于思考，乐于分享、改进与反馈，营造积极、乐观和团结的实验室氛围，描绘崭新和创新的理念，并在实验室内保持这种理念对思维和行为的持续影响。

2. 主要做法

(1) 检测工作可视化

1）精细化做法

（a）计划、规划可视化

通过将实验室管理制度、实验室检测工作计划和质量保证计划等通过看板的方式进行展示，让员工明确自身工作内容，及时了解完成进度及目标差异，做到自我约束与提醒。

（b）检测进度可视化

将环境样品检测进程通过看板的方式进行展示，让员工明确当前样品的检测状态（已检、待检、制样和留存）及实验室资源占用（哪些设备在使用、同类型设备哪台在使用、谁在使用）情况，合理地安排实验进度。

（c）分区、标识可视化

实验室通过合理划分区域，进行区域、样品等标识提醒工作人员采取相应的工作程序，及时进行样品及废物处理，减少人员无效走动，降低错拿、误用等发生率，提升工作效率。

（d）记录、档案管理可视化

通过对资料（档案）室进行重新规划、整理，使得资料、档案和记录等分门别类、清晰可见，检测记录归档、查阅和取用等方便快捷。

2）具体做法

（a）计划、规划可视化

实验室建立“可视化看板”，如图 2-29 所示，质量保证工作进度、环境样品取样进展及后续流转均清晰可见。

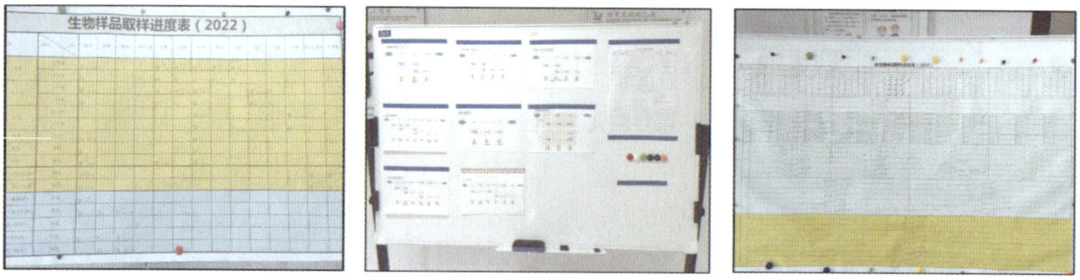

图 2-29　可视化看板

（b）检测进度可视化

如图 2-30 所示，检测进度可视化可以清楚区分待测样品、已测样品和制样中样品，有利于在多任务情况下防止实物混淆，同时便于合理安排实验进度。

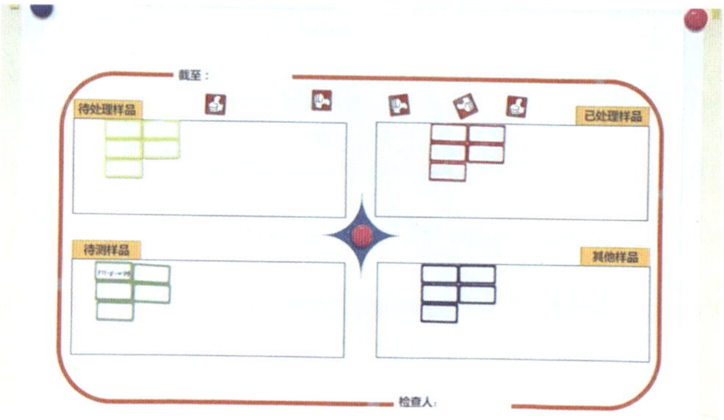

图 2-30　检测进度可视化

（c）分区、标识可视化

实验室按照最优化的流程进行功能分区，如图 2-31 所示，让每一个环境监测样品都能够遵循特定的流程路线，减少多余的走动，提高工作效率。

（d）记录、档案管理可视化

如图 2-32 所示，档案存放间依据 CNAS 档案、年报记录和环境评价等内容重新进行布局，并开辟角落为荣誉墙，激发员工创造力和凝聚力。

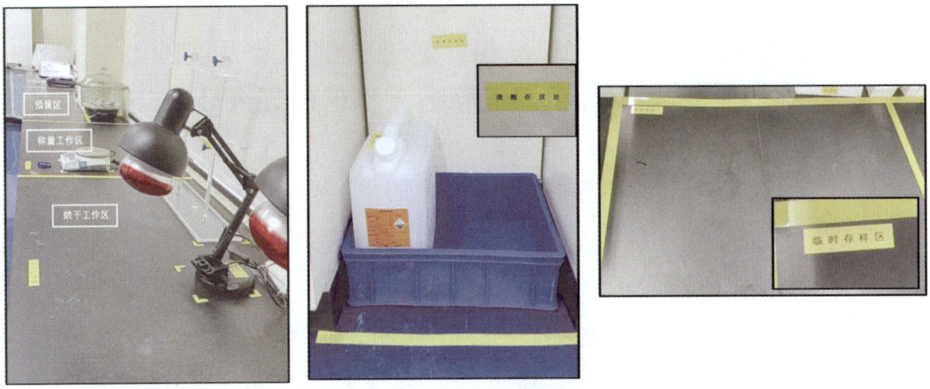

图 2-31 功能分区

图 2-32 档案存放间

(2) 检测工作标准化

通过制定标准检测作业程序和合格判定程序，使得环境样品检测持续符合相关标准要求，同时保证检测结果稳定、准确。本项工作可依托当前已开展的 CNAS 管理体系活动。

1）修订、完善现有文件体系

根据上级单位审管要求及近期国标、行标等频繁新增（修订）的事实，相应更新当前环境实验室 CNAS 文件管理体系。

2）根据实验室需要，新增部分文件

梳理实验室样品检测过程中需要用到的仪器设备、耗材等，增加部分作业指导书（卡），更好地服务样品检测。

3）检测流程优化

梳理环境实验室样品检测流程，通过头脑风暴及实践经验尽可能减少业务流程中的非增值环节，消除毫无价值的冗余环节，消除浪费，对检测流程全面优化改善。

4）CNAS 扩项与监督评审

部分实验项目已经具备申请 CNAS 扩项的条件和要求，2022 年结合监督评审一同开展，扩展环境实验室认可检测能力。

更换后的样品流转单如图 2-33（b）所示，可以清晰看出人员、功能房间和样品（三合一）的流转过程，便于样品流转过程的追溯。

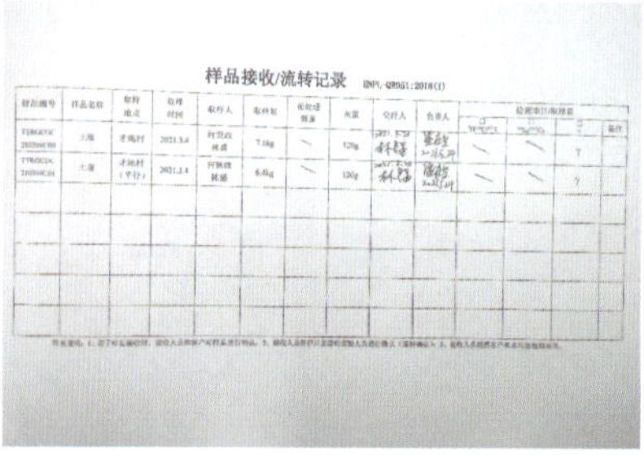

（a）精细化工作前

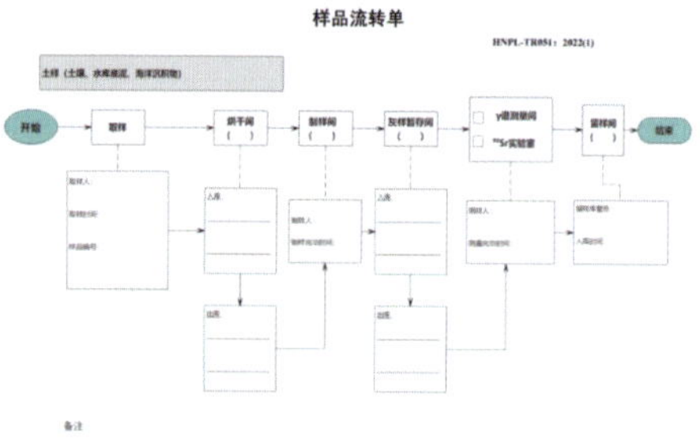

（b）精细化工作后

图 2-33　精细化工作前、后的样品流转记录

（3）库存管理精准化

通过制定仓库管理规范，优化库房管理，指导和规范仓库人员日常作业行为，达到满足工作需要且控制节约的目的。

1）建立耗材（备品备件）、化学试剂间和应急设施设备间管理制度。

2）耗材分类管理

（a）为了对台账实施精准管理，对环境实验室耗材区分大类，建议分为实验室耗材和办公耗材。其中实验室耗材区分为耐用型耗材、损耗型耗材，通过累积的台账统计资料，得出耐用型耗材、损耗型耗材的消耗速度，从而计算其补货周期。

（b）为了对库存区域实施精准管理，对环境实验室耗材精细分类，建议如表 2-4 所示。

表 2-4　环境实验室耗材精细分类

序号	类别	明细	备注
1	塑料制品	塑料烧杯、洗瓶、塑料量筒（杯）、塑料离心管、PE 手套、漏斗架、试管架、吸管、塑料滤器、塑料培养皿、移液枪架、塑料滴管、离心管盒、载玻片盒和比色管架等	
2	陶瓷制品	布氏漏斗、瓷蒸发皿、瓷方舟、白反应板、瓷坩埚、瓷研钵和瓷坩埚架等	
3	金属制品	水龙头、样品匙（药勺）、坩埚铁架台、滴定台、试管架、坩埚钳、酒精喷灯、夹子、镊子、实验剪刀和升降台等	
4	生化耗材	培养板、冻存盒、深孔板、PCR 冷冻管盒、培养皿、染色架、培养管、细胞冻存和酶标板等	
5	纸类制品	标签纸、试纸、pH 试纸、滤纸、称量纸和擦镜纸等	
6	橡胶制品	硅胶管、白胶塞、烧瓶托、洗耳球、手套、硅胶塞、乳胶管和橡胶管等	
7	其他	清洗剂、清洗刷、搪瓷方盘、冻存器、木漏斗架、木试管架、木试管夹和白大褂等	
8	玻璃器皿		
	瓶类	窄口瓶、龙头瓶、滴瓶、广口瓶、加液器、洗瓶、酒精灯、过滤瓶和干燥器等	
	烧器类	烧杯、三角烧瓶、圆底烧瓶、抽滤瓶、蒸馏烧瓶和平底烧瓶等	
	石英制品	石英坩埚、石英蒸发皿、石英管、石英棉、石英片、吸收瓶、蒸馏器、石英漏斗和研钵	
	皿管类	滴管、试管、离心管、比色皿、干燥管、培养皿、表面皿和蒸发皿等	
	漏斗类	砂芯漏斗、短管标准漏斗、分液漏斗和抽滤漏斗等	
	标准口类	玻璃层析柱、连接管、分馏头、干燥塔、冷凝管、蒸馏头、空心塞、弯接管塞、分馏管、分馏柱和蒸馏弯头等	
	量器类	量筒、量杯、吸管、滴定管、称量瓶、量瓶、吸收管和比色管等	
	成套仪器	蒸馏器、吸收瓶和吸收器等	
	其他	砂芯坩埚、盖玻片、玻璃珠和玻璃棒	

3）库存区域分类、设立颜色标识，台账同步进行分类更新。

耗材库依据监测需求，针对实验室耗材、办公耗材进行了大类区分，其中实验室耗材又区分为耐用型耗材、损耗型耗材，并进行功能分区和颜色标识，如图 2-34 所示，耗材取用更加方便快捷。

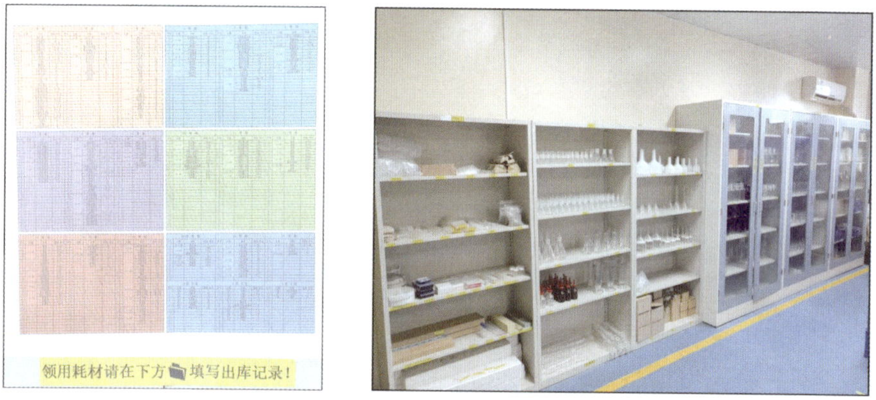

图 2-34　耗材库分类

生物灰样品存放间，将待测生物灰样由密封袋装改为统一规格的聚四氟乙烯瓶装，如图 2-35 所示，码放整齐不易变形，同时优化生物样品存放间流转记录，并预留了对外服务临时样品存放区，使得生物样品管理更加简洁高效。

图 2-35　生物灰样品存放

3. 实施效果

（1）检测工作流程持续优化与创新

针对各类环境样品取样、制样和测量的需求不同，在样品流转环节，环境实验室优化样品流转程序及记录（其中优化流程 8 项，更新、综合样品流转记录 8 项），同时综合了人员、功能房间、样品的流转，改变了以往需要分别查询制样设备使用记录、人员出入记录及样品流转记录才能完整追溯样品的繁琐流程，同时针对同类型或可视作同类型的样品，在记录和流转程序上做了合并，节省 2/3 的工作量。

看板的可视化使得每一名检测人员都能够集中地从看板上获取月度工作进展及相关质量保证信息，同时不同样品的检测流程也可以通过看板进行再温习。该项措施实施后，月度质量保证计划提前 2～3 个工作日完成，而检测数据出错率降低约 25%。

耗材仓库通过实施精细化管理，在耗材出入库、定位、查找方面明显提升了效率，通过近半年的统计，出、入库时间较精细化管理实施前平均缩短了 2.3 min。此外，通过对耗材类型的区分，环境实验室有效降低冗余的耐用型耗材库存，而灵活增补易耗型耗材的库存，使得耗材的采购更有针对性，节省不必要的开支，避免了资源浪费。

（2）2022 年新增首单对外服务，实现对外创收

环境实验室持续开展的精细化管理行动取得良好的效果，在经过前期的实地走访与考察后，中国原子能科学研究院团队高度认可环境实验室的技术能力与监测条件，决定与环境实验室开展合作，完成 HDL 船舶综合保障基地海域放射性本底调查海水前处理（共计 58 个海水样品）的技术服务。由此，环境实验室在紧锣密鼓开展 2022 年常规性环境监测任务的同时，也完成监测能力的持续输出，实现 2022 年新增首单对外服务。目前该合同已于 2022 年 9 月底签订，如图 2-36 所示，实现对外创收 47 954.4 元。

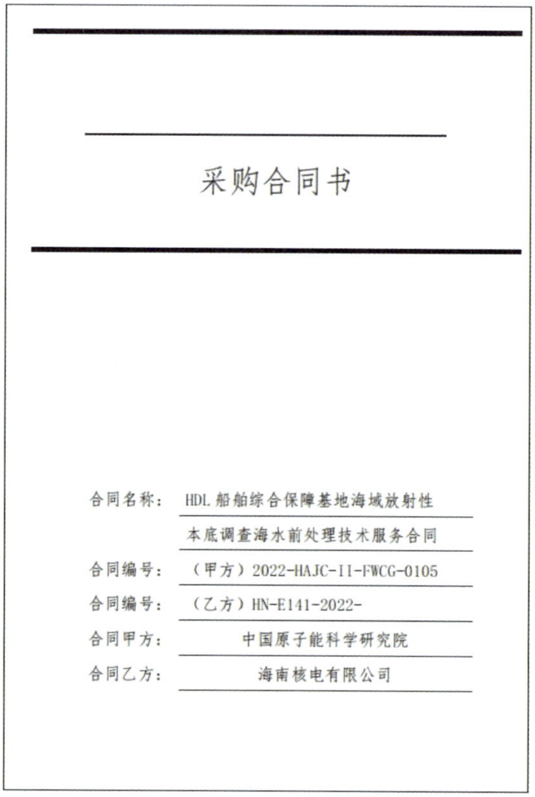

采购合同书

合同名称：HDL 船舶综合保障基地海域放射性本底调查海水前处理技术服务合同

合同编号：（甲方）2022-HAJC-II-FWCG-0105

合同编号：（乙方）HN-E141-2022-

合同甲方：中国原子能科学研究院

合同乙方：海南核电有限公司

图 2-36 对外服务合同

2.3 实物保护、交通安全、消防安全整治专项

2.3.1 消防管网调整与改造

基本情况	单位名称	中核霞浦核电有限公司
	案例所属专题/领域	消防安全专项整治
	类型	□ 技术优化 ☑ 管理提升
	主要创造人	郑砚国、周赛军、贺睿端
	参与创造人	占军、刘朋奇、魏向阳、陈圣王、李宇、王昌军

案例简介 Case Introduction

由于霞浦核电基地厂外正式供水管道未完成施工，基地施工生活及消防用水管道采用临时管道，当施工生活用水量较大时，消防系统管道会出现水压波动不稳现象。通过分析风险，制定临时供水管道改造、投用临时海水淡化设备、强化现场消防安全管控、增设临时供水管网增压泵的短期改进措施，以及增设“永临结合”供水管道、增设蓄水池及水泵、加快管线调整施工的中长期工作计划，现已全部实施完成，现场供水水压稳定、水量充足。

案例详细介绍 Detailed introduction to the case

1. 实施背景

（1）霞浦核电基地施工及生活用水来自霞浦县第一自来水厂，在开发区经泵站加压后送至高位水池，高位水池海拔高度为 84 m，通过两根 DN400 碳钢管道自流至七尺门大桥。门岗内由中核霞浦核电有限公司敷设一根 DN200 的临时管道接至 430 边坡，然后接入厂区施工生活用水管网，如图 2-37 所示。

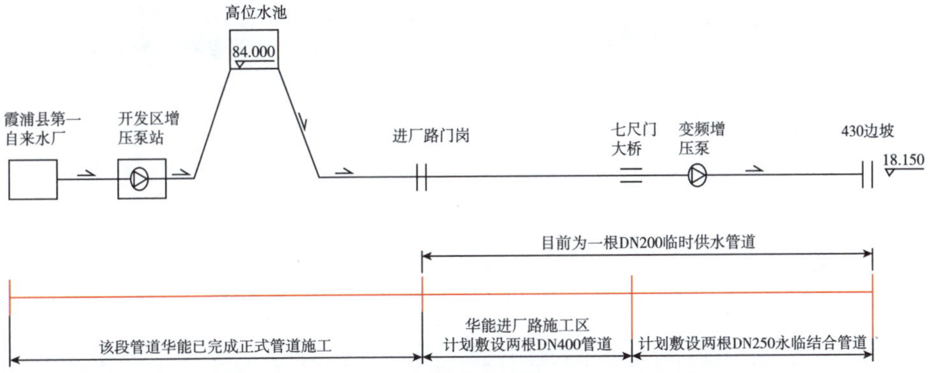

图 2-37　列入风险 TOP1 时霞浦核电厂外供水管线示意图

（2）受现场施工进展影响，正式消防系统尚未投用。各施工区由施工单位设置临时消防管网，与施工生活用水共用水源；已移交子项内部使用正式消防系统，外部水源也来自施工生活管网。当施工生活用水量较大时，各系统管网会出现水压不稳及波动现象，水压最低时不足 0.1 MPa。

2. 主要做法

(1) 短期改进措施

1）新增一条临时供水管道接驳至门岗处的正式管道，确保供水水量和压力：已于 2020 年 12 月 1 日完成。

2）完成现场临时海水淡化设备安装调试工作，如图 2-38 所示，日产淡水 500 m^3，以满足现场用水需求：已于 2020 年 12 月 17 日完成。

图 2-38　调试临时海水淡化设备

3）现场增加临时消防器材，强化动火作业管控：保卫保密处和工程管理处作为日常重点进行跟踪管控。

4）为应对短时间内的水压波动，在七尺门大桥后面的临时供水管网上设置变频增压泵（已于 2021 年 7 月投用），维持厂区内管网压力。增压泵投用后，现场主管网压力维持在 0.4 MPa 左右，如图 2-39 所示，可满足现场 30 m 标高的消防及施工用水（30 m 以上消防用水需由现场华兴临时增压泵满足）。

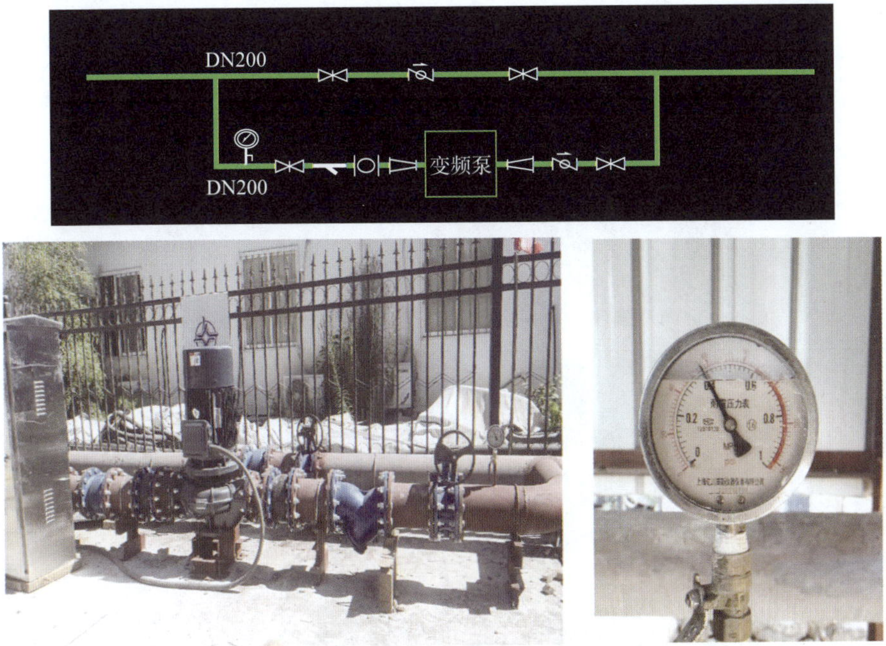

图 2-39 变频增压泵以及压力表维持 0.4 MPa

(2) 中长期工作计划

1）进场路七尺门大桥至现场主供水管网（430 边坡）增设两根 DN250 碳钢材质、内外防腐的“永临结合”供水管道：该措施根据实际环境进行勘察，选择最优管道路径，埋地敷设，管道全长 4.2 km，合同工期为 2021 年 12 月 30 日，工程管理处内控工期为 2021 年 12 月 15 日，已于 2021 年 12 月 10 日完成施工并正式通水投用，如图 2-40 所示。

2）新建搅拌站内设置两个 500 m^3 的蓄水池及水泵，管网压力不满足消防压力时启动水泵，维持管网压力：由于搅拌站蓄水池位于搅拌站内，混凝土拌合用水量波动较大，供水稳定性存在隐患，该方案对此进行修改，利用厂内海淡厂房两个超滤水箱（共计容积 1 600 m^3）作为储水箱，接入现有施工生活及消防供水管网，通过临时水泵送入管网，确保用水高峰期的施工、生活及消防用水量要求（已于 2021 年 10 月 20 日投入使用）。

3）确定管线调整方案，以调试配合单形式委托承包商执行，2021 年 12 月完成施工：与上述 2）方案合并，已投入使用。

图 2-40　“永临结合”管道敷设

3. 实施效果

（1）超滤水箱临时水泵投用后，1 号机组施工区域（含重大件仓库、综合仓库）临时供水管网水压稳定在 0.6 MPa，2 号机组施工区域（含搅拌站、检修厂房、化学品库及现场北侧预制临建区）临时供水管网水压在 0.4～0.5 MPa 左右，水压能够满足现场施工及消防要求。

（2）超滤水箱作为现场储水箱投用后，其储水量能够满足 1 号机组 1～2 d 的用水要求。

（3）2021 年 12 月 10 日，七尺门大桥至现场主供水管网（430 边坡）两根 DN250“永临结合”供水管道投用；2022 年 1 月 11 日，进厂路门岗至七尺门大桥两根 DN400 正式管道接通一根，1 月 15 日接通第二根，如图 2-41 所示。

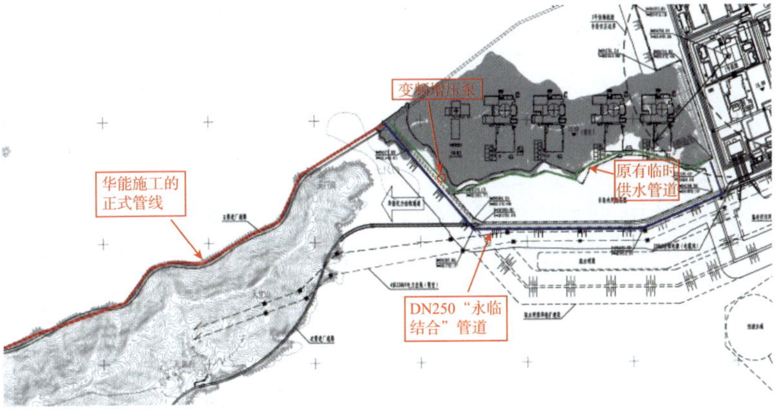

图 2-41　霞浦核电厂外供水管线布置图

（4）目前，霞浦核电基地工程现场水压稳定在 0.6 MPa 左右，如图 2-42 所示，用水高峰期也在 0.5 MPa 以上，水压稳定，水量充足，现场施工生活及消防用水正常，消防水压不稳安全风险解除。

图 2-42　实施前后厂区水压力对比（0.1/0.3 Mpa 至 0.6 MPa）

2.3.2 建设消防技能体验中心，健全完善消防培训体系

基本情况	单位名称	福建福清核电有限公司
	案例所属专题/领域	消防保卫与交通安全
	类型	☐ 技术优化　☑ 管理提升
	主要创造人	高飞龙、郭世恩、卢忠华
	参与创造人	付镭、董建伟、周经纬、付龙兴

案例简介 Case Introduction

福清核电通过建设沉浸式、体验式消防技能培训设施，针对不同的员工岗位编制针对性的培训教材及题库，进一步完善公司消防培训体系，助力提升公司员工消防培训质量和效果。消防技能培训设施包括消防技能体验中心、真火救援训练装置、深井救援训练装置、烟热逃生训练室和消防系统实操演示平台五大培训项目，利用 VR 等电子科技和搭建实训场景提升员工消防实操技能。此外，结合消防技能培训项目，优化消防培训课程设置，编制完善各消防岗位培训教材。目前依托消防技能培训基地，通过消防安全专项培训和党建交流等方式，已累计开展 3 600 多人次培训。

案例详细介绍 Detailed introduction to the case

1. 实施背景

在消防技能体验中心建设之前，福清核电有限公司组织开展的消防培训工作主要包含消防保卫基本授权（初训、复训）、二级干预队消防实操、119 消防宣传教育讲座及其他人员日常消防知识培训，消防培训主要为课堂授课，且以理论培训为主，实操为辅，培训方式较为单一枯燥，缺乏针对公司普通员工、二级干预队及专职消防队的消防实操技能培训项目，导致学员参与度不高、缺乏切身体验，达不到电厂灭火响应和消防实战要求，无法满足电厂的灭火响应和消防安全的实

际需要。在此背景下，为改进消防培训方式单一的现状，提高员工培训的参与感和培训效果，达到提升参训人员消防意识和消防技能，进而保障电厂厂房和机组消防安全状态的目的，需细化完善公司消防培训体系，丰富优化消防培训工作的开展项目和实施方式，提升消防培训工作的多样性、针对性和趣味性，为消防培训工作的实施提供基础保障。

2. 主要做法

（1）整体思路

1）优化消防培训内容，建设消防技能培训基地，针对不同对象建设消防技能体验中心、真火救援训练装置、深井救援训练装置、烟热逃生训练室和消防系统实操演示平台五大培训项目，利用 VR 等电子科技和搭建实训场景提升员工培训效果。

2）优化消防培训课程设置，根据九个不同的消防岗位进行基本安全、初阶、中阶一级、中阶二级和高阶培训五个培训等级划分，对五个不同等级的培训制定共计八项针对性培训课程，并编制完善培训教材。

（2）具体做法

1）建造消防技能体验中心

消防技能体验中心（见图 2-43）适用于公司志愿消防队、厂房负责人等公司全体员工，共包含火灾成因演示、消防知识问答、消防十五分钟、模拟灭火演练、消防联动演示、火灾案例展播、模拟逃生体验、粉尘爆炸试验台、VR 火场逃生、电动车火灾成因演示、结绳自救学习、火灾现场还原、消防安全知识互动平台、火灾隐患查找和消防装备认知等 20 个模块，模块设计利用 VR 技术和现代电子科技技术，通过沉浸式和互动体验式的培训方式，达到提升公司全体员工消防安全意识和消防技能水平的目的。

图 2-43　消防技能体验中心

2）建造烟热逃生训练室

烟热逃生训练室（见图 2-44）主要用于专职消防队员和二级干预队员开展日常训练，系统共包含 12 种不同难度的逃生路径，分别设置 H 型隔断、滚筒等障碍，通过控制室远程对逃生路径进行切换选择，并可实现对训练人员的实时定位功能。训练过程通过释放安全无毒害烟雾模拟出火场烟雾弥漫场景，设置仿真火及灯光模块、声光警报动作、模拟人员叫声和哭声等，营造真实的火场环境，从而提升培训对象的火灾现场处置能力和逃生能力。

图 2-44　烟热逃生训练室

3）建造真火训练室

真火训练室（见图 2-45）主要适用于灭火干预人员，内部搭建床铺火、配电柜火、顶棚火 3 种真实火灾场景，参训人员通过火场真实火场环境体验，达到提升其火场心理素质水平的目的，以确保灭火干预过程中保持冷静的头脑，切实保障自身安全并提高应急处置能力和救援能力。

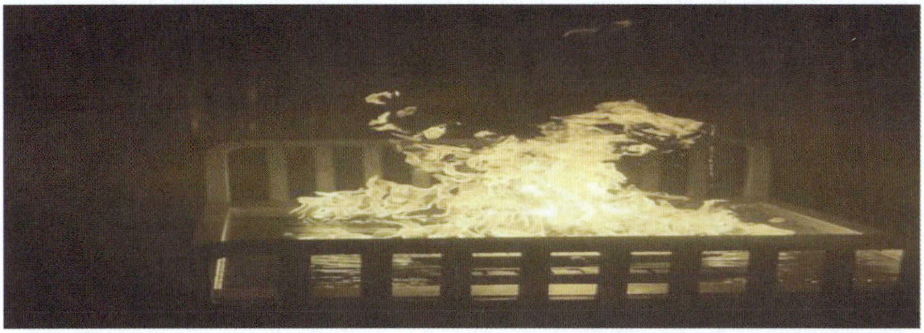

图 2-45　真火训练室

4）建造深井救援组合训练装置

深井救援训练装置（见图 2-46）由深井救援、受限空间救援、高空救援和垂直攀爬等功能模块组合而成，在灭火救援的基础上，通过此装置开展专职消防队综合救援训练，提升专职消防队的综合救援能力水平。

图 2-46　深井救援训练装置

5）建造消防系统实操演示平台

消防系统实操演示平台（见图 2-47）结合电厂内及日常生活中常见的消防系统设计、搭建而成，由预作用系统、水喷雾系统、水幕系统、湿式报警阀系统、核岛消火栓系统、消火栓系统、火灾报警系统、消防泵系统和稳压泵系统组合而成，主要用于厂房负责人、志愿消防队员和运行人员等了解掌握消防系统的工作原理及实际操作演示等，通过消防系统实际动作演示及原理讲解，以直观的视觉冲击，提升参训人员对消防系统认知能力。

图 2-47 消防系统实操演示平台

6）开发特色消防培训课程

根据13个不同的消防岗位进行“实操＋理论”共计8个培训等级划分，并对不同等级的培训制定共计10项针对性培训课程，并编制完善培训教材，通过配套的消防培训课程完善公司消防培训体系，规范培训工作的开展。

(a) 岗位分类：结合电厂内部的消防相关工作岗位进行分类，包括普通员工、厂房/区域负责人、志愿消防队员、监火人、消控室值班员、消防巡查队员、消防技术员、消防许可证审批人和运行二级干预队员9类，如表2-5所示。

表 2-5 消防相关工作岗位分类

序号	岗位	岗位应具备的消防知识/技能分析	培训内容
1	普通员工	1. 懂本岗位的火灾危险性及预防方法 2. 懂灭火的方法，会报火警 3. 会使用灭火器、室内消火栓等消防器材，掌握逃生方法和常见的消防标识等	基本安全培训——《消防保卫》

续表

序号	岗位	岗位应具备的消防知识/技能分析	培训内容
2	厂房/区域负责人	1. 熟知消防政策法规及公司内部管理要求 2. 熟知所管辖厂房火灾危险源及管控措施 3. 熟知常见动火作业类型及动火作业管控措施、消防系统运行及检查方法、排查消防隐患等	1. 消防法规、公司消防管理程序 2. 火灾识别及火险情况下的疏散和逃生 3. 火灾危险源及消防隐患的识别与防范 4. 消防经验反馈 5. 灭火器、室内消火栓的使用 6. 火灾自动报警系统和自动灭火系统操作等
3	志愿消防队员	熟知消防设施操作、消防隐患排查、火灾逃生及火警响应流程等	1. 核电厂消防基本知识 2. 火灾识别及火险情况下的疏散和逃生 3. 火灾危险源的识别与防范 4. 消防经验反馈 5. 灭火器、室内消火栓的使用 6. 火灾自动报警系统和自动灭火系统操作 7. 消防演习相关知识等
4	监火人	1. 熟悉现场工作情况 2. 识别并消除作业现场及附近消防安全隐患 3. 懂得基本消防常识和消防设施器材的使用方法，会扑救初起火灾，发生火情会报警和初期处置，懂得逃生自救技能，会组织人员疏散等	1. 消防法规、公司消防管理程序 2. 火灾识别及火险情况下的疏散和逃生 3. 火灾危险源及消防隐患的识别与防范 4. 消防经验反馈 5. 灭火器、室内消火栓的使用 6. 火灾自动报警系统和自动灭火系统操作等

续表

序号	岗位	岗位应具备的消防知识/技能分析	培训内容
5	消控室值班员	1. 熟知厂房分布位置 2. 熟知消防会合点分布 3. 了解火警响应流程 4. 熟知火灾报警主机操作 5. 了解基础消防设施操作	1. 火灾报警系统原理及操作方法 2. 消防联动设施的操作方法 3. 消控室值班员岗位职责等 4. 消防控制室相关法规、相关消防管理程序 5. 厂区消防急救会合点布置
6	消防巡查队员	1. 熟知消防管理程序要求 2. 熟知厂房分布，了解厂区防火重点部位风险点，熟悉消防监督检查的重点内容 3. 熟悉消防设施、器材的设置情况、工作原理和使用方法 4. 熟练操作 EAM 工作管理平台	1. 消防基础知识 2. 建筑防火知识 3. 消防设施知识 4. 消防法律法规 5. 消防相关程序 6. 各子项、各部位火灾危险性，重大火险系统、设备（如含活性炭、润滑油、燃油和氢气等系统、设备）的风险识别和防火要求 7. 火警响应、消防演习、火灾应急预案及灭火处置程序或方案
7	消防技术员	1. 熟悉消防相关国家法律法规及行业标准和规范，熟悉消防相关程序及消防相关应急管理程序，熟悉消防行动卡 2. 掌握消防系统设置情况，熟悉消防系统工作原理和试验规程，熟悉厂区防火重点部位风险点，熟悉各子项火灾风险，熟悉消防监督检查的重点内容 3. 熟悉消防设施、器材的设置分布情况、工作原理和使用方法 4. 熟练操作 EAM 工作管理平台	1. 消防系统检查要求 2. 消防相关工作控制 3. 消防许可证及程序 4. 消防设备及其常见隐患

续表

序号	岗位	岗位应具备的消防知识/技能分析	培训内容
8	消防许可证审批人	1. 熟知消防管理程序要求 2. 熟知厂房分布，了解厂区防火重点部位风险点，熟悉消防监督检查的重点内容 3. 熟悉消防设施、器材的设置情况、工作原理和使用方法 4. 熟练操作 EAM 工作管理平台	1. 消防相关工作控制 2. 消防许可证及程序 3. 消防设备及常见隐患 4. 消防许可证办理 5. 工作申请/安全隐患填报与跟踪
9	运行二级干预队员	熟悉现场布置，懂得火灾相应流程，能熟练地穿戴个人防护装备，能熟练地使用消防灭火器材，能流畅地使用消防行动卡	理论：消防基础知识、消防管理程序、消防系统原理及操作方法、消防器材使用和消防行动卡等 实操：个人防护装备使用、消防器材灭火操作等

(b) 培训课程等级划分：结合不同岗位人员的培训课程等级进行划分，包括基本授权、理论课程和实操课程三种内容，其中理论课程分为初阶（1 项）、中阶（2 项）和高阶课程（1 项），实操课程分为 3 级，具体如表 2-6 所示。

表 2-6　培训课程等级划分

培训等级	培训内容	适用范围/人员
一级	消防基本安全培训	适用于公司各处室及协作单位员工
二级	初阶培训	涉及现场工作的生产处室及协作单位员工
三级	中阶培训（1）	厂房/区域负责人、志愿消防队员
四级	中阶培训（2）	监火人、消控室值班员、二级干预队员
五级	高阶课程	消防巡查队员、消防技术员、消防许可证审批人
实操 1 级	灭火器、室内消火栓的使用	厂房/区域负责人、监火人、志愿消防队员、消控室值班员、二级干预队员
实操 2 级	消防战斗服穿戴、空气呼吸器操作、烟热逃生技能	二级干预队员

续表

培训等级	培训内容	适用范围/人员
实操 3 级	火灾自动报警系统、自动喷水灭火系统操作	消控室值班员、消防控制室值班员职责的操纵员

（c）培训课程制作：针对不同的培训课程内容进行课程开发，编制针对性的培训教材及考核试卷，如图 2-48 所示。

名称	修改日期	类型	大小
1、入场：《消防保卫》课件 002	2022/2/9 14:38	Adobe Acrobat ...	10,688 KB
2、(FQ0-5FP-RCJC-22001)_FQ0-5FP-RCJC-22001 《消防法规（...	2022/3/25 14:12	Adobe Acrobat ...	3,343 KB
2、中阶1：《消防法规标准（基本版）》培训课件	2022/2/11 10:05	Microsoft Word ...	293 KB
2、中阶1：《消防法规标准（基本版）》培训课件-魏征征、卢忠...	2022/2/16 9:56	Microsoft Power...	29,007 KB
3、(FQ0-5FP-RCJC-22001)_FQ0-5FP-RCJC-22001 《消防程序（...	2022/3/25 13:15	Adobe Acrobat ...	0 KB
3、中阶1：《消防程序（基本版）》培训课件	2022/2/11 10:04	Microsoft Word ...	293 KB
3、中阶1：《消防程序（基本版）》培训课件-陈平、周经纬（20...	2022/3/1 13:31	Microsoft Power...	4,461 KB
4、(FQ0-5FP-RCJC-22003)_ FQ0-5FP-RCJC-22003消防经验反...	2022/3/25 14:29	Adobe Acrobat ...	4,385 KB
4、中阶1：《消防经验反馈》培训课件	2022/2/11 10:05	Microsoft Word ...	293 KB
4、中阶1：《消防经验反馈》培训课件-王秋旺、高飞龙(20220225)	2022/5/19 13:06	Microsoft Power...	43,649 KB
5、(FQ0-5FP-RCJC-22004)_FQ0-5FP-RCJC-22004 消防法规标准...	2022/3/25 13:11	Adobe Acrobat ...	4,480 KB
5、中阶2：《消防法规标准（强化版）》培训课件	2022/2/11 10:06	Microsoft Word ...	294 KB
5、中阶2：《消防法规标准（强化版）》培训课件-高飞龙、卢亮...	2022/6/23 15:37	Microsoft Power...	30,484 KB
6、(FQ0-5FP-RCJC-22005)_FQ0-5FP-RCJC-22005 《消防程序（...	2022/3/25 13:20	Adobe Acrobat ...	6,484 KB
6、高阶：《消防程序（强化版）》培训课件	2022/2/11 10:02	Microsoft Word ...	293 KB
6、高阶：《消防程序（强化版）》培训课件-马学军、付龙兴（20...	2022/3/29 16:11	Microsoft Power...	5,716 KB
7、(FQ0-5FP-RCJC-22006)_FQ0-5FP-RCJC-22006 《核电厂消防...	2022/3/25 14:06	Adobe Acrobat ...	2,249 KB
7、高阶：《核电厂消防设计》培训课件	2022/2/11 10:00	Microsoft Word ...	293 KB
7、高阶：《核电厂消防设计》培训课件-陈林·、付龙兴（2022012...	2022/2/16 10:01	Microsoft Power...	29,871 KB
8、(FQ0-5FP-RCJC-22007)_FQ0-5FP-RCJC-22007 《灭火器、消...	2022/3/25 14:13	Adobe Acrobat ...	2,828 KB
8、实操1：《灭火器、室内消火栓的使用》培训课件	2022/2/11 9:57	Microsoft Word ...	293 KB
8、实操1：《灭火器、室内消火栓的使用》培训课件-付镭（2022...	2022/2/16 8:56	Microsoft Power...	3,859 KB
9、(FQ0-5FP-RCJC-22008)_FQ0-5FP-RCJC-22008 《消防战斗服...	2022/3/25 14:11	Adobe Acrobat ...	4,226 KB
9、实操2：《消防战斗服穿戴、空气呼吸器操作、烟热逃生》培训...	2022/2/16 10:14	Microsoft Word ...	293 KB
9、实操2：消防战斗服穿戴、空气呼吸器操作、烟热逃生-付镭、...	2022/2/22 14:00	Microsoft Power...	10,420 KB
10、实操3：《火灾自动报警系统和自动灭火系统操作》培训课件 ...	2022/5/6 12:54	Adobe Acrobat ...	6,814 KB
10、实操3：《火灾自动报警系统和自动灭火系统操作》培训课件	2022/2/16 10:11	Microsoft Word ...	295 KB
10、实操3：《火灾自动报警系统和自动灭火系统操作》培训课件-...	2022/2/16 10:12	Microsoft Power...	52,344 KB

图 2-48　编制的培训教材

3. 实施效果

（1）趣味性培训工作的实施极大地提高了员工参与培训的积极性，促进公司员工消防安全意识及技能水平的提升，对公司整体消防安全水平的提升起到较大的积极作用。

（2）经济效益

原培训费用＝人均培训费用×每年培训人次×使用寿命

人均培训费用：正常情况每名员工外出参加培训的费用

每年培训人次：截至目前培训的总人数与项目投用的总时间之比

使用寿命：本项目使用的总寿命

本项目的经济效益如表 2-7 所示。

表 2-7　项目经济效益

序号	人均培训费	培训人次	使用时间（截至 2023 年 3 月）	使用寿命	原培训费用
以往费用	1 000 元	3 600	2 年	30 年	5 400 万元
项目建设费用	项目投用整体花费 450 万元				
经济效益	原培训费用－项目投入费用＝4 950 万元				

（3）社会效益

通过消防技能体验中心能够加强与地方消防救援队伍、企业院校和社会组织的交流合作，推动消防科普与核电厂“工业旅游”工作的有效对接，对全民消防安全提升具有积极意义。

4. 取得荣誉

（1）消防技能培训中心获得 WANO 6＃PSUR 奖项。

（2）获评中国核电安全总监巡视良好实践。

5. 总结及展望

福清核电通过“火灾危险源识别和管控→火灾隐患排查治理→消防宣传教育和培训→火灾危险源再识别”的闭环机制，形成火灾风险持续降低、消防安全状态不断提升的良性循环，达到电厂消防管理能力整体水平呈现稳定、螺旋式上升的最终目的。针对各消防安全关键岗位开发专门的消防培训教材，配套建设集演示、体验为一体的消防技能培训设施，包括消防技能体验、真火救援训练、深井救援训练、烟热训练和消防系统实操演示五大培训项目，采用“虚拟体验＋实景操作”的多种方式提升培训效果，完善公司员工消防“四个能力”建设，对公司整体消防安全水平的提升起到积极作用。

福清核电将在专项丰硕成果的基础上，继续借助新一代信息技术，并结合公司实际培训需求开展消防培训模块开发工作，并同步持续配套开发完善消防培训课程，统筹有序地为核电安全稳定运行提供消防培训支持服务。

2.3.3 钠火消防管理提升

基本情况	单位名称	中核霞浦核电有限公司
	案例所属专题/领域	消防领域
	类型	☐ 技术优化　☑ 管理提升
	主要创造人	戈繁、彭光朝、刘晔
	参与创造人	窦元梁、蔡珉、叶思源、邓礼超

案例简介 Case Introduction

钠火是示范快堆工程区别于常规核电厂所特有的新型消防安全风险，自 1 号机组进钠以来，消防安全风险陡然增加，霞浦核电从钠火个人防护、扑救、培训和演练等方面开展了多项实践：一是填补国内空白，研发钠火防护服，进一步保障灭火人员的生命安全；二是针对性开展灭火试验，积攒钠火应对经验，提升对钠火特性认识；三是以实战锤炼本领，开展钠火灭火训练及演练，不断提升涉钠应急处置能力。

案例详细介绍 Detailed introduction to the case

金属钠作为冷却介质在大型核电首次应用，2022 年，面临机组进钠在即，而人员无钠火灭火实操经验、钠火处置经验不足和国内无钠火专用防护服等困难，霞浦核电针对性进行专项整治，开展以下工作。

(1) 研发钠火防护服，填补国内空白

消防服是保护活跃在消防第一线的消防队员人身安全的重要装备之一。钠火具有温度高、强碱腐蚀性和需近战灭火等特点。国内无钠火防护服标准，市场上无钠火防护服成品。经调研，实验快堆、默锐钠厂消防队均未配备钠火专用防护服，只配备常规灭火防护服。常规灭火防护服非全封闭式，灭火人员颈部、耳部裸露在外，钠火易对灭火人员造成灼伤；空气呼吸器也裸露在外，存在供气管线因高温或液态钠溅射造成变形或破损，导致消防队员丧失战斗能力。

面对国内钠火专用防护服空白的现状，霞浦核电在工程建设之初就未雨绸缪，立足自主、主动出击成立钠火防护服研发攻坚小组，广泛调研选取了国内外最先进的防火服布料，进行了三轮面料选型和测试，最终确定以 Nomex®面料为主材研制钠火专用防护服，攻克常规防火服布料与钠直接反应及透汗与钠反应的难题。在防护服形式上也进行优化改进，采取全封闭结构，将全套空气呼吸器置于防护服保护下，更加可靠地维持消防员的呼吸循环所需新鲜空气供给。同时在防护服内设置穿戴式通信工具，确保与火场指挥部及时有效沟通。经过研发小组的不懈努力，最终成功研发一款全封闭式钠火防护服，并申请专利。目前已配发专职消防队和运行二级干预队，并组织开展使用培训。

(2) 开展针对性灭火试验，提升对钠火特性认识

霞浦核电组织保卫处、运行处、维修处和专职消防队等钠火消防一线人员前往钠厂开展钠火灭火试验，近距离观摩燃烧 15 kg 金属钠形成火灾的燃烧和扑灭。通过试验，专职消防队骨干队员具备使用石墨灭火器扑灭钠火的技能和经验，对钠火特性有深刻直观认识，为公司后续钠火处置积累宝贵经验。

针对涉钠工艺间存在的常规火灾风险，霞浦核电积极开展对钠厂、实验快堆的调研工作，充分研究相关国标、行标，对二氧化碳灭火器、各类干粉灭火器和气体灭火器等在钠火下误用风险进行全面分析对比，自主搭建试验台架，检验氯化钠（D 类）干粉灭火器对常规火情有效性。综合分析后在涉钠区域外围走廊增配干粉灭火器，用于常规火灾初期处置。

(3) 开展钠火灭火训练及演练，以实战锤炼本领

钠冷示范快堆作为最先进的核电技术之一，既带来了核电厂整体效率的提高，也带来对消防安全的新挑战。钠火是示范快堆工程区别于常规核电厂最大的消防安全风险。霞浦核电高度重视钠火消防风险控制，编制《钠火消防试验及钠火实操培训方案》，并依据方案开展钠火灭火实操培训。通过实操培训，参训一线人员对钠火有了“眼见为实”的深刻感受和认识，掌握新型灭火器（石墨灭火器）扑灭钠火的

技能和经验，为后续实际钠火处置积累宝贵经验。

霞浦核电编制《钠泄漏事件应急预案》《钠火现场处置方案》，明确了各相关处室、二级干预队、专职消防队职责和应急响应流程。同时以演练促提升，开展了包括“进钠前综合应急演习”在内的 4 次涉钠演习，循环优化文件和演习，不断提升公司涉钠应急处置能力。

2.3.4 精细管理、科技赋能，提高消防综合救援能力水平

基本情况	单位名称	中核核电运行管理有限公司
	案例所属专题/领域	消防安全专项整治
	类型	☐ 技术优化 ☑ 管理提升
	主要创造人	赵喜栓、杨光远、赵树玉
	参与创造人	王凯平、陈杰、王备、祁成成、王志山、朱诚杰、王建

案例简介 Case Introduction

为提升消防综合救援能力水平，加强秦山核电消防救援体系建设，秦山核电编制并完善各类消防应急管理制度及响应预案，加强消防救援队伍建设，创新并细化各类专项技能培训及考核标准，不断提高消防救援队伍的技能水平，推进消防救援标准化建设。结合核电消防救援特点，科学施训，强化实战演练，提高专业技能，组织参加各类消防灭火、有限空间、危化品和应急补水等各项演练，并多次完成现场重大救援任务，有效保障核电机组及人员安全，同时在山林防灭火及综合救援方面与地方消防救援部门建立联动响应机制，推进消防救援专业化建设。科技赋能，利用信息化、物联网大数据等手段，积极开展消防队信息化水平建设，将二维码技术用于消防装备器材培训，建立火灾报警与消防队联动响应机制，开展消防通信接警平台建设，推动消防救援信息化水平建设。

案例详细介绍 Detailed introduction to the case

1. 实施背景

消防安全是企业安全生产发展必不可少的保障条件，核电厂消防安全是核电机组安全稳定发电并确保核安全的重要内容。随着社会经济及核电的发展，大家对消防救援方面的期望值越来越高，消防救援工作也不再仅限于灭火救援，其承担的建筑坍塌、有限空间、高处作业、危化品泄漏、交通事故和生物灾害等综合救援任务越来越重，尤其在核电厂还承担着应急补水等任务，这就对核电消防综合救援能力提出了更高的要求。近年来全国人大常委会、国务院、应急管理局、国家能源局和集团公司等陆续发布、修订了《中华人民共和国消防法》《消防安全责任制实施办法》《中华人民共和国突发事件应对法》《生产安全事故应急条例》《运行核电厂消防安全管理实施细则》和《中国核工业集团有限公司科研生产设施消防安全管理办法》等，要求进一步落实消防安全责任，并对消防救援能力建设和提高提出明确要求。

2. 主要做法

（1）优化制度，细化标准，完善消防救援体系建设

为推进秦山核电消防救援体系建设，秦山核电紧密结合核电厂消防救援特点，编制《秦山核电专职消防队管理规定》《秦山核电专职消防队培训管理规定》等制度，优化升版《人工消防管理》《灭火响应预案》等程序，加强秦山核电专职消防队组织体系建设，规范专职消防组织机构、岗位、执勤秩序、训练秩序、工作秩序、生活秩序和纪律规范等，提高专职消防队员灭火救援业务理论素质，规范消防业务训练及考核、战备执勤和防灭火战备要求。

(2) 创新培训方式，组织开展多样式消防培训，提高消防安全技能

如图 2-49 所示，创新培训方式，通过组织开展消防灭火实战技能专项培训、快速行动消防组消防演习技能比武和全员消防技能培训等活动，提高公司全体员工、专职消防队、运行快速行动消防组、志愿消防员的消防安全意识，提高消防实战技能及对火灾事故的研判、指挥水平，进一步提升秦山核电灭火救援力量综合能力。在培训过程中使用的灭火器及逃生面罩均为撤换下的报废物资，降低培训成本。为提高专业科室人员技能水平，还组织开展对信息/文档/模拟机/仓库管理人员关于自动喷水灭火系统和气体灭火系统的理论和实践操作培训，提升岗位人员灭火处置能力。

图 2-49　组织开展多样式消防培训

(3) 科学施训，强化实战演练，提高消防救援专业化建设

秦山核电专职消防队严格按照“以人为本、严格管理、科学施训”的训练方针，采取手把手、肩并肩、传帮带并循序渐进的科学训练方

法，合理安排训练时间、训练强度，详细记录训练时间、训练内容和训练表现等内容，训练中带训班长以身作则、带头训练，从体能和技能两方面开展训练。根据训练情况，保卫处以《秦山专职消防队培训管理规定》为基础，定期对专职消防队队员开展体技能考核与岗位授权，以考促训，扎实做好队员管理教育工作，根据记录情况进行综合分析，不断提升训练效能，稳步提升专职消防队队员适应新形势、新任务的能力，进一步加强全体队员“敢打硬仗、敢打恶仗、敢打大仗”的精神，使其以饱满的热情、昂扬的斗志投入到训练工作中，打牢基础，不辱使命，争做党和人民的忠诚卫士。秦山核电专职消防队在2021年4月获得“嘉兴市2020年度全市多种形式消防队伍先进集体”荣誉称号，并在2021年9月中国核电首届专职消防队技能比武竞赛中荣获团体总分第三名，如图2-50所示。

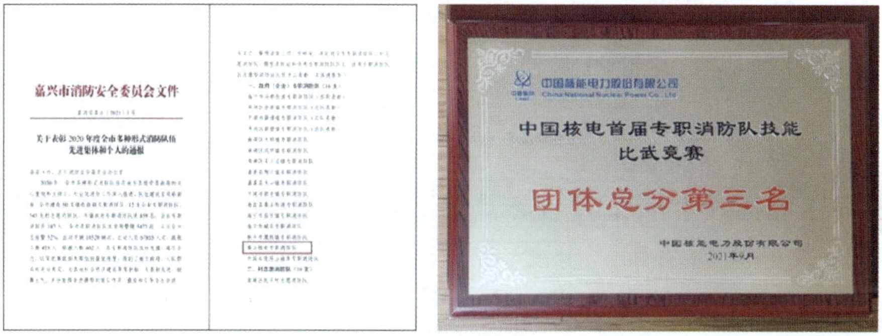

图 2-50 所获荣誉

(4) 深入现场，强化实战演练，提高消防综合救援能力

如图2-51所示，秦山核电不定期采用编队拉动和随机设定灾情的形式，依托厂区内各类建筑的典型火灾风险，加强实战化训练，不断强化班组队员间的协同作战能力，从基本情况、火情假设、力量调集、处置程序、组织指挥和通信保障等方面，积极探索，不断实践，及时修订完善各级灾害事故类型预案及重点单位灭火救援预案，检验专职消防队响应能力、装备合理性，检验队伍实战攻坚水平，努力打造专业的核电消防队伍。

图 2-51　实战演练

为实时掌握厂房消防安全现状，专职消防队与消防系统隔离通知单实施联动，在消防系统隔离前，专职消防队组织实施现场后备水源勘查、灭火进攻方案布置等活动，并在消防系统隔离期间做好现场安全保驾护航。消防队待命通知单示例如图 2-52 所示。

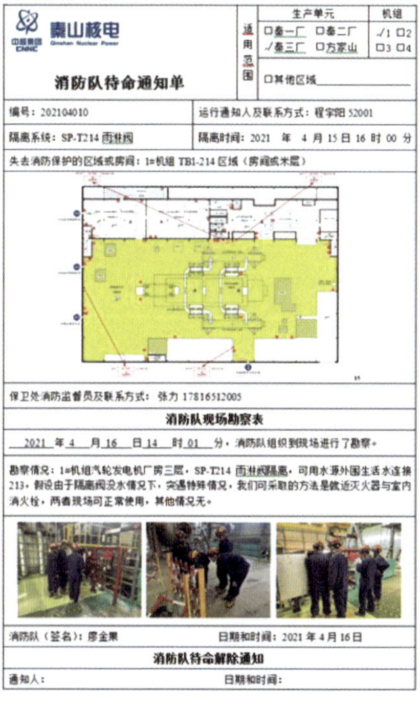

中核集团 CNNC　秦山核电 Qinshan Nuclear Power

消防队待命通知单

适用范围：生产单元：□秦一厂　□秦二厂　√秦三厂　□方家山　□其他区域________
机组：√1 □2 □3 □4

编号：202104010　运行通知人及联系方式：程宇阳 52001

隔离系统：SP-T214 雨淋阀　隔离时间：2021 年 4 月 15 日 16 时 00 分

失去消防保护的区域或房间：1#机组 TB1-214 区域（房间或米层）

保卫处消防监督员及联系方式：张力 17816512005

消防队现场勘察表

2021 年 4 月 16 日 14 时 01 分，消防队组织到现场进行了勘察。

勘察情况：1#机组汽轮发电机厂房三层，SP-T214 雨淋阀隔离，可用水源外围生活水连接 213，假设由于隔离阀没水情况下，突遇特殊情况，我们可采取的方法是就近灭火器与室内消火栓，两者现场可正常使用，其他情况无。

消防队（签名）：廖金果　日期和时间：2021 年 4 月 16 日

消防队待命解除通知

通知人：　日期和时间：

图 2-52　消防队待命通知单

（5）多管齐下，狠抓山林防灭火，坚决遏制森林火灾。

为做好秦山核电周边山林防灭火工作，有效预防和减少山林火灾发生，秦山核电与秦山街道定期开展山林灭火演练，并在清明、春节定期对山林路口、墓地、高压输变线路及塔基等区域安排专人巡视，定期开展日常山林防火巡检，坚决做到及时发现、果断处置，加大严管野外火源力度，有效防止森林火灾的发生。同时为了了解周边山上道路、塔基和水源等各种情况，跑遍秦山附近所有区域，并绘制秦山核电山林防火图，如图 2-53 所示。

图 2-53　秦山核电山林防火图

为提高山林灭火技能，秦山核电专职消防队积极钻研训练方式，并在 2019 年 11 月获得浙江省森林防灭火技能竞赛第二名，2020 年 10 月获得嘉兴市森林防灭火技能比武第一名（图 2-54）。同时，结合山林防火水带构造，研发两种水带转接口［森林消防水带转接头（ZL2022207965559. X）、不同规格螺纹接口水带转接头（ZL202220796560. 2）］，并获得专利授权。

图 2-54　森林防灭火技能训练与获得荣誉

针对周边山林上山道路存在损毁严重、植被遮挡等问题，不便于发生火灾时人员及车辆上山灭火和高压输变线巡查，秦山核电与地方政府分别开展山林防火通道建设，秦山核电依托管理区周界项目，建设防火通道 6 500 m，宽度 4 m 左右；地方政府建设山林防火通道 1 000 m，宽度 5 m 左右，建设前后道路对比如图 2-55 所示。通过开展山林防火通道项目建设，大大提高了山林火灾情况下的响应能力。

图 2-55　山林防火通道建设前后对比

2022 年 8 月 15 日中午，澉浦镇某山林突发火灾，秦山核电在接到海盐县消防救援大队增援需求后，立即组织专职消防队先后两批次共计 24 人，在 42 ℃高温天气情况下，携带山林灭火救援装备参与山林灭火工作（图 2-56），现场救援一直持续到 8 月 16 日凌晨，终于成功将山上火势全部扑灭。此次灭火救援行动中，秦山核电专职消防队闻警即动，迎火而上，顶着浓烟和高温，全力以赴，敢打敢拼，得到了当地政府和群众的高度认可，履行秦山核电为地方服务的社会责任，彰显保卫处“保卫核电忠诚担当，服务生产优质高效”的文化理念。

图 2-56　山林灭火现场

（6）优势互补，共同提高，与地方消防救援部门建立联动响应机制

2022 年，秦山核电保卫处与海盐县消防救援大队党支部本着“资源共享、优势互补、互帮互助、共同提高”的原则建立联动响应机制（图 2-57），通过联动机制平台分享工作资源、交流工作经验，紧密围绕消防队建设及联动响应，针对性开展联合演练、专项培训和业务能力提升等活动。

（7）科技赋能，利用信息化、物联网大数据等手段，积极开展消防队信息化水平建设

利用二维码技术，优化消防装备及车辆培训方式。为提高消防车辆及装备培训效率，2021 年 7 月，秦山核电利用信息化手段开发“消防装备查查看”二维码，如图 2-58 所示，将消防队内 7 辆消防车、42

图 2-57　建立联动响应机制

类消防器材的功能介绍和操作方法拍成视频和图文，消防队员只需用手机“扫一扫”，便可对种类繁多的消防设施设备介绍一目了然，切实提升消防装备及车辆方面的培训效率。

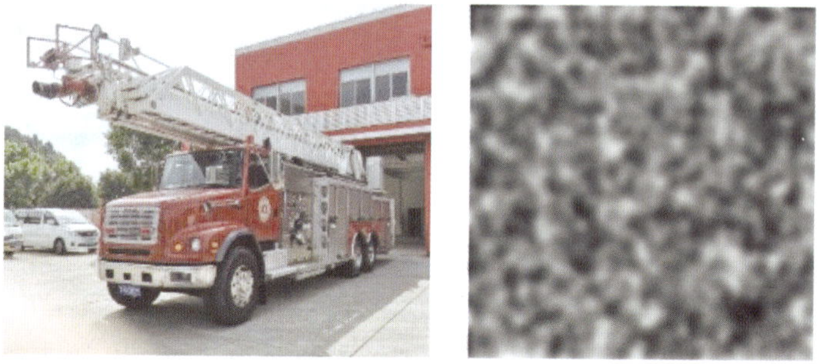

图 2-58　“消防装备查查看”二维码

为满足秦山核电基地现有的 9 台机组火灾接警响应及通信调度指挥的要求，确保火灾接警响应处置的及时性，保障灭火救援过程中的人员安全，秦山核电建设消防接警通讯指挥系统，如图 2-59 所示。利用科技信息化手段，有效解决传统作战模式“一长二慢”，即接警时间长、处置慢、展开慢的突出问题。消防接警通讯指挥系统实现灭火作战火场内外通信指挥、无通信信号区域网络覆盖、火场消防车辆位置信息和人员信息实时显示等。同时可实现在厂房无网络区域进行自组网，并通过灭火人员佩戴的执法单兵将火场信息实时传输至移动终端，系统与厂区电话、手机、无人机互接，具备调度和音视频通话功能，能在 GIS 地图显示厂区电话位置、使用人等信息，并将报警电话语音转文字。火灾报警系统信息接入消防接警通讯指挥系统，相关区域的火灾报警信息实时传输至指挥系统，实现火警预警功能，接警人员实时关注，并能迅速响应。

图 2-59　消防接警通讯指挥系统

3. 实施效果

秦山核电通过加强消防救援体系建设，不断完善消防救援制度标准，创新培训方式并创新和细化各类专项技能培训及考核标准，不断提高消防救援组织技能水平。同时将相关要求在程序中落实并常态执行，确保技能水平不断提高。

结合核电消防救援特点，科学施训，强化实战演练，提高专业技能，制定年度各类消防演练及综合演练计划，定期组织参加各类消防灭火响应、有限空间、危化品和应急补水等各项演练，同时在山林防灭火及综合救援方面与地方消防救援部门建立长期联动响应机制，按照“资源共享、优势互补、互帮互助、共同提高”的原则，切实提高综合应急消防救援技能水平，推进消防救援专业化建设。

科技赋能，利用信息化、物联网大数据等手段，积极开展消防队信息化水平建设，加强消防装备器材培训，建立火灾报警与消防队联动响应机制，开展消防通信接警平台建设，推动消防救援信息化水平建设。

2.3.5 基于火灾荷载评估的核岛防火区可燃物项存放管理运用

基本情况	单位名称	江苏核电有限公司
	案例所属专题/领域	消防安全整治专项
	类型	□ 技术优化 ☑ 管理提升
	主要创造人	杨伟涛、赵亮、涂彩清
	参与创造人	薛万志、郭育辰、沈灶君、王建涛、杨宏伟、陈乐、武杰

案例简介 Case Introduction

该案例通过利用电厂各机组火灾危害性分析的相关资料，结合业内消防领域关于防火区最大容许火灾荷载的确定原则，梳理各机组核岛防火区火灾荷载数据，从而计算出各防火区最大允许火灾荷载限值和火灾荷载裕量；通过统计机组运行期间可能引入的可燃物种类，调研不同核电机组可燃物的热值取值，给出各类可燃物的火灾荷载评估热值。结合计算梳理出的各机组核岛防火区火灾荷载和可燃物热值数据库，设计出防火区可燃物料火灾荷载量化评估方法，开发核岛防火区可燃物项存放管理运用平台，为核电厂核岛防火区火灾荷载管理、可燃物控制和火灾危害性分析报告定期更新提供技术指导和信息支持。

案例详细介绍 Detailed introduction to the case

1. 实施背景

根据核安全法规和导则对防火安全的相关要求，火灾危害性分析是核电厂消防设计和管理中必须要开展的工作，以评估防火屏障和探测灭火系统设置的合理性。

可燃物料的火灾荷载评估又是核电厂火灾危害性分析的基础，设计阶段核电厂的火灾危害性分析报告中考虑的火灾荷载主要是基于装料前的固定可燃物布置情况。机组运行后可燃物的变化主要是由于技改引入的可燃物变更，或维修等活动引入的临时可燃物。从保障核安全的角度，机组运行后消防技术人员需熟悉核岛防火区内可燃物火灾荷载的现状，关注技改引入可燃物变更及临时可燃物的存放，确保防火区的原有防火屏障和消防设计仍然满足要求至关重要。

2. 主要做法

（1）整体思路

1）结合业内消防领域研讨成果和工程实践，提出核岛防火区最大允许火灾荷载裕量的确定原则，全面梳理核岛各防火区火灾荷载的整体情况，计算出各防火区最大允许火灾荷载限值和火灾荷载裕量。

2）结合国内二代改进型机组和 AP1000 机组所采用的热值数据，编制各类可燃物的热值数据表。

3）通过管理运用平台实现可燃物项对核岛防火区火灾荷载影响的量化评估。

（2）具体做法

1）确定核岛防火区最大容许火灾荷载

为确保核岛厂房防火区的防火安全，在确定最大容许火灾荷载时需考虑一定安全裕量。对于边界完全封闭的防火区，分析中根据区域内是否设有固定灭火系统，分以下两种情况考虑：

(a) 设有固定灭火系统的防火区

安全裕量取耐火极限的10%且不少于 10 min 计算，得出容许火灾持续时间，通过查阅火灾荷载密度和火灾持续时间的对应关系曲线（即 DSN144 曲线，如图 2-60 所示），得出防火区的最大容许火灾荷载。

(b) 未设固定灭火系统的防火区

最大容许火灾荷载不超过固定灭火系统的设置原则，如设计阶段要求火灾荷载密度大于 400 MJ/m^2 的防火区安装固定灭火系统，机组运行后对于未设置固定灭火系统的防火区，可燃物的最大容许荷载按 400 MJ/m^2 计算。防火区火灾荷载裕量（MJ）＝（最大容许火灾荷载密度－现有火灾荷载密度）（MJ/m^2）×防火区地面面积（m^2）。

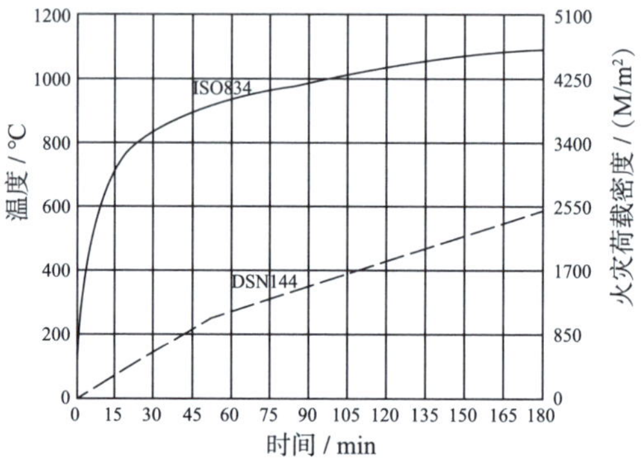

图 2-60　DSN144 曲线

依据火灾危害性分析报告，并结合业内研讨和工程经验，通过确定核岛防火区最大容许火灾荷载，建立核岛防火区火灾荷载数据库。

2）确定不同可燃物的热值取值

由于可燃物热值是火灾荷载计算的基础，通过调研目前国内核电厂材料的类型和热值选取情况，以及国内标准提供的数据，建立可燃物热值数据库，如表 2-8 所示。在机组运行过程中对可燃物进行管控时，根据材料类型，参考各种材料热值，结合可燃物重量或体积，来评估火灾荷载。

表 2-8　可燃物热值数据

序号	材料种类		热值/（MJ/kg）
1	塑料	PVC	18
2		PE	43.3
3		PP	44
4		PS	40
5		ABS	37
6	橡胶		28
7	燃油		50（或 39 MJ/L）
8	润滑油		50（或 42 MJ/L）
9	汽油		50（或 36 MJ/L）
10	润滑剂		45

续表

序号	材料种类	热值/（MJ/kg）
11	活性炭	35
12	油漆	21

3）创建可燃物项存放管理运用平台

以核岛防火区火灾荷载数据库和可燃物热值数据库为基础，结合原有厂房物项存放管理流程，开发可燃物项存放管理运用平台。

（a）创建申请界面

在创建申请选择“核岛”区域，填写房间号后会自动匹配和显示“防火区”“防火区类型”和“火灾荷载裕量”，如图 2-61 所示。

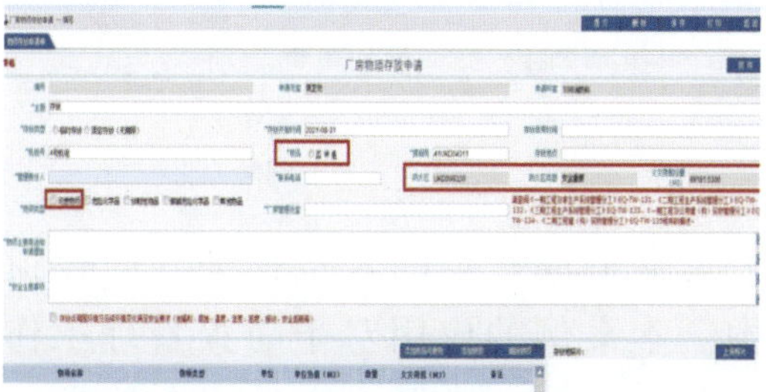

图 2-61 创建申请界面

（b）“火灾荷载裕量”管理要求

当创建申请选择“核岛”并且“物资类型”选择为“可燃物项”时，则提示“当前选择为核岛可燃物项，必须添加物项”；当匹配房间对应防火区的“火灾荷载裕量值”为“0”时则提醒“当前房间禁止存放可燃物”，并且无法发起流程，如图 2-62 所示。

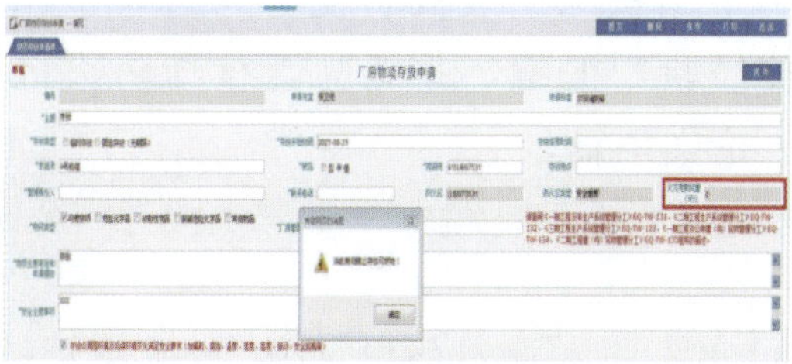

图 2-62 “火灾荷载裕量”管理要求

（c）添加可燃物项

如图 2-63 所示，当创建申请选择“核岛”并且“物资类型”选择为“可燃物项”时，申请页面下方有“添加核岛可燃物”按钮；通过输入“物项名称”，会自动匹配显示相关物项及其对应物项类型、单位和单位热值；选择对应物项，输入数量后自动计算火灾荷载，流程批准后该火灾荷载会自动计入后台数据。

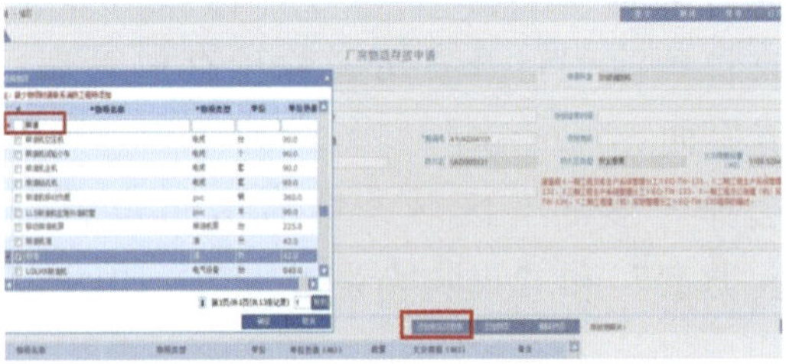

图 2-63　添加可燃物项

3. 实施效果

核电厂发生火灾会造成一定的直接损失和间接损失，也可能会引起较大的舆论压力。本案例的应用对于防火管理工作规范化，预防火灾发生，控制火灾蔓延影响，确保火灾后安全停堆具有一定的指导意义。同时评估方法定量化，使得防火工作增加抓手，工作更严谨和细致，并且能够对核电厂火灾危害性分析报告定期升版及构建消防监督管理信息化平台提供技术和数据支持。

防止或减少火灾发生，就是在降低企业生产、管理的直接和间接成本，提高企业管理效益，保护人员生命财产安全不受损失，保障核电机组平稳安全运行。

本案例得到了中国核电的表扬肯定，入选《中国核电消防保卫领域良好实践和管理经验》汇编，并编写《核岛防火区火灾荷载量化评估的研究和应用》论文一篇。

2.3.6 实物保护系统设备分级管理

基本情况	单位名称	江苏核电有限公司
	案例所属专题/领域	实物保护、交通安全、消防安全整治专项
	类型	☐ 技术优化 ☑ 管理提升
	主要创造人	赵亮、袁涛、方栋
	参与创造人	涂彩清、王亚伟、孙明哲、徐冠宏、钟伦超、刘强、张龙

案例简介 Case Introduction

核电属于高科技产业，核电厂设备的可靠性直接决定了核电厂运行的安全性和经济性，但核电厂庞大的设备数量决定了不可能对所有设备实施相同的管理策略。设备分级的主要目的是识别出对机组安全稳定运行有重要影响的系统、设备，进而优化电厂生产管理及维修资源的合理分配。基于核电厂实物保护系统长期的运维实践，参考 INPO（美国核电研究所）的设备分级原则，在同行电厂中首次提出设备、系统、构筑物（简称 SSC）“实物保护敏感分级”的概念，通过确定核电厂实物保护系统设备的分级原则、梳理系统设备清单、识别实物保护系统的关键敏感设备、确认设备等级和研究制定管控措施等，从设备管理、运行、维护等方面全面提升实物保护系统运行可靠性，有效降低核安保风险。同时通过脱敏技改、优化维修大纲和主数据管理等方式，持续推动实物保护系统的本质安全建设，建立健全体系化的维修策略和针对性的管控措施，提高工作效能，保障实物保护系统的安全稳定运行。

案例详细介绍 Detailed introduction to the case

1. 实施背景

习近平总书记强调，核工业是高科技战略产业，是国家安全重要基石，要坚持安全发展、创新发展，坚持和平利用核能，全面提升核工业的核心竞争力，续写我国核工业新的辉煌篇章。根据国际原子能机构事件与非法贩卖数据库（ITDB）不完全统计，自1993年以来，截至2018年年底，ITDB共收录参与国报告的3 497起已证实的核材料非法事件。如果核材料落入恐怖分子之手，将对国家安全乃至国际安全造成灾难性后果。核材料管制工作事关国家战略安全，为实现核材料“一克不少、一件不丢”的核安保工作目标，田湾核电站全面加强实物保护系统运行管理，确保核材料管制有效、可靠、高效。

2. 主要做法

（1）确定实物保护敏感分级原则

INPO AP-913设备分级的主要目的是识别出对机组安全稳定运行有重要影响的系统、设备，进而优化电厂生产管理以及维修资源的合理分配。参考INPO的设备分级原则，根据故障设备所在系统担负的功能、故障设备所在区域的重要程度以及故障失效后对电站实物保护系统的影响后果，确定电厂实物保护系统设备的分级原则如表2-9所示。

表2-9　实物保护系统设备分级原则

等级	分级原则
实物保护敏感1类	单一设备故障或失效导致实物保护系统整体功能丧失
	单一设备故障或失效导致实物保护区域内主出入口门禁系统丧失控制功能
	单一设备故障或失效导致保护区、要害区入侵探测系统连续两个及以上防区丧失报警功能
	单一设备故障或失效导致保护区、要害区入侵探测系统连续两个及以上固定式摄像机丧失复核功能
	单一设备故障或失效导致保护区、要害区连续多个防区丧失照明
	设施损坏导致保护区、要害区实体屏障不完整
	指可能影响实物保护系统安全稳定运行，影响核材料安全的区域

续表

等级	分级原则
实物保护敏感 2 类	单一设备故障或失效导致实物保护系统冗余功能丧失，系统存在整体功能丧失风险
	单一设备故障或失效导致实物保护区域内某一区域主出入口两个及以上通道丧失功能，但仍可保持正常通行（当仅有两个通道时，导致一个通道丧失功能）
	单一设备故障或失效导致实物保护周界入侵探测系统单个探测防区丧失报警功能
	单一设备故障或失效导致实物保护周界单个视频复核设备丧失功能
	单一设备故障或失效导致安保通信系统整体功能丧失
	单一设备故障或失效导致胁迫报警功能丧失
	单一设备故障或失效导致控制区连续多个防区丧失照明
	设施损坏导致控制区实体屏障不完整
实物保护敏感 3 类	除实物保护敏感 1 类、实物保护敏感 2 类以外的实物保护系统相关设备

（2）对实物保护设备进行敏感 SSC 分级

电厂实物保护区域按照“纵深防御、均衡保护”的原则，由外至内分为控制区、保护区和要害区，重要程度逐步提高。电厂实物保护系统是电厂防止核材料丢失、被盗、被破坏的重要系统，系统分为安保集成系统、出入控制系统、周界探测系统、视频监控系统、安保照明系统和安保通信系统等子系统。

1）安保集成系统

安保集成系统集成出入控制系统、周界探测系统、视频监控系统、安保照明系统和安保通信系统等子系统，通过网络实现互联互通，形成一套功能完整、界面统一和数据共享的安全防范系统。目前安保集成系统主要包括服务器、核心交换机、汇聚交换机、接入层交换机、防火墙和打印机等设备。视频、门禁和报警等接入层交换机均无备份，当以上交换机出现故障时，将导致其下所接的所有设备数据无法有效传输至集成平台，使得相应功能丧失，此类设备定为实物保护敏感 1 类设备；服务器、核心交换机和汇聚交换机均为双机设备，单一设备故障不会导致安保集成系统功能整体丧失，但设备故障后，系统将缺少备份，存在关键系统功能丧失风险，此类设备定为实物保护敏感 2 类设备；打印机等其他安保集成系统辅助类设备不会导致系统功能丧失，则定为实物保护敏感 3 类设备。

2）出入控制系统

出入控制系统实现对电厂人员、车辆进出进行控制，是实物保护系统的重要组成部分。出入控制系统设备主要包括出入口控制器、读卡器控制模块、旋转门、互锁门、安全互锁门、三角闸门、电动滑门、电动伸缩门、液压路障机、出入口控制器、读卡器、虹膜识别器、手持和门型金属探测仪、X 射线包裹检查设备，以及手持式爆炸物探测器等。出入口控制器下接多个读卡器控制模块，当出入口控制器故障时，将导致其下多个门禁设备功能失效，此类设备定为实物保护敏感 1 类设备；读卡器控制模块、读卡器、三角闸门、旋转门、安全互锁门和电动滑门等设备均只控制 1 个通道的进出，当其故障失效后，仅导致局部通道不可用，不会影响整个通道通行，此类设备定为实物保护敏感 2 类设备；手持和门型金属探测仪、X 射线包裹检查设备及手持式爆炸物探测器等其他出入控制系统辅助类设备不会导致系统功能丧失，则定为实物保护敏感 3 类设备。

3）周界探测系统

周界探测系统用于探测各种敌对入侵行为，是全厂实物保护系统“探测－延迟－反应”功能实施的重要一环。周界探测系统设备包括入侵报警控制器、各种入侵探测器、管理工作站、记录打印机及与视频监控系统的联动控制的接口设备等设备。报警控制器下接报警输入模块，当报警控制器故障时，其下接的多个周界探测器功能失效，将导致多个防区的探测报警功能丧失，此类设备定为实物保护敏感 1 类设备；各种入侵探测器故障时，仅单个防区丧失部分功能，同时存在冗余设备，此类设备定为实物保护敏感 2 类设备；管理工作站、记录打印机等其他设备不会导致系统功能丧失，则定为实物保护敏感 3 类设备。

4）视频监控系统

视频监控系统用于实时复核、定位和确认现场报警情况，是实物保护系统实现有效探测的重要系统。视频监控系统设备包括定焦摄像机、云台变焦摄像机、监视器组、视频矩阵、控制键盘、编码器、解码器、数字视频管理服务器、网络存储单元、视频管理工作站和视频存储工作站等设备。视频矩阵、编码器和解码器等设备故障后，将导致其下接的摄像机信号无法传输至保卫控制中心，无法对现场实施有效监视，此类设备定为实物保护敏感 1 类设备；定焦摄像机、数字视频管理服务器和网络存储单元等设备不会导致多个摄像机故障或系统整体功能失效，此类设备定为实物保护敏感 2 类设备；云台变焦摄像机、监视器和视频管理工作站等其他设备不会影响系统功能实现，此类设备定为实物保护敏感 3 类设备。

其他子系统属于实物保护系统的辅助系统，设备分析情况基本类似。经对已完成实物保护敏感分级的设备进行统计，其中实物保护敏感 1 类设备约占 10%，实物保护敏感 2 类设备约占 20%，基本符合帕累托法则（二八定律）。

3. 实施效果

（1）主数据管理

电厂根据以上设备分级原则，开展 1～6 号机组设备分级工作，并将设备分级结果导入主数据管理系统，完善实物保护系统基础数据。

当设备分级不准确时，由保卫处提交实物保护敏感分级数据变更申请，经技术部门审核确认数据的准确性后，将变更信息录入设备主数据系统。以 2CZB40GH001 为例，设备在系统中的分级结果如图 2-64 所示。

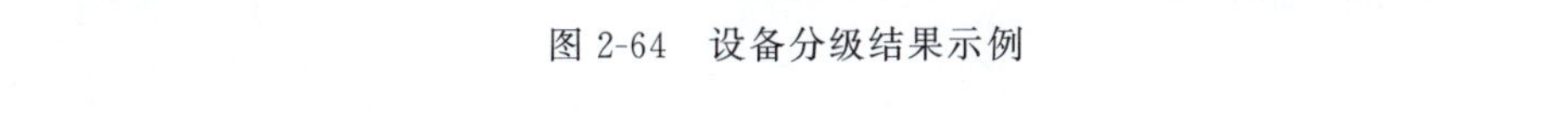

图 2-64 设备分级结果示例

（2）本质安全管理

根据实物保护系统设备分级原则，实物保护敏感 1 类、2 类设备故障后，将对实物保护系统正常可靠运行产生重要影响。通过系统优化改造升级，减少实物保护敏感 1 类、2 类设备数量，能够有效提高系统可用率。以电站实物保护系统 0CZN00GP201 总配电柜为例，其配电柜内安装有控制区、保护区主出入口及其他重要区域实物保护设备配电箱的空开开关。当任一空开开关故障，需要更换时，为确保更换安全，须对其上游总空开进行隔离断电，将导致控制区和保护区整个门禁功能丧失。经识别分析，该设备符合“实物保护敏感 1 类设备单一设备故障或失效导致实物保护区域内主出入口门禁系统丧失”的原则，则应认定该配电柜 0CZN00GP201 为实物保护敏感 1 类设备。0CZN00GP201 总配电柜改造前供电示意图如图 2-65 所示。

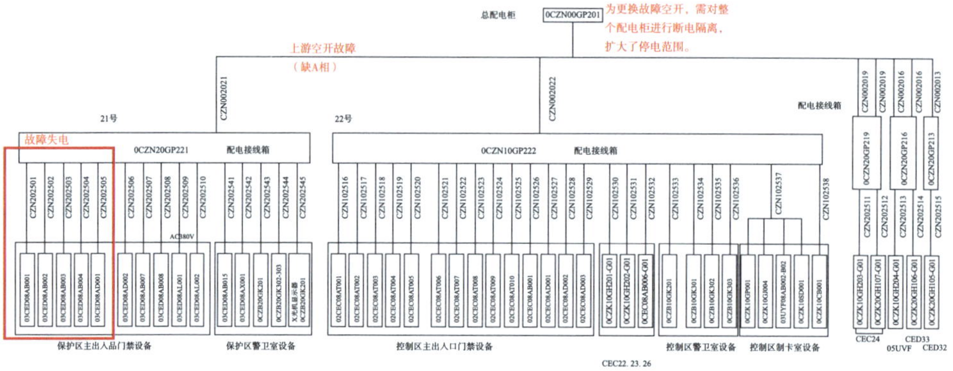

图 2-65　0CZN00GP201 总配电柜改造前供电示意图

针对上述存在问题，保卫处及时提交技改申请，新增 0CZN00GP210 配电柜作为 0CZN00GP201 总配电柜的备用，并增设双回路自动切换装置；在配电箱 0CZN20GP221 上游增设电源双切箱，为配电箱进行供电。当 0CZN00GP201 总配电柜因故障、维保等原因无法供电时，可自动切换至 0CZN00GP210 配电柜进行供电。改造后的实物保护系统供电示意图如图 2-66 所示。

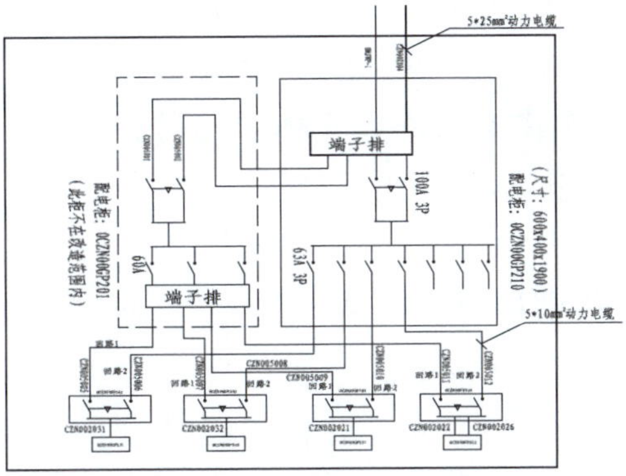

图 2-66　改造后的实物保护系统供电示意图

上述改造后，0CZN00GP201 总配电柜故障将不会导致控制区或保护区整个门禁功能丧失，其不再符合原识别认定的“实物保护敏感 1 类设备单一设备故障或失效导致实物保护区域内主出入口门禁系统丧失”的原则，而是符合“实物保护敏感 2 类设备单一设备故障或失效导致实物保护系统冗余功能丧失，系统存在整体功能丧失风险”的原则。通过上述增加系统供电冗余改造，有效地降低了设备的实物保护敏感等级，减少系统整体功能丧失的风险，对提高电厂实物保护系统运行的可靠性、稳定性具有重要意义。

(3) 标识牌管理

对所有实物保护敏感 1 类设备挂标识牌，标注设备名称、KKS 码、实物保护敏感分级信息，如“实物保护敏感 1 类”，标识牌样式如图 2-67 所示。

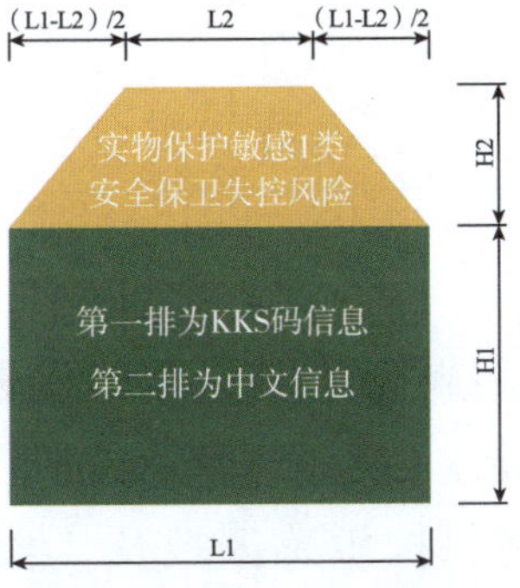

图 2-67　实物保护敏感 1 类设备标识牌

保卫控制中心、警卫室、机组主控室、实物保护系统设备间和配电间等重点保卫区域挂设实物保护区域敏感标识牌，内容包括“未经授权，禁止进入”；实物保护周界实体屏障挂设实物保护区域敏感标识牌，内容包括“保卫边界，禁止穿越”。

(4) 维修管理

电厂将维修工作申请分为 0 级、1 级、2 级和 3 级 4 个等级，重要性和维修响应时间要求由高至低。通过《日常工作控制管理》程序明确维修工作优先级矩阵，通过从设备等级和设备不可用度两个维度综合分析确定设备维修工作等级，当计算结果落入“红色”区域定为 0 级，落入“橙色”区域定为 1 级，落入“黄色”区域定为 2 级，落入“绿色”区域定为 3 级。维修工作优先级矩阵表如表 2-10 所示。

表 2-10 维修工作优先级矩阵表

设备等级	CM		DM		NA
缺陷级别	实保重要系统功能整体丧失	实保重要系统功能部分丧失	设备本体故障，影响实保系统稳定运行	设备本体故障，但不影响实保系统稳定运行	不影响
CC1/实物保护敏感 1 类设备	0	1	1	1	2
CC2/实物保护敏感 2 类设备	1	1	1	1	2
NC/参照 NC 设备响应管理的敏感设备	1	2	2	2	3
RTM/实物保护敏感 3 类设备	2	2	2	3	3

(5) 定期巡检

电厂建立实物保护系统巡检制度，根据设备的重要程度及设备类型等，确定检查频次和要求，检查形成检查记录，对发现的问题及时处理。每周组织开展实物保护敏感区域及 1 类敏感设备巡检，对设备工作状态、工作环境等进行检查；每月或每季度组织开展设备功能性检查，对设备的工作状态、设备性能等进行检查。

(6) 备品备件

通过对实物保护系统历史缺陷数据进行故障统计、分析，根据故障频次、设备等级和备件采购周期等因素，建立实物保护系统最小备品备件清单，以确保系统设备故障后，能够得到及时消缺。当备品备件数量低于清单要求时，及时提醒维修部门采购相应的备件。

(7) 预防性维修

建立预防性维修制度，将实物保护敏感 1 类设备纳入预防性维修大纲，定期开展预防性维修，通过合理频率的检查、测试和保养，及时发现系统设备存在的潜在故障，降低系统故障发生率，保障系统运行状态。

2.3.7 GB 廊道增加固定灭火措施改造项目

基本情况	单位名称	海南核电有限公司
	案例所属专题/领域	实物保护、交通安全、消防安全整治专项
	类型	☑ 技术优化　　☐ 管理提升
	主要创造人	吴洋、翁瑞泓、郭江平
	参与创造人	曾欢、杨俊、王珏、张士虎、蔡汝旭、王俊豪、王伟

案例简介 Case Introduction

GB 廊道增加固定灭火措施改造项目于 2021 年被列为国家能源局安全隐患挂牌督办项，时间紧、任务重，面临的挑战较大。为保障改造任务能按期完成，海南核电由保卫处牵头组织，联合运行、维修、设管、核安全、生产计划、安质及商务等处室成立改造项目专项组及党员突击队，综合分析改造项目面临的风险，主动联合各专业力量，安排专人负责跟踪，推动改造工作各个环节的高效流通。吸取同行电厂廊道改造经验反馈，提前对消防管网隔离阀门开展预防性维修工作，避免因消防管网隔离问题耽误项目改造工作。每周在管理晚会上对项目进展进行汇报，每月定期组织对GB廊道进行消防检查，确保施工改造完成前廊道内消防安全。主动开展同行电厂及厂家调研工作，优化项目技术规格书，降低近一半的预算成本，大大节约项目改造费用。该项目于2021年11月底完成，有效消除该电缆廊道区域的消防安全火灾隐患。

案例详细介绍 Detailed introduction to the case

1. 实施背景

海南昌江核电厂1、2号机组综合技术廊道（以下简称GB廊道）建设时间较早，廊道内部长度近5 km，内部空间狭小、管道种类复杂、廊道电缆数量多、管线布置密集，带来的火灾风险隐患较大。GB廊道属于BOP范畴，原设计在廊道内设置手提式灭火器，以及在电缆桥架上设置了感温电缆探测报警，但未设置固定式灭火系统。由于改造项目缺乏参考标准及详细的法规依据，同行电厂也没有同类项目改造应用经验，虽很早就被列为中国核电标准化改造项目清单第一优先项目，但改造方案一直无法得到确定，导致GB廊道缺少固定灭火措施隐患问题迟迟无法得到有效解决，2021年被列为国家能源局核电厂安全隐患挂牌督办整改项，要求务必于2021年年底前完成改造工作。

2. 主要做法

海南核电从项目改造基本流程着手，逐步对前期准备、方案设计、外委招标和现场施工等流程进行分析并制定可行有效的解决方案，推进进度的同时确保改造质量能满足能源局督办要求，具体做法如下：

（1）前期准备阶段多方调研及考察分析

1）问题1：技术路线选择困难，大部分核电厂GB廊道设计阶段未考虑设置固定灭火措施，缺少参考标准。

2）问题2：早在四部委及消防竣工验收期间就有专家提出相关要求，并入选中国核电标准化改造清单，但一直没有明确技术路线，工作进展缓慢，导致项目被纳入国家能源局挂牌督办项。

3）问题3：设计院提供水喷淋灭火系统、超细干粉灭火系统和简易水喷雾灭火系统三种技术方案，其中水喷淋灭火系统技术方案可参考大亚湾核电，但廊道的尺寸差异较大，同时面临排水问题，导致无法采纳；超细干粉灭火系统安装及维护简单，但每十年需更换一次，同时需考虑喷放后干粉清理问题；简易水喷雾灭火系统保护效果好，但造价相对较高，同时需考虑排水问题，各有利弊，难以抉择。

采用调研同行电厂、厂家实地考察、邀请国家级实验室专家现场评估及灭火性能模拟试验等方式，并结合现场廊道的实际情况，经过充分的分析论证，最终选择采用简易水喷雾灭火系统。改造前廊道状况如图 2-68 所示。

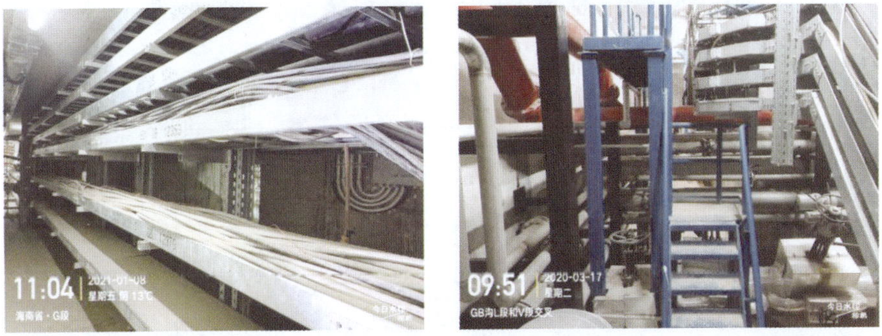

图 2-68　廊道改造前的状况

（2）现场勘探评估，优化分析项目设计方案

1）问题 1：全廊道改难度大、范围广，整个 GB 廊道大约 5 km 长，廊道空间狭小，现场施工环境恶劣，全廊道增设固定灭火措施势必会增加改造成本及时间。

解决措施：优化保护范围，委托成都核动力设计院对 GB 廊道进行现场勘探（图 2-69），参考法规标准将原先 5 km 的长度缩短至两百多米，在降低成本的情况下确保廊道消防安全。优化后的改造区域如图 2-70 所示。

2）问题 2：方案设计阶段需考虑采用自动还是手动灭火系统，同时需考虑廊道着火后值班人员响应问题。

解决措施：考虑到廊道内 6 kV 的动力电缆为低烟无卤阻燃电缆，电缆托盘还设置有感温光纤探测系统，发生电缆火灾能够第一时间报

图 2-69　现场评估勘察

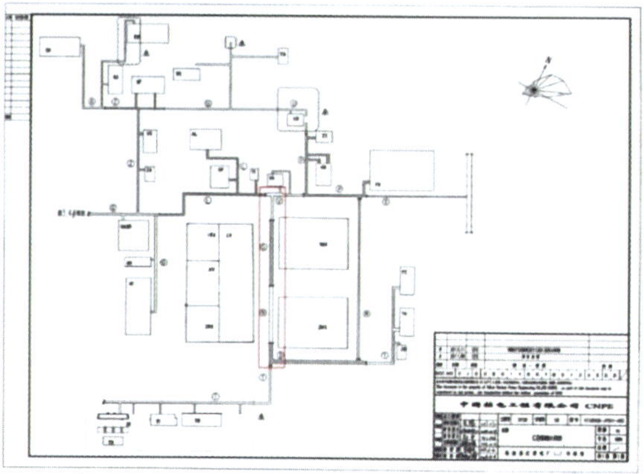

图 2-70　优化后的改造区域

警，且采用自动灭火系统还存在误喷的可能，为此决定采用手动简易水喷雾灭火系统；同时委托设计院对 GB 廊道阀门的位置进行优化设计，将新增的阀门统一设置在常规岛 −7.2 m 大厅，方便运行值班人员第一时间使用。

3）问题 3：GB 廊道新增灭火系统需要从常规岛消防管网引水，考虑到常规岛部分阀门存在老化跑水的风险，隔离不严，会导致 GB 廊道新增的管网无法与常规岛连接，影响 GB 廊道施工改造工期。

解决措施：联合运行、维修及设备等部门提前对后续施工可能隔离的阀门进行分析评估，提前采购好备品备件，开展消防管网阀门预防性维修工作，确保阀门的可用性。

(3) 简化改造立项招标流程，压缩施工改造成本

1）问题1：作为公司重大安全隐患整改项，时间紧、任务重，单靠一个处室无法有效推动各个环节高效流通，同时常规的商务招标至少需要5～6个月，按正常流程推进势必影响项目施工改造进度。

解决措施：联合运行、维修、设备管理、商务合同和财务等多个部门成立党员突击队（图2-71），多次召开项目协调会，如图2-72所示，从厂房消防巡检、技术规格书编制技术支持、商务招标及预算申请协调等多方面通力合作，并利用公司日常早会、管理晚会及月度例会等多渠道协调反馈问题，确保各个环节高效流通。

图2-71 党员突击队成立仪式

图2-72 技术讨论分析沟通会

2）问题 2：改造的预算成本有限。

解决措施：优化项目技术规格书，精简改造范围，设备采购及施工一体化外包，充分利用现有资源，将原先四百多万的施工成本降低至一百多万，实现降本增效。

（4）施工改造专业监理监督及过程节点把控

1）问题 1：改造消防专业性强，消防监督人员知识技能水平不足，无法保障现场设备质量及安装符合性。

解决措施：为了有效保障施工的进度以及各个环节的施工质量，委托第三方专业监理单位负责改造施工现场的全过程跟踪监督见证工作，如对管道质量状况进行现场抽检，如图 2-73 所示，以及进行现场改造符合性检查，如图 2-74 所示。

图 2-73　管道质量状况现场抽检

图 2-74　现场改造符合性检查

2）问题 2：改造施工过程中面临机组大修、台风和疫情等多重不利因素影响，施工人员配备不足，导致现场的施工进度缓慢。

解决措施：设置项目倒排计划及 3 日滚动计划，每周召开改造协调沟通会，专人负责，把控项目进度。

3）问题 3：GB 廊道现场空间狭小，现场施工及材料预制安装空间有限。

解决措施：搭建临时材料预制大棚，在 GB 廊道外部开展管道预制及刷漆等工作，再通过廊道竖井运至施工改造区域，有效解决施工空间狭小的问题。

3. 实施效果

本项目于 2021 年 11 月底顺利完成改造工作，有效解决 GB 廊道未设置固定灭火措施的安全隐患，保证现场消防安全；同时该项目为空间狭窄的电缆廊道增设固定灭火措施改造工作提供经验借鉴，可推广至同行电厂。

项目改造前后对照如图 2 75 所示。

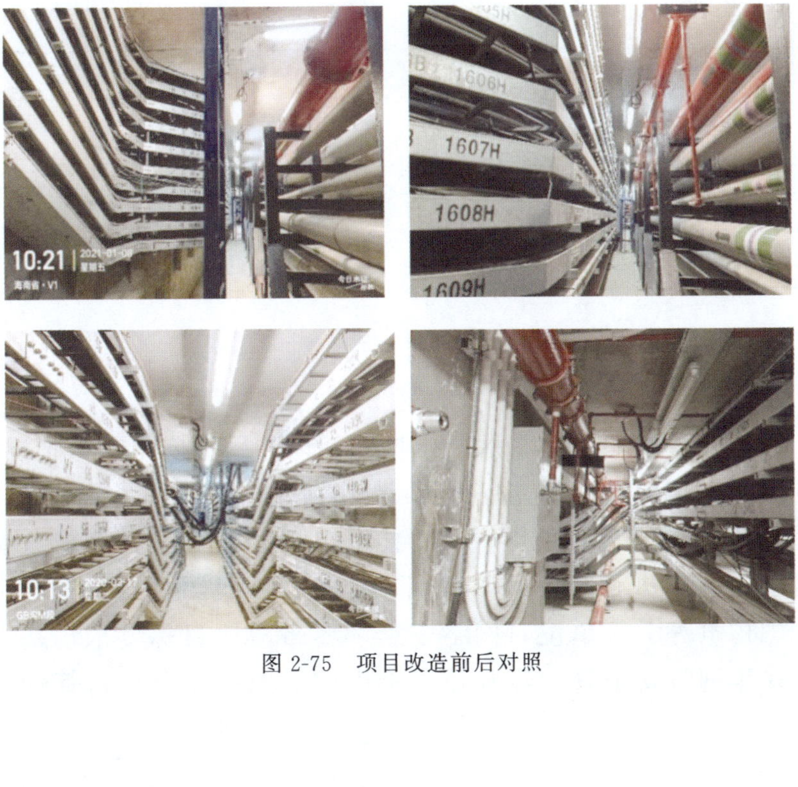

图 2-75　项目改造前后对照

2022 年 4 月 8 日，集团公司安全环保综合信息日报将海南核电 GB 廊道改造项目纳入安全生产专项整治三年行动巩固提升专栏进行推广学习，如图 2-76 所示。

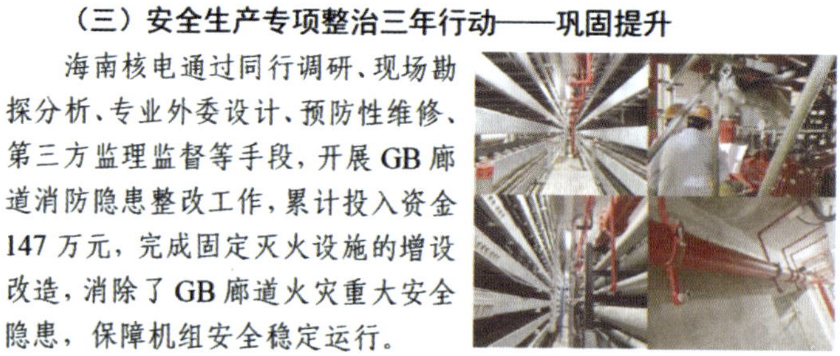
（三）安全生产专项整治三年行动——巩固提升

海南核电通过同行调研、现场勘探分析、专业外委设计、预防性维修、第三方监理监督等手段，开展 GB 廊道消防隐患整改工作，累计投入资金 147 万元，完成固定灭火设施的增设改造，消除了 GB 廊道火灾重大安全隐患，保障机组安全稳定运行。

图 2-76　集团公司安全环保综合信息日报推广宣传

2.4　网络安全整治专项

2.4.1　核电网络安全运营管理平台

基本情况	单位名称	中核核电运行管理有限公司
	案例所属专题/领域	网络安全与公共安全整治专项
	类型	□ 技术优化　☑ 管理提升
	主要创造人	罗安满、尚宪和、马寅军
	参与创造人	肖亚林、胡有勤、吴楠、蔡铮、刘冬青

案例简介 Case Introduction

为实现全面实时掌握秦山核电整体的网络安全态势情况，扎实做好网络安全监督和运维工作，建立网络安全知识库，在 HW 等重要时期能够做到“挂图作战”，监测预警及应急响应工作有序进行，切实落实国家能源局、集团公司、省调和中国核电等上级单位对网络安全“零事故”目标要求，基于十多年网络安全管理经验建成秦山核电网络安全运营管理平台。实现网络安全运营技术、流程和人员组织体系与网络安全管理制度、安全责任体系的深度融合，圆满完成中国核电安全生产专项整治三年行动任务，达到网络安全“零事故”目标。2022年，秦山核电网络安全运营管理平台获评嘉兴市数字化改革网络安全优秀案例。平台主要成效如下：

1. 闭环监控外部考核任务整改进度，落实监管要求。做好关键信息基础设施安全保护，做好上级监管单位安全通报与整改处置，确保网络及业务系统持续安全运行。

2. 能够及时分析并展示秦山核电的安全态势和安全问题，提升全天候常态化监测预警网络安全态势的能力，实现重大网络安全事件数为0的管理目标。

3. 能够实时呈现网络安全指标，及时纠偏网络安全工作不足，通过网络安全运行的一系列指标得出网络安全运行状况分值，展示公司网络安全总体情况与整体趋势，动态优化，将公司网络安全指标维持在95分以上。

4. 通过网络安全运营管理平台，形成核电厂特色的网络安全管理体系，在保障安全生产发电的同时，标准化管理体系建设经验可在同类核电企业进行推广，有利于中国核电网络安全保障能力的整体提升。

案例详细介绍 Detailed introduction to the case

1. 实施背景

（1）落实法律法规与监管单位的监管要求

在国家和电力行业相继出台的网络安全法律法规、标准和规范要求中，均明确重要资产的网络安全责任，同时明确对网络安全运营工作的要求。在网络安全保障方面，须按照国家网络安全相关要求、电力行业网络安全相关要求等网络安全相关规范和标准进行落实。

（2）秦山核电网络安全运营的现状与挑战

随着信息化技术的快速发展，信息化规模逐渐增大，信息系统不断完善，安全防护措施不断增加，日常安全运营管理工作的问题也随之浮出水面。首先是日常网络安全运营工作难以标准化和规范化开展；其次是现有救火式的网络安全防护方式难以应对日趋复杂多变的网络安全攻击；最后是随着安全攻防演练的常态化，秦山核电每年需要耗费大量人力物力突击式应对国家或地方组织的网络安全攻防演练活动和重大活动期间的保障活动。

（3）为核电信息化建设与数字化转型提供安全支撑

建设核电厂网络安全运营中心，搭建网络安全运营平台，支撑网络安全管理要求及网络安全监测技术要求，提出一套完整完善的网络安全运营规范流程，通过开展人员培训与攻防演习，持续优化提升网络安全运营人员的专业能力，实现秦山核电整体网络安全“实战化、体系化、常态化”，成为秦山核电“1＋1＋2＋4”发展思路中打造“数字核电”“智慧核电”的重要安全保障。

2. 主要做法

（1）树立依据网络安全法律法规为主导的管理理念，夯实网络安全责任

随着网络安全法律法规及监管部门关于网络安全运营相关的要求不断增加，《中华人民共和国网络安全法》《关键信息基础设施安全保护条例》和《核动力厂网络安全技术政策》等网络安全法律条例的颁布，秦山核电作为拥有关键信息基础设施的单位，面临的网络安全合规性监管形势严峻，按照网络安全工作办公室架构，明确了网络安全运营人员的责任。

（2）分析网络安全运营建设的现状和发展需求，确定安全运营中心创新目标

随着新的网络安全防护设备接入，新的安全系统不断被部署，如何在运营阶段让搭建的网络安全防护体系发挥其应有的作用，应对实时变化的网络安全风险，已成为本阶段不能回避的问题。根据核电厂当前网络安全运营的现状和发展需求，确定基于网络安全法律法规，建设核电厂网络安全运营中心，并搭建网络安全运营中心平台，网络安全运营中心实现创新目标。

（3）结合秦山核电网络安全业务，形成一套完整的网络安全运营规范

网络安全运营工作结合公司网络安全业务，包括网络安全事件管理、预警处置、网络安全检测、资产信息管理、网络安全监测、重大活动保障和网络安全监督管理。具体工作开展依据工作包文件、文件模板与操作手册，常态化、一体化网络安全运营保障体系有效指导核电厂网络安全责任落实、网络安全防御策略实施和网络安全风险管控能力提升。

（4）构建网络安全运营平台，形成网络安全态势与运营流程的集中监管

基于核电厂网络安全运营体系，搭建具有公司网络安全业务和管理特色的信息化平台，即网络安全运营中心平台，平台由态势感知系统与网络安全运营管理平台组成，态势感知系统提供技术支持，通过网络安全运营管理平台进行安全管理，管理内容如图 2-77 所示，实现合理规划工作任务的同时，保障安全工作在规定时间段内高质高效地完成。

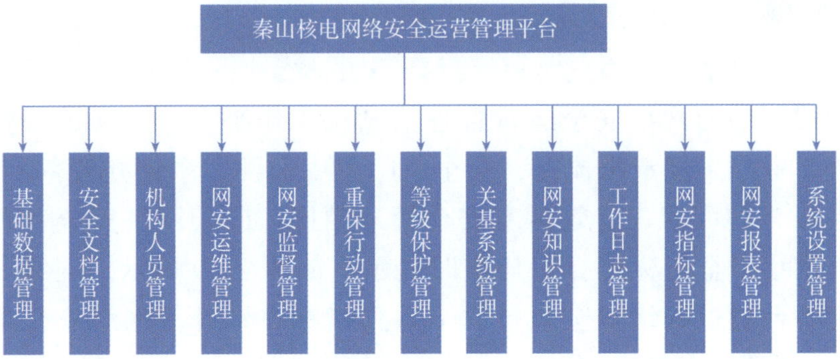

图 2-77 秦山核电网络安全运营管理平台安全管理内容

（5）系统集成联动设计，提升网络安全运营中心管控能力

网络安全运营管理平台与态势感知系统实现等系统对接，如图 2-78 所示。经过态势感知系统研判分析后的安全威胁事件及互联网边界的威胁事件，传到网络安全运营管理平台处置，网络安全运营管理平台通过对接邮件系统通知责任人，并对接 ECM 协同系统开发行动项给责

任人跟踪处置；每日网络安全威胁预警指数由态势感知系统根据输入的指标数据，自动计算得出分值后，传到网络安全运营管理平台；每月信息安全管理指标由网络安全运营管理系统根据输入的指标数据，自动计算得出分值，安全指标由网络安全运营管理平台统一管理记录。随着核电厂网络安全运营体系的不断完善，在确保安全的前提下，应同步提升运营中心平台的设计，扩展更多功能。

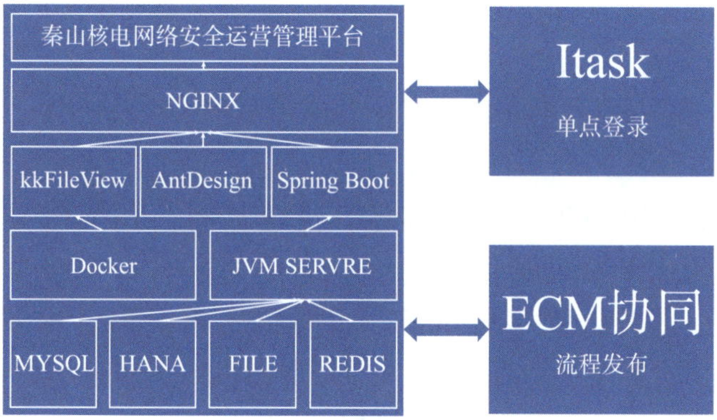

图 2-78　网络安全运营管理平台对接

3. 实施效果

（1）实时呈现网络安全指标运行态势，提高网络安全工作质量

建成统一的网络安全运营管理信息化工作平台，实现设备资产统一管理、资产属性清晰梳理、安全风险集中监测、事件处置落实到人、绩效考核有据可依，有效落实安全管理制度，改善网络安全管理工作过程，网络安全指标运行态势实时展示，如图 2-79 所示。网络安全运营管理平台通过网络安全运行的一系列指标自动计算网络安全运行状况分值，根据分值展示公司网络安全总体情况与整体趋势，提升安全效果、提升网络安全运营和安全管理效率、展现安全成果，最终实现“自动响应闭环、持续安全运营”的目标。

图 2-79　网络安全指标运行态势实时展示

(2) 闭环监控外部考核任务整改进度，落实监管要求

通过网络安全运营管理平台的探索与实践，建立安全运营技术、流程和人员组织体系，形成流程化的闭环处理机制，提高运营中心的运作效率，满足国家政策法规与监管单位标准规范中对网络安全运维、安全监测及管理制度等方面的要求，使得外部政策监管、集团公司网络安全考核及时整改处置，避免被通报扣分，确保网络及业务系统持续稳定安全运行，主动拥抱上级监督。平台设计时与公安机关监督检查采集工具保持同步，按照等级保护 2.0 对各类网络系统的基本要求展开平台的建设，从网络和通信安全、设备和计算安全，以及应用和数据安全等层面补足短板，实现对关键信息基础设施的合规化保护，做到“设备可知、入网可信、边界可控、行为可查”。

(3) 常态化监测预警安全态势，规范化应急重保响应流程

实时分析并展示秦山核电的安全态势和安全问题，为秦山核电信息化资产提供实现全天候监测预警的能力。规范化应急重保响应处置流程，促进国家网络安全攻防演习规范化、标准化，在异常情况下快速有效地应对和处置，有效防范突发事件造成的影响，最大限度地减少事故造成的损失，保障活动期间业务系统安全平稳地运行，提升秦山核电应急响应和重大活动保障能力。通过网络安全运营中心整合安全资源，准确把握网络安全保障工作的目标要求和工作方法，加强互联互通，信息通报、会商研判、协同处置，建立统一指挥和反应灵敏

的应急响应协调联动系统，有效应对各类重要时期网络安全保障工作。

(4) 跟踪消除网络安全短板，持续提升全员网络安全意识

网络安全监督体系设计如图 2-80 所示。通过建设网络安全运营中心与实战状态下的一系列动员、准备和处置行动，监测和跟踪秦山核电网络安全漏洞、风险和安全事件的分布情况，全面跟踪资产的安全状况趋势、风险分布特点、处置结果，及时跟踪消除网络安全弱点，防止发生网络安全事件、重要数据及敏感信息泄露，持续提升秦山核电员工网络安全意识，通过制定公司网络安全相关的管理程序和管理规范，从外部攻击、内部威胁、人因失误、病毒传播和数据泄漏等多个层面加强网络安全管控。对异常资产进行重点监测，对各类终端行为进行全面审计，日常监测、风险识别、事件报告、违章处置、预警发布、管理行动、月度指标及绩效考核有机融合。

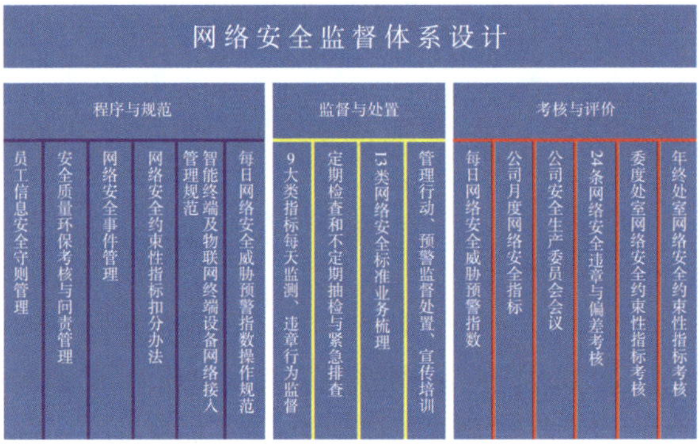

图 2-80　网络安全监督体系设计

(5) 网络安全运营中心成果复制，具有良好的经济与社会效益

通过核电厂网络安全运营中心的研究与建设，形成核电厂特色的网络安全管理体系，在保障安全生产发电的同时，体系建设工作经验可在同类核电企业进行推广，建立高效、灵活的标准化管理体系，促进公司经济效益持续提升。核电厂网络安全运营管理平台上线投用后，有效指导网络安全运营体系的实施。结合核电厂特色，实现网络安全风险的统一管控。在确保安全的前提下，结合大数据、机器学习和威胁情报等技术和工具，不断完善核电厂网络安全运营体系，同时扩展更多网络安全运营管理平台功能，为网络安全治理与网络安全防护带

来更多的成效。贯彻落实集团公司“主动优化、持续改善”为主题的精细化管理提升工作安排，为维护清朗网络空间、切实筑牢网络安全防线和坚守网络安全底线提供可靠的网络安全保障。

2.4.2 核电信息安全纵深防御体系研究

基本情况	单位名称	福建福清核电有限公司
	案例所属专题/领域	网络安全与公共安全领域
	类型	☑ 技术优化 □ 管理提升
	主要创造人	杨明栋、邱杰峰、杨伟伟
	参与创造人	梁浩、周娟、王辉华、潘文静、季诚、林天颂、陈伟

案例简介 Case Introduction

基于等保 2.0、集团公司的相关要求及中国核电商网加固方案对福建福清核电有限公司（以下简称“福清核电”）商网及工控边界五年网络安全规划要求，落实网络安全管理要求，加强网络安全体系和防护能力，提升关键信息设施防护水平等。

福清核电积极贯彻落实国家重大战略部署，围绕集团公司和中国核电网络安全重点工作规划，统筹开展信息安全纵深防御体系的研究、实施和落实，以问题为导向，解决公司网络安全问题，并从设施、制度和人员各方面切实改善，达到公司信息安全本质化提升的目标。

该科研项目的主要内容如下：一是结合核电实际网络架构和回溯实际攻击案例过程等方法，针对公司生产控制系统、涉密广域网、商网及管理信息系统，通过研究和改造，消除问题和已有隐患；二是持续识别风险，对照等保标准，对公司重要信息系统进行测评，识别隐患并整改；三是升级安全设施，通过落实涉密广域网、商网的安全提升改造，开展公司网络安全设备升级，进一步提升生产和管理信息安全防护能力；四是强化全员信息安全能力，研究、细化并落实信息安全考核指标及员工信息安全行为规范，强化和提升全员信息安全意识和能力。

案例详细介绍 Detailed introduction to the case

1. 实施背景

"没有网络安全，就没有国家安全"，《中华人民共和国国民经济和社会发展第十四个五年规划和2035年远景目标纲要》明确要求，建立健全关键信息基础设施保护体系，加强网络安全关键技术研发，加强网络安全风险评估和审查，提升网络安全威胁发现、监测预警、应急指挥和攻击溯源能力。

2019年10月，集团公司科技质量与信息化部颁布了《中国核工业集团有限公司商业应用网网络安全顶层设计方案》和《中国核工业集团有限公司商业应用网网络安全技术防护指引》，明确规定为保障集团公司商网网络安全，要求注重统筹规划、统一标准、顶层设计、整体防护。2019年11月，中国核电颁布《中国核电商网网络安全加固规划方案》，要求建立全场景的安全体系建设，解决差异化网络安全建设，建设有效的全网监测预警体系，不断完善全天候全方位的威胁情报预警，建立长效安全运营机制。

2020年5月，福清核电发布《福清核电安全生产专项整治三年行动实施方案》，坚持以问题导向，通过3年时间，既解决问题，也有技术提升，并用新技术新手段提升本质安全，推进安全生产治理体系不断完善、治理能力不断提升。

2. 主要做法

当前国内外网络安全形势严峻，结合福清核电实际工作中遇到的缺乏网络集中检测和分析、缺乏主动防御能力、问题响应和处理速度难以达标等问题，希望可以通过该科研项目解决福清核电网络及接口众多、网络攻击伪装性强和网络安全运维量大的问题。项目研究从ISO 27001安全管理体系建设、安全运营提升、网络安全基础加固、服务器入侵检测技术、工控边界安全态势监测技术和工控边界单向隔离技术等方面建设，实现福清核电整体网络安全本质提升。

(1) 商网技术标准与规范建设研究

结合国家相关法律法规及集团公司和中国核电相关要求，以及福清核电现场具体网络环境，分析目前存在的各项网络安全风险，开展相关各专项工作及工作流程研究和编制工作，建立规范化网络安全运营流程，提升福清核电网络安全日常监测及防护能力。全面构建网络安全运营体系，完善、落实并执行网络安全运营规范；部署安全设备，构建纵深防御基础防护能力；通过定期开展渗透测试及安全评估，保障系统安全持续性改进；保障重要节点和重大活动，确保等保测评连续性和系统建设的合规性。

1）党建融入安全，践行安全主体责任

全面落实上级监管要求，推动成立公司网络安全与信息化委员会，每月召开网络安全组月度例会，成立福核网安党员突击队和青年突击队，深入现场开展技术讨论与研究，探索网络安全新技术的应用，如图 2-81 所示；在网络安全攻防演习中，凝心聚力，发挥突击队战斗堡垒作用，实现从“被动防御”到“主动出击”的转变。着力做好统筹监管能力提升、纵深防御能力提升、关键信息基础设施（以下简称“关基”）保障能力提升和人才队伍能力提升等方面，践行“对内网络警察，对外安全卫士”的网络安全主体责任，确保公司网络安全整体平稳可控。

图 2-81 成立党员突击队及召开例会

2）细化工作流程，聚焦网络安全检查

建立健全网络安全管理体系，升版管理程序 5 份，将关基供应链安全管理、网络安全审查流程和协作单位网络安全管控等纳入程序中落实。编制网络安全检查工作方案，增加网络安全检查（图 2-82）频度，细化检查类型和检查要点，开展安全隐患趋势分析，强化网络安全考核力度，筑牢网络安全防线。

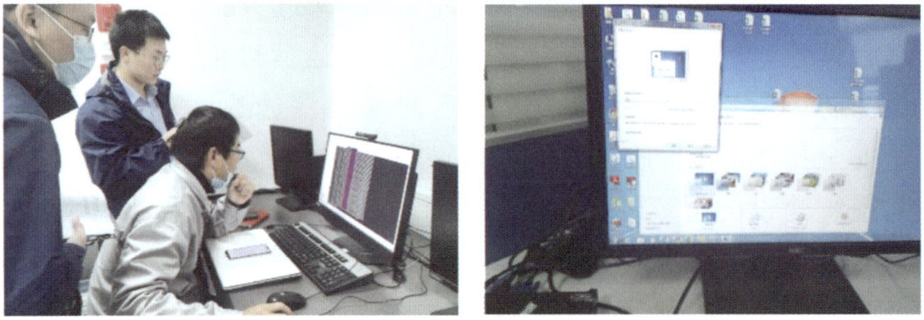

图 2-82　网络安全检查

3）优化项目审查，落实项目安全管控

针对信息化项目“三同时”要求，编制《信息化项目开发阶段网络安全检查要点》，针对不同阶段网络安全要求，制定立项、设计、开发、测试及运行等各阶段安全检查要点，提前介入审查评估，按照等级保护二级及以上要求开展各阶段的安全检查与评估工作，实现信息系统安全检查全覆盖，通过加强项目建设全生命周期管控，确保系统及数据安全可知可控。

4）量化监控指标，提升安全监测能力

以网络安全统一信息管理平台为基础，全面梳理各种网络及网络安全设备资产，形成台账清单，实现监控全覆盖。编制网络及网络安全监控各项指标，包括网络性能情况、带宽利用情况、各安全设备运行情况和网络安全攻击行为等信息。根据指标进行日常数据监测，对比各项数据变化趋势判别风险点，及时进行干预消除安全隐患。

（2）融合网络安全体系建设研究

以 ISO/IEC 27001 标准为基础框架，结合福清核电的安全环境，为福清核电建立规范化、系统化、可持续改进的信息安全管理体系，达到标准化、规范化和专业化管理。对照信息安全管理模型，通过 14 个安全控制域、114 项控制措施的部署和落实，实现对信息的保密性、完整性和可用性的安全保障，用最低的成本，保障信息安全合理水平，从而保证业务的有效性与连续性，有效保护信息资源和信息化进程的健康、有序、可持续发展。

(3) 工控边界信息安全技术研究

针对工控边界的网络安全状态无感知无监测的现象，在进行流量信息、日志数据和威胁情报等各类网络安全信息搜集的基础上，根据工控边界资产的特点进行数据管理与分析，明确各个资产与所辖区域的风险评估与处置对策，构建有针对性的安全信息采集与分析系统，实现边界资产和流量的集中安全分析，快速直观地了解核电工控系统网络边界的安全状况。

1）建设并优化边界态势感知平台，推动安全服务能力提升

从“安全可用”向“安全好用”转变，如图 2-83 所示，通过对管理大区态势感知平台部署与优化，实现对全厂安全设备的集中管控和信息预警的提前研判，以及对攻击者的封堵和追溯，误报率下降 80%，大大降低运维工作量，提高安全事件分析能力。

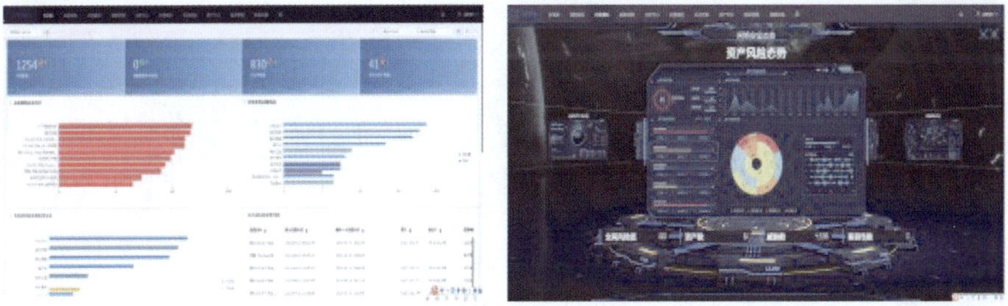

图 2-83 边界态势感知平台

2）完成自主研发产品“蜜罐诱捕系统”的升级与改造

如图 2-84 所示，通过现有的数据中心虚拟化平台初始化蜜罐探针，并将探针部署在各个安全区域，采用集群管理模式，构建统一管理平台，利用蜜罐系统管理平台可搜集各个探针监测、诱捕情况，信息集中汇总，并统一监控、处置。

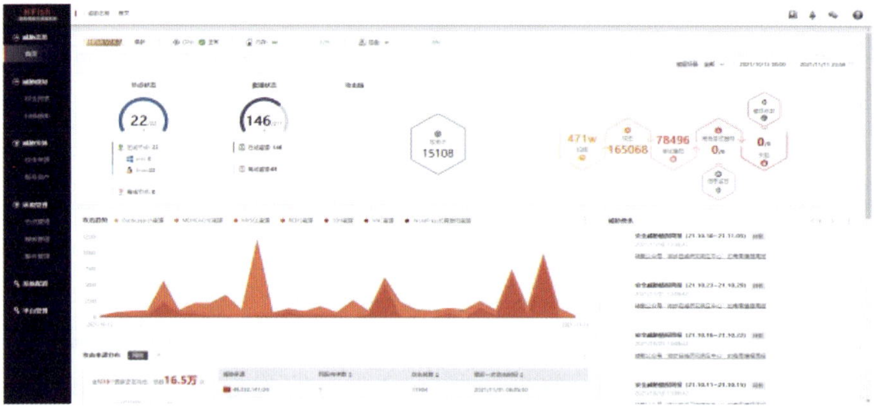

图 2-84　蜜罐诱捕系统

3）自主研发产品“网络安全管理平台”的研发与上线

针对历年网络攻防演练前资产梳理、日常外部安全预警及高危风险漏洞修复与管控、网络安全事件处置与经验反馈查询困难等问题，通过建设网络安全管理平台，如图 2-85 所示，对所有网络安全资产、风险和处置报告等进行汇总展示，实现网络安全配置的规范化、精细化和可视化管理。

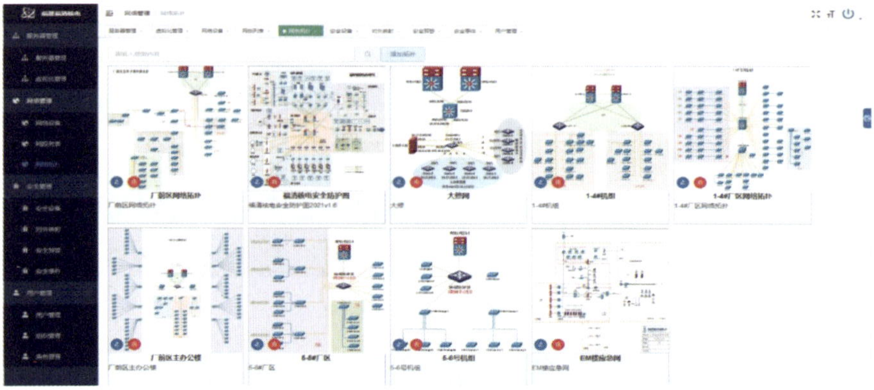

图 2-85　网络安全管理平台

4）完成工信部新一代信息技术与制造业融合发展试点示范项目

福清核电完成“基于流量大数据核电网络异常行为分析管控平台”试点项目部署，在不影响公司网络拓扑结构、不安装客户端程序、无分光镜像的情况下部署管控平台，实现了对应急网边界网络安全行为的全局管控，便于事件的溯源取证。

(4) 图像识别单向隔离技术研究

本研究基于图像识别技术的数据传输，在网络数据封包处理、压缩编码容错编码、图像媒介编码解码和应用程序底层协议的研究基础上，针对核电的实际应用场景，重点研究基于图像的数据链路的实现方法、高效容错的数据传输方法，以及物理层次完全单向链路隔离硬件设备的架构，设计并开发图像识别单向隔离系统，实现工控边界数据传输单向性，以及传输链路真正的物理隔离，同时实现安全防护措施的易购性，如图 2-86 所示。该项目已完成验收，研究成果已在现有 DCS（分布式控制系统）与应急网边界部署应用，计划 2023 年开展科技成果鉴定及转化工作。

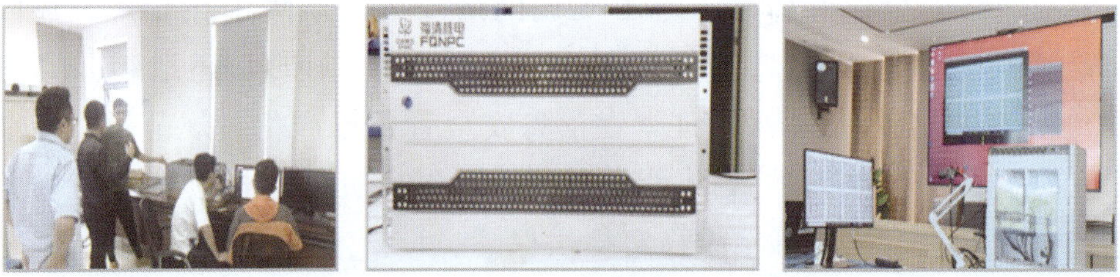

图 2-86　图像识别单向隔离技术研究

(5) 服务器入侵监测安全技术研究

本研究旨在开发一套定制化服务器入侵监测系统，从基础资产开始纵向延伸，构建安全防护体系。构建服务器入侵监测统一管理平台，如图 2-87 所示，方便监测人员能够及时处理威胁告警，降低运维工作量；针对主机中存在的漏洞进行持续性检查，对主机存在的漏洞及时修复；通过入侵检测、安全防护措施，提升主机的安全防御等级，满足主机安全加固的规范；通过持续监测主机操作行为，规范主机的上网行为，建立全方位的主机安全防护能力。

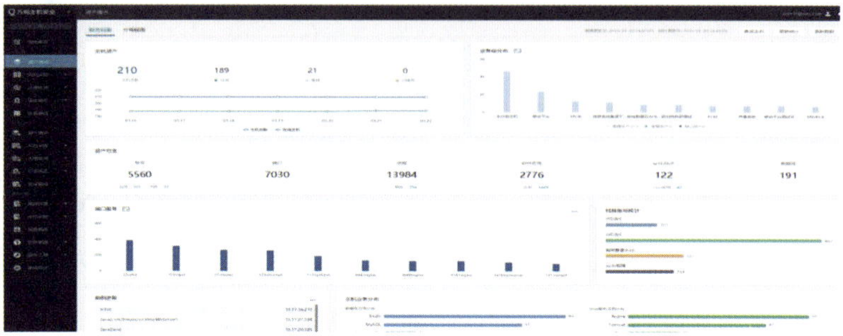

图 2-87　服务器入侵监测统一管理平台

3. 实施效果

（1）统筹管理提升

福清核电已逐步建成“精准防护、纵深防御、可管可控、全面协同”的网络安全保障体系，基本实现网络安全资产集中化管理、风险处置流程规范化及应急响应联动处置等机制。同时，还取得了 ISO 27001 信息安全质量体系认证，在信息安全管理标准化、规范化、专业化方向迈上一个更高的台阶。随着体系的深入贯彻和持续改进，为信息安全和运营系统的可靠与稳定提供保障。

（2）纵深防御提升

开发与应用各类安全产品，明确福清核电网络安全防护边界与职责，进一步加强网络、主机、终端和应用等安全能力提升建设，形成包含行业内外、公司各级各专业的网络安全“智慧融合响应圈”，有效提升公司网络安全防护能力和追踪溯源的处置能力，在行业内有良好的推广应用价值。

（3）人才技能提升

自 2019 年开始参加的公安部、工信部、国防科工局、福建省及福州市公安局等外部网络安全攻防演练中，网络安全团队 7×24 h 值守保障，实现演练“零”失守；参加中国工业互联网网络安全技能竞赛核能行业赛道，获得竞赛一等奖、启明星战队奖，公司获得特殊贡献奖等荣誉。以演代战、以赛代练，进一步锻炼网络安全队伍，推动网络安全人才的队伍规模化和培养成果化，可为省公安厅在关基网络安全同行评估、安全检查和等级保护评审等方面提供技术服务。

4. 取得荣誉

（1）福州市网络安全攻防演习优胜奖、工信部网络安全演习“防守实践企业”。

（2）成功申报公安部关基安全试点示范单位、完成工信部试点项目“基于流量大数据的异常行为分析研究”、完成中国核电揭榜挂帅项目“工控网络物理隔离技术研究”。

（3）取得 ISO 27001 质量管理体系认证，与网络安全国际先进管理标准接轨。

（4）团队成员获“2022 年中国工业互联网安全大赛”核能行业赛道一等奖、启明星战队、集团公司青年岗位能手，入选网络安全专家库和应急专家库。

（5）团队成员多次获得福清市、中国核能行业协会和国家核应急响应技术支持中心等单位表扬信。

（6）发表核心期刊论文 4 篇、省部级论文 4 篇，取得软著 4 项、发明专利 4 项（1 项已授权、3 项受理中）。

（7）获评中国核电 2021 年度网络安全和信息化先进集体（2022 年颁发）。

部分取得荣誉如图 2-88 所示。

图 2-88　取得荣誉

中国核电安全生产专项整治三年行动优秀整治案例汇编

下册

中国核能电力股份有限公司　编著

中国原子能出版社

图书在版编目（CIP）数据

中国核电安全生产专项整治三年行动优秀整治案例汇编 / 中国核能电力股份有限公司编著 .—北京 ：中国原子能出版社，2023.12

ISBN 978-7-5221-3262-4

Ⅰ.①中… Ⅱ.①中… Ⅲ.①核电厂-安全生产-案例-汇编-中国
Ⅳ.①TM623

中国国家版本馆 CIP 数据核字（2023）第 256331 号

中国核电安全生产专项整治三年行动优秀整治案例汇编

出版发行 中国原子能出版社（北京市海淀区阜成路 43 号 100048）
责任编辑 胡晓彤 尚佳艺
装帧设计 侯怡璇
责任校对 冯莲凤
责任印制 赵 明
印 刷 北京中科印刷有限公司
经 销 全国新华书店
开 本 787 mm×1092 mm 1/16
印 张 36.75
字 数 556 千字
版 次 2023 年 12 月第 1 版 2023 年 12 月第 1 次印刷
书 号 ISBN 978-7-5221-3262-4 **定 价** **150.00 元**

前　言

党的十八大以来，习近平总书记就做好安全生产工作多次作出重要指示，强调人命关天，发展决不能以牺牲人的生命为代价，要正确处理安全和发展的关系，牢固树立安全生产的观念，将“安全第一、预防为主、综合治理”作为国家安全生产工作的基本方针。

2020—2022年，中国核电及各成员单位以习近平新时代中国特色社会主义思想为指导，深入贯彻习近平总书记关于安全生产重要论述和对核工业的指示批示，坚持安全发展，坚持安全是核工业的生命线，牢固树立“安全是中核集团的企业核心价值观”理念，不断压实安全生产责任，优化安全生产管理流程，提升安全生产管理水平，扎实推进以核电厂安全运行可靠性全面提升为主线的安全生产专项整治三年行动，建立并有效运行“从根本上消除事故隐患”的责任链条和工作机制，坚持问题导向、目标导向和结果导向，久久为功，涌现出一批优秀整治案例。

为及时总结和固化安全生产专项整治三年行动工作经验，持续提升安全生产治理能力，由中国核电主编、秦山核电承编、各成员单位共同参与，对专项行动中的优秀整治案例进行了收集汇总，编制《中国核电安全生产专项整治三年行动优秀整治案例汇编》，供各电厂学习交流，共同提升安全生产管理水平。

本次汇编共分为上、下两册：上册收纳学习贯彻安全生产重要论述与责任专篇、重点领域整治专篇；下册收纳安全运行专篇、工程建设专篇。两册共4大专篇优秀整治案例，总计86项。

目　录

上　册

下 册

第三章　安全运行专篇

3.1　提升电厂安全运行可靠性专项

3.1.1　基于分级管控和业商财融合的工单标准化管理

基本情况	单位名称	江苏核电有限公司
	案例所属专题/领域	提升核电厂安全运行可靠性
	类型	☐ 技术优化　☑ 管理提升
	主要创造人	徐勇、郝龙、张爱国
	参与创造人	杜元、凌杰、王慧鹏、袁宁、董理、单福明、赵龙

案例简介 Case Introduction

在中国核电安全生产专项整治三年行动中，田湾核电围绕核电机组运维多流程管理中亟须解决的问题，结合运营实践，以“安全、可靠、高效、环保”为目标导向，以工单为抓手，梳理完善系统、设备、构筑物（以下简称SSCs）管理清单和区域责任划分清单，明确工单管理对象和管理责任，从机组运行、设备价值、作业安全、环境影响四个方面完善工单安全分析评价，建立日常预维工单标准化数据结构模型，实现以工单为基础的成本核算及可视化，有效提升机组安全可靠运行水平，同时为电厂推动精益化管理、降本增效提供了支撑，为最终实现业务、商务和财务的相互融合贯通奠定坚实基础。

案例详细介绍 Detailed introduction to the case

1. 实施背景

（1）贯彻落实国家安全战略的根本需要

2020 年复工复产时期，习近平总书记对安全生产工作作出重要批示，提出“从根本上消除事故隐患”重要指示。中国核电深入贯彻落实习近平总书记关于安全生产的重要论述，扎实推进以安全运行全面提升为主线的安全生产专项整治三年行动，建立并有效运行“从根本上消除事故隐患”的责任链条，深化源头治理，压实各成员单位安全生产主体责任，强化完善和有效落实重在从根本上消除事故隐患的责任链条、制度规范、工作机制和安全风险预防控制体系，继续推进安全工作主动作为、各级风险主动管控、各领域隐患自查自纠的自主监管机制，健全安全生产治理体系、提升安全生产治理能力，有效提升应对内外部安全风险的能力，防范各类生产安全事故，持续提升电厂本质安全水平。按照“一岗双责、党政同责、齐抓共管、失职追责”和“管行业必须管安全、管业务必须管安全、管生产必须管安全”的原则要求，各成员单位进一步夯实安全生产领导责任，完善全员安全生产责任制，开展安全管理全面提升，夯实对承包商的安全监管责任，切实为电厂与中国核电安全稳定发展提供安全保障。

（2）坚持问题导向解决生产实际问题

江苏核电一期工程投入商运已有 14 年，经过十余个运行周期的工作实践及经验积累，生产运行管理工作已取得长足进步，但在发展过程中也存在不少问题：安全生产管理责任不够细化，分工不明确，管理存在死角；设备可靠性管理存在不足，设备分级不全面、准确度不高，分级系统化和规范化不够，不能满足新形势下核电行业对安全、环保的精益化管理要求；工作准备效率和质量存在不足，针对重复性工作耗费大量人力物力重复编制工单，造成资源浪费；生产成本管控存在不足，财务管理与业务工作的融合深度与广度还需进一步加强，成本管控的颗粒度要进一步细化。针对这些问题，要求我们从细节处着手，做到以点带面、以细节带动宏观、以工单体系为载体，积极探索完善优化生产管理体系，持续提升关键重要 SSCs 的本质安全水平和可靠性；以“从根本上消除事故隐患”为思路建立安全环保敏感 SSCs 分级管理体系，推动各核电机组安全可靠运行。组织开展生产流程优化，管理细化，以及生产各领域整合打通工作，提升整体运行绩效水平。开展信息化、智能化技术在工程建设、生产运行中的应用研究，助力安全和运行可靠性全面提升，推动安全运行和可靠性管理持续提升。

2. 主要做法

江苏核电立足内外环境，围绕多流程管理中亟须解决的问题，结合运营实践，经过不断探索、沉淀和凝练，形成了基于“安全（Safety）、可靠（Reliability）、高效（Efficiency）、环保（Environmental protection）”的 SREE 质量法则的管理模式。依据 SREE 质量法则，以流程管理中单流程到多流程活动为主线，营造以分级管理为基础、耦合思维为文化氛围的流程运行环境。核电企业大部分工作都是以工单的形式作为开展现场工作的依据，工单的准备实施流程是电厂最主要的生产业务流程，因此，通过标准化工单激活业务流程，使商务采购流程、财务成本管控流程以链式反应的形态进行联动协同，通过良性互动产生耦合效应，最终确保管理目标的实现。首先，通过完善设备工业安全敏感、环保敏感、辐射防护与职业健康、实体保卫等领域 SSCs 分级，实现分级管控，进一步压实安全责任；其次，结合分级结果梳理工单各类安全风险分类标准，建立风险数据库，实现工单安全分析的结构化和标准化；最后，在此基础上增加停复役风险、环保风险、高价值设备、关键敏感作业区域风险识别，实现以工单为核心平台的“全过程”“全领域”风险管理。同时推动工单标准化体系建设，实现自动关联工单相关资源、自动触发工单相关准备流程，保证工单准备质量，提高工单准备效率；充分识别工单风险，精准控制项目风险，高中风险项目执行有效监督，有力保障机组“安全、可靠、高效、环保”管理目标实现。

（1）以核心目标为牵引，构建工单标准化管理模型

江苏核电高度重视战略引领发展的核心作用，坚持“安全第一，质量第一”的质量方针，依据“安全、可靠、高效、环保”的SREE质量法则，以“安全、可靠、高效、环保”为牵引，构建如图3-1所示的工单标准化管理模型。

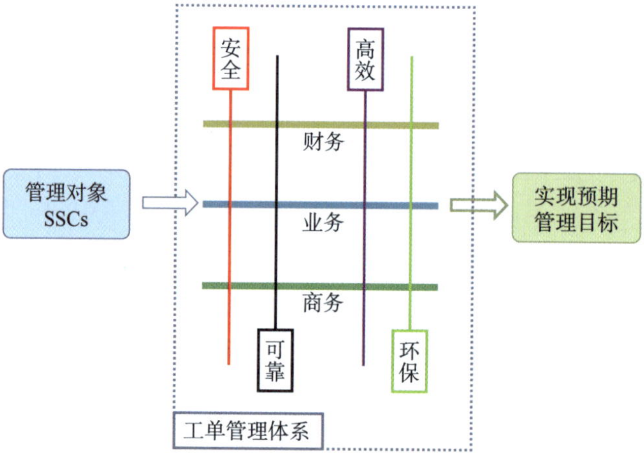

图3-1　管理模型

在不考虑人这个最活跃的因素前提下，核电企业能够承载“安全、可靠、高效、环保”四大目标的对象就是企业现场的SSCs。以SSCs为管理对象，建立完善SSCs分级管控体系作为工单体系输入，进一步落实机组安全可靠运行和安全环保责任。通过工单启动业务流，以工单标准化为手段，创新优化工单相关业务和行政管理制度、流程，促进业务、商务和财务流融合，是该模型运行的基本特征。通过多流程的良性互动，突破流程壁垒，避免流程之间相互孤立的不利局面，有效地降低运行成本，提升管理绩效，最终实现企业“安全、可靠、高效、环保”的预期管理目标。

（2）以项目团队为保障，推动工单标准化管理

基于分级管控和业商财融合的工单标准化体系建设涉及生产运行、维修管理、设备管理、工业安全、环保辐防、商务采购和财务管理等多个领域，为推动工单标准化的创新工作，实现跨部门组织间的通力合作，成立专项工作组，以项目管理模式完成该项工作。专项工作组

组织架构如图 3-2 所示。项目组织构建三层管理模式，由企业董事长亲自挂帅担任领导组组长，领导管理创新工作，指导协调工作组和专业组开展工作；由生产计划负责人担任工作组组长，负责建立专项工作组管理制度，制定工作计划，进行各专业组工作总体协调；由各相关职能处室科组长担任专业组组长，负责具体实施管理创新和业务流程改进工作，专业组选取业务骨干担任组员。专业组涵盖项目各个要素，并由策划组统筹协调，明确管理目标和任务分工，制定项目组运作管理制度，编制总体计划，对各专业组逐级细化分解目标任务，编制专项计划，实施跟踪，定期召开工作组例会，加强过程管控。项目组的设立为工单标准化管理创新和流程改进工作的有效实施和落地提供了团队人员和制度保障。

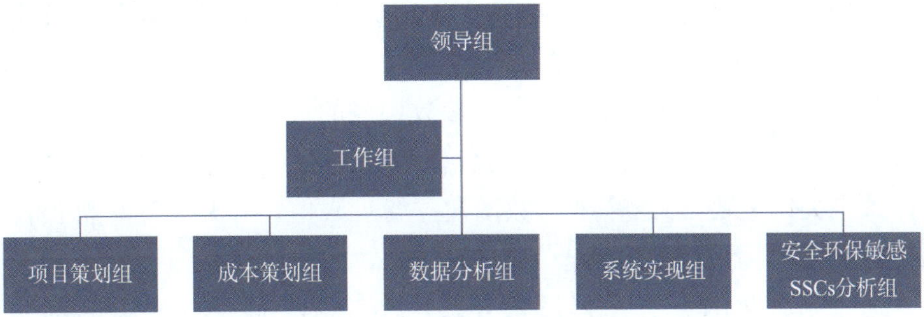

图 3-2　专项工作组组织架构

(3) 以工单对象为基础，建立完善分级管控体系

1）建立 SSCs 管理责任清单

SSCs 清单是企业工单管理的主要对象，而区域责任划分清单则是工单管理的抓手。必须要清晰定义核电企业管理边界，除了传统的电厂现场外，还应该包含淡水取水泵站、生活区等电厂现场外部区域，确保不留管理死角。同时明确电厂管理边界内的厂址平面管理责任处室，以此为要实现分区分类安全监管，就需要对工单管理的对象开展不同维度的 SSCs 分类识别和管理方法的研究，建立分级管控体系，坚持系统整治、精准施策，针对识别出来的关键敏感 SSCs 进行针对性、精细化管理。可以参考机组安全可靠运行相关的 SSCs 分级方法，开展对影响人身安全、高价值设备安全和环保安全等维度的分级管理研究，

以满足新形势下对安全、环保的管控要求。

2）完善SSCs设备分级

通过系统化的方法完善设备分级，识别关键重要设备，提高机组运行可靠性。传统的设备分级缺少系统化方法进行指导，分级过程中缺少运行人员参与，导致关键设备识别方面存在偏差。因此利用系统化的方法完善优化现有设备分级：为保障设备不重复、不疏漏，重新定义所有系统机电仪边界；从系统设计功能的细化分析入手，识别关键重要设计功能，重新组织识别关键重要SSCs。同时强化对关键重要设备的管理，采取更有针对性的管理方案和措施：针对关键重要SSCs实行预防性维修为主的管理，以设计和制造说明书为基础，同时参考行业标准、运行经验建立优化预防性维修文件；对关键重要设备的失效模式进行分析研究，细分设备组成部件，识别失效机理，通过失效机理识别失效部件及反映失效发展过程的失效参数，从而改进预防性维修文件和设备监督方案；建立关键重要SSCs失效部件、失效参数构成的可靠性数据库，通过信息化手段进行分析数据及文件的结构化保存，为后续的标准化工作奠定基础；采集关键重要SSCs失效参数，建立管理限值，并开发计算机预警系统，对设备劣化趋势提前预警。

通过系统化的方法完善设备分级，能够更全面、更准确地识别关键设备。通过建立关键设备健康综合管理信息系统，利用大数据手段跟踪分析设备运行状态参数，对有劣化趋势的设备提前预警，提前干预，从而进一步提高设备运行可靠性。

（4）以风险数据为抓手，打造风险管理新思路

1）运行风险管控

现有的风险识别模式主要根据人员经验进行分析和类比，根据运行风险判据选择风险级别。对风险分析方法进行优化，通过对关键重要设备的失效模式进行梳理，建立风险数据库，创建工单时根据维修工作内容导致的失效模式自动完成运行风险分析过程，以此达到运行风险分析的标准化和高质量化。如图3-3所示，利用SRCM分级结果确定运行风险分析对象，根据维修内容选择设备失效模式，运行风险数据库自动识别出失效模式对应的运行风险，提示工作准备人办理相

应的运行风险分析许可证，从而完成工单运行风险分析过程。对SRCM分级的过程数据进行二次开发，基于设备失效模式、设备失效影响、系统失效影响和机组运行影响建立运行风险数据库，从而使运行险识别标准化。

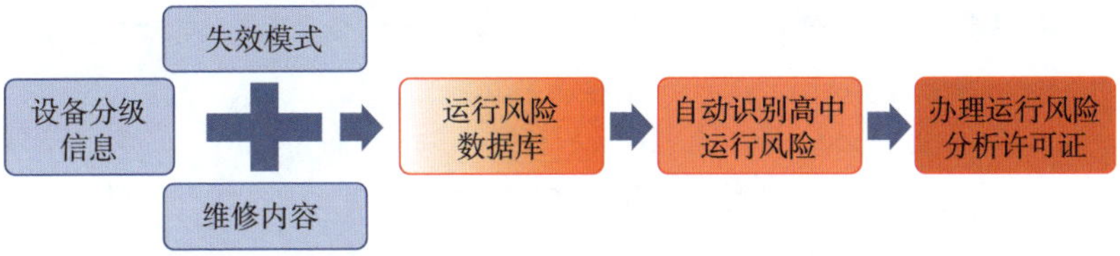

图 3-3　运行风险分析方法

(a) 关键、重要设备分级。识别出电厂中对核安全和机组发电具有关键作用的设备及部分对电厂核安全或机组发电具有重要作用的设备，完成分级标识，从而确定需要进行运行风险分析研究的设备。

(b) 设备失效模式预想。按照重要的和最可能发生的原则，对需要进行运行风险分析研究的设备可能的失效模式进行分析和描述。

(c) 设备失效影响分析。对设备的每一种失效模式进行详细的风险分析，识别出设备失效后对设备、系统和机组运行的影响。

(d) 制定行动方案。根据失效模式预想中所有可能的设备失效模式制定具体的行动方案或应对措施。

根据设备失效模式及对应的失效影响、行动方案，建立运行风险基础数据库。在分析维修项目运行风险时，准备工程师只需要根据维修工作内容，在预置的失效模式库中选择可能导致的设备失效模式，系统根据失效模式自动调用运行风险基础数据库中对应的运行风险(即失效影响和行动方案)，从而完成运行风险分析过程，具体操作如图 3-4 所示。

2) 外部风险敏感 SSCs 管理

从人身伤害角度，研究确定工业安全敏感设备分级原则，从而识别出系统、设备失效可能导致电厂人员（包括相关方）发生人身伤亡事故或财产损失后果的 SSCs，并将其按分级标准分为工业安全敏感一级 SSCs、工业安全敏感二级 SSCs。

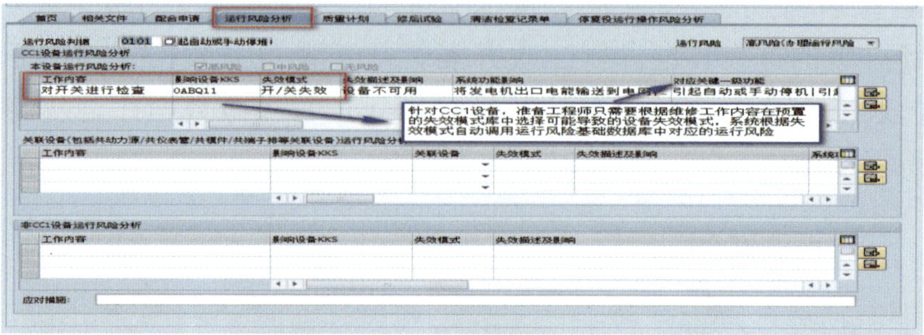

图 3-4　运行风险分析方法操作

参考设备分级方法，建立环保敏感分级原则，识别出因设备故障或意外开启可能导致对外环境直接或间接排放的敏感设备、系统，以及因管控失效可能导致化学品及危险废物失控转移的构筑物，分为环保敏感 1 类、环保敏感 2 类及非敏感类进行分级管控。

对实体保卫敏感区域进行梳理，对可能影响实物保护系统安全稳定运行、影响核材料安全的区域及设施进行分类，分为实物保护敏感 1 类（PPS1）、实物保护敏感 2 类（PPS2）与实物保护敏感 3 类（PPS3），设置详细的分级原则，并明确管控要求。

针对辐射防护与职业健康的设备、系统和构筑物等的敏感重要程度和风险，将其分为辐射敏感Ⅰ类（RP1）、辐射敏感Ⅱ类（RP2）、职业健康敏感Ⅰ类（OH1）和职业健康敏感Ⅱ类（OH2），通过程序设置各类级别的分级原则和参考说明，并明确各级设备的管控要求。

3）敏感工作区域

现场梳理电厂 CC1 设备周围在检修时可能影响到该 CC1 设备功能的设备，每个 CC1 设备对应一组周围设备清单，从而建立敏感工作区域设备数据库。准备工单时系统根据设备名称自动判断检修设备是否位于敏感工作区域，同时提示该区域敏感设备，有效识别检修工作中易误碰的关键或敏感部件，提醒工作负责人，从而避免误碰导致的运行风险。具体实例如图 3-5 所示。

4）强化对关键重要设备管理，集中资源、精准施策

识别出敏感设备后，通过标识牌管理、工单风险提示、提高缺陷响应速度、加强巡检、加强厂房和区域管理，强化环保敏感设备的管

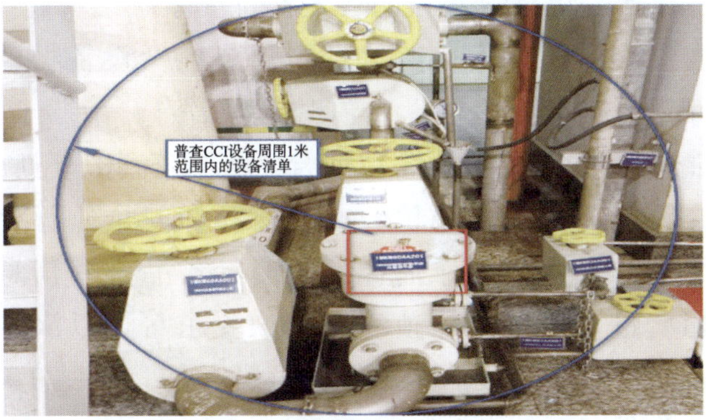

图 3-5　敏感工作区域设备实例

理。所有安全环保敏感 SSCs 应该像关键重要 SSCs 一样建立预防性维修管理体系，提高其可靠性，同时引入本质安全水平的管理指标，对其健康度进行评估。

通过对管理对象及所在区域建立分级管理制度，从而使核电企业的主要资源集中在关键重要 SSCs 和安全环保敏感 SSCs 上，强化对它们的管理，进一步压实和细化机组安全可靠运行和安全环保责任，持续提升 SSCs 的可靠性和本质安全水平。

(5) 以工单流程为主线，实施工单标准化管理

通过工单标准化建设，加强风险管控，提高工作准备质量和效率。核电企业的 SSCs 的维修工作通常都以工单为载体开展现场工作，工单由执行现场工作所需的各种必要的工作文件组成，包括工单安全分析、工作资源准备、工作许可证准备、配合工作准备和行政许可证准备等。由于预防性维修工作是按照周期重复触发，每次工单准备内容相同，属于重复性计划工单，因此，可以通过标准化建设，降低劳动成本，有效管理风险。

1）建立工单标准化数据模型

通过建立工单标准化数据模型，补充完善工单各类信息要素，自动关联工单相关资源，自动触发工单相关准备流程，保证工单准备质量的同时，提高工单准备效率，从而持续提升生产管理标准化水平。

（a）完善标准工单要求涵盖的各类信息要素

符合安全要求的标准工单的信息不仅要包括设备物理信息、设备SSCs和安全环保SSCs分级信息、辐射分区信息、敏感工作区域信息，作业类型、维修等级、工作条件和配合工作等信息，还应包括工单安全分析结果、工单总体安全评价、成本核算和安全监管要求，标准工单中应增加承担作业主体、作业标准工时、备品备件信息、安全隔离措施的要求和质量，以及环保独立监督的要求等，以满足结构化、精益化管理的需求，便于后续的工单统计分类及信息化的实现。

（b）自动关联资源并自动触发流程

工单标准化要做到最大程度地降低人为工作量，应该实现同步自动触发的准备工作流程都能自动触发，主要包括工单配合工作流程（例如脚手架、保温等）、工作许可证审批流程（例如隔离许可证等）、行政许可证审批流程（例如作业安全分析流程、辐射工作许可流程等），以及备件、工器具领用流程。

除此之外，还应该能够自动关联并更新工单相关资源，如自动关联数据、信息，自动提供自主生成的一次性使用的副本文件，可以直接关联ERMS、CR模块等，实现自主查询。

2）开展工单安全分析标准化工作

工单安全分析识别衡量风险，如果风险不能被充分识别，预防措施不能到位，那么就有可能引发事件。通过利用安全环保敏感SSCs分级数据及作业安全标准数据库，分步骤分析危害因素，可以发现工作过程中潜在的风险，避免工作过程中的伤害和损失，能够确保工作的准备者在对同一项具体工作的理解上保持一致性，从而实现作业安全分析过程标准化。

风险分析标准化过程中，增加了停复役风险、环保风险、高价值设备和关键敏感作业区域风险识别，实现了以工单为核心平台的“全过程”“全领域”风险管理（图3-6）。结合设备及安全环保SSCs分级结果，梳理工单各类安全风险分类标准，建立风险数据库，实现工单安全分析的结构化和标准化。工单安全分析表如图3-7所示。

图 3-6　全过程风险管控

<table>
<tr><th colspan="8">工单安全分析评价表</th></tr>
<tr><td>KKS编码</td><td>1UKH20CR004</td><td>工作描述</td><td>1UKH20CR004/006/012校验(1Y)</td><td>工单号</td><td>10466543</td><td colspan="2">重要设备/辐射分区II/防异物等级3</td></tr>
<tr><td>总体风险评价</td><td colspan="3">☐ 非停风险
☐ 降功率风险＞10%
☐ 降功率风险＜10%
☑ 高风险　☐ 中风险　☐ 低风险</td><td>管理要求</td><td colspan="3">☐ 观察指导（副科以上）
☐ 观察指导（主管以上）
☐ 连续作业</td></tr>
<tr><th>风险类型</th><th colspan="3">风险等级</th><th>风险类型</th><th colspan="3">风险等级</th></tr>
<tr><td rowspan="2">运行风险</td><td colspan="3" rowspan="2"></td><td rowspan="2">停复役运行操作风险</td><td>设备停役</td><td colspan="2"></td></tr>
<tr><td>设备复役</td><td colspan="2"></td></tr>
<tr><td>工业安全</td><td colspan="3">低风险
JHA202025503</td><td>辐射风险</td><td colspan="3">高度风险2级
000012014589　☐ 射线探伤</td></tr>
<tr><td>消防安全</td><td colspan="7">☐ 打开防火屏障　☐ 隔离消防系统　☐ 占用消防通道　☐ 使用消防水</td></tr>
<tr><td>环保敏感</td><td colspan="3">环保敏感1类</td><td colspan="4">单一设备失效或误操作导致排出物排放时失去在线监测</td></tr>
</table>

图 3-7　工单安全分析评价表

总而言之，机组安全、可靠、高效和环保运行，应以风险管理为核心，有效控制现场作业工单的安全环保风险，以及 SSCs 的隔离停役（运行）、作业质量（作业单位）和解除隔离复役操作（运行）的全过程风险，通过工单安全分析标准化及工单总体安全评价来确保工作的准备者在对同一项具体工作的风险理解上保持一致性，在保障机组的安全、可靠运行的同时，不发生人员、财产和环境伤害事件。

在标准化工作的基础上，通过对机组工单信息的收集与分析，不断完善标准工单信息数据库，推动科技创新为核心的全面创新，确保为工单准备与实施流程中各相关岗位人员提供完备的作业信息。当重复性的工作再次触发时，在确保安全、可靠、高效和环保的前提下，不断探索作业新技能、新工艺、新方法和新手段，优化最佳工时或预维大纲，从而不断提高核电企业的精益化管理水平。

（6）以标准工单为载体，创建业商财融合新模式

打破工单、采购和财务流程壁垒，建立业商财融合模式，实现成本精益化管理，促进核电企业高效发展。核电企业所开展的传统成本管理的方式较为粗犷，管理维度不够细化，无法精准识别降本增效的切入点。随着国内电力市场化改革的深入，成本管理迫切需要在业务流程不断优化的基础上，建立以业务标准化带动成本管理精细化的联动机制，促进创建业务、商务和财务相互融合的成本管控新模式。

以工单为载体，引入工单作业成本管理理念，将成本管理的重点细化至工单，在以下两方面开展工作：

1）从工单源头实现商务采购标准化管理

实现“工单备件需求－预算－采购计划－立项－合同采购执行－结算”闭环管理，通过流程再造，带动预算管理、立项管理、合同管理、项目结算及出入库管理等一系列管理流程的规范化，并实现预防性维修必换件“按需采购”“现买现用”的目标，有效降低备件库存数量。

（a）建立预防性维修必换件数据库

由生产部门制定备件包（Bill of Material，BOM），明确设备的备件清单，建立备件与设备的关联关系，BOM 数据应通过信息手段与现场应用进行校核，定期修订优化。根据 BOM 数据，生产部门收集备件的技术信息和管理信息，建立和维护预防性维修备件数据库，数据库包含备件对应的设备名称、设备需求备件数量、备件技术要求、生产来源、备件编码、储存方式和分级信息等。数据库建立后根据机组运行情况不断优化，保证维护预防性维修必换件数据库完整性和准确性。

根据必换件数据库，触发预防性维修计划后就能自动生成预防性维修备件的需求清单，从而为国产消耗性备件“按需采购”提供前提。

（b）优化采购周期，与生产准备计划要求相匹配

如果我们能够实现按照生产准备计划要求开展国内消耗性备件的按期采购，使其按期到达现场，就可以有效降低库存管理的压力，实现“现买现用”，减少资金沉淀，提高周转率。以十三周滚动准备计划为例，计划开始点提前十二周工单自动弹出，由计划工程师接受并触发工单准备，同时自动触发备件采购流程，工单准备工程师在规定时间内完成准备，工单所需备件在十二周内采购到位，具备现场实施条件，从而实现“现买现用”、预防性维修必换件零库存的目标。同样，也可以调整生产计划准备周期以适应国产备件采购周期的要求，例如将十三周计划调整为二十四周或者更长的时间，来满足采购周期的需求。

（c）基于工单的备件领用

生产部门办理备件领用时，维修工单信息化系统会自动生成备件领料申请单，锁定需使用的各类备件，并在系统中注明领用时间，系统会自动提醒仓储部门按计划准备拟领用的备件。生产部门领用备件时必须按照工单进行领用，没有工单无法领用预防性维修备件。备件一经领出，数据会自动流转到财务部门，由财务部门根据维修工单，按照已制定的核算归集和对应规则进行成本核算。

2）建立工单成本模型，实现工单成本预测与核算

将工单相关的人工、备件消耗和外委合同等进行费用化处理，实现工单“数字化”成本管理，考虑按照以下工单成本模型（图 3-8）实施工单成本管理。

对于工单成本管理中的成本工时，考虑推行标准工时管理制度。大修以标准工时进行预算、立项和验收管理；日常预防性维修由固定总价管理模式逐步向标准工时管理模式靠拢；对于管理工时、准备工时形成统一测算规则，形成工时定额数据库，相当于有了单位工时定额标准参照表，就可以计算工单作业工时成本，当作业外委后，就可以计算作业的外委成本，多个外委作业构成外委合同。

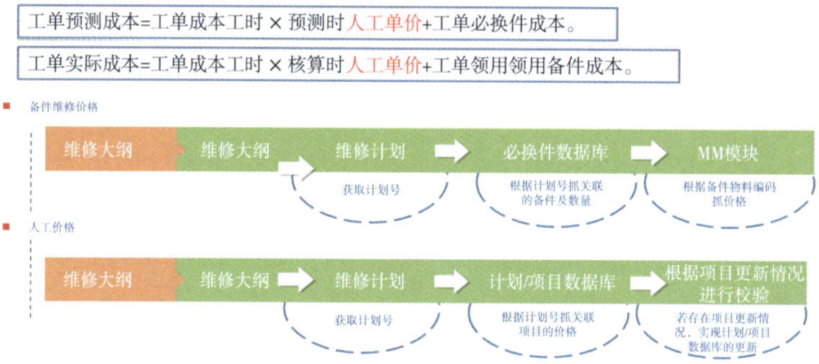

图 3-8　工单成本模型

最终实现以工单管理为突破口，逐步建立大修和日常预防性维修外委业务的标准化管理体系，包括服务性质的标准化、合同会签及验收流程的标准化等，达到业务、商务和财务融合的目的。

3. 实施效果

通过建立、完善 SSCs 及区域分级管控体系，进一步压实安全责任，持续提升关键重要 SSCs 及安全环保敏感 SSCs 的可靠性和本质安全水平；通过建立以工单为核心的标准化流程，提高工单准备质量和工单准备效率；通过全流程、全领域的风险管理，确保工作的准备者在对同一项具体工作的风险理解上保持一致性；通过从业务源头建立工单成本标准化管理制度，探索业商财融合新模式，初步实现生产成本精益化管理。通过工单标准化的创新与实践工作，使核电企业在管理、经济、社会和生态等方面的效益得到显著提高，企业核心竞争力得到很大提升。

（1）总体管理效果

通过对管理对象及所在区域建立分级管理制度，使核电企业的主要资源集中在关键重要 SSCs 和安全环保敏感 SSCs 上，强化对它们的管理，进一步压实和细化机组安全可靠运行和安全环保责任，提升 SSCs 的可靠性和本质安全水平。

1）利用系统化的方法完成 1～4 号机组设备分级优化，使设备分级质量在全面性、准确性、完整性方面有了显著提高。SRCM 设备分级前后数量对比如图 3-9 所示。

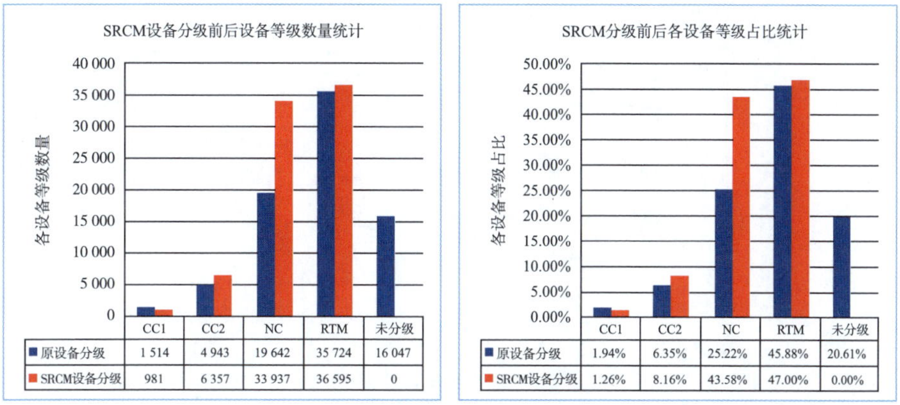

图 3-9 SRCM 设备分级前后数量对比

2）实现 1～6 号机组工业安全敏感 SSCs 分级，识别敏感一级 410 项，二级 3 067 项，具体分级数据如图 3-10 所示。

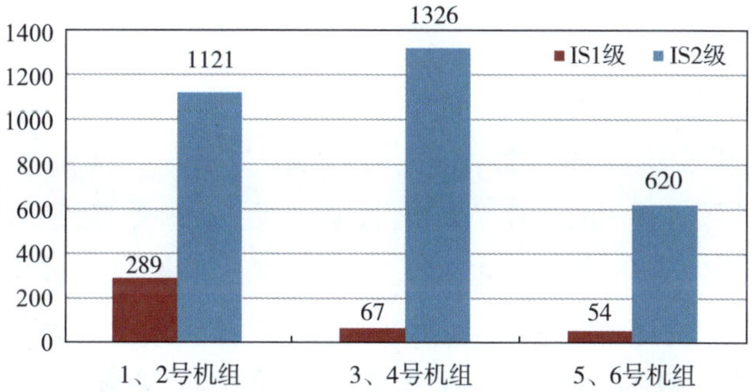

图 3-10 工业安全敏感分级数据

3）实现 1～4 号机组环保敏感 SSCs 分级，识别出 1、2 号机组（含 BOP）环保敏感 1 类设备 150 项，环保敏感 2 类设备 4 782 项，其余为非环保敏感类。识别出 3、4 号机组（含 BOP）环保敏感 1 类设备 93 项，环保敏感 2 类设备 4 324 项。具体分级数据如图 3-11 所示。

4）实现工单安全分析标准化：优化运行风险分析方法，建立机组运行风险数据库、敏感工作区域数据库、辐射安全标准数据库、作业安全标准数据库。创新工业安全风险分析方法：分步骤辨识作业活动风险（JHA）。最终实现以工单为核心的“运行安全、工业安全、消防安全、辐射安全、环保安全、高价值设备、关键敏感作业区域风险及

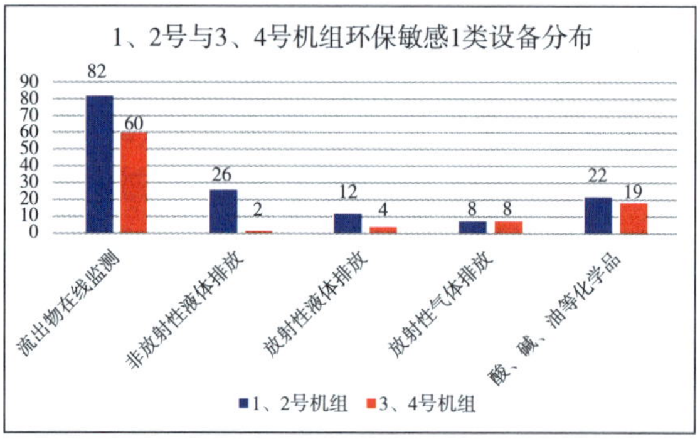

图 3-11　环保敏感分级

停复役风险”的“全过程”和“全领域”风险管理。

通过这些创新与实践活动，提升了机组功率运行期间风险管控能力，有效减少机组非计划停机停堆次数。2020—2022 年度田湾核电多台机组被评为中国核电“金牌机组”，其中 3、4 号机组连续三年蝉联中国核电“金牌机组”。

（2）经济效益方面

1）有效减少机组非计划停机、停堆和功率≥10%功率波动事件

核电企业安全可靠运行是核电长远发展的重要基础，在实施 SSCs 分级管控及工单安全分析标准化之后，2022 年度田湾核电未发生因风险失控导致非计划停机、停堆和功率≥10%功率波动事件。非停指标综合反映了核电机组的运行性能和安全水平，也是影响 WANO 综合指标的重要因素。

2）通过工单标准化建设，显著提升了工作包准备效率和质量

完成标准工单系统建设。通过使用标准工单或历史工单，准备工程师只需要填写开工时间、人员信息，核对工单信息即可完成一张复杂工单准备，单个工单平均准备人工时由约 50 min 降低到 10 min 以内。标准工单系统 2022 年参考使用标准工单共计 67 453 项，共节省约 44 968 个管理人工时。

3）实现 1、2 号机组按需采购

1、2 号机组建立了预维项目必换件数据库，在调用预防性维修项目时，同时触发与之对应的必换件需求清单，汇总整合生成采购需求

清单，从而实现了预维必换件按需采购，减少了采购数量。OT113 大修减少采购数量 552 项，节省资金 1 247.49 万元；OT213 大修减少采购数量 479 项，节省资金 1 084.68 万元。

（3）社会效益方面

在与同行对标、专家交流活动中，工单标准化的创新与实践受到了一致的肯定与好评，并多次在中国核电“非停”视频会、安全总监巡查等会议上进行推广，对各电厂均具有一定的推广价值与应用前景。

1）在核电行业首次提出工业安全敏感、环保敏感 SSCs 分级概念，推动制定中国核电《核电厂危险源分类分级标准》（IS-AA-130.100.BZ）、《核电厂工业安全与环保敏感 SSCs 分级执行指南》（GL-IS-20001），具备在同行电厂进行复制推广的价值。

2）在核电行业首次实现敏感工作区域风险标识管理，确定敏感工作区域风险识别规则，建立敏感工作区域设备清单，减少人因失误的风险，为解决板块乃至行业内其他单位存在的相同问题提供标准。

3）在核电行业首次尝试引入工单作业成本管理理念，将成本管理的重点细化至工单，打破工单、采购和财务流程壁垒，探索业务、商务和财务相互融合的成本管控新模式，为行业内实现成本精益化管理提供宝贵的经验。工单成本管理平台如图 3-12 所示。

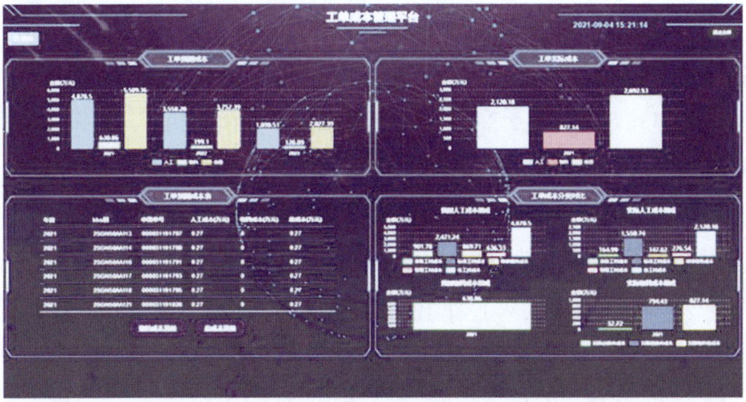

图 3-12　工单成本管理平台

（a）建立工单成本相关标准化数据库：工单—备件—必换件数据库；工单—人工—工时—价格数据库；工单—项目—合同数据库。

(b) 建立预维项目工单成本模型，初步实现预维项目成本预测与核算。

(4) 生态效益方面

在中俄两国核能合作项目——田湾核电站和徐大堡核电站开工仪式上，习近平总书记指出，坚持战略协作，推动全球能源治理体系协调发展，中俄要推进更多低碳合作项目，为实现全球可持续发展目标发挥建设性作用。江苏核电遵循加快推动绿色低碳发展要求，正在成为推动中国兑现碳中和承诺的主力军。核电作为一种技术成熟的清洁低碳能源，与火电相比，不排放二氧化硫、烟尘、氮氧化物和二氧化碳等物质，六台百万千瓦的核电机组每年消耗 150 t 核燃料，煤电则需要消耗 1 560 万吨煤，相比之下，核电可减少排放二氧化碳 3 800 万吨、二氧化硫 36 万吨，相当于种植了 10.4 万公顷森林。推动能源转型，共创绿色发展，抢抓世界核能发展战略机遇，安全高效发展核电，在能源结构中发挥电力基础负荷和节能减排的作用。

4. 总结及展望

中国核电深入贯彻落实习近平总书记关于安全生产的重要论述，特别是“从根本上消除事故隐患”的重要指示精神，扎实推进以安全运行全面提升为主线的安全生产专项整治三年行动，建立并有效运行“从根本上消除事故隐患”的责任链条，深化源头治理、系统治理和综合治理，久久为功，推动专项整治工作圆满收官，并取得显著成效。安全和运行可靠性全面管理提升的工作目标是压实安全责任，持续提升关键重要 SSCs，以及安全质量环保敏感 SSCs 的可靠性和本质安全水平。通过完善以生产计划为核心的标准化流程，带动协调公司各项业务管理制度、流程和行政管理制度、流程；利用预防性工作重复开展的特点，建立重复性工单的成本管理基础，以及最低库存管理要求，使所有重复性工单在准备工作中全面满足安全、质量、环保和成本、时间进度管理要求，有效降低消耗性国产备件材料的库存量，并建立生产成本精细管理体系。

田湾核电安全和运行可靠性全面管理提升第一阶段工作已基本告一段落，未来将在专项丰硕成果的基础上，继续借助新一代信息技术，实现从工作申请、工作计划、工作准备、工作许可和工作执行到工作关闭统计归档的全生命周期的数字化管控，借助信息系统、移动终端提升生产活动项目管理精细度，实现核电生产活动各环节的信息共享流转，最终实现生产过程全周期成本精益化管理，助力企业实现数字化转型。

3.1.2 研发核电稳态参数监测平台

基本情况	单位名称	福建福清核电有限公司
	案例所属专题/领域	提升核电厂安全运行可靠性
	类型	☑ 技术优化　☐ 管理提升
	主要创造人	王伟、王健生、陈龙
	参与创造人	李晓刚、石雪峰、宁宇、陈代鑫、杨伟伟、孙海凤、郑铭颖

案例简介 Case Introduction

为了能够及时发现设备性能恶化，针对核电厂特点，自主研发了稳态参数监测平台，实现运行参数的异常自动监测和智能预警，从“人找问题”转变到“问题找人”，辅助操作员发现机组异常，提高工作效率和机组安全水平。

稳态参数监测平台已在福清核电基地主控室应用，实现超过 1 900 项重要稳态参数的持续不间断监测，覆盖单机组 80%以上参数，实现关键参数偏差预警上百次，定位设备缺陷三十余项，避免机组非停及重要设备损坏十余次，为国之重器“华龙一号”的安全运行作出重要贡献，受到国家核安全局华东监督站、核电运行研究院等部门领导的高度肯定，已推广到海南核电等基地。该平台已获得一项软著专利登记，获福建省百万职工创新大赛二等奖，参加并进入国务院国有资产监督管理委员会首届数字场景创新赛决赛、中国核工业集团有限公司第二届科技创新大赛决赛。

案例详细介绍 Detailed introduction to the case

1. 实施背景

在装置失效和故障工况发生前，其参数都会有相应变化。利用参数变化识别异常，提供预警信息，可以有效提升核电厂安全运行的能力。核电厂数字化仪控系统（以下简称 DCS）数据信息量较大，要从参数的变化中发现异常，需要主控室操作员有丰富运行经验，并耗费大量时间和精力。同行目前尚没有通过参数变化自动识别异常的有效手段。

针对上述问题，福清核电自主研发了稳态参数监测平台，实现运行参数的自动监视，从“人找问题”转变到“问题找人”，辅助操作员发现机组异常，提高工作效率和机组安全水平。

2. 主要做法

（1）以解决问题为导向，确定研发目标

国内外核电厂系统目前已普遍采用 DCS，它虽具有连续在线监测和查看参数趋势的功能，但主要仍采用阈值监测的方法，存在如下问题：

1）采用阈值监测的方法，不能及时发现参数的异常变化。

2）缺乏连续动态监视功能，部分异常容易被忽视。

3）对主控人员运行经验要求高，需要耗费大量时间和精力。

4）目前没有通过参数变化自动识别异常的方法。

为解决当前 DCS 机组阈值监测存在的弊端，帮助操作员及时发现异常风险，对机组进行合适的干预操作，福清核电确定了研发目标。

（2）以 DCS 系统为基础，构建监测平台

结合当前 DCS 连续在线监测和查看趋势的功能，利用 PI 实时数据库，依次构建数据平台、业务平台、预警平台和展示平台。

（3）以安全生产为核心，聚焦稳态参数

研发人员在多年工作实践的基础上，通过对电厂运行参数进行精细研究，归纳分类，聚焦数量众多且容易被忽略的稳态参数，针对性地开发稳态参数监测平台，实现运行参数的自动监视。核电厂稳态参

数监控系统的监控方法可以分为异常下降类监控、异常升高类监控和异常变化类监控，以适应不同的需求。

稳态参数监测平台原理如图 3-13 所示，利用 PI 实施数据库，从 DCS 系统抽取生产设备数据，经过处理后在稳态参数监测平台展示；同时实现监测平台与 DCS 系统实体隔离，确保核电机组的正常控制不受任何干扰。

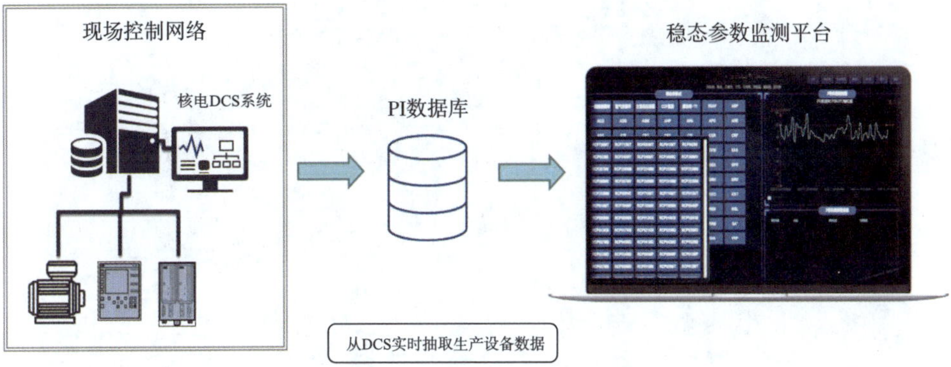

图 3-13　稳态参数监测平台原理图

(4) 以机组需要为方向，持续功能拓展

结合机组实际需要，稳态参数监测平台通过配置特殊的公式拓展功能，实现其他类重要参数监测预警。目前已经实现了一回路泄漏率监测、氢气泄漏率监测、超功率 ΔT 预警和 0SAP 启动过频预警等拓展功能。

(5) 以精益求精为导向，分阶段实施优化

项目研发分四个阶段，以快速实现阶段成果为目标。四个阶段不断改进优化，解决研发、应用中的问题，使平台研发精益求精。

第一阶段，选取八个稳态参数进行测试，实现基础平台的展现和数据功能的验证。

第二阶段，构建可快速扩展的数据模型，添加众多稳态参数。

第三阶段，对机组参数进行全面梳理，结合技术规范/故障规程等，对监测平台全面扩容，实现其作用最大化。

第四阶段，根据机组模式的不同，监测不同的参数，减少误报警，

实现机组全寿期的智能监视。

（6）以精准预警为目标，实现平台展示精细化

不断改进监测平台的前台展示和后台界面，确保机组异常准确预警，并且可以追本溯源。从系统代码、九位码、参数趋势、报警显示、报警阈值、基准值和历史预警信息等方面精细化展示。监测平台界面如图 3-14 所示。

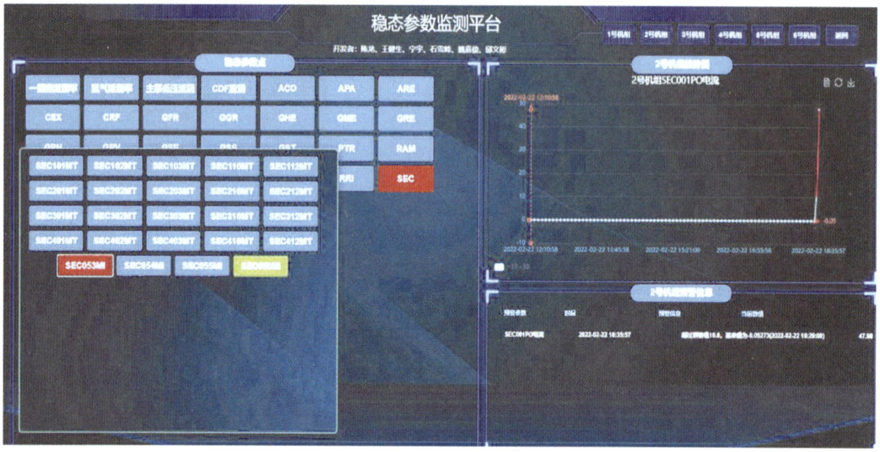

图 3-14　稳态参数监测平台界面图

3. 实施效果

（1）机组安全效益显著

本项目为行业首创，在提升核电机组异常发现能力和工作效率方面，成效显著。

福清核电稳态参数监测平台已实现超过 1 900 个重要稳态参数的不间断监测，覆盖单机组 80%以上参数，涵盖所有停机停堆参数，并包括重要的液位参数，泵的温度、电流和转速等。在辅助操作员监盘期间，平台敏锐识别了主泵振动异常、SRI 头箱液位下降、SIT 氧表异常、二回路钠离子含量上涨及 APA 泵温度突然上涨等异常，受到大家的好评，已成为运行人员当班期间重点关注的系统。

稳态参数监测平台不但应用在福清核电 M310 机组，还推广到“华龙一号”示范工程机组，辅助操作员监盘，发现诸多机组异常，为

“国家名片”华龙机组的安全运行作出贡献。监测平台自投入应用以来，在多次故障中均第一时间触发报警，累计发现重要异常三十余例，安全收益显著。

(2) 操作员工作效率提高

目前程序要求操作员每 2 h 进行一次巡盘。自稳态参数监测平台投入应用后，操作员的巡盘工作负担大大减轻，使其将更多的精力放在当班工作风险管控上；平台的使用也有助于操作员行为规范的提升和习惯养成，降低操作员工作压力，提升幸福感，有利于运行队伍稳定。

稳态参数监测平台应用前后对比如图 3-15 所示。

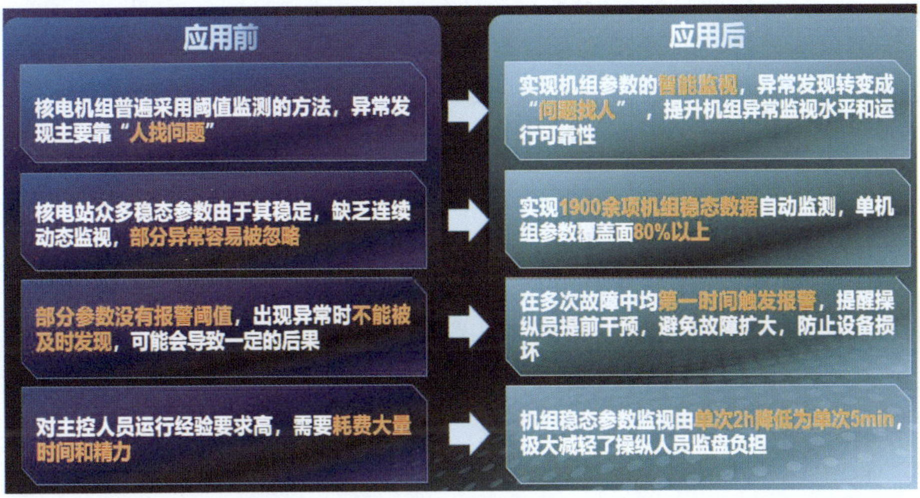

图 3-15　稳态参数监测平台应用前后对比图

4. 潜在价值

(1) 专利申报价值

通过可复制的数据模型建立，稳态参数监测平台能够适用 M310/华龙等不同机型，可拓展更多的监测功能。该平台已获得一项软著登记授权，还有四项专利正在申请中。

(2) 成果转化价值

稳态参数监测平台完全为福清核电自主研发，平台在“华龙一号”示范工程机组高效应用，为“国家名片”华龙机组的安全运行作出贡献，已成为运行人员当班重点关注的系统。

海南核电已借鉴福清核电稳态参数监测平台研发类似平台，多家核电同行对本项目也有很大兴趣，显示出其巨大应用推广潜力和价值。党的二十大开幕当天，国家核安全局华东监督站领导主控视察，对本项目高度认可，认为其是对当前 DCS 机组监测的极大补充和完善，有很大应用推广价值。

本案例能提高对核电厂众多参数的监控力度，提前异常预警。通过成果转化并推广到其他使用 DCS 系统的核电基地，具有较大的推广空间和价值潜力。

（3）社会效益

该案例通过及时发现和解决机组异常，减少非停，提升福清核电厂稳定供电能力，持续为社会发展贡献清洁、高效能源，助力社会经济高质量发展。同时，该案例有助于福清核电打造安全、清洁能源品牌，提高社会公众对核电的认可度，为核电未来发展打下良好的公众基础。

（4）取得荣誉

1. 福建省 2022 年度百万职工“五小”创新大赛二等奖。

2. 软件著作权一项，编号 2022SR0548033。

3. 国务院国有资产监督管理委员会首届“国企数字场景创新专业赛”，顺利进入全国决赛（进行中）。

4. 中国核工业集团有限公司第二届科技创新大赛，顺利进入集团公司决赛（进行中）。

5. 福清核电有限公司 106 大修优化促进一等奖。

3.1.3 SPV 设备设计优化改进

基本情况	单位名称	三门核电有限公司
	案例所属专题/领域	提升核电厂安全运行可靠性专项
	类型	☑ 技术优化　　☐ 管理提升
	主要创造人	范福平、马仕洪、李孟
	参与创造人	居法立、沈艳强、周二孟、于成、丁帅永、刘井强、沈秀波

案例简介 Case Introduction

SPV设备和敏感部件是指单个/单元故障即可导致电厂停堆、停机、降功率和功率大幅度波动的设备。三门核电1/2号机组近三年期间，先后出现四次SPV设备故障导致的停机停堆事件，因此从根本上提高SPV设备的可靠性，已成为电厂保障机组安全、稳定和经济运行的重要决策。为了提升机组安全运行可靠性，落实习近平总书记“从根本上消除事故隐患”的重要指示精神，三门核电成立一期工程AP1000 SPV设备敏感部件设计优化改进专项组，统筹一期AP1000 SPV设备敏感部件设计优化改进工作，进一步深入研究AP1000机组非能动特性，通过增加冗余、优化逻辑或组合优化、利用升级产品替代及重大系统改造等方式，以提升SPV设备可靠性为目的，保障机组安全、稳定和经济运行。三门核电聚焦SPV设备管理，通过持续对标AP913不断夯实设备可靠性管理体系，将SPV设备工作做细做实，实现两台机组“零非停”，助力公司经营业绩再创佳绩。

案例详细介绍 Detailed introduction to the case

1. 实施背景

AP1000机组作为一个全新设计的堆型，机组安全性提升的同时也带来了设备失效误动较高的问题，非能动专设安全系统上的设备误动作，不仅会引起安全系统误触发，导致停机停堆，还会导致事件后电厂恢复工作量增加，进而影响到电厂的经济性。

近三年期间，三门核电1/2号机组先后出现了四次SPV设备敏感部件故障导致的非停事件，分别为：2020年5月3日，1号机组主泵1B变频器故障导致非停；2022年4月28日（后称428事件），1号机组非能动余热排出热交换器流量控制阀，因熔断器质量缺陷导致排气电磁阀失电，致使阀门失气开启，引起非停；2022年6月22日，1号机组主泵1B变频器故障导致非停；2022年12月22日，1号机组主泵

1B 变频器故障导致非停。这四次非停事件，给公司运营业绩造成了巨大损失。因此从根本上提高 SPV 设备的可靠性，推进 SPV 设备设计优化改进工作，已成为电厂保障机组安全、稳定和经济运行的重要决策。

2. 主要做法

三门核电有限公司按照中国核工业集团有限公司、中国核电关于安全生产专项整治三年行动工作要求，从“实、细、准、常”四个角度，全面推进 SPV 设备设计优化改进工作，并取得实效。

（1）坚持问题导向、突出一个“实”字

三门核电有限公司充分认识到 AP1000 机组对关键敏感设备可靠性的高要求和高标准，于 2022 年 7 月 13 日成立一期工程 AP1000 SPV 设备敏感部件设计优化改进专项组，由公司副总经理兼总工程师范福平担任组长，设备管理处处长、运行处处长、维修处处长、商务合同处处长及相关部门技术骨干参与其中。专项组坚持“实心干事、实事求是”，开展实体化运作（详见表 3-1），制定 SPV 设备敏感部件设计优化改进项目三年工作总体规划及运作机制，统筹一期工程 AP1000 SPV 设备敏感部件设计优化改进工作，进一步深入研究 AP1000 机组非能动特性，全面梳理识别 SPV 设备，评估所有敏感子部件设计优化的可行性，通过增加冗余、优化逻辑或组合优化、利用升级产品替代及重大系统改造等方式，攻坚克难，积极推动 SPV 设备设计优化工作的开展，保障机组安全、稳定和经济运行。

表 3-1　SPV 设备设计优化专项组实体运作方式

序号	步骤	责任人	备注
1	相关人员向专项组织机构提出项目申请	执行小组	以项目建议书的形式提出
2	对项目审议	领导小组	主要对项目的可行性、必要性及经济性进行审查
3	提交 PHWG、技术委员会等批准	执行小组	通过 PHWG 和 DWG 审查，核安全相关或预估费用超过 100 万元，需提交技术委员会决策

续表

序号	步骤	责任人	备注
4	组成专项组	项目负责人	成立设计优化专项小组
5	组织项目实施	专项小组	专项组织机构负责对项目进度进行跟踪落实
6	形成项目结果和文件	专项小组	将项目成果具体化，并形成文件向领导小组汇报
7	项目结果审查与验收	领导小组	组织相关专家进行技术验收，执行小组负责文件完整性的验收

（2）坚持细致工作、突出一个“细”字

三门核电有限公司现已完成 731 台 SPV 设备审查，对所有敏感子部件是否可以通过设计方式改进进行评估，通过四种改进方式开展 SPV 设备脱敏工作，包括：循环水泵密封水增加冗余电磁流量计并同步优化控制逻辑；主控室应急可居留系统（VES）增加辅助压力测量装置；循环水泵房非 1E 级直流和 UPS 电源 EDS8 馈线柜每段 MCC 各增加一个 PS 模块提供 24 V 电源；九个 SPV 设备排气口增加串联电磁阀，对应 IDS 采用不同列供电和 PMS 采用不同列 CIM 控制；TSI 机柜转子振动卡优化跳机组合逻辑；主泵断路器保护装置低电压保护跳闸逻辑优化；主泵变频器跳闸继电器常闭触点并联优化为常闭触点串联接入上游中压断路器跳闸回路；主泵变频器冷却水泵和变频器预充电电源配置优化；励磁系统变送器供电电源优化；升级改造 1E 级直流和 UPS 系统（IDS）逆变器主控板；通过重大改造使用电超速装置替代在役的机械超速装置。实现了 25 个 SPV 设备脱敏和 120 个敏感部件脱敏，另有 42 个 SPV 设备脱敏和 50 个敏感部件脱敏工作正在积极推进中，详见表 3-2。

表 3-2　SPV 设备脱敏案例清单

序号	改进方式	SPV 设备脱敏事例	设计改进策略	脱敏设备数量
1	通过增加冗余实现 SPV 设备或敏感脱敏部件	循环水泵密封水管线设置一台电磁流量计，密封水流量低于 10 t/h 时切换至备用水源，低于 5 t/h 延迟 3 s 跳循泵，导致机组负荷瞬态超过 10%	增加冗余电磁流量计，流量低跳泵组合逻辑改为 2 取 2，并增加偏差报警监视	实现两台机组 8 个 SPV 设备脱敏
2		主控室应急可居留系统(VES)，执行系统触发监督试验时，若供气流量仪表发生故障，其示值在验收值范围外将判定试验不合格，导致电厂进入技术规格书，需要 6 h 完成处理，否则机组需退防	通过增加辅助压力测量装置，根据测得前后压差和气体状态方程推导供气流量，判定流量满足技术要求，避免非预期进行进入技术规格书	实现两台机组 4 个 SPV 设备脱敏
3		循环水泵房非 1E 级直流和 UPS 电源 EDS8（G-EDS8-EA-101）UPS 母线失电后，G-ECS-EC-E31 和 F31 两段 MCC 母线 SIMOCODE 丧失控制电源，将导致循环水泵油泵失电，会导致 1/2 号机组同时停机	每段 MCC 各增加一个 PS 模块提供 24 V 电源，电源取自 ECS，保证当 EDS8-EA-101 不可用时能够由 ECS 提供 24 V 电源	实现 1 个 SPV 设备脱敏
4		九个 SPV 设备（PXS-PL-V108A、PXS-PL-V108B、PXS-PL-V014A、PXS-PL-V014B、PXS- PL-V015A、PXS-PL-V015B、CAS-PL-V014、SGS-PL-V250A 和 SGS-PL-V250B）设计优化改进	工艺阀门排气口增加串联电磁阀，IDS 采用不同列供电和 PMS 采用不同列 CIM 控制，变更需求已通过公司 PHWG 审查	可实现 18 个电气 SPV 设备脱敏、18 个仪控 SPV 设备脱敏和 18 个工艺 SPV 设备敏感部件脱敏

续表

序号	改进方式	SPV 设备脱敏事例	设计改进策略	脱敏设备数量
5	通过逻辑优化或组合优化实现 SPV 设备或敏感部件脱敏	TSI 机柜转子振动卡为双通道设计，两个通道信号组合并延时 2 s 跳汽轮机，每台机组 11 个	优化跳机组合逻辑，取消同一转子振动卡的两个信号组合逻辑	实现 22 个 SPV 敏感部件脱敏
6	通过逻辑优化或组合优化实现 SPV 设备或敏感部件脱敏	主泵断路器低电压保护装置 PT 一次熔断器故障或电压互感器二次接线松动后，存在电压互感器断线逻辑未触发，低电压保护误动作的情况	通过将主泵断路器保护装置低电压保护跳闸改为报警，修优化后主泵变频器、主泵断路器保护装置所配置的保护仍能可靠保护主泵运行安全	实现 64 个 SPV 敏感部件脱敏
7	通过逻辑优化或组合优化实现 SPV 设备或敏感部件脱敏	目前主泵变频器两路控制系统 A、B 跳闸继电器常闭触点并联接入中压断路器跳闸回路，主泵正常运行时，跳闸继电器长期带电，常闭触点为断开状态，发生故障时，常闭触点闭合跳中压断路器。鉴于主泵变频器跳闸继电器线圈回路存在 6 个插头连接点、6 个接线端子连接、1 个触点、1 个线圈、1 个数字量输出模块，共 15 个节点，两个回路 30 个节点中任一节点失效故障，都将导致变频器停运，反应堆停堆	通过将跳闸继电器常闭触点并联优化为常闭触点串联，接入上游中压断路器跳闸回路	可实现 32 个 SPV 敏感部件脱敏

续表

序号	改进方式	SPV 设备脱敏事例	设计改进策略	脱敏设备数量
8	通过逻辑优化或组合优化实现 SPV 设备或敏感部件脱敏	每台变频器冷却系统配置两台冷却水泵，一用一备，电源分别取自不同 MCC 间隔，每台变频器柜内预充电电源配置为两路，电源分别取自不同的 MCC 间隔。EV-31、EV-41 内两台冷却水泵电源、两路预充电电源均来自负荷中心 EK-31 供电的 EC-311 和 EC-312；EV-51、EV-61 两台冷却水泵电源、两路预充电电源均来自负荷中心 EK-41 供电的 EC-411 和 EC-412，如 EK-31 或 EK-41 母线失电，将导致两台主泵停运	将主泵变频器的两台冷却水泵电源由单段 LC 供电变更为两段 LC 供电；将主泵变频器的两路预充电电源由单段 LC 供电变更为两段 LC 供电；并且每台主泵变频器冷却水泵和预充电电源来自不同 LC 供电的两个 MCC 母线	实现 12 个 SPV 设备脱敏
9	通过逻辑优化或组合优化实现 SPV 设备或敏感部件脱敏	励磁系统通道测量板卡（CCM）和系统 IO 通讯板件（CIO）AO 端口 X700 无电源隔离，电源接地后将导致板卡电源短路，致使三个通道功能失效引发系统跳闸，触发机组停机	过优化励磁系统变送器电源设计，防止变送器电源回路接地后三个控制通道电压拉低导致系统跳闸	实现 10 个 SPV 敏感部件脱敏
10	利用升级产品替代配置优化，实现 SPV 设备或敏感部件脱敏	1E 级直流和 UPS 系统（IDS）逆变器主控板升级替代	通过升级改造为带有 FSBS 功能的焊接主控板 0M－84372，提高可靠性	实现 24 个 SPV 敏感部件脱敏

续表

序号	改进方式	SPV 设备脱敏事例	设计改进策略	脱敏设备数量
11	通过重大系统改造实现 SPV 设备或敏感部件脱敏	机械超速装置改造为电超速装置，提高可靠性	用一套完全独立的电超速装置替代，可实现紧急跳机活塞阀、机械超速脱扣试验电磁先导阀和机械超速脱扣试验电磁阀等 SPV 设备脱敏	可实现 6 个 SPV 设备脱敏

(3) 坚持精准攻克、突出一个“准”字

SPV 设备设计优化改进可谓是“牵一发而动全身”，精准识别 SPV 问题、突出重点，不能眉毛胡子一把抓，给出切实有效的改进措施，是该专项工作的重中之重。三门核电有限公司针对 SPV 设备和敏感部件坚持“精确分类、精细管理”原则，激活人才创新“内动力”，做到 SPV 设备专人负责，压实 SPV 设备设计优化改进措施，通过优化举措精准解决问题，以达到提升 SPV 设备可靠性的目的。

鉴于三门核电四次停堆事件中有三次为主泵变频器故障导致，主泵变频器的可靠性问题已是电厂安全稳定可靠运行的重点突出问题。为进一步提升主泵变频器的设备可靠性，三门核电开展“主泵变频器辅助电源供电间隔变更”“主泵变频器系统运行程序升级”“主泵变频器跳闸继电器辅助接点并联改为串联”“主泵变频器冷却系统控制参数修改”四个课题。在厂家技术封锁的情况下，通过自主研究某些故障（输出接地故障、输出不平衡故障）下控制器不能切换问题，开展主泵变频器系统运行程序升级，提高控制器切换的可靠性；通过主泵变频器跳闸继电器辅助接点并联改为串联，消除数字量输出模、跳闸继电器共 32 个敏感部件；通过主泵变频器冷却系统控制参数修改，消除泵切换时系统超压导致的停堆风险；通过主泵变频器辅助电源供电间隔变更，消除电厂配电系统 12 个 SPV 设备。在提升主泵变频器本体可靠性的同时，针对主泵变频器应用特点，通过主泵断路器开关柜保护装

置低电压保护逻辑变更，消除熔断器故障低电压保护误动停堆风险。

三门核电有限公司以“自主创新和重点突破”精准发力，作出提升主泵变频器设备可靠性的决策，提高设备本质安全水平，同时也提升了电厂管理效率效益。

（4）坚持长效机制、突出一个“常”字

SPV 设备设计优化工作是一项长期且极具挑战的专项工作，需要在充分论证、保障安全性的基础上，实现常态化、标准化的工作机制。三门核电有限公司充分利用现有管理流程，建立工作会议制度，对 SPV 设备设计优化清单制定长周期工作计划，形成项目建议书、技术审查、项目实施、成果验收和经验反馈的标准化执行流程，加强与成员单位的沟通协作，整合资源，开创专项工作新局面。根据专项工作长周期计划部署，三门核电有限公司正在对 IDS 系统单个熔丝、PMS 系统单个 CIM、九个 SPV 设备排气口电磁阀故障触发停机停堆等相关问题开展系统化的深入研究，通过脱敏、技改和科研等创新措施，持续提升设备可靠性，保障电厂安全、稳定和经济运行。

3. 实施效果

通过有组织、有计划、系统性地实施 SPV 设备设计优化专项工作，实现了 SPV 脱敏工作既定目标，在管理水平、经济效益方面取得了显著成效。为其他同行电厂开展同类工作提供经验，也为中国核电集约化工作开展提供了三门方案。

目前经过 SPV 设备设计优化改进工作后，三门核电有限公司 SPV 设备数量从 731 个减少至 706 个，SPV 数量的减少在提高可靠性的同时，也将大幅度减少电厂管理成本。

九个 SPV 设备设计优化改进后可有效避免三门核电有限公司 428 非停事件，以及山东核电 1019 非停事件（发生于 2022 年 10 月 19 日），按照单次非停损失两天发电量计算，九个 SPV 设备设计优化改进后可产生约 2 500 万元经济效益，经营管理提升效果显著。

3.1.4 新能源集控中心、无人/少人值守场站建设及集约化管理

基本情况	单位名称	中核汇能有限公司
	案例所属专题/领域	提升电厂安全运行可靠性
	类型	☑ 技术优化　□ 管理提升
	主要创造人	谢波、刘蕴华、戴庆民
	参与创造人	刘宇、丁健、赵鹏飞、郑清、李军、邢宏帅、刘炯

案例简介 Case Introduction

中核汇能有限公司新能源场站数量众多，分布广泛，各场站均独立部署电力监控系统。加之场站条件艰苦，缺乏专业信息人员，场站数据孤单、管理繁琐及运维困难等问题突出。自 2019 年开始，中核汇能有限公司借用信息化手段，在各区域公司建设集控中心，实现多个场站重要设备的集中监视与远程控制，打破数据壁垒，充分挖掘数据价值，提升场站运营水平。集控系统充分发挥“人工智能”技术优势，集控监视，智能分析预警，指导场站运检工作，提高电站管理效率。为满足电站“无人值班”的建设要求，在集控系统基础上，继续开展设备健康分析、场站视频接入与分析，以及场站设备智能巡检等高阶应用，有力地提升了集控中心运维能力和管理水平。

案例详细介绍 Detailed introduction to the case

1. 实施背景

为贯彻落实习近平总书记关于“3060”的重要论述、中国核工业集团有限公司有关“落实碳达峰、碳中和战略，加快推进能源革命”指示精神、开展“抓落实年”专项行动，以及中国核电上市公司新能源规范化管理要求，落实提升精细化管理水平，保持行业核心竞争力，

开展以保障发电安全和运行可靠为前提、以设备运维为核心、以实时监测为手段、以经济效益为目标的项目建设。实现生产运行的高效执行、设备监测数据的实时精准呈现，确保设备健康、稳定运行，公司稳定、安全和可持续发展，全面实现降本增效，支撑中国核工业集团有限公司、中国核电新能源“十四五”发展规划圆满落地，推动“碳中和、碳达峰”宏伟目标顺利实现。

自2019年以来，公司进入快速发展阶段。截至2022年12月31日，在运装机1 269.29万kW，其中在运风电418.04万kW，在运光伏831.15万kW，独立储能20.1万kW。在运风电场49个，光伏站155个，独立储能电站2个，地热电站3个。原有发电场站组织方式已经无法满足新发展阶段要求。为实现人员利用最大化，提高生产效率和设备管理水平，实现场站集控监测、统一控制和智慧化运维，中核汇能有限公司安全生产领域按照四个“加快”推进相关工作，即：加快集控中心加快部署、加快区域检修中心设立、加快无人场站的改造、加快生产运维科技手段的应用，取得良好效果。

2. 体系建设

2019年年底中核汇能有限公司编制生效《省级集控中心建设管理导则》作为集控中心建设的指导性文件。2022年，根据公司快速发展实际情况，区域改为省级公司。根据集控中心建设进度，中核汇能有限公司先后制定了《新能源风光场站数据采集规范（试行版）》《新能源区域集控中心建设规范（试行版）》《风光发电设备状态标识管理规范（试行版）》《新能源风光运行生产指标体系规范（试行版）》四项标准及《中核汇能风光场站接入新能源安全生产信息系统（RDCS）技术手册》，内容涵盖集控中心建设流程、系统架构、功能要求、硬件与数据通道、安全防护，以及电站数据采集标准、接入流程、设备状态等，实现了集控建设、电站接入标准化，集控中心“统一规划设计、统一功能定位、统一技术标准、统一运营管控”。

（1）定义

集控中心是指在省级公司建立的，基于计算机、网络设备、通信链路、业务系统及智能设备，对省公司所属多个发电场站电力生产及供应过程进行集中监视和控制的区域中心。具体包括电力数据采集与监控系统、能量管理系统、升压站自动化系统、发电设备自动化系统、电厂计算机监控系统、继电保护和安全自动装置，以及电力调度数据网等。

(2) 指导思想

省级集控中心建设遵照公司信息化整体规划的“整体设计、统一开发、复制推广、分步实施”指导思想有序进行。

1）整体设计：省级集控中心建设由公司整体进行顶层架构设计、平台选型，各省级按照公司整体设计方案开展区域集控中心建设工作。

2）统一开发：省级集控中心建设所涵盖的生产管理、生产信息、集中控制、数据采集和网络建设等内容由公司统一建立标准规范，组织开发。

3）复制推广：省级集控中心建设将优先选取条件较为成熟的省级作为试点，逐步复制推广至其他符合集控中心建设条件的省级，节约开发成本。

4）分步实施：省级集控中心建设将优先开发数据采集、状态判断、指标统计和集中控制等基本功能，分步完善生产信息、生产管理的高阶应用，逐步完成标准化、信息化和智能化建设，进而实现数据互联、业财融合的管理目标。

本项目主要目标是建设新能源的安全生产平台，本平台主要通过大数据及人工智能技术构建的数据中台实现对发电设备及控制信息系统的数据采集汇聚、数据标准治理、数据探索分析、数据共享和数据多维可视化展示。

构建集生产运营管理、运行调度、全面监测、运行管理、运行分析、协调控制、应急指挥、设备管理、计划管理、技术管理、安全管理、综合管理和移动应用管理于一体的数据中心、集控中心及管理中心，最终实现中核汇能有限公司对所管辖各电厂的集约化管理，在降低生产运营及维护成本的同时，通过各类资源优化利用，提高企业的生产效益，全面提升公司生产业务运营水平，增强核心竞争力和综合实力，最终实现新能源的智慧运行及运营模式。

（3）建设条件

1）省级所辖发电场站数量不小于三个。

2）省级所辖发电场站总装机规模大于400 MW。

3）对于省级所辖发电场站总装机规模小于等于400 MW，但所辖发电场站数量较多的省级集控中心建设，报公司单独审查论证。

4）可落实省级集控中心建设资金来源。

5）省级集控中心建设经济性论证符合公司要求，实现降本增效。

（4）集控中心建设分类

1）区域集中监控（A类）

对于满足区域集控中心建设条件且获得所在省电网公司集中控制调度权的区域公司，将省内发电场站生产信息及控制信号数据采集至区域公司集控中心，实现状态判断、指标统计分析、集中监控、故障预警、生产管理和大数据分析应用等功能，并将分析处理的数据传输至公司本部安全生产管理信息中心。

2）区域集中监视（B类）

对于满足区域集控中心建设条件但未获得所在省电网公司集中控制调度权的区域公司，在区域集中监控（A类）的条件下，不采集所辖发电场站控制信号，禁止远程控制，并将分析处理的数据传输至公司本部安全生产管理信息中心。

3）远程访问监视（C类）

对于不满足区域集控中心建设条件的区域公司所辖发电场站，将发电场站生产信息数据采集至公司本部安全生产管理信息平台，区域公司通过远程访问本部安全生产管理信息平台实现状态判断、指标统计分析、集中监视、故障预警、生产管理和大数据分析应用等功能。

（5）集控中心建设子项

集控中心的建设包括以下子项：

1）区域集控系统建设，包括生产控制大区、信息管理大区等相关系统建设。

2）视频监控系统建设，主要包括场站视频数据接入及视频分析系统建设。

3）机房及基础设施建设，包括UPS、装修、监视大屏、机柜、电源和消防等多个子项建设。

4）通信配套设施建设，主要包括电力专线、互联网专线等网络系统建设。

5）网络安全系统建设，包括根据电力二次系统安全防护规定，开展网络建设及配套的流量检测、病毒查杀和态势感知等系统建设。

(6) 集控中心人员配置

区域集中监控（A类）、区域集中监视（B类）需安排运行人员在区域集中监控中心进行现场24 h值班，远程访问监视（C类）无需安排人员在本部安全生产管理信息中心现场值班。

3. 建设进展

中核汇能有限公司以甘肃、新疆为试点，完成了集控中心建设、投运，集控中心整体划分为生产控制大区和信息管理大区，生产控制大区通过部署前置采集服务器与站端采集终端配合，实现电厂“五遥”——遥信、遥测、遥控、遥调和遥视数据接入；信息管理大区由大数据平台服务器、数据库服务器和应用服务器组成，实现电厂数据的集中存储、挖掘、报表和智能化应用等功能；通过部署电力运检平台，实现电厂视频监控的接入及智能化视觉报警应用，利用集控中心和电厂的网络通道实现能量管理平台、功率预测WEB端、调度电话接入集控中心，集控中心实现了“五遥”功能，具备电厂的全面监视、控制和数据分析能力，有效解决电厂信息化水平低等问题，为推进无人值守、少人值守电厂建设，实现智慧运维目标提供坚实基础。

截至2022年年底，新疆、甘肃建设九座区域检修中心，实现23座场站少人值守、无人值班，其中新疆公司哈密朝翔、锦城、益鑫、天宏四座光伏电站实现无人值守；落实集团公司内部资源共享要求，新疆公司墨玉20 MW光伏电站创建集团公司内运维合作典范。

4. 功能介绍

(1) 生产控制大区

实时监视、远程设备控制及智能综合报警功能，包括监控总览、综合智能报警、风机集中监控、场站监控、升压站监控和关键参数监控等功能，如图 3-16 所示。

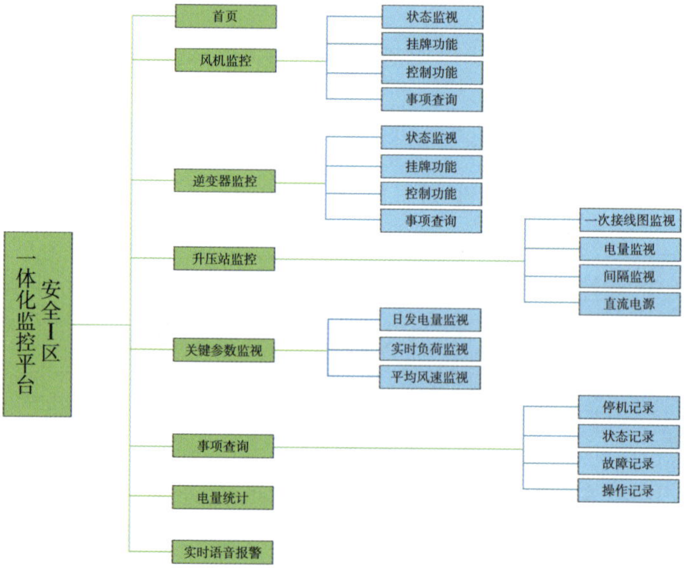

图 3-16　安全Ⅰ区一体化监控平台

1）场站监视

集控中心目前接入场站“五遥”数据达到 75 万余点位，能够监视场站运行情况，并对电压、电流、设备发电状态、开关状态和发电情况等实时监视。

2）升压站监控

各场站一次接线图、开关状态、整站运行情况，安全校核下的安全操作。

3）风机、逆变器监控

风机、逆变器设备整体监视、状态标识操作、设备控制及运行情况等。

(2) 管理信息大区

管理区基于边平台技术，实现集控中心数据分析与数据发布，功能包括总概览、实时监视、综合适用报警、指标分析、异常分析、统计分析和智能报表等，如图 3-17 所示。

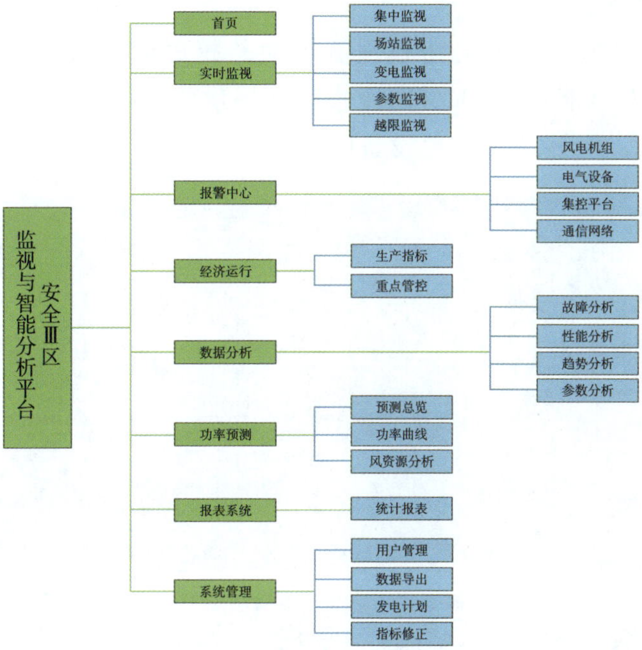

图 3-17 安全Ⅲ区监视与智能分析平台

1）场站监视

各发电厂的基础信息、电量信息、发电信息和风机运行信息等重要关键指标信息，单个场站的风机和逆变器状态、发电量、运营指标（损失电量占比、风机各状态时长占比）的全方位、精细化监视。

2）智慧运维

包含机组性能分析、风资源分析和故障分析等，基于设备自身历史数据及相似工况设备聚类对比，以及定义的标杆设备对比，能够对各设备的运行情况全面分析和对标，找出存在故障、效率低的设备等，一方面使值班人员从海量设备中快速定位有问题的设备；另一方面使分析人员全面掌握设备的运行态势，为其掌握电站、设备的整体运行情况提供重要的数据支撑。同时结合北京云平台大数据进一步分析，提高生产效率和设备管理水平。

3）报警中心

停机记录、故障记录和操作记录等报警功能，结合电力运检辅助平台实现“警—视”联动，实现智能报警功能。

4）功率预测

如图 3-18 所示，采集功率预测短期及超短期结果数据，能够预测未来七天的发电能力，① 对现检修计划提供指导；② 为电力交易提供数据支撑；③ 能够及时发现设备问题。

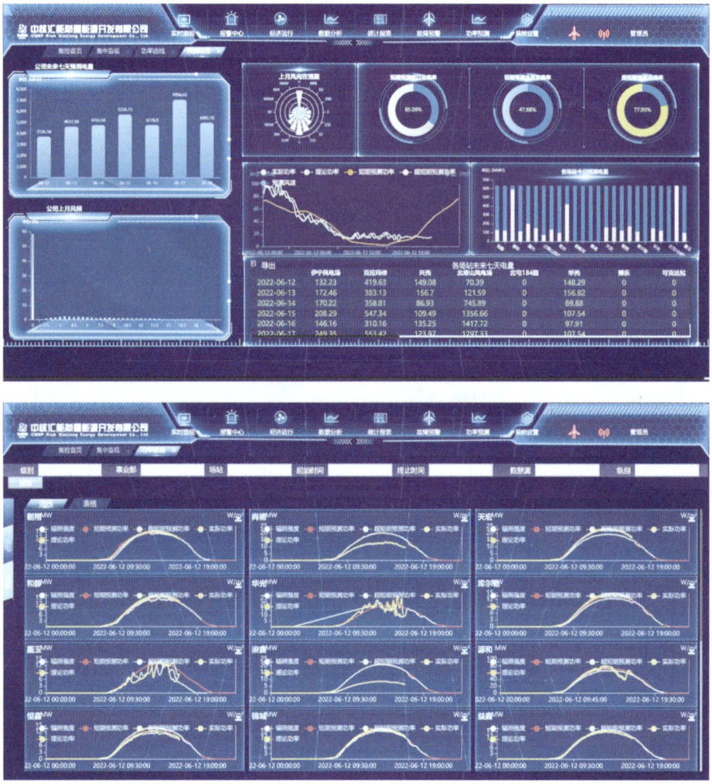

图 3-18　功率预测界面

5）电力运检辅助平台

摄像头监测功能，实现智能报警功能。

5. 集控中心作用

(1) 数据分析

依托集控平台对省级公司所有场站运行指标数据对比分析，查缺补漏，弥补短板。

（2）故障预警

实现各设备异常分析，包括故障预警、超限告警及异常参数预警，提前把控设备健康度。

（3）远程指挥

通过集控平台对各场站实现设备故障、告警远程调度周期性处理及事故应急远程指挥。

（4）无人值守

利用集控中心系统将风/光场站接入，实现场站“无人值守、少人值守、远方调度、统一指挥”。

6. 集控中心成效和效益

（1）集控中心通常按 5 班 3 倒制，每班配置 3～4 人（包括 1 名值长、1～2 名运行/检修主值、1～2 名运行/检修值班员），较传统模式每千瓦运维人员降低至 0.91 人，人员配置得到最大程度优化。现场将侧重点放在设备治理、巡视、消缺，而集控中心的侧重点放在设备监控、预警、数据统计与分析，发现隐患及时告知现场排查，形成数据统一、集中分析、集中调度和集中发布的配给关系。

（2）集控中心全方面统筹管理，对各区域工作、物资、人员合理分配，极大地为公司减少支出成本及不必要的浪费。

（3）千里眼、顺风耳：调度电话、视频监控接入集控中心，实现集中调度、在线巡视、安全生产风险全方位管控；

（4）以集控中心为载体，目前开展“无人值守”场站 4 座，“少人值守”场站 19 座，以“无人值班、少人值守、区域检修”的科学管理模式，实现生产运维模式优化，降低运行维护成本，提升新能源场站综合管理水平，同时强化精细化管理水平，提高劳动生产率，提升员工幸福感和满足感。

（5）通过“集控中心＋区域运维”集约化生产模式，新疆、甘肃公司运维人员分别减少 50 人和 75 人，每年可节约人工成本 2 500 万元［按 20 万/（人·年）计算］。

3.1.5 创新构建核安全文化建设“PIM”持续改进机制

基本情况	单位名称	江苏核电有限公司
	案例所属专题/领域	提升核电厂安全运行可靠性
	类型	☐ 技术优化　☑ 管理提升
	主要创造人	谢佳志、毛志新、高星
	参与创造人	成爱华、郭浩、金蓉、雷刚、王宇浩、赵忠原

案例简介 Case Introduction

安全是核工业的生命线，核安全文化则是核能行业安全发展的生命源泉。习近平总书记曾指出“法治意识、忧患意识、自律意识、协作意识是核安全文化的核心，要贯穿到每位从业人员的思想和行动中，使他们知其责、尽其职”。多年来，核安全文化一直是公司年度重点工作任务之一，为了克服传统的宣教式、活动式、运动式开展核安全文化建设存在的体系化、持续性和针对性等方面的不足，江苏核电开展了全面的探索和实践。在全面借鉴国内外行业核安全文化建设成果、总结电厂核安全文化推进工作经验的基础上，公司核安全处提炼形成了“计划一实施一监测（PIM）”核安全文化持续改进机制，通过制定科学有效的核安全文化建设规划与年度计划，采取将核安全文化与公司业务紧密相融的行动，并开展多维度的核安全文化监测举措，为公司安全管理工作提升作出显著贡献。相关工作实践受到行业的广泛认可，荣获 2021 年中国核能行业协会授予的“2021 年度核安全文化建设优秀成果”和 2022 年中国电力设备管理协会授予的“安全文化精品工程”荣誉称号。

案例详细介绍 Detailed introduction to the case

1. 实施背景

通常来说，由于核安全文化本身是一个抽象概念，受组织内、外部因素影响，行业中各核电组织的核安全文化建设水平存在着差异，部分事件仍体现出相关组织核安全文化存在弱化的情况。部分组织和单位在核安全文化建设方面还存在着误区和困惑，常见的表现有：认为核安全文化建设是短期任务，主要就是培训和宣传活动；认为核安全文化是归口部门的职责，缺少高层领导的关注；核安全文化局限于口号，缺少标准和要求，各层级人员不清楚具体应该怎么做。怎样高水平开展安全文化建设，成为各电厂亟待解决的问题。

江苏核电有限公司总结和提炼了国内外安全文化建设相关工作经验，对行业广泛适用的、标准化的安全文化工作准则和方法进行研究和探索，化无形为有形，构建了以总体目标、保障机制和工作计划为三个抓手的核安全文化建设体系，建立实施了安全文化“计划—实施—监测（PIM）”工作模型，推动核安全文化水平改进，为保证公司安全科学发展奠定文化基石。

2. 主要做法

核安全文化建设不是一蹴而就的，应不断结合行业发展和电厂实际工作，不断完善核安全文化推进方式和方法。公司依托现有安全文化体系，经过长期的探索和总结，逐步形成“计划—实施—监测（PIM）”安全文化持续改进机制（图 3-19），将安全文化建设的关键要素提炼出来，并有机结合形成工作体系，进而有力地推进电站安全文化水平不断提升。

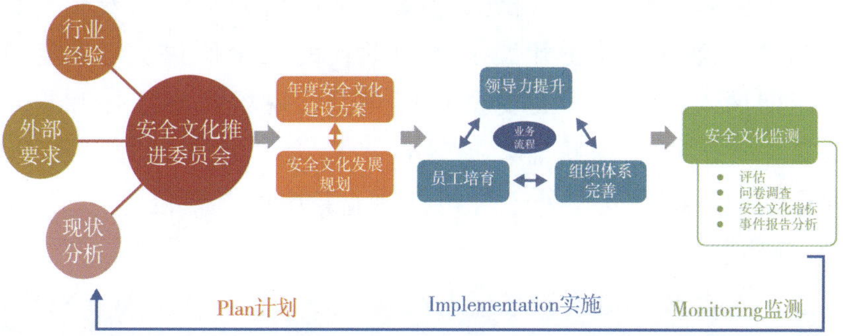

图 3-19 “计划—实施—监测（PIM）”安全文化持续改进机制

（1）计划

公司以核安全文化推进委员会为负责机构，根据行业经验、外部要求及核安全文化监测中的监测结果，全面审查评估公司核安全文化现状与问题，明确当前核安全文化建设方案重点工作任务。为保证核安全文化推进的长期性和持续性，公司统筹规划，同时做到全面承接上级单位要求和中长期公司发展目标，制定《田湾核电站核安全文化提升三年行动方案》。每年公司综合核安全文化提升中长期规划和当前核安全文化改进重点任务，组织制定年度核安全文化实施方案，细化分解具体推进举措。通过上述方式建立起中长期规划、阶段性计划和当前重点工作任务的有机结合，在确保方向一致的基础上，能够更加灵活、有效地开展安全文化推进活动。同时，也让广大员工更加容易理解公司开展安全文化建设的工作思路和目标。

（2）实施

为了确保核安全文化推进工作的有效性，公司依托已完成核安全文化规划、计划，参照 IAEA 安全文化建设体系，建立了决策层、管理层和执行层的自上而下的安全文化建设体系，着力于根据不同员工工作岗位特点开展全方位安全文化能力建设。

1）决策层

电站高层领导是安全文化建设的根源，公司党委、总经理部领导高度重视安全文化建设，提出了决策层安全承诺，并以安全政策声明的方式进行发布，同时，为有效贯彻落实安全承诺，公司组织构建了完善的组织体系，建立了以核安全文化委员会为核心的安全文化保障组织与制度。公司领导还开展了多种形式的安全研讨、学习与宣贯活动，并定期深入一线，开展安全管理交流、现场观察指导和重点任务跟踪等工作，了解现场状态，指导员工行为，为员工树立安全榜样，强化安全期望，确保安全处于公司各项业务中的首要位置。

2）管理层

为了深入提升公司关键岗位人员领导力水平，结合 WANO 发布的《有效领导力特征》导则和其他相关成果材料，公司开发了《核安全文化与领导力》手册，向广大员工宣贯管理期望，介绍领导力相关知识和培育方法。同时，公司定期开展值长核职业领导力和管理者职业管理培训课程，每年开展多批次的培训活动，做到值长全覆盖、科级及以上级别管理者全覆盖，同时面向部分班组长也开展同类培训活动，推动领导力相关管理期望和知识在公司内部深入推广。

3）执行层

围绕已发布的核安全相关期望与标准，公司一方面通过安全培训，专项培训，海报、手册和视频等多平台的宣传等举措，让相关理念和要求在组织内得到充分传播；另一方面，在“说到”的基础上，更要在业务流程、规章制度和管理者以身作则等方面体现这些理念要求，即“说到做到”，也只有这样，广大员工才能够真正理解、认同并践行组织的安全文化期望。在此基础上，电站通过安全嘉奖、评比竞赛等正向激励措施，强化良好行为；通过警示教育、惩处等措施，约束和去除不良行为。对员工的行为表现，由各级管理者在现场对员工作业行为进行观察指导；同时，公司通过同行评估、现场观察、事件报告的渠道进行人员行为绩效状态总结分析，并据此调整工作举措，实施针对性改进行动。通过上述多渠道、多形式的安全文化培育与指导机制，员工的安全文化培育工作克服了以往仅采取培训、宣传等传统静态、单向输入举措的问题，实现了隐性与显性渠道并举、多种形式结合、动态反馈调整的良好培育机制。

为了克服灌输式安全文化宣传教育的效果渐渐弱化的问题，公司建设投用了核安全文化宣教室，如图 3-20 所示，通过互动教育、震撼教育和集中学习的方式，有效推进了公司员工对核安全文化期望的认同，坚定了员工积极践行安全文化理念的决心。

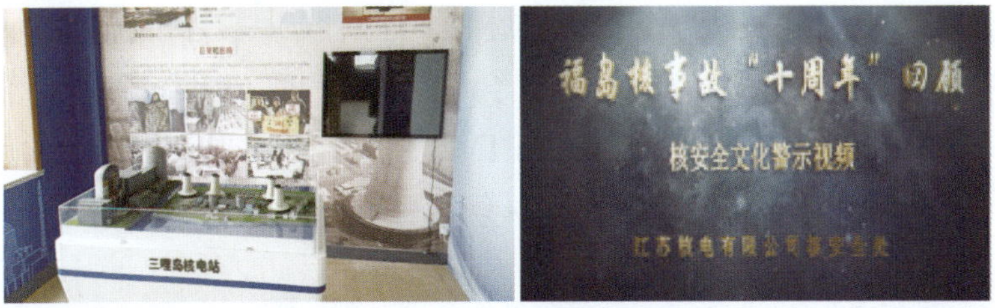

图 3-20　核安全文化宣教室

（3）监测

田湾核电站主要开展了多种类型的安全文化监测工作，将定期监测与持续监测举措相结合、全范围监测与聚焦监测相补充，以便及时发现安全文化出现的征兆和趋势。公司每年以《卓越核安全文化十大原则》为参照标准，组织开展一次安全文化调查问卷活动，每三年组织开展一次安全文化同行评估活动；为了实现对安全文化的持续监测，田湾核电站在国内首创开发了安全文化监测指标体系，对状态报告数据反映出的核安全问题开展分析评价工作；公司每季度从不同组织层面、时间维度和要素维度开展分析评价工作，进而对公司、领域和处室的核安全文化状态和发展趋势实现持续性、定量化趋势分析，在低级别演变成严重事件、事故之前识别文化和管理的不足，及时采取纠正措施。

3. 实施效果

通过化无形为有形，公司不断完善安全文化建设体系，打造安全文化“PIM”持续改进机制，公司在运机组 WANO（世界核电运营者协会）性能指标逐年提升并持续位居世界前列，田湾核电站 1～4 机组的 WANO 综合指数在全世界范围及 VVER 机组范围均到达首位，1 号机组连续四年、2 号机组连续六年、3/4 号机组连续两年排名第一；新建机组陆续投入商业运行，并保持安全稳定运行状态，相关成就获得国际认可，2021 年 WANO 莫斯科中心授予了公司卓越管理奖和突出贡献奖。公司安全文化建设也获得了多方肯定，2020 年公司荣获安监总局颁发的“安全文化建设示范基地”称号及中国企业文化研究会颁发的“十三五”中国企业文化建设优秀单位，2021 年公司《核电厂安全文化建设及持续改进工作机制的探索与实践》被中国核能行业协会“2021 年安全文化建设经验交流大会”评为优秀成果，2022 年公司荣获全国企业文化最佳实践企业，“PIM”工作实践受到了电力行业的广泛认可，荣获中国电力设备管理协会授予的“安全文化精品工程”荣誉称号。

3.1.6 开展全过程辐射防护动态区域管理，提升辐射本质安全以及人员防护

基本情况	单位名称	江苏核电有限公司
	案例所属专题/领域	提升核电厂安全运行 可靠性专项
	类型	□技术优化 ☑ 管理提升
	主要创造人	程开喜、赵喜寰、易柏元
	参与创造人	董海斌、代婉金、李中华、李泽祥、李彦军、周勋、赵鸿翮

案例简介 Case Introduction

江苏核电结合中国核电安全生产专项整治三年行动，运用系统思维，统筹机组运行全寿期，以本质安全和人员防护为目标，在电厂实践全过程中，从时间和空间两个维度出发，形成一种“主动防护前端管控，被动防护后端监督”的积极防护理念，建立基于辐射防护动态区域的精细化安全管理，具体以“计划”“辐射”“作业”“人员”“物项”五大管控要素为抓手，保护电厂人员在实践过程中免受或少受辐射影响，进一步提升电厂安全管理水平，通过在大修中实践应用，成效显著，实现了机组大修集体剂量的进一步降低，确保了个人辐射安全受控，具体体现在近三年大修集体剂量控制指标全部达到中国核电三星标准，其中1、2号机组分别创造1号机组历次A类大修最优纪录和国内机组除首修外A类大修最优纪录，5、6号机组连续刷新国内同堆型机组首修集体剂量最优纪录等。同时该案例已完成对俄罗斯发明专利授权一项，国家发明专利授权一项、受理三项，国家实用新型专利授权两项、受理三项，并已顺利通过中国核能行业协会团体标准一篇。

案例详细介绍 Detailed introduction to the case

1. 实施背景

(1) 落实国家对核工业“安全发展、创新发展”的指示精神

2015年1月15日，习近平总书记在对核工业和集团公司的重要指示批示中指出，要坚持安全发展、创新发展。2021年5月19日，习近平总书记在中俄核能合作项目开工仪式上提出三点希望，再次强调要坚持安全第一、创新驱动，要打造核安全领域全球标杆。核电站辐射防护管控最终目标是确保人的辐射安全。通过技术手段与管理手段结合，将辐射防护先进管理理念融入到机组设计、建造、运行全寿期，提升人员主动防护意识，促使所有人员主动实施辐射防护措施，才能构筑起最坚固的防护堡垒。

(2) 应对核电行业辐射防护管理的新需求

集体剂量是核电安全状态指标之一，同时也是世界核电运营者协会（WANO）性能指标之一。它体现了核电机组的运行、维修和安全的综合管理水平，持续优化集体剂量指标也是每个核电厂追求的目标。随着中国核电事业的高速发展，核电运行机组数量持续增加，大修次数不断增多，人员、设备和环境等相关复杂因素交织风险增加，大修集体剂量控制面临新的挑战。对比国内39台运行机组，田湾核电站1～4号机组近5年的集体剂量平均值排名分别为第12、第3、第7和第4位；对比全球37台VVER－1000机组，田湾核电站1～4号机组近5年的集体剂量平均值排名分别为第14、第5、第9和第7位，集体剂量排名处于中等偏上水平。江苏核电有限公司在安全运行31堆·年的基础上总结提炼，开创性地提出“辐射防护动态区域精细化安全管理方法”，通过五大管控要素，从时间、空间两个维度共同发力，实现大修集体剂量管控成效全面全方位突破。

(3) 坚持生态优先、绿色发展的需要

从党的十八大报告到十九大报告，从《习近平谈治国理政》的重要论述到《习近平关于社会主义生态文明建设的重要论述》都强调了“生态文明建设是关系中华民族永续发展的根本大计”，核电作为清洁

能源，一直坚持生态优先绿色低碳发展的理念，坚持绿水青山就是金山银山，积极贯彻落实习近平总书记关于生态文明建设的总方针。江苏核电有限公司从提升电厂辐射防护本质安全出发，确保核电厂绿色能源安全稳定运行，助力“双碳”目标落实，提升应对气候变化的能力建设，为核电的绿色发展提供保障。

2. 主要做法

运用系统思维，统筹机组运行全寿期，以本质安全和人员防护为目标，在电厂实践全过程中，从时间和空间两个维度出发，形成一种“主动防护前端管控，被动防护后端监督”的积极防护理念，建立基于辐射防护动态区域的精细化安全管理，以“计划管控”“辐射管控”“作业管控”“人员管控”“物项管控”五大管控要素为抓手，充分考虑“时间”“空间”两个管控维度上的主动防护与被动防护，确保实现“集体剂量最优化”这一目标，最终目的是提升电站本质安全，保护电厂人员在实践过程中免受或少受辐射影响，进一步提升电厂精细化安全管理水平。

（1）明确管控需求，构建辐射防护动态区域精细化安全管理体系

1）提出全过程动态区域精细化管理思路

如图 3-21 所示，在全过程动态区域管理中需充分考虑时间和空间两个维度，结合在实践过程中的主动防护与被动防护方法，从核电厂设计建造、正常运行、停堆检修及退役等阶段充分考虑前端主动预防控制辐射源项的产生、后端积极防护强化监督管理的落实，按照“主动防护优先管控，被动防护强化监督”的防护原则，系统全面地进行动态辐射影响分析、动态区域最优化措施制定和实施评价，落实集体剂量最优化的控制目标，最终提升现场辐射状态的本质安全。

2）识别“5”大管控要素

在现场辐射防护的具体实践过程中，主动防护和被动防护作为贯穿整个全过程动态区域管理的两种阶段性防护原则。主动防护是指在机组设计建造、功率运行、退役时利用系统自身生物屏蔽、设备材质、辐射分区、净化冲洗和去污等方式减少放射性的产生或降低作业位置的辐射水平，提升辐射防护过程中的本质安全。被动防护是指对现场

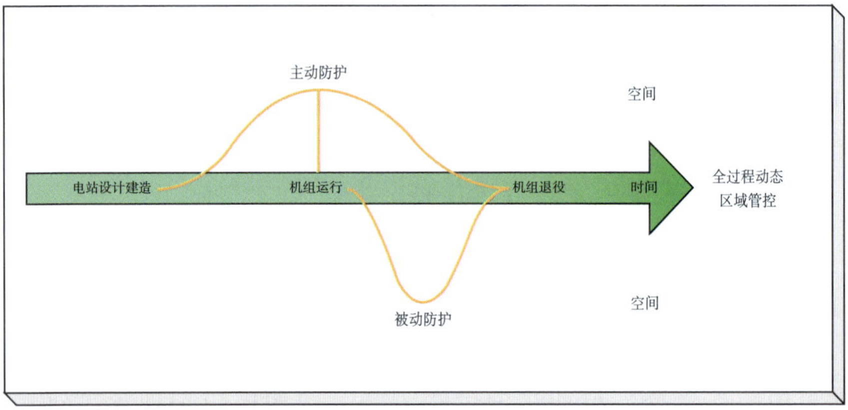

图 3-21　田湾核电站辐射防护全过程动态区域管理图示

已存在的辐射影响，通过搭设屏蔽、检修部件去污、优化作业方案和穿戴防护用品等措施进行集体剂量最优化控制。措施的具体设计和实施则是以“计划管控”“辐射管控”“作业管控”“人员管控”“物项管控”五大管控要素为抓手，对主动防护和被动防护进行精细化划分并制定对策，最终实现集体剂量最优化目标，提升现场本质辐射安全。

3）梳理“2”个管控维度

机组在设计制造、功率运行、换料大修、调停检修和机组退役等过程中，机组状态随着时间推移不断变化，现场某一区域内的辐射水平也存在动态变化，因此时间维度是辐射防护管理的重要要素之一。在机组状态变化过程中，对于某一空间区域内的作业需考虑辐射水平的动态变化，并采取一系列主动与被动的防护措施。通过时间和空间两个维度，围绕集体剂量最优化目标，实现动态化、区域化和精细化的辐射防护管理。

4）明确“1”个管控目标

《电离辐射防护与辐射源安全基本标准》（GB 18871—2002）中明确提出对人员剂量限值的控制要求，针对核电行业，辐射防护的最终目标是确保人的辐射安全，在实际管理过程中，量化的管控指标为人员辐射剂量限值，电厂整体的辐射防护控制量化管控指标则为集体剂量。集体剂量最优化可以直观量化展现出电厂辐射防护管理效果，也能在一定程度上体现出电厂辐射安全的水平。针对电厂各项作业活动制定集体剂量限值，明确集体剂量最优化目标为辐射防护管控目标，实施精细化辐射安全管理。

“5·2·1”辐射防护动态区域精细化安全管理框架如图 3-22 所示。

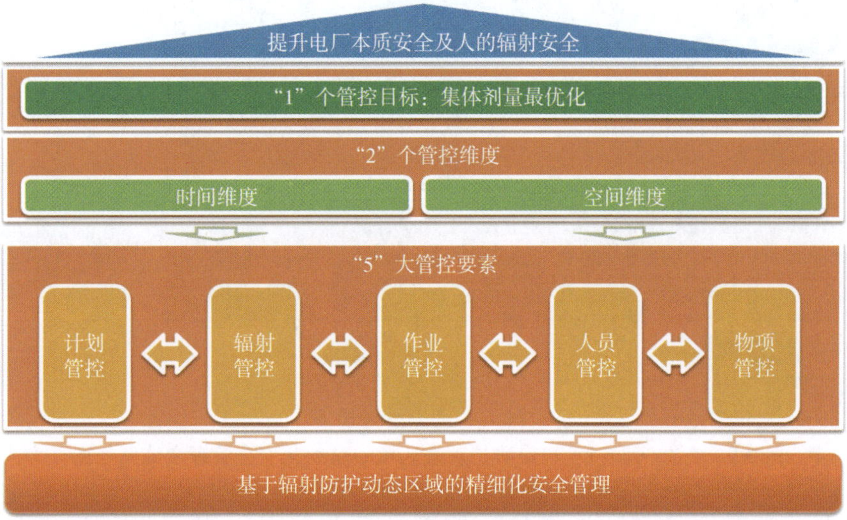

图 3-22　“5·2·1”辐射防护动态区域精细化安全管理框架

(2) 确定管控原则，完善管理体系内容

通过 5 个要素实现对现场作业的精细化管理，统筹考虑主动防护与被动防护，以及作业在时间和空间方面随辐射状态变化的干涉效应，充分应用“主动防护优先管控，被动防护强化监督”原则，对各项检修作业的辐射风险进行分级，针对不同的辐射风险等级采取不同的管理要求和手段，建立动态区域化管控边界，从辐射管控角度将各项工作“就近集中分区域”进行精细化管理，推动实现集体剂量的最优化管控目标。

“5·2·1”辐射防护动态区域的精细化安全管理实施路径如图 3-23 所示。

1）计划管控

分析区域内作业项目及时间窗口、作业实施步骤、作业相互干涉等引入的辐射影响，参与作业计划制定，针对重要风险作业进行预先推演，围绕“人的辐射安全”这一管理重心，对管控措施及作业实施

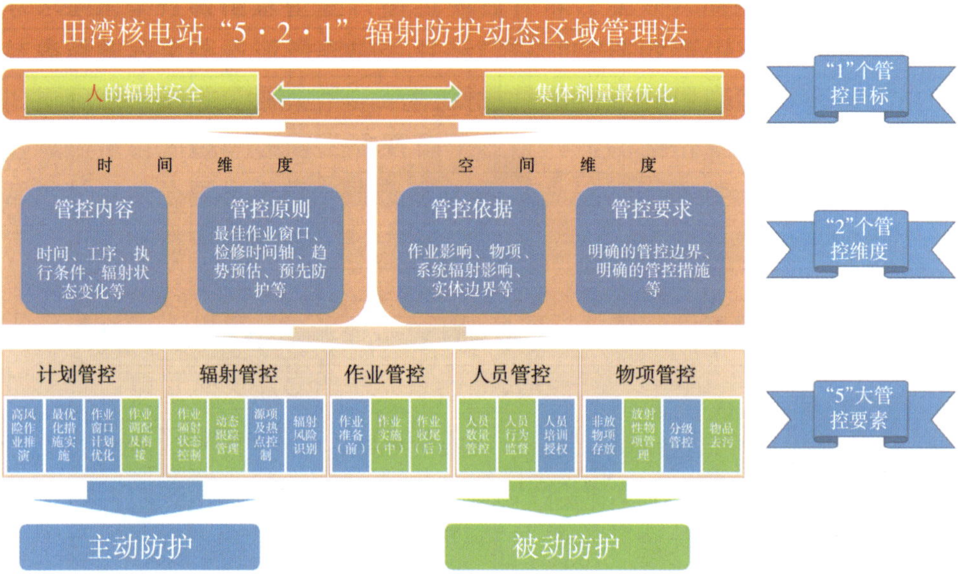

图 3-23　“5·2·1”辐射防护动态区域的精细化安全管理实施路径图

计划进行辐射评价和防护指导，按照“预先干预、预先防护”的原则，在作业计划中融入精细化辐射管控思想，促使方案、计划制定过程中融入辐射防护最优化思考。

2）辐射管控

按照“主动防护优先管控，被动防护强化监督”的精细化管控原则，进行现场辐射源项的预先识别、影响分析和提前控制。通过冲洗、净化、容器充注、屏蔽和去污等主动防护和被动防护的方案制定、实施、动态跟踪控制和评价进行精细化管理，建立动态辐射边界，对现场辐射状态进行动态区域管理，将现场环境对作业人员的辐射影响降到尽可能小。

3）作业管控

检修作业的准备、实施、收尾及经验反馈全过程进行管控，保证辐射防护措施有效实施，并实时验证和评价。以程序文件、作业方案为基础，结合主动防护和被动防护原则，利用辐射工作许可证分级制度进行辐射工作的动态区域管理。

4）人员管控

对作业人员的技能、行为及人数控制方面进行管控，在管控过程中通过将辐射防护思想融入作业班组，实现逐步提升和强化所有作业人员的辐射防护意识和自我防护技能、建立基于每位现场作业人员的辐射防护堡垒的目的，确保各项动态区域管理措施的准确落实。

5）物项管控

围绕降低对区域内所有人员的辐射影响这一原则，对现场检修作业实施期间相关物项的存放、转移、使用和辐射水平控制等进行管控。大修期间高放射性物品及设备较多，这些物项所带来的辐射影响及辐射风险均不可忽视，其收集、暂存、转移和去污均需纳入到辐射管理之中，形成完整、统筹的闭环管理。

（3）深入理解管理需求，充分应用防护原则

为实现检修作业辐射水平控制的标准化、规范化，达到全方位、全过程、全参与、全覆盖管理的目标，针对现场区域内动态辐射水平的前端主动预防及作业过程后端的被动防护强化监督，着眼全局，对电厂实践全过程时间及空间上的动态辐射水平状态和工作任务进行统筹考虑。

1）以辐射为源头，积极主动防护

集体剂量控制主要影响因素之一是现场的辐射场分布，在某一区域内需重点考虑该辐射场对人员的受照影响，提前制定主动防护计划，同时利用可视化手段对人员进行提醒。

（a）提前规划已知源项控制方案。对历史已知的源项辐射场采取控制措施，编制大修源项控制及最优化方案，有效降低区域辐射水平。具体控制措施包括但不局限于源项净化、冲洗、去污和屏蔽等。

（b）及时实施新发现源项控制措施。对巡测过程中发现的新辐射源，需明确其影响边界并进行临时隔离管控。优先考虑通过技术手段消除或转移辐射源，同时利用屏蔽措施降低辐射源对周围区域的影响。

（c）建立动态可视化智能辐射隔离边界。对辐射场影响区域进行可视化的识别和提醒。主要方式有可视化隔离边界、可移动模块式远程连续监测警示装置及其他警示装置，建立明确清晰的可视化辐射边

界，加强巡测或连续监测，持续跟踪辐射状态变化，动态调整控制边界，确保辐射边界满足辐射控制标准。

2）以计划为指引，确立任务目标

（a）做好区域工作任务计划的纵深管理。通过对区域内所有辐射作业进行梳理，统筹考虑区域内辐射工作的计划安排，识别出对辐射防护影响较大的作业并对其优先级进行排序，同时考虑不同类型作业之间的相互交叉影响，通过合理的计划安排将该影响降到最低，将辐射防护最优化理念融入到计划安排工作中，避免因计划不充分导致返工、额外辐射影响或重复性工作的发生。

（b）做好区域辐射水平控制计划的全局管控。按照机组状态及检修作业顺序安排，对不同最优化控制措施的实施节点进行计划安排，确保所有的最优化措施均能得到有效的实施。例如，大修前与各检修班组召开源项控制专项组会议和集体剂量控制小组会，梳理源项控制和集体剂量控制措施，议定的控制措施录入管理行动和大修计划进行跟踪管控，制订大修最优化措施实施计划并逐项跟踪反馈。

（c）做好桌面推演对计划管理的合理性验证。对重要高风险作业内容进行集中桌面推演，综合不同角度和因素验证计划安排的合理性，以及拟定的控制措施是否能得到有效落实，面对准备不充分或风险识别不到位现象及时查漏补缺，确保作业实施期间辐射风险管控到位、防护有效、执行精准。

3）以作业为核心，确立动态跟踪

（a）深度参与前端准备。辐射防护人员深度参与作业前期管控，对作业方案编制审核、检修相关文件制定升版、制定最优化措施清单、辐射许可审批、应急预案制定和辐射风险预估等过程提供充分的辐射防护技术指导。

（b）统筹管控防护落实。提前核实作业区域辐射状态，跟踪系统或设备净化、冲洗和充注等主动防护措施实施，监督推进屏蔽、去污、人员附加防护用品穿戴等被动防护计划和要求的落实，进一步提升工作负责人班组辐射安全管控责任意识。

（c）独立验证作业执行。对工前会、作业方案、文件、辐射工作许可和最优化措施等防护要求及措施的落实情况，以及班组协调、辐射状态管控等情况进行独立跟踪验证。

（d）督促完善完工收尾。作业完工后，在做好作业区域辐射状态验收之外，督促班组进行专项作业经验反馈及总结、改进优化措施整理等工作。

（e）总结归纳优化方向。针对改进优化措施，着重工器具改进优化、检修工具自动化和检修技术升级等技术方面的考虑和指引，指导班组从根本上提高检修效率，缩短作业时间，优化集体剂量控制效果。

4）以人员为主体，确立要素落实

人作为作业主体，其最终所受辐射剂量取决于所在空间的辐射场大小和在这个空间辐射场中停留的时间。人员管控首先是减少非必要人员在高辐射区域的停留时间，随着区域辐射场的动态变化采取不同的人员管控措施。

（a）培训授权分级化管控。人员培训、技能验证和辐射防护授权基于相应人员执行的具体检修工作进行分级，超高风险作业班组成员实施单项授权，针对性地确保作业人员技能满足现场辐射防护要求，最终实现减少人员作业时间的目标。

（b）作业人员区域化管控。针对不同辐射风险，分级建立动态管控区域，制定明确的区域化人员管控标准及授权要求，并指定区域管控责任人负责区域人员管控和技术支持，在保证人员防护的条件下提高检修作业效率。

（c）作业人数最优化管控。通过作业过程中的对比实践，确定标准作业人数，在保证作业检修质量的前提下实现尽可能少的人数参与作业，从而达到对人员剂量的控制。

（d）待命区域动态化管控。对于非检修人员及辅助人员，根据现场实时辐射状态指定明确待命区域，明确允许活动范围。在建立标准化低剂量等待区的基础上，针对专项作业设置临时低剂量等待区并补充相关配置，提升人员主动防护的便利性和主动性。

5）以物项为载体，确立规划路线

物项的管控实时影响着作业区域的环境辐射状态变化，也是大修期间除系统固有辐射影响以外最主要的辐射影响来源，需要给予足够重视。

(a) 动态跟踪辐射物项产生。随着检修作业计划的开展，一些高辐射水平的放射性物项会直接导致周围的辐射水平升高，对周围人员产生一定影响。故在作业前应对其存放位置的选择进行充分考虑，同时利用屏蔽和去污等方式进行进一步减少对周围空间辐射场的影响。

(b) 统筹规划高放物项转运。对于高放射性物项的转运需提前编制转运方案，规划转运路线，缩短转运时间，提前识别转运过程中对途经人员及仪表的影响，必要时采取临时隔离和管控措施，尽量避免因放射性物项转运对所经区域的人员和仪表设备造成影响。

(c) 合理实施作业物项去污。高放射性物项检修前考虑对该物项进行去污，降低人员辐射影响，根据检修时长、物项辐射水平等实际情况采取简单擦拭、人工清洗、超声去污和化学去污等合理的去污措施。

(d) 及时进行污染工具更换。作业过程中使用的放射性工器具需定期进行测量，非放射性工具使用要做好污染防护，减少交叉污染的风险；放射性工器具污染水平较高时及时去污或更换。

(4) 实际案例分析指引，推动动态区域精细化管理优化提升

在田湾核电站反应堆厂房某一高剂量率房间内，如图 3-24 所示，部分阀门检修作业已全面开展，前期通过在线冲洗和定点屏蔽等方式已将该房间内的放射性辐射水平降低至原来的 20%，但由于其他检修作业向该房间地坑排水，导致辐射水平剧增 300%，造成检修班组无法在集体剂量控制目标内完成该项工作。

通过对该案例的总结分析，首先从计划管控上未识别出该区域不同作业之间的干涉效应，未从辐射管控角度考虑外来辐射源的进行一步管控。

对该房间进行动态区域管理，从时间维度考虑不同状态下辐射水平存在动态变化，利用主动防护尽可能降低区域空间内的辐射源项强度，使人员在剂量率较低的条件下作业，同时考虑在该空间区域内利用被动防护约束检修计划制订，作业过程中对人员进行区域管控，规

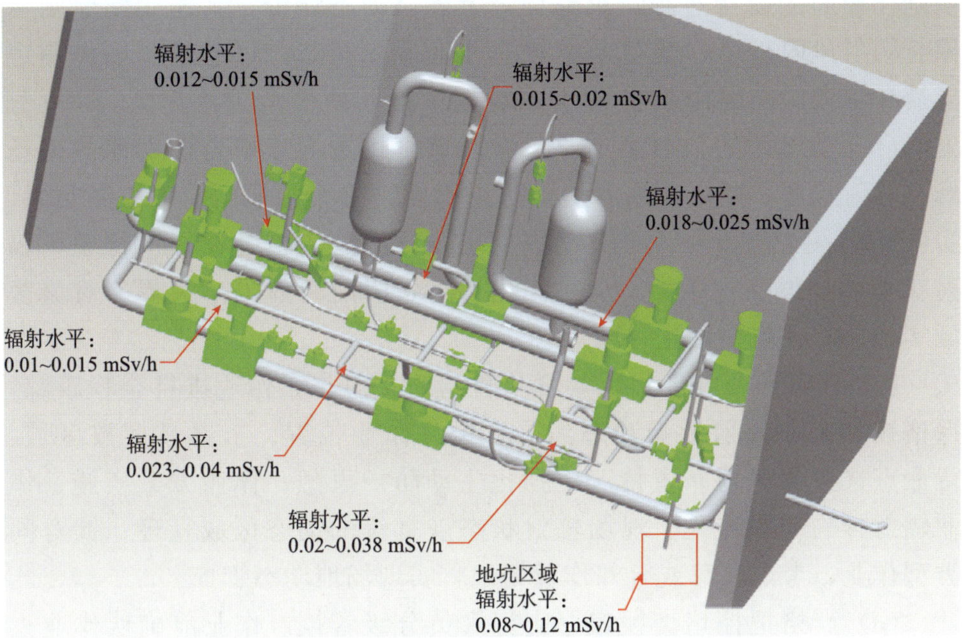

图 3-24　高剂量区域房间作业三维图

范作业过程人员防护及物项控制，实现该项作业的集体剂量最优化。

按照辐射防护动态区域精细化安全管理对该房间内辐射作业管控进行优化，具体步骤如下：

1）制定专项作业集体剂量管控目标

根据作业期间预期的场所剂量率预估整项工作所需个人剂量与集体剂量，制定明确的剂量限值。

2）识别作业管控要素及管控边界

梳理该区域内所有检修作业，以及作业产生的影响涉及该区域的检修作业，分析各项检修作业结束后的最终状态及产生的辐射影响、作业间的干涉影响，识别出需要进行针对性管控的作业步骤、作业辐射影响，明确作业间的管控边界，建立时间、空间两个维度上的管理框架。

3）结合“5”大管控要素制定针对性动态区域管理措施

（a）全面梳理辐射影响，实施防护计划管控。根据作业的辐射影响及干涉影响，明确各项作业及辐射控制措施实施的时间窗口，参与制定作业实施计划、作业方案、辐射控制实施计划及辐射控制方案，明确作业间的衔接过程，跟踪计划实施，动态评价。具体实施原则为原有辐射风险较低、辐射影响较小作业优先执行；可通过明确作业边界避免干涉影响的作业方可同步执行。

（b）动态评估辐射源项，建立区域管控边界。预先识别评估现场既有辐射来源，制定前端主动预防源项控制方案；根据前端控制结果，实施屏蔽、隔离和去污等被动辐射控制；作业实施全过程进行现场辐射状态实时跟踪、评价，及时优化；建立明确辐射隔离边界，对该区域实施动态区域精细化管理。

（c）跟踪监督作业过程，强化班组防护思想。作业进行全程跟踪，严格控制作业辐射影响动态边界。关注作业位置、工器具摆放区域、待命点选择和场地布置情况，强化主动防护思想；作业方案实施、作业辐射影响动态变化、现场辐射状态恢复等的动态区域管理；针对同类型作业，考虑转移或合并作业场地，实现场地动态管控。

（d）严格把控培训授权，实行人员分级管控。作业前确认作业人员岗位授权情况，超高风险作业单独授权；作业期间明确各步骤人员数量，根据作业风险动态分级管控；监督人员防护措施落实、人员作业行为，确保计划、方案落实到位。

（e）统筹规划物项管控，落实物项精细管理。预估作业涉及物项，提前规划物项存放区域，放射性物项分级管理，提前准备屏蔽、去污等辐射控制材料；作业期间关注物项的收集、转移过程；及时进行设备、工器具去污及更换，实施物项的动态管控。

辐射防护动态区域精细化管理应用总结如图 3-25 所示。

（5）辐射防护动态区域精细化闭环管控，推动多领域共同发展

1）完善管理文件体系，促进辐射安全监督规范化、精细化

建立大修准备、大修实施和大修总结等精细化管理文件体系，指导现场作业规范化和精细化实施。组织编制和升版各专项辐射风险管控及最优化程序文件、大修源项及最优化控制方案、辐射防护大修实施细则、群堆大修管理程序、大修辐射防护区域化管控实施细则，以及大修屏蔽管控细则等规范化文件。

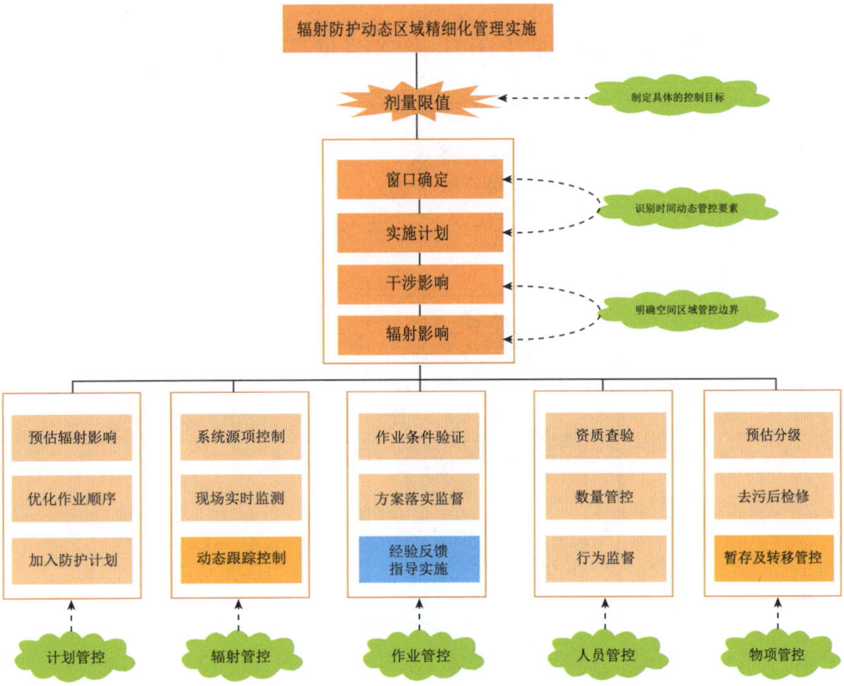

图 3-25　辐射防护动态区域精细化管理应用图

2）立足集体剂量控制，形成动态区域正向闭环管理

以现场测量辐射水平为基础进行动态调整，以大修期间的检修计划为指引，充分考虑检修计划安排以及可能引入潜在的外来辐射源，以辐射防护集体剂量指标控制为核心，从作业时间安排以及该区域随时间在空间辐射场变化情况进行统筹考虑，落实所有辐射管控、计划管控、作业管控、人员管控和物项管控等一系列措施，最终服务于检修作业的集体剂量最优化目标，对开展领域作业进行总结并将作业的经验反馈内容及时反馈至类似作业的最优化管理中，形成正向优化循环。

3）强化培训交流，推动多领域共同发展

在进行交流学习及培训过程中积极组织对动态区域管理法进行宣贯学习，让现场执行实践作业的每个人都了解和清楚辐射防护动态区域管理法的内涵及共同目标，在实现大修集体剂量最优化控制的同时，推动电站相关领域共同发展，例如放射性废物最小化、检修作业标准化、大修工期最优化和安全管理卓越化，实现提升电站本质辐射安全的最终目的。

辐射防护动态区域精细化闭环管理图见图 3-26。

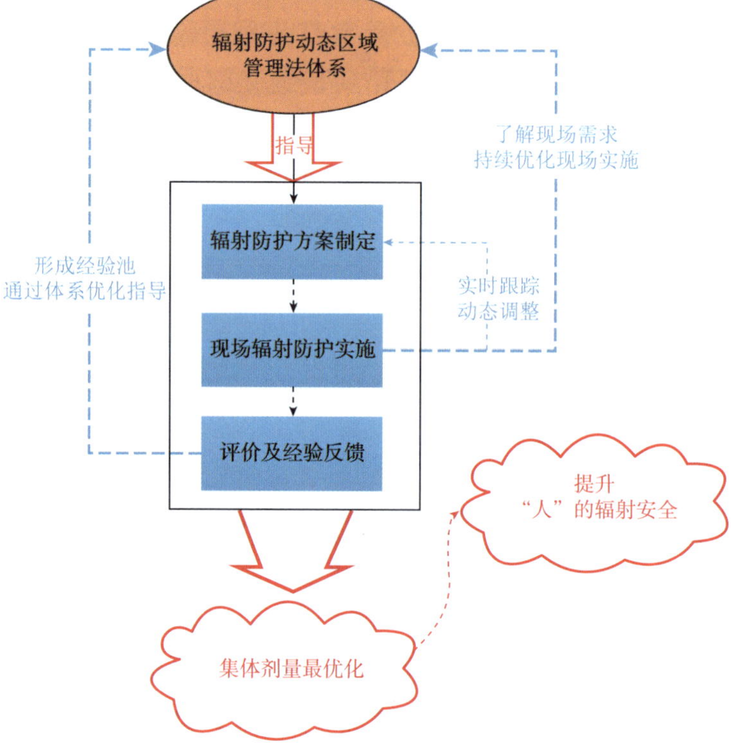

图 3-26　辐射防护动态区域精细化闭环管理图

（6）辐射防护动态区域信息化、数字化管控提升

1）现场辐射安全监督信息化、数字化应用创建辐射防护运行信息化管理平台，逐步提升现场辐射防护人员办公环境及现场辐射响应效率，优化作业人员防护体验。日常辐射防护记录优化为线上执行，极大提高现场工作效率和数据管理效率；工作计划滚动跟踪，确保现场各项工作高质量开展；构建并完善辐射防护数据库，革新辐射数据管理和查询方式，为现场辐射防护实施建立准确、高效的信息化管理平台；辐射工作许可证自动分级，实现精准筛查、分区管控和精细管理；现场高剂量管控区域建立 3D 天眼系统平台，实现远端数据查询和实景模拟检修；为应对福岛核事故后国内核电厂场区应急监测，优化和改

进江苏核电厂场区应急辐射监测的能力和水平，实现在极端环境条件下，应急移动辐射监测设备能将监测数据通过无线数据传输网络传送到应急指挥中心的监测计算机，并存入数据库。

2）推进核电基地智慧化电厂建设

随着核电厂行业体制深化改革，电厂企业加速进入信息化时代，开发和应用辐射防护值班日志系统、辐射票电子审批、放射源定位管理、辐射工作信息互联互通平台、模拟辐射场强度测量系统、智能鞋柜、智能更衣柜和智能辐射监测仪表等系统，为建设田湾核电基地智慧电厂开启新的管理模式，同时提升电厂辐射安全监督过程中的信息化和数字化应用，助力智慧电厂的高质量建设。

(7) 强化党建引领，促进动态区域管理法有效落实

1）党员先锋，铸就强大执行力

坚持在习近平新时代中国特色社会主义思想指导下，从党史学习教育中汲取力量，深入践行“学史明理、学史增信、学史崇德、学史力行，学党史、悟思想、办实事、开新局”的党史学习教育目标要求，推进党建与业务深度融合，以“党建＋管理提升”为抓手，在大修集体剂量控制、放射性废物最小化等“急难险重”工作中发挥党支部战斗堡垒作用和党员先锋模范作用，积极组织建设“党员先锋突击队”、开展“安全之星”活动，成立党员先锋突击队，对接大修“急难险重”重点工作攻坚任务，落实动态区域管理责任制，抓执行、保安全，重心下移，着力打通现场执行“最后一公里”。

2）提升辐射安全意识、促进安全管理主动性

通过组织各大修执行处室与协作单位开展辐射安全竞赛活动，开展辐射安全生产反违章和嘉奖考核，引导各执行班组提升和保持放射性工作人员的辐射安全意识，提升协作单位辐射安全管理的主动性，积极探索和验证集体剂量控制措施，实现大修辐射安全指标的持续改进，进一步提升作业班组强化自主辐射安全管理。

3. 实施效果

(1) 取得现场辐射防护显著管理成效

基于辐射防护动态区域的精细化安全管理以计划为指引，以措施

为核心，考虑前端主动预防辐射源项与后端被动防护强化监督，按标准化流程落实控制，将辐射、计划、作业、人员和物项从时间与空间两个维度进行统筹考虑，形成一种系统的、科学的精细化管理方法。该管理方法有效提升现场辐射的本质安全和人员防护效果，在核电厂大修集体剂量指标控制中效果显著，其中 1 号机组第十三轮大修首次实现中国核电 A 类大修集体剂量三星标准，创造了 1 号机组历次 A 类大修最低值，田湾核电站 2 号机组第十三轮创造了国内除首修外 A 类大修最优纪录，3 号机组第 3 轮、4 号机组第 3 轮大修集体剂量指标全部达到中国核电三星标准（最高标准），乏燃料干法贮存作业实现单罐集体剂量连续降低，5、6 号机组首次大修先后刷新国内同堆型机组首修集体剂量最优纪录，多台机组大修集体剂量分别创造了“国内第一”和“田湾首次”。在此期间完成对俄发明专利授权一项，国家发明专利授权一项、受理三项，国家实用新型专利授权两项、受理三项，并已申报中国核能行业协会团体标准一篇，获得江苏核电有限公司管理创新二等奖、中国核电精细化管理三等奖、江苏省电力行业协会二等奖及中国电力企业联合会二等奖，以显著的成绩开创了田湾核电站辐射防护“动态区域管理元年”。

（2）实现可观经济效益

实施辐射防护动态区域管理方法以来，在此期间田湾核电 1～6 号机组共进行 13 次大修，其中共有 A 类大修 4 次，C 类大修 9 次，与辐射防护动态区域管理方法实施前相比累计减少集体剂量 737.3 man.mSv，根据国际标准，依据 ISOE ETC－Information Sheet No.61 － March 2018 第 3.2 章节，其降低 1 man.mSv 的代价按最新汇率计算约为 10 764.6 元，按照辐射防护最优化代价利益估算，9 次大修最优化代价利益累计节约经济成本约 793.7 万元。

（3）树立核电行业辐射防护新“标杆”

田湾核电站大修集体剂量占到机组年度集体剂量指标的 90%左右，而目前各机组大修集体剂量指标多年处在一个区间内，难以取得突破性进展。通过实施基于辐射防护动态区域的精细化安全管理，进一步提升现场辐射的本质安全与人员辐射安全，打造田湾核电辐射防护品牌，树立新的标杆，先后编制生效中国核电《辐射防护动态区域管理法指导标准》《核电厂辐射安全监督标准化指导手册》《大修辐射防护数据与措施汇编手册》《自动辐射监测系统经验反馈汇编手册》等。同时为田湾核电 1～6 号机组集体剂量六类指标逐步全部实现绿灯指明了方向，达到行业领先水平，为落实“一三五”目标路线图、落实电站安全精细化管理、将田湾核电基地打造成为“核安全领域全球标杆”的更高目标注入动力。

(4) 切实提升绿色生态效益

本次的管理创新有效提升核电厂辐射防护本质安全及公司安全管理水平，有效降低电厂辐射影响，助力核电绿色能源的长期有效发展，为公众守护好绿水青山。核电作为一种清洁、低碳、高效和优质的现代能源，对现有能源结构、改善生态环境、应对全球气候变暖和解决能源危机等具有重要的意义。辐射防护动态区域精细化管理通过提升电站本质安全，提高“人”的辐射安全，推动电厂安全管理降本增效，研究投用卫生出入口智能鞋柜，每年可减少废水排放约 975 m^3。同时对机组流出物排放指标从年度、季度、月度方面进行精细化管理，进一步降低电厂环境影响，助力我国生态文明建设进入以降碳为重点战略方向、减污降碳协同增效，切实提升绿色生态文明建设的能力。

3.1.7　应急指挥管理系统建设

基本情况	单位名称	江苏核电有限公司
	案例所属专题/领域	提升核电厂安全运行可靠性
	类型	☑ 技术优化　　□ 管理提升
	主要创造人	何培元、徐舒、丰毅
	参与创造人	兰天、徐加韧、赵伟伟、韩洪佳、沈大伟、曹仕玛、许刚

案例简介 Case Introduction

为深入贯彻习近平总书记关于推进我国应急管理体系和

能力现代化的重要论述，贯彻创新、协调、绿色、开放和共享的科学发展理念，落实国家、省核应急工作方针政策，牢固树立安全发展理念，弘扬生命至上、安全第一思想，田湾核电站坚持齐抓共管，加强智慧应急建设、践行创新开放理念，积极开展应急管理信息化的建设。

为此，田湾核电站以原有应急指挥管理系统数字化和智能化程度不高、使用不够便捷、系统稳定性较差等问题为导向，以加快应急能力现代化建设为宗旨，开展应急指挥管理系统建设项目。通过本项目，搭建了简易且操作性强的系统操作界面，完成了应急 ON-CALL 值班人员 A/B 角的一键切换及应急状态的无扰切换等优化。并通过新增视频通话模块、智能语音通告模块、电子传真模块和应急指挥中心人脸识别签到模块等功能，实现电子文档在线编制、审批和收发一站式平台，打通了应急指挥部和各个应急组，以及各个应急组之间的空间壁垒。经过系统升级优化，田湾核电站应急指挥和响应的全流程实现智能化、电子化，系统的实用性和稳定性得到显著提高，为实现科学应急、专业应急、精准应急和智慧应急奠定扎实的基础。

案例详细介绍 Detailed introduction to the case

1. 实施背景

“应急管理是国家治理体系和治理能力的重要组成部分，承担防范化解重大安全风险，及时应对处置各类灾害事故的重要职责，担负保护人民群众生命财产安全和维护社会稳定的重要使命。要发挥我国应急管理体系的特色和优势，借鉴国外应急管理有益做法，积极推进我国应急管理体系和能力现代化。”习近平总书记站在推进国家治理体系和治理能力现代化的战略高度，深刻阐述了应急管理工作的重要作用、重要职责和重要使命，为加强应急管理体系和能力建设指明了方向路径，为深化应急管理事业改革发展提供了行动指南。综上，就田湾核电站应急指挥系统建设主要实施背景总结了两个方面。

(1) 国家高质量发展和信息化发展现状要求

我国正在进入以数字化为突出特征的发展新阶段，以互联网、大数据、云计算、人工智能为代表的新一代信息技术蓬勃发展，对经济发展、社会治理、人民生活都带来深远的影响。智慧城市是当今城市发展的新理念和新模式，也是数字中国建设的重要内容，很多城市在灾害处置、智慧应急方面已经有了成熟的应用，并积累了大量实战经验。电站需要主动适应产业变革对应急管理带来的紧迫形势，推动新一代信息技术与应急产业深度融合。

(2) 田湾核电站应急能力现代化建设内在需要

田湾核电站此前已经初步建设了应急指挥管理系统，但存在数字化和智能化程度不高、使用不够便捷，以及系统稳定性较差等问题，存在一定的安全隐患。为了增强对风险的信息获取和感知能力，健全完善应急指挥调度机制，提升应急指挥处置效能，田湾核电站组织实施了应急指挥管理系统升级建设专项工作，研发了以一张网、一幅图、一条链、一张表为主要功能载体的一体化应急指挥信息化平台。

2. 主要做法

对田湾核电站核应急指挥管理系统进行了全面升级改造，通过构建“应急系统网”、整合“应急资源图”、打通“应急通讯链”、优化“应急通告表”和实现应急数据一体化管理等一系列优化措施，显著提升了田湾核电站应急管理水平和应急指挥综合能力。具体升级改造项目如下：

(1) 构建“应急系统网”

基于以一张网、一幅图、一条链、一张表为主要功能载体的一体化应急指挥信息化平台的设计思路，优化应急指挥系统的整体构架，为非应急人员智能集合清点、智能应急环境辐射巡测和应急移动电源车无人驾驶等智慧应急系统预留接口，将应急指挥管理系统建设成田湾核电站智慧大应急平台。应急指挥管理系统主界面如图 3-27 所示。

(2) 整合“应急资源图”

新增厂区三维地图，将应急处置所需要的各类信息汇总到一幅地图上来，便于应急指挥实时掌握现场情况。地图上汇聚了应急设施与

图 3-27　应急指挥管理系统主界面

物资分布、应急集合点、辐射监测、气象、应急巡测和撤离路线、防护行动范围等资源数据。后续开发非应急人员智能集合清点系统后，可将厂区各个应急集合点的监控画面展示在电子地图上。通过一系列优化，解决以往应急资源“找不到、调不来、用不好”的问题。

(3) 打通“应急通信链”

基于信息通信技术，开发集视频、语音、传真于一体的多功能通讯链条，实现所有应急岗位之间、电脑与手机之间、指挥部与现场之间、场内与场外之间的实时全范围全过程通信联通，大幅提升应急处置效能，筑牢“智慧应急”总防线。

1）通过视频会议功能可以进行场内单线或多方视频通话，如图 3-28 所示，现场应急抢修人员也可以通过移动端 App 与应急指挥部视频通话，并将现场抢修画面投放至应急指挥中心大屏上，实现应急指挥部与应急现场可视化指挥。

2）如图 3-29 所示，利用智能语音技术将文字转化为语音，通过互联网一键拨出，实现了同时向多个场外应急组织进行智能语音应急通告，大大节省应急通告的时间。

3）如图 3-30 所示，通过系统的电子传真功能，可以一键同时向多个场外应急组织发送应急报告传真，传输效率显著提升。

图 3-28　多方视频通话

图 3-29　应急智能语音通告

图 3-30　应急智能传真通告/报告

(4) 电子化“应急通告表”

系统升级优化前，编制和审批应急文档时编制人员需要下载报表，手动输入后再次上传到系统中，流程繁琐、效率有限，通过从系统内部结构深化改造，实现了在线自动获取机组重要参数及气象监测相关参数后直接生成应急通告表格，如图 3-31 所示，并在系统内进行线上修改审批，可避免人因导致外报表格内容与格式不统一，大幅提升编制审批效率。

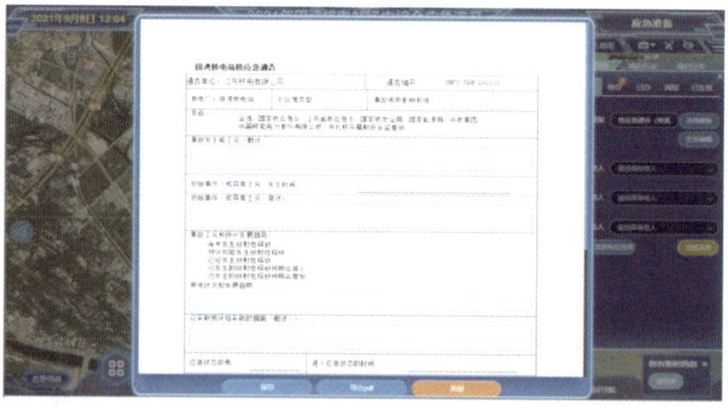

图 3-31　电子化应急通告表格

(5) 应急指挥中心电子签到

如图 3-32 所示，新增人脸识别签到设备，在应急启动时通过人脸签到实现应急人员在应急指挥管理系统上的签到流程，而且实现了应急指挥中心进出人员的身份识别管理。

图 3-32　应急人员人脸识别签到

(6) 应急大数据一体化管理

新增演习培训统计、演习参演率统计和应急物资管理等模块，进行应急培训和演习的智能化统计，实现场内应急大数据一体化管理。

（7）探索电站智慧应急版块

按照公司应急领域“十四五”战略规划，以新一代信息化技术与电厂应急能力建设深度融合为驱动力，突出提质增效和创新应用，充分利用应急指挥管理系统搭建“智慧应急”发展框架。考虑到目前电厂在进入应急状态后开展非应急人员集合清点时，应急指挥中心暂无法实时获取各应急集合点区域内应清点人员信息和集合点可视化监控等信息，为了解决此类问题，提高非应急人员集合清点的效率，保证电站应急准备和响应工作顺利开展，在应急指挥管理系统中增加一套智能集合清点模块，以AI智能技术和大数据平台为基础，采用人脸识别清点终端进行场内非应急人员的集合清点，并搭配智能广角摄像头，在应急指挥管理系统电子地图上实现集合清点的远程可视化指挥。

此外，田湾核电站积极组织探索开发“应急电源车无人驾驶牵引系统”与“智能应急环境辐射巡测系统”，其中“应急电源车无人驾驶牵引系统”的开发与实战应用属于同行首次。后续，田湾核电站应急电源车驾驶无人化、应急辐射巡测智慧化和应急集合清点智能化等系统的开发与应用为田湾核电站智慧应急体系构建奠定良好的基础，将统一纳入应急指挥管理系统，通过信息化、智能化手段降低辐射环境下的人员参与度，保护公众，保护环境。

3. 实施效果

（1）创新价值

本案例注重系统性谋划、前瞻性思考、创造性落实，结合公司“智慧电站”整体发展方向和应急管理业务发展需要，抓准数字化技术与应急能力现代化建设的结合点和切入点，不断扩大业务覆盖面，提高技术集成度，实现应急响应的电子化和智能化目标，提高系统的专业性和实用性，做到应急指挥运筹帷幄、信息传递迅速便捷，为后续应急相关的智能系统、智能装备开发搭建了良好的平台，有力推动应急管理工作数字化转型和高质量发展，打造“互联网＋应急”新型智慧应急平台。

（2）管理效益

通过构建“应急系统网”、整合“应急资源图”、打通“应急通信链”和电子化“应急通告表”等一系列针对应急指挥管理系统的优化措施，实现了提高应急响应效率、完善应急大数据管理体系的目的，显著提升了田湾核电站应急管理水平和应急指挥综合能力。

(3) 社会效益和生态环境效益

核安全是国家安全的重要组成部分，核应急作为核安全纵深防御的最后一道防线，及时预防应对处置核事故，最大程度控制、减轻或消除事故及其造成的人员伤亡和财产损失，对于保护环境和维护社会秩序具有重要意义。应急指挥管理系统作为应急指挥调度、应急数据传输的平台和枢纽，在应急处置和日常应急演习中具有重要作用，此次项目实施不仅消除了应急指挥管理系统的故障和隐患，避免在应急处置和日常应急演习中发生问题，还优化了各项功能，显著提高应急处置效率，从而快速缓解事故后果，有效降低核事故对核电厂周边公众生命财产安全和周边自然环境造成的影响。

(4) 推广和应用价值

在2021年和2022年田湾核电站场内综合应急演习中，应急指挥系统的各项功能发挥重要作用，得到了外部评估团的充分认可，取得了良好的展示效果和示范作用，可为同行电站及其他行业的应急指挥系统建设和智慧应急规划发展提供良好的参考价值。

4. 总结及展望

习近平总书记关于“积极推进我国应急管理体系和能力现代化”的重要论述思想，以及“提升防灾减灾救灾能力”“强化应急救援队伍战斗力建设”等重要讲话精神，为应急管理工作提供了科学指南和基本遵循。

田湾核电站经过二十余年的发展，建立了以“1支应急队伍、2个应急中心、3种应急能力、4项应急业务、5大应急工程”为核心的应急管理体系。目前公司正全面开展“智慧电站”建设，“智慧应急”作为“智慧安全”重要组成部分，同时也是目前电站应急管理提升的重要环节，公司领导高度重视并对电站智慧应急建设提出相应要求，后续将主动从创新优化与精细管理的方向，分类实施精准举措，搭建田湾核电站应急电源车驾驶无人化、应急辐射巡测智慧化、应急集合清点智能化为一体的智慧应急体系，切实提高电站应急能力现代化建设智能化水平，筑牢核安全的最后一道屏障，为推动田湾核电基地高质量发展创造价值，注入动力。

3.1.8　无人机精细化巡检

基本情况	单位名称	江苏核电有限公司
	案例所属专题/领域	智能化设备与日常工作结合降低安全风险专题
	类型	☑ 技术优化　　☐ 管理提升
	主要创造人	王茂林、陈都平、张天鹏
	参与创造人	王龙

案例简介 Case Introduction

本案例主要通过使用无人机巡检替代人工巡检，降低人员巡检安全风险，降低人工巡检的时间成本，通过无人机建模，实现无人机自动巡检光伏厂区。利用无人机建立光伏区的二维模型，定点每个光伏组件的坐标并在地图中显示，对缺陷组件进行精准定位，提高光伏组件巡检效率，提高故障处理效率。通过无人机捕获组件信息，利用AI缺陷识别和分析，使用大数据挖掘和图像算法准确迅速地检测组件缺陷，及时诊断太阳能电池板是否存在遮挡、损坏、隐裂和电气元件发热等故障，及时发现组件热斑和接线盒缺陷，避免因热斑导致光伏区火灾事故。

案例详细介绍 Detailed introduction to the case

1. 实施背景

本案例在后窑麻园光伏电站实施，后窑麻园光伏电站装机容量200 MW，于2020年12月投产，地处贵州省紫云县境内，光伏区占地4 500亩，全区域都为山地性质，地块分散、地势陡峭、环境多变，光伏区多为灌木丛。

传统光伏区巡检工作为人工巡检，该模式下人员需要根据光伏板分布逐块进行巡检，存在风险及问题如下：

（1）人工巡检效率低，常规 200 MW 光伏场区一组人员全部完成巡检耗时 2～3 个月。

（2）光伏区地处山地，地形复杂，且光伏区灌木中存在危险昆虫与动物，巡检人员存在一定安全风险（图 3-33、图 3-34）。

图 3-33　光伏区一隅

图 3-34　光伏区局部地貌

（3）检查方式为肉眼观察，以及辅助手持热成像设备，对光伏板缺陷及安全隐患检出率较低且慢，安全隐患得不到及时消除易引发事故。

通过对上述问题的认真分析和市场调研，计划使用无人机巡检替代常规人工巡检。

2. 主要做法

（1）思路和目标

通过使用无人机巡检应用设备替代人工巡检，达到降低巡检时的人身安全风险、提高巡检效率的目的，同时经过精准定位缺陷和隐患，提升消缺和隐患治理效率，达到发电量提升和及时发现、消除安全隐患的目的。

（2）组织和保障

贵州公司安全生产部成立无人机精细化巡检工作组；制定《无人机管理技术规范》，深入现场指导解决无人机使用过程中遇到的困难；研究新方法，提升无人机巡检效率。

（3）案例的实施

1）无人机建模：首次飞行由操作员操作无人机划定飞行区域，并在遥控器上设定区域内自动飞行轨迹，飞行高度一般设定为 300 m，拍照模式设置为等时间间隔拍照（5 s/次），云台相机俯仰角度设置为－90°，保证无人机采集到巡检区域所有组件的经纬度和地形地貌等信息，完成上述工作后飞手利用制图软件将拍摄的照片合成二维模型图。在二维模型上对无人机进行航线规划（图 3-35），实现无人机自动飞行巡检。

2）自动巡检：飞手设定仿地飞行高度 80 m，拍摄方式选择可见光和红外光同时拍摄，设置无人机相机俯仰角度为－90°，航向重叠率为 70%、旁向重叠率为 80%（航向重叠率指无人机在航线上拍摄照片的重叠程度；旁向重叠率指无人机在航线左右照片的重叠程度），保证无人机拍摄到巡检区域所有组件信息。待参数设置无误后，上传航线至无人机。飞手检查无人机健康管理系统是否存在异常，四周是否存在障碍物等，确认无人机具备飞行条件后放飞无人机，实现自动巡检（图 3-36），无人机自动巡检对每个光伏方阵的数据采集仅需 15～20 min。无人机在自动飞行中可自动识别障碍物并躲避，当电量低于 20% 会自动返航，无需人工干预。

图 3-35　无人机飞行航线

图 3-36　无人机自动巡检

3）数据分析、出具报告：将巡检过程中拍摄的组件热成像照片导入到分析平台中，得到组件最高温度值、位置和平均温度值，飞手结合工作经验、行业规范，以及对可见光照片与红外成像照片对比，对故障进行识别和分类，出具无人机巡检报告（图 3-37），报告明确故障分级及相应处理建议，方便检修人员根据缺陷等级有针对性地排查及处理故障。

#62–#64方阵

缺陷类别	故障点	消缺建议
一般热斑	1、2、3、4、5、6、11、17、22、23、24、30、31、32、34、38、41、47、51、54、56、63、67、87、90、91、92、93、97、98、101、114	跟踪观察
严重热斑	86、99、115	现场查看
杂草遮挡	7、8、9、12、13、14、18、19、20、21、25、26、29、33、37、42、43、44、45、46、50、55、57、64、73、74、96、111、112、113	去除遮挡
其他遮挡	15、16、27、28、35、36、39、40、48、49、52、53、58、59、60、61、62、65、66、68、69、70、71、72、75、76、77、78、79、80、81、82、83、84、85、88、89、103、104、105、106、107、108、109、110	去除遮挡
组件碎裂	0	更换组件
二极管导通	10、94、95、100、102	检查背板接线盒内二极管焊接情况
组件失效	0	及时排查
组件缺失	0	及时排查
组串低效运行	0	及时排查

图 3-37　无人机巡检报告

4）故障定位：飞手利用制图软件将分析后的可见光和热成像图片按区域分别合成可见光大图（图 3-38）和热成像大图，在热成像图中将故障组件的故障序号及故障类别分别标注，精确定位故障点位置（图 3-39）。检修人员根据热成像图标注位置结合可见光图判断对应组件位置，快速消缺。

图 3-38　可见光合成图

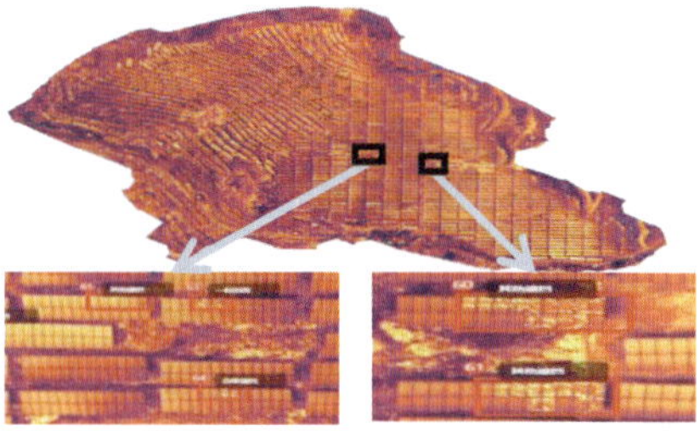

图 3-39　热成像故障定位图

后窑麻园光伏电站使用无人机精细化巡检，光伏区建模时长 7 d，无人机自动巡检时长 10 d。以＃62－64＃方阵为例：1 h 完成 3 个方阵的巡检工作（人工巡检需要 3～4 d），巡检组件 17 134 块，发现缺陷组件 115 块，缺陷率 0.67%。其中一般热斑 32 块，严重热斑 3 块，杂草遮挡 30 块，组件脏污 45 块。运维人员可根据巡检结果迅速更换严重热斑组件和清除组件的杂草遮挡。

3. 实施效果

后窑麻园电站实施无人机精细化巡检主要解决了以下问题：

(1) 提升巡检效率

无人机巡检（图 3-40）相较于传统的巡检方式（图 3-41），其最主要的优点是效率大幅提高（替代人工巡检），用数据驱动光伏电站的运维。其从高空进行巡检，每次巡检的范围远远大于人眼所视范围，同时利用红外热成像等技术快速发现问题点。相较于传统的人工巡检，时间效率能提升至 10 倍，也就是说一个人 10 d 完成的工作，用无人机 1 d 就能完成。

编号	项目名称	飞行日期	飞行项目（巡检内容）	天气	操作人	审批人
1	紫云后窑麻园光伏电站	2023.3.6	#61、#62、#63、#64、#65、#66 无人机巡检	多云	王龙	张天鹏
2	紫云后窑麻园光伏电站	2023.3.9	#8、#9、#23、#24、#25、#26 无人机巡检	多云	王龙	张天鹏
3	紫云后窑麻园光伏电站	2023.3.13	#31、#27、#11、#10、#18、#7 无人机巡检	晴	王龙	张天鹏
4	紫云后窑麻园光伏电站	2023.3.14	#36、#38、#39、#35、#43、#44 无人机巡检	晴	王龙	张天鹏

图 3-40　无人机巡检记录

光伏组件巡视记录

时间	区域/编号	有无遮挡	清洁情况	背板有无松动脱落	槽钢布线是否整齐	外观有无明显破损	螺栓是否牢固	支架是否固定牢固	地桩有无损坏	巡视人员	检查人
2023.3.3	1区	无	良好	无	是	无	是	是	无	杨远宏	
2023.3.5	2区	无	良好	无	是	无	是	是	无	杨远宏	
2023.3.8	3区	无	良好	无	是	无	是	是	无	杨远宏	
2023.3.11	4区	无	良好	无	是	无	是	是	无	杨远宏	
	5区										
	6区										
	7区										
	8区										
	9区										

图 3-41　人工巡检记录

(2) 降低巡检和作业安全风险

传统的光伏巡检中（图 3-42），运维人员必须就近逐步排查组件才能达到巡检目的，在山地电站危险系数高。使用无人机巡检（图 3-43）仅需飞手在空旷平整地点便可，无需深入光伏区，大大降低人员山地巡检安全风险。同时利用软件将无人机云台相机采集的区域合成一张全貌地图，为检修人员提供该区域整体的参考。检修人员通过可见光图片可以清晰分辨检修作业区域地形危险，从而规划合理路线，避开危险性较大的区域。巡检方式的改变大大降低了检修人员在山地检修作业中可能遇到的跌落、山地滑坡和滚石等风险。

图 3-42 传统人工巡检

图 3-43 无人机巡检

(3) 发现设备早期隐患

相较于传统巡检方式，无人机还能发现传统人工巡检无法发现的设备早期隐患，如龟裂、污点、小部分遮挡和热斑等问题（图 3-44、图 3-45），运维人员根据无人机巡检报告，结合热成像图标点及可见光图对比，使得检修人员迅速找到故障点并及时处理，提高光伏电站发电量，避免因热斑导致光伏区火灾事故的发生。

图 3-44 遮挡和热斑热成像图

图 3-45 遮挡和热斑可见光图

3.1.9 智能维修平台研究与应用，助力核电站安全可靠运行

基本情况	单位名称	江苏核电有限公司
	案例所属专题/领域	提升核电厂安全运行可靠性专项
	类型	□ 技术优化 ☑ 管理提升
	主要创造人	郭莉侠、高帆、李小辉
	参与创造人	魏国军、杨强、秦绪涛、韩辉、孙悦容、郭贞荣、石岩

案例简介 Case Introduction

本案例以实现田湾核电站1～6号机组智能维修平台示范应用为目标，开展智能维修相关管理流程及技术研究。建设内容主要包括维修数据中台、数字化大修指挥中心、数字化工作包和大修计划管理系统。

全面、系统地进行核电厂智能维修需求分析、相关技术研究，建设数字化、信息化、智能化维修平台。实现大修管理业务自动化、数据可视化、管理智能化、决策科学化，缩短机组大修准备时间、大修工期，降低人因事件及安全事故发生的概率，实现核电厂大修管理业绩的提升，助力核电厂安全可靠运行。

案例详细介绍 Detailed introduction to the case

1. 实施背景

(1) 政策形势及重要性

为贯彻国家信息化和工业化“两化”深度融合的方针政策及“互联网+”行动指导意见等，中国核工业集团有限公司提出建设“数字核工业”的战略和要求，由中国核电承接其中“数字核电”相关任务。

智能维修平台研究与应用作为中国核电《2019年度工作策划书》中“数字核电”的规划任务之一，已被列为重点工作计划，江苏核电技术委员会已通过项目审查，公司党委会审议同意为公司级科技创新项目。

(2) 国内外技术发展

1) 中广核在“十二五”期间已经启动“智能核电”的相关研究和试点工作，其中重要的一方面是智慧运营，包括虚拟维修、智能诊断及远程维修支持、生产指挥平台建设等内容。

2) 西班牙泰纳通公司（tecnatom）基于移动终端开发了电子工作包（eWP），用于美国及加拿大多个核电厂的维修实施，代替原有的纸质工作包，取得了良好的经济效应并较好地促进了维修管理，目前累计已有三十多万个工单实施使用了电子工作包。

3）美国在多家核电厂推广建立了先进大修指挥中心（AOCC），包括 PaloVerde 核电站、南方电力、田纳西谷电厂、布朗电站、南德州项目以及杜克能源。

2. 主要做法

(1) 整体思路

本案例以实现田湾核电站 1～6 号机组智能维修平台示范应用为目标，开展智能维修相关管理流程及技术研究。建设内容主要包括维修数据中台、数字化大修指挥中心、数字化工作包和大修计划管理系统。

全面、系统地进行核电厂智能维修需求分析、相关技术研究，建设数字化、信息化和智能化维修平台。实现大修管理业务自动化、数据可视化、管理智能化、决策科学化，缩短机组大修准备时间、大修工期，降低人因事件及安全事故发生的概率，实现核电厂大修管理业绩的提升。

(2) 目标及原则

在大修执行层，形成移动支持平台；在管理监督层，形成现场实施情况远程数据集中监控；在大修指挥决策层，实现大修数据、大修指标智慧分析统计和大修信息综合展示，最终实现大修管理高效的信息传递和及时的生产决策。

(3) 案例实施

1）维修数据中台

通过数据建模实现跨业务域的数据整合和数据能力沉淀，通过统一数据服务实现对于数据的封装和开放共享，通过数据开发工具满足个性化数据和应用的需求，实现数据应用的服务化，推动数据运营。为前台基于数据的定制化创新和业务中台基于数据反馈的持续演进提供强大支撑。

维修数据中台是维修数据的核心部件，建立统一的核电业务数据标准，沉淀数据模型，形成数据资产。它通过对数据的分层和水平解耦，提供更好的数据服务能力和统一的数据接口。数据中台的数据处理主要包含四个部分，具体流程如图 3-46 所示。

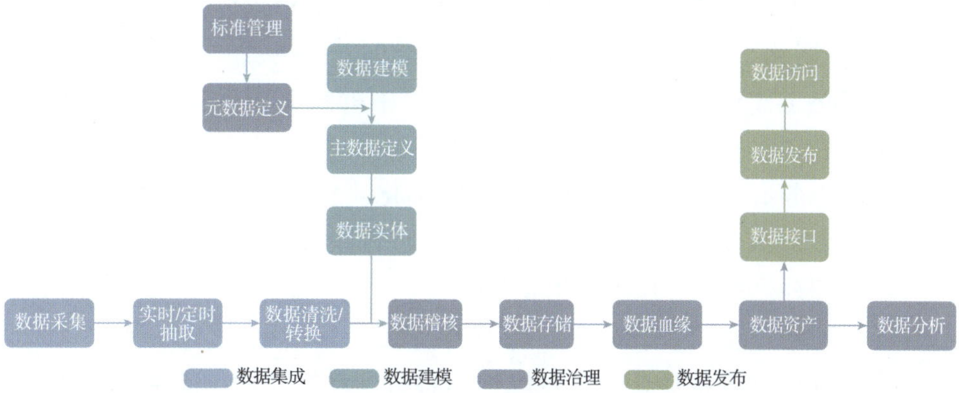

图 3-46 维修数据中台数据处理流程

（a）数据集成：从边缘层采集、清洗转换数据。

（b）数据建模：基于核电业务数据标准，建立数据实体。

（c）数据治理：管理数据标准、定义元数据并对数据资产进行管理。

（d）数据发布：根据应用用户的需求，使用工具发布数据资产。

2）数字化大修指挥中心系统（OCC 系统）

数字化大修指挥中心系统全方位展示控制管理大修过程，同时根据大修数据管理分析需求，基于工业互联网平台的相关功能组件，建立围绕大修相关数据的抽取、清洗、存储、逻辑关联、计算、建模和可视化等分析功能，建立以数据采集、集成、治理、指标体系和数据仓库统一建设等数据管理活动为目标的软件系统。

（a）接入智能维修项目数据，根据重要程度分级展示。

（b）大修总体情况可视化展示，分大修规划、大修准备、大修实施和大修总结等方面。

（c）机组系统和设备状态显示与查询。

（d）实现和智能维修其他功能模块的双向输入输出，包括数字化工作包功能模块、大修计划管理功能模块等。OCC 系统展示面板的内容可自定义拖放到显示屏上，画面可以自定义，方便选择、切换。

（e）实现和大修相关的电厂现有系统的输入展示，包括工业电视监控系统、天眼系统等。

（f）建立 OCC 系统展示面板各结构模块，实现数据标准化、结构化。

3）数字化工作包

数字化工作包系统取消维修工作过程中的线下流程，实现电子化，业务流程表单支持 PC 端和移动端操作。

（a）业务流程电子化需求：新增电子化流程、修改业务流程。

（b）业务表单电子化需求：开发维修方案编辑模块、优化维修报告模块、程序/非程序方案结构化模块。

（c）维修过程可视化需求：可视化界面、远程见证。

（d）维修过程移动化需求：维修信息进展反馈功能、简单作业签入/签出功能、编辑工前会/工后会信息功能、任务概览和自动提醒功能。

4）大修计划管理系统

大修计划管理系统主要由大修主线计划模块、大修项目计划模块、大修项目变更模块，以及大修信息反馈与报表模块等部分构成，其中大修执行信息反馈与报表模块在 PC 端和移动端可以同时使用，其余模块仅需在 PC 终端使用。智能维修平台对大修计划管理系统建设要求如图 3-47 所示。

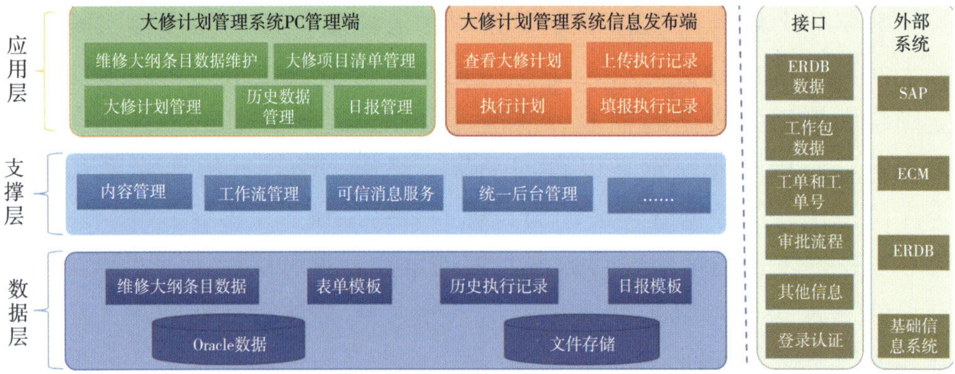

图 3-47 大修计划管理系统建设要求

（a）开发统一访问门户，采用统一标准的认证接口规范，只有认证通过的用户使用统一的访问入口才能访问大修计划管理系统。

（b）根据不同角色的不同需求开发不同的面板功能，拥有不同的权限，包含但不限于大修计划人员面板、维修准备人面板、工作负责人面板和维修工程师面板等，系统总体权限管理由大修管理归口部门负责。

（c）根据不同需求可以实现界面自助管理。

（d）实现与公司生产计划管理平台、生产维修系统等大修相关系统数据和信息的双向输入输出。

5）主要创新点

（a）计算机技术、信息技术及网络技术的发展，促使核电厂维修向着综合化、网络化的方向发展。其综合化包括功能的综合化和技术的综合化，是指未来所开发的智能维修系统将不仅针对某项维修职能或任务，而是具有集成化、综合化的智能维修功能；其网络化则是通过网络，实现智能的远程监控，相关的维修信息也可以实现网络共享。综上所述，“智能维修平台研究与应用助力核电站安全可靠运行”案领先的数字维修创新成果。

（b）结合项目特点，依托项目平台，加强青年科技人才培养。同时结合集团公司和中国核电人才政策，完善信息化人才职业发展通道，强化信息化队伍建设。

（c）围绕安全生产和经营管理主线，将数字化大修指挥中心打造成服务公司领导的管理驾驶舱、服务中层的管理报表和关键业绩指标展示平台。

（d）建立统一的核电数据标准及模型，使用成熟的数据治理工具进行数据管理，解决大修业务数据管理缺乏统一标准的问题。

（e）深入分析并实现对维修程序、工作包的规范化管理，应用移动化、视频技术，实现移动化维修作业管控、远程见证及视频协同。

（4）组织和支撑保障

1）科学的顶层设计

注重强化组织领导，成立科研工作组织机构，落实主体责任。构建公司领导统筹管理，设备管理处牵头，有关部门（大修管理处、信息文档处、维修一处和维修三处）各司其职、密切配合的工作新格局。

2）完善的保障体系

以科技创新项目管理程序为抓手，编制完善技术规格书、立项申报书、实施保障方案、概算及经济效益指标等科研材料，同时联合中核武汉签署联学联做工作方案及廉洁从业承诺书。

3）先进的思想引领

项目组利用月度例会和协调会定期组织专题研讨最新的方针和政策，使项目的研究更具针对性和前沿性。

3. 实施效果

(1) 试点应用

1）维修数据中台（图 3-48）

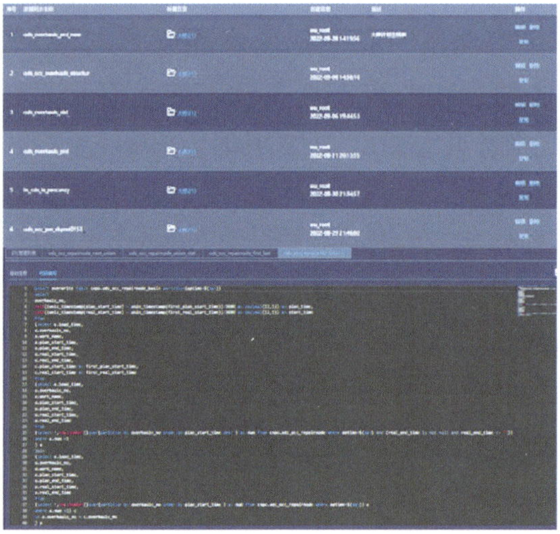

图 3-48　维修数据中台试点应用截图

2）数字化大修指挥中心软件系统（OCC 系统，图 3-49）

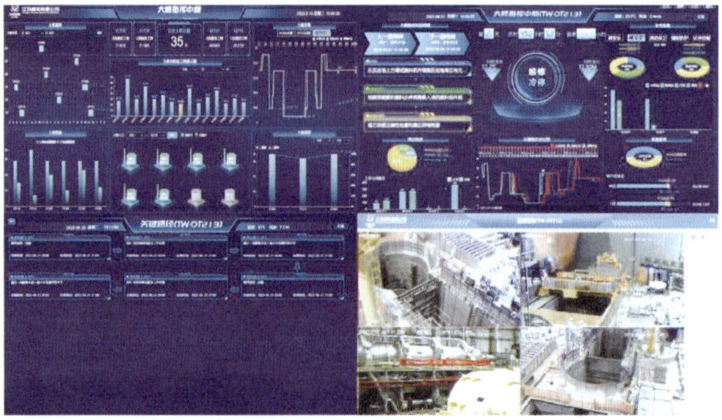

图 3-49　数字化大修指挥中心软件系统试点应用截图

3）数字化工作包（图 3-50）

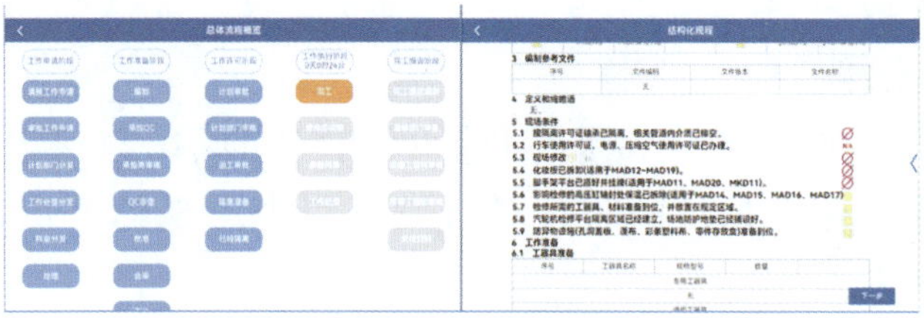

图 3-50 数字化工作包试点应用截图

4）大修计划管理系统（图 3-51）

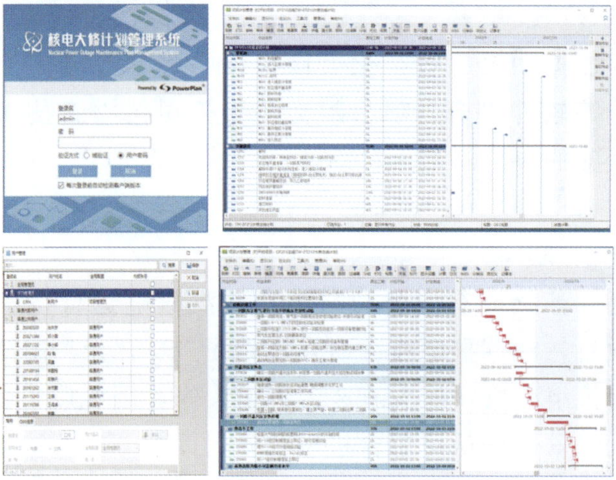

图 3-51 大修计划管理系统试点应用截图

(2) 管理提升

1）培育青年人才

通过项目培养，带动一批青年积极创新、努力进取，成为优秀的科研骨干，其中项目经理助理已通过 2022 年江苏核电菁英人才选拔。

2）激发人员活力

建立“定量考核、落实到人”的机制，由经验丰富的工程师带领青年员工，帮助其在大修试点验证工作中快速成长为科研骨干。

3）提升工作质效

项目经理带队赴中核武汉核电运行技术股份有限公司调研，畅通联系渠道，打破信息壁垒，参与项目评审，双方共同推动智慧检修领域核心技术突破。

4）贯通一体效应

项目组积极推进科研成果转化，目前已完成田湾核电站智能维修关键技术成果转化申请。同时针对研发过程中出现的重点、难点问题，定期进行研讨和跟踪。

5）扩大辐射效应

按月/季度/年编制科研项目总结材料，同时依托新媒体宣传阵地，广泛宣传项目及实施过程中项目组成员的先锋模范事迹。

6）发挥示范效应

依托维修数据中台、数字化大修指挥中心、数字化工作包和大修计划管理系统等软件平台，项目组力争为公司树立新技术应用和精细化管理交流互鉴的典范。截至目前，已完成 TW-OT 113/213 大修试点应用。

(3) 预估经济效益

本项目为江苏核电有限公司与中核武汉核电运行技术股份有限公司联合研发项目，江苏核电投入研发经费 1 540 万元。田湾核电站同年度最多有 5 台机组大修，最少有 3 台机组大修，因此取 4 台机组大修较为合理。经大修管理处认可单台机组节省时间按 0.5 d 计算，计算总收益为 676.7 万元，利润为 451 万元，软件运维成本 120 万元（投入的 10%），相关计算过程如表 3-3 和表 3-4 所示。

表 3-3　效益计算表

机组名称	效益
1/2	1.06×106 kW×2 台×12 h×（1−6.7%）×0.387×25.66%＝235.7 万元
3/4	1.126×106 kW×2 台×12 h×（1−7%）×0.325×22.67%＝185.2 万元
5/6	1.118×106 kW×2 台×12 h×（1−6%）×0.335×30.28%＝255.8 万元
总计	676.7 万元

表 3-4　收益计算

利润	软件系统运维成本
(676.7 万元/6) ×4=451 万元	1 200 万元×10%=120 万元

考虑到本项目为软件类研发项目，在软件废止后不存在残值。本项目测算时只考虑项目的预期管理收益和运维成本，不考虑项目残值，采用 NPV 净现值法计算，公式如下：

$$\mathrm{NPV}=\sum_{t=0}^{N}\frac{B_t-C_t}{(1+t)^t}$$

B_t 是项目在寿命期内 t 期的收益，C_t 是项目在寿命期内 t 期的支出（成本），i 是折现率，N 为投资回报期，折现率使用企业贷款利率 4.65%，项目建设周期 4 a，投资回报期按 $N=12$ a 计算，初始投资为第 1 年，项目总投资 1 540 万元按照分 4 a 进行支付。列出每年度的贴现现金流如表 3-5 所示。

表 3-5　收益计算

年度	现金流入/万元	现金流出/投资/万元	净现金流/万元	贴现现金流/万元
1	0	−70	−70	−66.889 632
2	0	−40	−40	−36.524 268
3	0	−800	−800	−698.027 108
4	0	−630	−630	−525.271 235
5	225.5	−120	105.5	84.053 596
6	225.5	−120	105.5	80.318 773
7	451	−120	331	240.798 271
8	451	−120	331	230.098 683
9	451	−120	331	219.874 518
10	451	−120	331	210.104 651
11	451	−120	331	200.768 898
12	451	−120	331	191.847 967

注：根据计算结果，在第 12 年时，实现 NPV>0。

（4）社会效益

“智能维修平台研究与应用助力核电站安全可靠运行”成果是数字核工业建设和核电数字化转型的重要抓手，是对中国核电新时代发展战略纲要的重要支撑，是推进中国核电“规模化、标准化、国际化”发展战略，加强“八大核心能力”建设，培育“核电＋”生态，创建国际一流核能企业的重要应用平台。对于实现核工业由跟跑、并跑到领跑，以及2030年信息化与工业化融合国内外一流、2040年国际领先的总目标具有长远的现实意义。

4. 总结及展望

“智能维修平台研究与应用助力核电站安全可靠运行”不仅实现了人工智能与核电检修业务的深度融合，降低人因事件及安全事故发生的概率，提高重要设备维修工作可靠性，促进重大设备技术问题的决策处理，填补了核电智慧维修数据采集、治理、管理标准的空白，建立了核电站智慧维修软件平台示范工程，推动了维修作业实现精细化、标准化、智能化管理，为核电站安全可靠运行赋能，还形成了自主的知识产权和科技论文，同时可以进行技术推广和转让。

相关荣誉：

（1）荣获2022年度连云港市“5G＋”融合应用优秀案例。

（2）荣获中国电力发展促进会科学技术奖三等奖。

（3）荣获中国核电2022年度重大科技专项突出贡献先进集体。

（4）荣获中国核能行业协会科学技术奖。

3.1.10 建立基于数字化平台的辐射控制区边界实时管控系统，提升辐射控制区边界安全管控水平

基本情况	单位名称	江苏核电有限公司
	案例所属专题/领域	提升核电厂安全运行可靠性专项
	类型	☑ 技术优化　□ 管理提升
	主要创造人	赵喜寰、李中华、赵鸿翮
	参与创造人	黄小发、杜纬伟、寇智博、张明明、王广伟、陈鹏飞、毛华兴

案例简介 Case Introduction

江苏核电有限公司部分机组辐射控制区边界应急逃生门内侧通过应急逃生压杆按压开门，没有设计开门信号、就地/远程报警等，也没有设计任何技术性管控手段，无法及时发现边界门被打开、人员/物项通过边界门进出等情况，存在在非应急逃生情况下人员和物项未经允许通过边界门进出辐射控制区的风险，可能导致人员非计划照射或放射性物质非受控转移。针对该隐患，江苏核电有限公司保健物理处组织采用创新的方式，依托机组无线网络建立了一套辐射控制区边界智能视频监控系统，该系统能够对视频进行自动智能分析，对辐射控制区边界入侵监测和视频数据进行记录，及时报告可疑事件的发生，并将边界监控画面传输至辐射防护值班室管理终端，实现了对辐射控制区应急逃生边界门的实时管控，消除人员、物项通过辐射控制区应急逃生边界门非受控进出转移的安全隐患，提升电厂辐射安全水平。

案例详细介绍 Detailed introduction to the case

1. 实施背景

江苏核电有限公司部分机组辐射控制区边界应急逃生门内侧通过应急逃生压杆按压开门，没有设计开门信号、就地/远程报警等，也没有设计任何技术性管控手段，无法及时发现边界门被打开、人员/物项通过边界门进出等情况，存在在非应急逃生情况下人员和物项未经允许通过边界门进出辐射控制区的风险，可能导致人员非计划照射或放射性物质非受控转移。经过调研发现，国内同类型机组同样存在非应急逃生情况下人员和物项未经允许通过边界门进出辐射控制区的安全隐患，相关电厂都需要解决此问题。

2. 主要做法

江苏核电有限公司以落实辐射防护最优化理念，强化辐射控制区内人员和物项的管控为目标，基于系统化思维，从时间和空间两个维度出发，运用风险管理等理念，将先进的智能视频监控技术手段与辐射控制区边界管控相结合，构建基于数字化平台的辐射控制区边界实时管控系统，提升辐射控制区边界安全管控水平：

(1) 前期调研，掌握现场边界管控手段

经调研，国内部分核电机组在辐射控制区边界设置了开门信号，同时就地设计了远程报警装置，但未设计视频监控装置，无法对人员/物项通过边界门进出情况进行可视化监控；也有部分机组在辐射控制区边界设置了视频监控装置，但往往与机组其他边界视频信号相接，有几十路甚至上百路视频和相应的数字录像数据，使得监控人员通过观测每一路视频从而发现报警事件变得非常困难，在事后分析报警事件时，因视频监控系统缺乏对视频的智能分析，视频与行为之间未建立对应关系，录像数据无法被有效地检索。

(2) 理清流程，确定辐射控制区边界实时管控系统架构

为进一步加强辐射控制区边界管控，保证机组应急逃生装置仅在应急情况下合理使用，非应急情况下得到有效管控，研发了一套辐射控制区边界实时管控系统。该系统包括门磁感应器、无线红外探测器、声光报警器、智能网关、摄像机和手持式管理控制终端等装置。门磁感应器、无线红外探测器和声光报警器布置在各个辐射控制区边界门位置处；旋转摄像头用于对边界门周边进行实时监控，以便发生异常时进行录像取证；智能网关作为辐射监控系统的中枢，负责就地向各个监控设备进行数据传输和消息提醒。各个组成部分充分利用机组无线网络系统发射的 5G Wi-Fi 信号进行连通，具体系统框架如图 3-52 所示。

当有作业人员或者物项靠近边界门时触发就地的无线红外探测器，探测器将相关信号上传至智能的报警网关，报警网关联动就地的声光报警器，触发声光报警提醒作业人员；当作业人员打开就地的边界门时触发就地的门磁感应器，门磁感应器将相关信号上传至智能报警网关，报警网关联动就地的声光报警器，触发报警提醒作业人员。

为了实现边界开启后辐射防护人员在第一时间掌握辐射控制区边界门开启现场画面，设计了移动平台和管理终端，报警网关发出的相

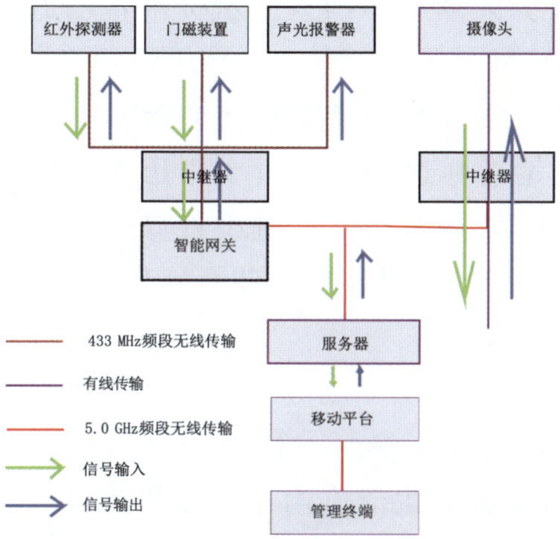

图 3-52 辐射控制区边界实时管控系统框架

关报警信号和就地摄像头监控视频通过中继器上传至服务器，通过移动平台将就地摄像头监控画面与报警网关报警信号建立报警预案，当边界门门磁开关或红外探测报警时，管理控制终端自动弹出报警的边界门附近区域图像，辐射防护人员可通过管理控制终端随时随地远程查看报警边界门状态，当发现人员违规开启辐射控制区边界门时，辐射防护人员可以在监控室通过远程语音对讲进行提醒。辐射控制区边界视频监控系统对视频进行自动智能分析，对辐射控制区边界入侵监测和视频数据进行记录，及时报告可疑事件的发生。

(3) 安装装置，逐步优化辐射控制区边界实时管控系统

通过在辐射控制区边界门旁设置门磁感应器、红外探测器和摄像头等装置，组建了智能辐射控制区边界视频监控系统。为实现边界门摄像头及网关正常运转，协调电厂维修部门在边界门位置加装设备供电电源，确保设备 24 h 正常运行。

3. 实施效果

(1) 管理水平显著提升

本案例实施后，核电厂辐射防护本质安全及公司安全管理水平有效提升，电厂辐射影响有效降低。电厂各项辐射防护性能指标位居行业前列，电厂集体剂量控制效果显著。其中 1 号机组第十三轮大修首

次实现中国核电 A 类大修集体剂量三星标准，创造了 1 号机组历次 A 类大修最低值；2 号机组第十二轮、3 号机组第三轮、4 号机组第二轮大修集体剂量指标全部达到中国核电三星标准（最高标准）；4 号机组第二轮大修集体剂量指标达到电站近十年历次大修最优值；田湾核电站 5 号机组首次大修创国内同堆型机组首修集体剂量最优纪录；同时 TW-OT501、TW-OT113 大修集体剂量分别创造了“国内第一”和“田湾首次”。

（2）经济效益初步显现

本案例实施后，实现了换料大修期间一回路主设备辐射水平下降 30%，一回路 Ag-110m 放化活度由 106 量级降低至 104 量级，机组辐射指数降低 30%。田湾核电站换料大修集体剂量达到了国内领先水平，年度单机组平均集体剂量远低于国内和法国、美国、俄罗斯等国家，仅为其 23%～47%。具体如图 3-53 所示。

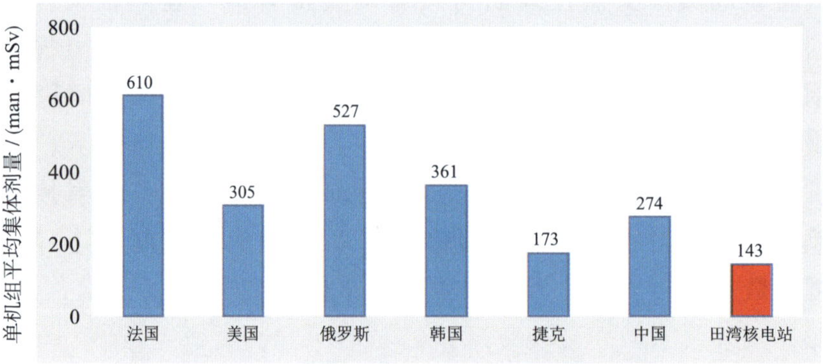

图 3-53　单机组平均集体剂量国内外比较

根据本案例实施效果，田湾核电站年度大修的集体剂量平均值降低约 29 man · mSv，全面大修集体剂量平均值降低约 206 man · mSv，期间共开展了 6 次年度大修，2 次全面大修，总计降低集体剂量约 380 man · mSv，与国内其他核电厂数据对比如图 3-54 所示。根据 ISOE ETC-Information Sheet No. 61-March 2018 第 3. 2 章节，集体剂量降低 1 man · mSv 的代价按最新汇率计算约为 10 764. 6 元，按照辐射防护最优化代价利益估算近几次大修共产生经济效益约 409 万元。

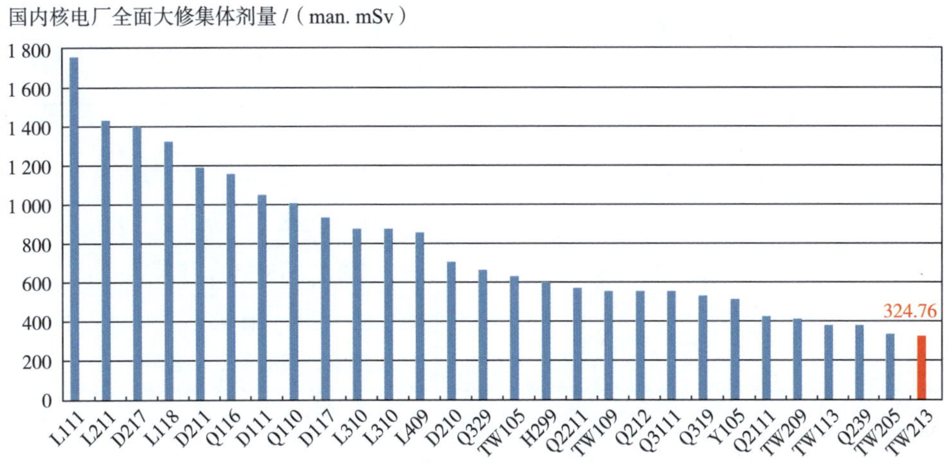

图 3-54 国内核电厂换料大修集体剂量对比

(3) 社会效益更加凸显

通过建立机组源项控制体系及技术应用，进一步降低机组辐射源项，从根本上提升现场辐射的本质安全与人员辐射安全，电厂个人职业照射剂量远低于同行，公众最大剂量远低于国家标准要求，有效消除公众对辐射安全的顾虑、误解，社会效益更加凸显。同时，避免各类涉及辐射安全的舆论事件发生，为核电安全稳定高效发展创造良好的社会条件。为田湾核电 1～4 号机组集体剂量六类指标逐步全部实现卓越指明了方向，为田湾核电基地打造成为“核安全领域全球标杆”的更高目标注入源动力。

(4) 生态效益成效显著

电厂未出现放射性气体、液体向周边环境的失控排放等辐射事件事故。电厂全年各放射性流出物核素排放总量均小于国家批准年限值，三废排放远低于国家控制标准，电厂所致公众最大剂量远低于国家标准要求，生态效益成绩显著。核能作为一种清洁、低碳、高效和优质的现代能源，对优化能源结构、改善生态环境、应对全球变暖、解决能源危机、保障国家能源和经济安全具有重要意义。2021 年江苏核电有限公司获得江苏省“江苏省绿色工厂”称号。

3.1.11 创新构建运行事件风险管控体系

基本情况	单位名称	江苏核电有限公司
	案例所属专题/领域	提升核电厂安全运行可靠性专项
	类型	☐ 技术优化　☑ 管理提升
	主要创造人	成爱华、孙峰平、王炼刚
	参与创造人	刘红元、王磊、韩利英、李小利、张治、曹香惠、刘俊岭

案例简介 Case Introduction

为提升田湾核电站 1～6 号机组安全生产预控能力，确保江苏核电有限公司各个运行机组能安全、稳定、高效运行，切实保障各级安全生产主体责任落实，减少电厂运行事件的发生，消除核电厂发生运行事件对社会造成的负面舆论影响，减少核电厂事故对公众造成的人身和心理影响，江苏核电有限公司坚持“隐患就是事故”的理念，秉承“安全是技术、安全是管理、安全是文化、安全是责任”的治理思路，率先在中国核电内构建了运行事件风险管控体系，不断健全核安全风险管控和事故预防机制，强化核安全意识、提升核安全水平，有效预防和减少了运行事件的发生。本案例在业内首创运行事件筛选原则，开展运行事件风险的识别，从定期试验、运行操作、设备检修、在役检查、辐射防护、流出物排放、射线探伤及维修吊装等各方面进行了运行事件风险全面排查，构建江苏核电有限公司 1～6 号机组运行事件风险数据库。针对运行事件风险数据库中的各项生产活动，从技术和管理上制定风险管控措施，精准识别运行事件风险工作中的关键步骤，并落实关键步骤的风险管控措施。从机组生产计划源头开始，包括定期试验、日常生产操作、维修工作票、维修工作过程、技术文件编制及执行等全链条识别和管控运行事件风险作业，达到预防和控制人因和设备故障导致的运行事件发生，逐步探索建立起江苏核电有限公司特有的运行事件风险管控体系，并通过信息系统集成数据与业务，推动运行事件风险信息化管理控制，预防和减少运行事件的发生，确保田湾核电站各个运行机组能安全、稳定和高效运行，为核安全构筑起坚固的防护堡垒。

2021 年中国核电向国家安全局上报运行事件就多达 11 次（江苏核电 6 次），通过安全生产专项整治三年行动，田湾核电 1～6 号机组开展了运行事件风险隐患排查治理，以“数据库管控”“计划管控”“技术文件管控”“流程管控”四大管控措施为抓手，以预防为主，主动、超前对运行操作和设备维修者进行预警，通过运行事件风险控制减少不安全行为的发生。2022 年，江苏核电有限公司通过开展运行事件风险管控，运行事件发生次数降低至 2 次（中国核电 10 次），实现了江苏核电有限公司本质安全的全面提升，本案例对预防和减少运行事件的发生具有一定的借鉴意义。

案例详细介绍 Detailed introduction to the case

1. 实施背景

江苏核电有限公司一至三期工程六台百万级机组相继投入商业运行，自江苏核电有限公司一期工程投入商运已有十四年，经过十余个运行周期的工作实践及经验积累，生产运行管理工作已取得长足进步。2018 年 1 月 1 日，新的《中华人民共和国核安全法》颁布实施，随着国家对核安全高度重视，外部监管形势发生了变化，而核电厂内部设备故障、老化等原因使得核电站运行事件上报次数明显增加，仅 2021 年中国核电上报运行事件就多达 11 次（江苏核电 6 次），内部形势也十分严峻。为适应这种变化，江苏核电有限公司必须进一步加强核安全管理工作，思想观念上必须强化风险意识、忧患意识。“凡事预则立，不预则废”，要保证核电站安全，防止运行事件发生，唯有通过技术手段与管理手段相结合的方式进行管控。江苏核电有限公司以问题为导向，居安思危，强化安全生产责任落实，在中国核电内部率先开展运行事件风险管控工作，同时通过信息系统集成数据与业务，预防和减少运行事件的发生，推动运行事件风险管控体系建设。

2. 主要做法

为了减少核电厂营运单位运行事件的发生，江苏核电有限公司坚持问题导向和目标导向，以《中华人民共和国核安全法》为准绳，以《核动力厂营运单位核安全报告规定》的运行阶段事件报告准则为依据，结合运营实践和内外经验反馈，以预防和减少运行事件的发生为目标，以运行风险操作和关键敏感设备为着力点，开展科学、系统和全面的运行风险排查与管控，构建运行事件风险管理新思路。江苏核电有限公司以“数据库管控”“计划管控”“技术文件管控”“流程管控”四大管控措施为抓手，实现对机组安全的可知、可控，提升田湾核电站的精益化管理水平，确保田湾核电站“安全、可靠、高效、稳定”运行。

（1）明确管控需求，构建运行事件风险管控体系

1）提出建立运行事件风险管控体系思路

中华人民共和国生态环境部令第13号《核动力厂营运单位核安全报告规定》自2021年1月1日起施行，新版《核动力厂营运单位核安全报告规定》附件《核动力厂营运单位核安全报告指南》对建造和运行阶段运行事件报告准则进行了详细解释和明确的阐述，对核动力厂营运单位运行事件的报告提出了更细、更高、更全面的要求，这也使得2021年起国内核动力厂营运单位运行事件上报次数明显增加，仅2021年中国核电上报运行事件就多达11次。为适应这种变化，从根本上确保核电厂本质安全，江苏核电有限公司提出要从前端主动预防，有效减少江苏核电有限公司运行事件发生的思路。统计资料表明，核电厂运行事件发生的原因主要是设备故障或人因操作失误行为，研究如何减少关键重要设备故障和控制核电厂运行风险操作中的人员失误，是降低核电厂运行事件发生概率的关键环节，由此孕育出系统全面的运行事件风险管控体系的思路。

2）树立预防和减少运行事件发生目标

《中华人民共和国核安全法》第十六条规定：“核设施营运单位应

当依照法律、行政法规和标准的要求，设置核设施纵深防御体系，有效防范技术原因、人为原因和自然灾害造成的威胁，确保核设施安全。”WANO《运行核电厂同行评估业绩目标与准则》中指出“将涉及设备停运或性能降级、偏离电厂计划活动的运行风险维持在最低水平。通过计划、准备、控制、紧急措施和沟通等手段避免意外运行事件。”针对核电厂营运单位，预防和减少运行事件的发生，是确保营运单位核安全的重要目标，运行事件发生的次数可直观地反映核电厂营运单位安全运行水平。江苏核电针对生产活动中定期试验、运行操作、设备检修、在役检查、辐照、放射性释放、射线探伤及维修吊装等生产活动进行全面运行事件风险排查和管控，实施精细化管理，达到预防和减少运行事件发生的目标。

运行事件风险管控体系框架如图 3-55 所示。

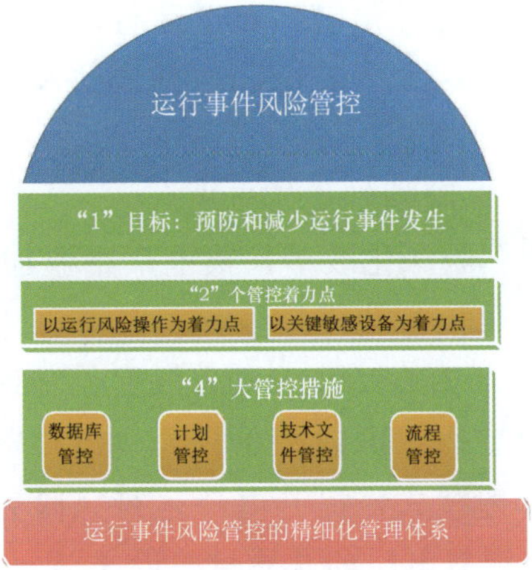

图 3-55　运行事件风险管控体系框架

3）明确运行事件风险“2”个管控着力点

预防和减少运行事件的发生，就是要减少关键重要设备故障和控制核电厂运行风险操作中的人员失误。在功率运行、换料大修、调停检修和机组瞬态等过程中，对机组安全功能和实现安全功能产生影响和不利有贡献的风险操作活动，如启停机、定期试验、燃料运输、物理试验、射线探伤和三废排放等操作，作为运行事件风险管控的着力点进行重点预防和控制；在功率运行、换料大修、调停检修和机组瞬态等过程中，对机组安全功能和实现安全功能产生影响和不利有贡献的关键敏感设备，作为运行事件风险管控的着力点进行重点关注和检修。围绕可能发生运行事件风险的操作和关键敏感设备这两个着力点，通过科学、系统和全面的安全隐患排查，采取一系列主动和被动措施，实施全过程的精细化管控，才能有效预防和减少运行事件的发生，确保核电厂安全运行。

4）运行事件风险管控“4”大管控措施

预防和减少运行事件的发生，要筛选核电厂生产活动中潜在的运行事件风险，充分评估运行事件风险的可能性，将运行事件风险点风险管控措施全面落实到核电厂生产活动中“人、机、料、法、环”各个环节。具体管控措施则是以“数据库管控”“计划管控”“技术文件管控”“流程管控”四大管控措施为抓手，以预防为主，主动、超前对运行操作和设备维修者进行预警，通过运行事件风险控制减少不安全行为的发生，提升核电厂本质安全，达到预防和减少运行事件发生的目标。

5）搭建运行事件风险精细化信息平台

随着核电厂行业体制深化改革，核电厂企业加速进入信息化时代，运行事件风险管控搭乘信息化发展春风，江苏核电有限公司通过信息系统集成，以数据库为基础，以法规为依据，实现运行事件风险计划工作自动风险提示和工作包准备工作，为建设江苏核电有限公司基地智慧电厂开启新的管理模式，提升电厂运行风险管控过程中的信息化和数字化应用，助力智慧电厂的高质量建设。

（2）以运行阶段事件报告准则为依据，实施运行事件风险过程管控

当前部分核电厂工作存在依靠人员经验、技能水平进行运行操作、设备维修的风险识别和管控，不同的人员由于技能水平和精神状态不同，对同一工作识别出不同的风险、采取不同的管控措施，容易导致风险管控的失效。为防止核电厂运行事件发生，控制运行事件风险的动因，组织各领域的资深专业人员对核电厂运行事件风险敏感设备、风险操作提前进行识别和制定管控措施，将控制运行事件风险融入到

日常的运行操作和设备维修工作之中，达到减轻运行事件发生时的损失或降低运行事件发生概率的目的，从而提升运行操作的安全裕度和核安全重要设备的可靠性。

1）运行事件风险评估方法

（a）风险识别概念

风险识别是风险管理的第一步，一方面通过定义法、归纳法，按照“风险发生的严重性”“风险发生的可能性”“风险发生的可控性”归纳总结出需要识别的条目；另一方面通过感知认识和历史经验来判断，从而找出各种明显和潜在的风险及其损失规律。

统计资料表明，核电厂运行事件发生的原因主要是设备故障或人因操作失误行为，因此需要深入地研究如何减少关键重要设备故障和控制核电厂运行风险操作中的人员失误。以事件报告准则为依据，技术规格书为基础，制定运行事件风险筛选原则，对核电厂历年关键设备失效频率、失效模式、失效影响进行统计分类，对电厂关键设备进行全面运行事件风险梳理和风险评价；按照机组状态、操作设备、操作影响对机组造成的风险大小及内外部经验反馈进行运行事件风险操作全面梳理和风险评价，评估时采用风险发生可能性、后果严重性、风险可控性三个维度综合评估，以确定这些风险的影响程度。评估得出具有运行事件风险的关键重要设备和风险操作，实施一系列管控措施，从而达到预防和减少运行事件发生的目的。

（b）报告准则结合事故分析，确定筛选原则

江苏核电以《核动力厂营运单位核安全报告规定》的运行阶段事件报告准则为依据，参考运营实践和外部经验反馈，结合田湾核电站1～6号机组系统和设备的实际情况，对十二条运行阶段事件报告准则（见表3-6）进行适应性分析，创建运行事件风险筛选原则，排查出具有运行事件风险的运行操作和风险设备，对应到核电厂安全生产的“人、机、料、法、环”管理的各个独立环节，全面梳理生产运行、预维、在役检查、老化管理各专业中可能导致运行事件的风险操作和风险设备，创建江苏核电运行事件风险敏感设备和运行事件日常计划工作风险数据库，确保运行事件风险管理数据库覆盖机组核安全相关定

期试验、运行操作、在役检查、辐射照射、射线探伤和燃料运输等所有生产活动，从而在运行、维修等日常生产活动中，实现对机组安全的可知、可控，提升电厂的精益化管理水平，确保机组安全、可靠、高效、环保运行。

表 3-6　运行阶段事件报告准则

准则序号	报告准则描述	适用性分析
（一）	核动力厂营运单位执行核动力厂运行限值和条件所要求的停堆	1～6 号机组运行限制条件要求采取了停堆措施的条款涉及系统
（二）	核电机组超出安全限值或者安全系统整定值	导致 1～6 号机组反应堆保护动作的系统、设备 导致 1～6 号机组专设安全设施动作系统、设备
（三）	违反核动力厂运行限值和条件规定的操作或者状况	1～6 号机组运行限制条件要求 AOT 时间在 72 h 内的条款涉及系统
（四）	导致核电机组主要实体屏障严重劣化或者处于明显降低核动力厂安全的没有分析过的状况	一回路承压边界的焊缝缺陷、设备缺陷
（五）	任何对核电机组安全有现实威胁或者明显妨碍核动力厂现场人员执行安全运行有关职责的自然事件或者其他外部事件	安全壳完整性
（六）	导致反应堆停堆保护系统和专设安全设施自动或者手动触发的事件	涉及自然事件或者其他外部事件，不涉及电站内部系统设备，无需筛选
（七）	任何可能妨碍构筑物或者系统实现停堆和保持安全停堆状态、排出堆芯余热、控制放射性物质释放、缓解事故后果等安全功能的事件或者状况	导致 1～6 号机组反应堆保护动作的系统、设备 导致 1～6 号机组专设安全设施动作的系统、设备
（八）	同一原因或者状况导致具有停堆和保持安全停堆状态、排出堆芯余热、控制放射性物质释放、缓解事故后果等安全功能的系统的系列或者通道同时失效的事件	主要为材料、设计、制造、安装方面缺陷，无需筛选

续表

准则序号	报告准则描述	适用性分析
(九)	放射性释放和辐射照射事件	共因故障(可以被停堆、专设系统触发的始发事件分析覆盖)
(十)	任何对核电机组安全有现实威胁或者明显妨碍核动力厂现场人员执行安全运行有关职责的内部事件	三废超标、违规排放和射线探伤 / 放射源管理不当导致的照射事件
(十一)	网络攻击事件	火灾、爆炸、水淹、化学物质释放、有毒气体释放、放射性物质释放、飞射物、结构坍塌,仅从经验的角度进行筛选
(十二)	其他事件	外部网络事件,非电厂运行系统设备故障引起的运行事件,无需筛选

运行事件风险敏感设备/操作项目筛选原则如下:

a)失效导致进入运行限制条件 AOT 时间小于 72 h 的系统/设备。

b)异常导致触发专设安全设施保护系统动作或反应堆保护系统动作的设备。

c)导致触发专设安全设施保护系统动作或反应堆保护系统动作的操作。

d)导致放射性意外/超标释放或者导致违反环境保护相关法规要求的异常设备。

e)任何可能妨碍构筑物或者系统实现停堆和保持安全停堆状态、排出堆芯余热、控制放射性物质释放,以及缓解事故后果等安全功能的设备、构筑物失效的异常设备或操作。

f)任何影响机组安全或者妨碍现场人员执行机组安全运行所需操作的内部事件,包括火灾、爆炸、水淹、化学物质释放、放射性物质释放、飞射物、结构坍塌、重物坠落、管道甩击、喷射流冲击、破损系统或现场其他设施的流体释放等。

g)根据电厂高辐射风险相关管理程序和管控措施,可能导致辐射事件和事故相关生产活动。

2）运行事件风险数据库管控

（a）核电厂全领域排查，创建运行事件风险数据库

田湾核电站组织 18 名 RO/SRO（反应堆操作员/高级操作员）及经验丰富的维修、仪控、辐射防护、役检、环境应急和维修支持等领域专家形成运行事件风险设备和运行操作项目筛选小组，各领域专家依据运行事件风险敏感设备和运行操作项目筛选原则，从专业角度，结合历史运行事件经验反馈进行运行事件风险敏感设备和运行操作项目筛选，运行事件风险敏感设备和风险操作项目要考虑设备的关键重要设计功能、故障失效模式、事故影响、失效发展过程和关联影响等情况。运行事件风险设备和运行风险操作项目筛选小组从田湾核电站 1～6 号机组数十万设备和数千项日常生产计划项目中筛选出 6 638 个具有运行事件风险设备和 181 项计划工作运行事件风险操作项目，同时对运行事件风险设备故障带来的风险及其影响进行评价，构成了运行事件风险数据库，数据库具体筛选范围如图 3-56 所示。

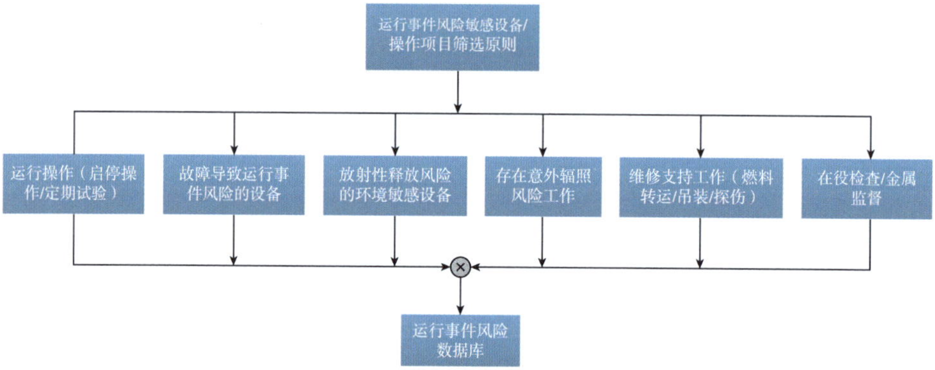

图 3-56　运行事件风险数据库筛选范围图示

（b）运行事件风险设备二次识别

通过系统化的方法进行运行事件风险设备筛选，识别关键重要设备，提高机组运行可靠性。第一次运行事件风险设备筛选进行到设备级，由于一个关键重要设备由机械部分、转动部分、电气部分和仪控逻辑部分组成，部分复杂设备的识别存在颗粒度不够的情况。田湾核电站整合田湾核电站各领域专家，从系统设计功能的细化分析入手，

按照机、电、仪、辐照、役检和环境等专业对运行事件风险数据进行二次识别。二次识别主要通过失效机理识别失效部件及反映失效发展过程的失效参数，识别失效设备存在的风险和安全影响，识别设备技术程序、维修大纲是否完善，从而改进预防性维修文件和设备监督方案。二次识别完善了运行事件风险设备数据库，同时对技术程序和维修大纲中不完善的地方进行补充和升版，为后续构建运行事件风险的管理体系打下良好基石。

（c）运行事件风险数据库应用

田湾核电站通过信息化和数字化应用，将运行事件风险数据库融入生产活动中，提升了电站运行事件风险过程管控能力。将数据库内容在田湾核电站内部信息系统中用于隔离工作许可证系统、机组日常和大修计划系统中，实现运行事件风险设备工作许可证申请风险分析自动识别和机组计划运行风险项目自动提醒。为了便于田湾核电站工作人员随时查询运行事件风险设备，在公司网页设置了运行事件风险设备数据查询功能，如图 3-57 所示。

图 3-57 运行事件风险设备数据查询图示

3）运行事件风险计划管控

计划、组织、控制是管理的三项职能，而计划是管理工作之先。为全面预防和减少运行事件的发生，计划工作是重中之重。通过识别机组日常风险操作项目，如机组启停操作、运行风险较高的定期试验、三废排放、燃料运输、探伤和吊装工作，形成计划工作运行事件风险控制数据库。计划工作运行事件风险控制数据库中的工作都必须列入机组日计划中去，进行重点提醒。运行事件风险计划控制流程如图 3-58 所示。

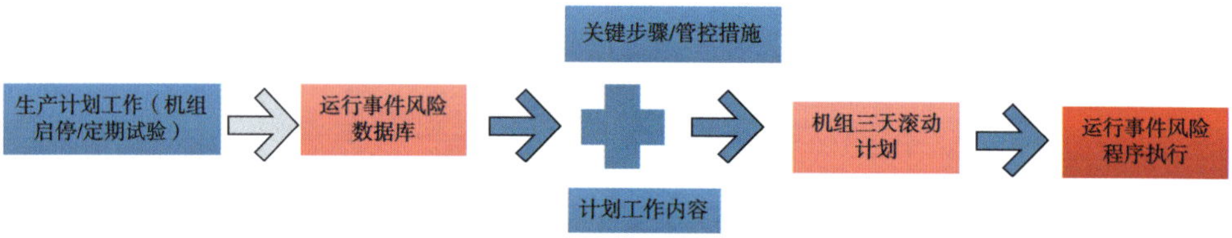

图 3-58 运行事件风险计划控制图示

运行事件风险控制数据库的信息化运用，是将条目化的计划工作运行事件风险控制数据库导入田湾核电站信息化系统中，机组日常计划工作根据周期自动抓取运行事件计划工作和风险识别，机组计划工程师在编制机组日计划时，审查运行事件风险工作后并将该项工作添加到机组日计划前面的重要信息栏（图 3-59），予以重要提醒，确保工作人员执行计划时对运行事件风险工作足够重视。

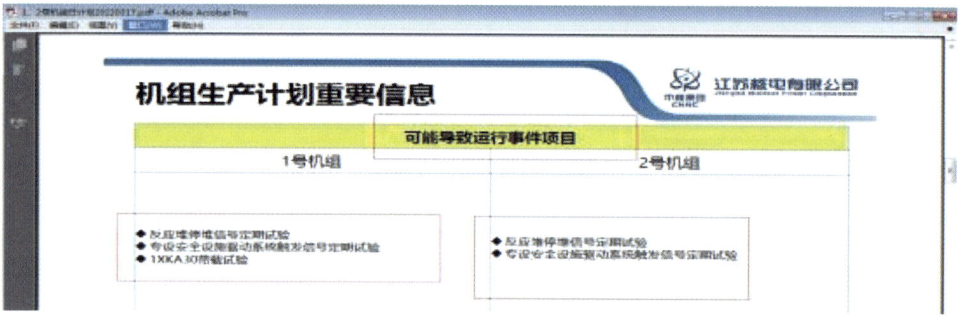

图 3-59 机组日计划重要信息栏图示

在每日生产计划会议上，生产计划人员要重点提示机组未来三天滚动计划中具有运行事件风险的工作。各领域参加每日机组生产计划会的人员需将计划会上有运行事件风险的工作向下传达到相应工作执行人员，确保执行人员对运行事件风险工作足够重视，执行运行事件风险操作时严格落实程序中识别的关键步骤和管控措施。主控运行人员在执行三天滚动计划时，会重点关注标识有运行事件风险的工作（图 3-60），并针对性进行控制。

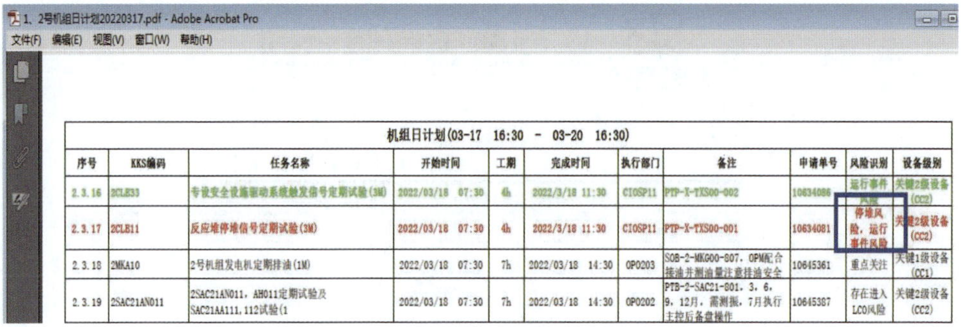

1、2号机组日计划20220317.pdf - Adobe Acrobat Pro

文件(F) 编辑(E) 视图(V) 窗口(W) 帮助(H)

机组日计划(03-17 16:30 - 03-20 16:30)

序号	KKS编码	任务名称	开始时间	工期	完成时间	执行部门	备注	申请单号	风险识别	设备级别
2.3.16	2CLE33	专设安全设施驱动系统触发信号定期试验(3M)	2022/03/18 07:30	4h	2022/3/18 11:30	CIOSP11	PTP-X-TXS00-002	10634086	运行事件风险	关键2级设备(CC2)
2.3.17	2CLB11	反应堆停堆信号定期试验(3M)	2022/03/18 07:30	4h	2022/3/18 11:30	CIOSP11	PTP-X-TXS00-001	10634081	停堆风险，运行事件风险	关键2级设备(CC2)
2.3.18	2MKA10	2号机组发电机定期排油(1M)	2022/03/18 07:30	7h	2022/03/18 14:30	OP0203	SOB-2-MKG00-807，OPM配合接油并测油量注意排油安全	10645361	重点关注	关键1级设备(CC1)
2.3.19	2SAC21AN011	2SAC21AN011，AH011定期试验及SAC21AA111，112试验(1	2022/03/18 07:30	7h	2022/03/18 14:30	OP0202	PTB-2-SAC21-801，3，6，9，12月，需测振，7月执行主控后备盘操作	10645387	存在进入LCO风险	关键2级设备(CC2)

图 3-60　机组日计划项目信息栏图示

4）运行事件风险技术文件管控

为预防和减少运行事件发生，需对包括停堆、停机、功率变化、违反技术规格书、设备检修、燃料运输、辐射防护和环境安全等风险操作的技术文件进行全面识别。技术文件识别需要识别出运行事件风险的关键步骤，从步骤优化、操作规范、风险提示、明确数值和备件管理等方面对关键步骤制定对应控制措施，然后在运行、维修、仪控、技术支持和设备管理等相关领域完成具有运行事件风险程序升版和优化工作，从本质上降低运行事件风险发生概率。具有运行事件风险技术程序主要包括机组启停操作单、定期试验操作单、设备切换操作单、三废排放操作单、燃料运输技术程序、预防性维修大纲、设备维修技术程序和物理试验技术程序等。核电厂所有涉及运行事件风险的技术程序都必须进行运行事件风险识别和管控，江苏核电有限公司 1～6 号机组梳理、识别、升版具有运行事件风险技术程序共计 1 159 份。

涉及运行事件风险的技术程序都要求使用醒目字体标注该操作具有运行事件风险，并标注操作过程中的关键步骤及管控措施。要求技术程序执行人员在提取该技术文件后，熟知该操作可能带来的运行事件风险，认真召开工前会，分析操作风险，谨慎操作，从而降低运行事件的发生概率。图 3-61～图 3-64 为一份 1 号机组运行废水排放操作单实例。

中核集团 CNNC 江苏核电有限公司 Jiangsu Nuclear Power Corporation

技术程序

运行类（运行操作单）

1LDL60BB001的中和及排放

运行事件风险

编码：SOB-1-LDL60-801 版次：C3 总页数：10

适用机组：■1 □2 □3 □4 □5 □6 □7 □8

使用级别：■U1 逐步执行 □U2 参照使用 □U3 记忆使用

隶属规程：SOP-1-LDL60-001

图 3-61 运行事件风险操作单 1 图示

TNPS 田湾核电站	1LDL60BB001 的中和及排放	版次:C_3	页次:3/10
		SOB-1-LDL60-801	

1. 注意问题

1.1. 本操作有报告运行事件的风险；

1.2. 本操作单中部分操作实施监护制，其余操作使用自检；

1.3. 本操作有放射性外泄风险；

1.4. 禁止在放射性辐射监测仪表未投运或其连锁保护不可用的状态下执行排放操作（人工取样分析合格也禁止排放）；

图 3-62 运行事件风险操作单 2 图示

2.	操作步骤			
2.1	启泵打循环			
2.1.1.	**关键步骤：2.1.2.步，如果 1LDL60AA109 未关闭，1LDL60AP001/002 启动后可能导致放射性不可控释放，有报告运行事件风险。管控措施：使用防人因失误工具“监护”。**			
2.1.2. S	关闭（确认关闭）1LDL60AA109	1LDL60EJ101	[ ]	监护人：__________
2.1.3. S	开启 1LDL60AA105	1LDL60EJ101	[ ]	监护人：__________
2.1.4.	投入 1LDL60EE001	1LDL60EJ101	[ ]	1LDL60CL901 大于 0.8m 泵自动启泵。
	监视 1LDL60AP001/002 自动启动	1LDL60EJ101	[ ]	

图 3-63 运行事件风险操作单 3 图示

TNPS 田湾核电站	1LDL60BB001 的中和及排放	版次:C_3	页次:8/10
		SOB-1-LDL60-801	

步骤	操作内容	操作地点	操作完成	备注
2.5.1.	关键步骤：2.5.2.步，考虑放射性不可控释放，有报告运行事件的风险。 管控措施： 1、　当 1LDL60CR001>$2*10^5$ Bq/m^3 或出现 1LDL60CR001 仪表故障报警后，监视自动执行 2.5.2.步，停止排放； 2、　如果自动逻辑未正确动作，则切除 1LDL60EE001，手动执行 2.5.2.步，停止排放。			
2.5.2.	关闭 1LDL60AA109	1LDL60EJ101	[　]	
	停运 1LDL60AP001/002	1LDL60EJ101	[　]	
2.5.3.	关闭 1LDL60AA105	1LDL60EJ101	[　]	
2.5.4.	分析原因，并制定专门处理方案	化水控制室	[　]	

图 3-64　运行事件风险操作单 4 图示

5）运行事件风险流程管控

以维修工作许可证流程为主线，实施全流程运行事件风险管控。维修工作许可证管理对象是电厂的风险设备，现场维修工作许可证由执行现场维修工作所需的各种必要的工作文件组成，维修工作许可证的准备实施流程是电厂最主要的工作管理基线流程。在原有工作许可证申请准备过程中融入具有运行事件风险设备管理，由维修工作许可证流程环节实现运行事件风险识别和管控。优化后将运行事件风险识别贯穿维修工作许可证准备及许可证实施、设备停复役、现场工作执行等阶段，实现全面运行事件风险管控。工单基线流程如图 3-65 所示，维修工单运行实际风险控制流程如图 3-66 所示。

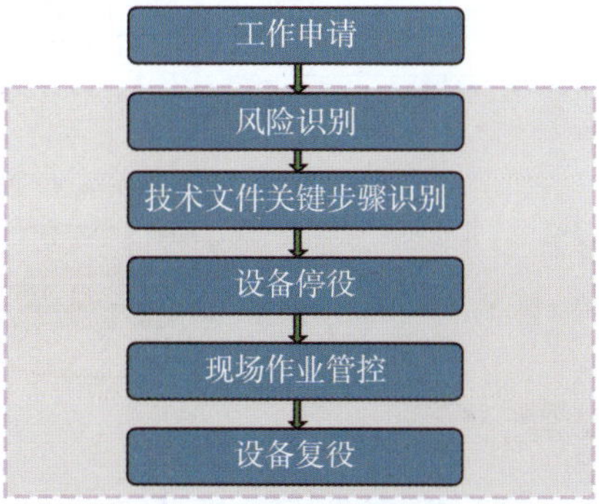

图 3-65　工单基线流程图示

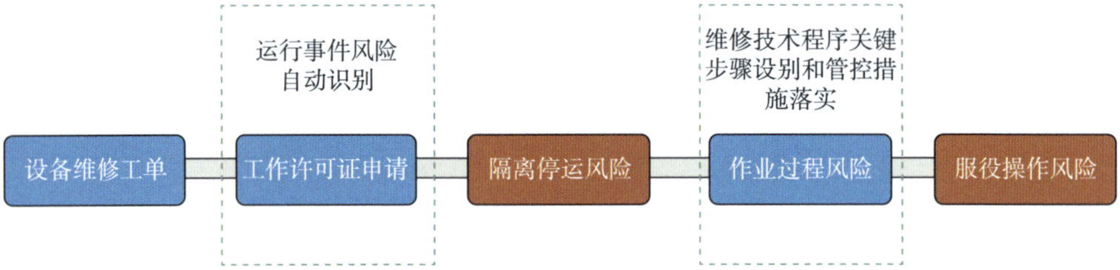

图 3-66　维修工单运行实际风险控制流程图示

（a）运行事件风险维修工作许可证流程环节自动风险识别

田湾核电站日常生产活动中，设备的预维工作、设备缺陷处理都是以维修工作许可证为主线。在进行维修工作许可证申请准备过程中，利用江苏核电有限公司运行事件风险设备筛选数据库及其运行事件风险设备的风险分析描述，融入工作许可证申请系统中，可根据检修设备的 KKS 编码自动将运行事件风险数据库中的风险分析内容带入工作许可证申请的风险分析栏中，如图 3-67 所示。这样做的优点为：一方面，可以避免维修工作准备人专业能力不足，无法识别设备检修所带来的运行事件风险；另一方面，可以提醒维修计划、工作准备、工作执行人员所要检修的对象存在运行事件风险，风险点是什么，在检修作业过程中才能严格把控好质量。维修工作过程、设备停复役等具有运行事件风险的工作，可由运行事件风险操作和技术文件进行管控。

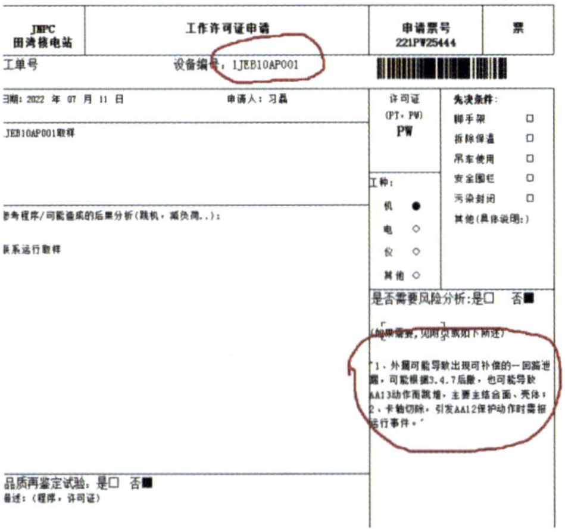
JNPC
田湾核电站
工作许可证申请
申请票号
221PW25444
票
工单号
设备编号：1JEB10AP001
日期：2022 年 07 月 11 日
申请人：习磊
JEB10AP001取样
参考程序/可能造成的后果分析（跳机，减负荷..）：
系统运行取样
许可证（PT，PW）
PW
工种：
机 ●
电 ◇
仪 ◇
其他 ◇
先决条件：
脚手架 □
拆除保温 □
吊车使用 □
安全围栏 □
污染封闭 □
其他（具体说明：）
是否需要风险分析：是□ 否■
（如果需要，见附页或如下所述）
"1、外漏可能导致出现可补偿的一回路泄漏，可能根据3.4.7后撤，也可能导致AA13动作而跳堆，主要主结合面、壳体；2、卡轴切除，引发AA12保护动作时需报运行事件。"
品质再鉴定试验：是□ 否■
描述：（程序，许可证）

图 3-67　工作许可证申请运行风险分析图示

（b）维修设备作业

现场设备维修工单经过工作许可证申请流程后，工作负责人取得工作许可证，应知晓阅读工作许可证申请风险分析栏中的风险内容，知晓工作的对象为运行事件风险设备，提取运行事件风险的维修技术程序（图 3-68），召开工前会时要充分讨论运行事件风险工作的关键步骤，以及如何落实管控措施，工作过程谨慎执行，确保设备检修质量，维修作业全过程进行运行事件风险提示，实现预防和减少运行事件的发生概率。

2.1	**执行程序**
2.1.1	**取得工作许可后，到设备安装位置的房间，确认工作对象。** ➢ 评估现场工作环境、工业安全等满足开工要求 ➢ 确认设备 KKS 码________________，验证设备标牌编码与需执行检修的设备一致，**确认人/时间**________________，**复核人/时间**________________；
2.1.2	**关键步骤：** 2.1.3 步，2.1.4 步，2.1.5 步属于放射源转运、操作和贮存作业，存在人员非计划照射、超剂量照射风险，放射源使用、操作或贮存不当有丢失、被盗和失控风险。 **管控措施：** 实行双人监护制，一人操作，一人监护。运输期间由专人押运并全程监护放射源，携带辐射监测仪表。辐射防护设置辐射防护控制点对作业准备、作业过程中、作业结束进行检查。
2.1.3	**将中子源从专用屏蔽容器放入运输容器的操作：** ➢ 把运输容器放置到屏蔽容器边，打开运输容器的保护盖； ➢ 根据标签指示，确认屏蔽容器上中子源的存放位置后，撕掉相应的标签（说明此小室内无中子源）； ➢ 打开存放小室的密封盖，将专用夹具放入存放小室并夹牢中子源；

图 3-68　维修类技术程序识别的关键步骤和管控措施图示

维修作业工作许可证申请风险识别，实现了以工作许可证申请为核心平台的“全过程”“全领域”风险管理，实现了工作许可证申请风险分析自动评价，体现了运行事件风险维修工作全过程管控要求。

6）运行事件风险管控体系的管理运用

运行事件风险管控纳入公司程序《日常计划运行风险控制管理》进行管理。核安全相关系统、设备由于维修、试验和运行操作等工作退出正常运行或热备用状态将影响运行系统配置，降低机组安全水平，因此必须对由此产生的运行事件风险进行评价和控制，确保将运行事件风险降到可接受水平。为提升运行事件风险管理水平，江苏核电有限公司还编制了《运行事件风险管理》程序，对田湾核电站内进行运行事件风险工作提出了明确的、全面的管理要求，江苏核电有限公司各领域在运行事件风险的相关工作都必须严格遵守管理程序要求。

现阶段，工作人员在执行运行事件风险设备操作（试验、隔离、切换、投运和停运等）时，首先在机组日计划中已识别运行事件风险工作，并在计划中风险识别栏带有“运行事件风险”标识。在进行运行事件风险工作时，无论是运行执行程序、维修检修程序还是维修工作申请票，都有运行事件风险提示，技术程序已完成识别具有运行事件风险的关键步骤，并制定有管控措施。各作业班组在工作前拿到运行事件风险技术程序时，必须组织召开工前会，运行部门应进行充分的风险分析、事故预想，谨慎操作，做好风险管控。各项运行事件风险工作必须严格按照风险提示执行关键步骤和落实管理措施，预防和避免运行事件的发生。

运行事件风险定期试验和风险操作，当班值长负责对具有运行事件风险的定期试验和运行操作进行指导和监护，精细组织，谨慎操作，充分运用防人因失误工具，避免运行事件的发生。当运行事件风险设备出现不利趋势时，应制定运行事件风险缓解措施；发现运行事件风险敏感设备出现严重降级趋势时，应通过运行决策流程进行评估和控制。在运行事件风险敏感设备投入运行或变更状态重新投入运行时，应进行严格的检查。维修负责人在工作包准备时，应重点关注工作许可证风险提示栏是否为涉及运行事件风险设备。对已识别运行事件风险敏感设备检修时，应知晓运行事件风险设备维修的技术要求、风险分析和质量要求，严格落实关键步骤和管控措施，如有不足及时进行补充。工作过程中严格执行防人因失误工具，防止人因失误。在组织维修工作时，维修人员应观察周边环境情况，尽量避免误碰或干扰设备造成运行事件，如在射线探伤、辐射负压通风、吊装、燃料运输和操作等工作中，要做好充分的风险分析、事故预想，并谨慎操作。

3. 实施效果

通过建立完善运行事件风险管控体系，进一步压实了核安全责任，持续提高了关键重要设备可靠性，提升了本质核安全水平；以信息系统集成为抓手，通过建立以生产计划和维修工作许可证为核心的运行事件风险管理流程，提高了运行事件风险管控力度；通过运行事件风险管控措施，融合信息化落地，初步实现了运行事件风险管控的精益化管理。通过运行事件风险管控体系运作，核电企业在管理、经济、社会和生态等方面的效益得到显著提高，企业核心竞争力得到很大提升。

（1）推进运行事件风险全领域全过程管控，实现管理提升

通过计划制订、工作准备、过程控制、技术文件管理、风险识别和分析等手段，江苏核电有限公司全领域全过程打造运行事件风险管控精细核安全管理体系。以“数据库管控”“计划管控”“技术文件管控”“流程管控”四大管控措施为抓手，围绕可能发生运行事件风险的操作和关键敏感设备这两个着力点，采取一系列主动措施，全过程精细化管控，有效预防和减少运行事件的发生，确保核电厂安全运行。通过这些创新与实践活动，提升了机组功率运行期间风险管控能力，有效减少了机组非计划停机停堆次数。2021 年田湾核电站就发生 6 起运行事件，2022 年，田湾核电站通过完成运行事件风险管控体系建立和运作，电站运行事件发生次数明显减少，年度发生运行事件减少到两起（中国核电 10 次），达到了预防和减少运行事件发生的目标，提升核电厂本质安全。

（2）系统集成提高工作效率，降本增效

运行事件风险管控体系的建立，实现了运行事件风险安全分析的结构化和标准化，通过将运行事件风险分析结果自动提取到标准工作许可证申请中，确保了工作的准备者对同一项工作的风险理解保持一致性，使工作许可证申请风险得到充分识别，项目风险得到精准控制，执行得到提醒和关注，运行事件风险管控精细化管理水平得到提升。通过开发信息系统集成相关功能，实现计划、工作许可证申请电子化运行事件风险提示，提高机组安全风险识别效率。在维修准备工程师准备日常预维项目或紧急消缺项目申请工作许可证，输入设备 KKS 码时，工作许可证申请风险分析栏自动显示设备运行设备风险分析内容，减少工作包准备人开展设备检修风险分析的时间，也缓解了因专业技能欠缺导致风险分析不足的情况，有效地提高了工作许可证申请准备

效率和质量。根据统计结果，工作许可证申请准备过程中使用运行事件风险数据库中风险分析内容，同时升版技术程序识别运行事件风险关键步骤和管控措施，使得单项作业的工作准备、风险识别和措施制定的时间平均缩短 30 min 左右，运行事件风险数据库涉及 6 638 个设备，如每个设备均检修，需申请 6 638 个准备工作许可证，按现平均人工时 80 元计算，可降低人工时成本约 26 万元。2022 年，江苏核电有限公司开展全过程、全领域运行事件风险管理，全年江苏核电有限公司未发生因运行风险失控导致非计划停机、停堆和功率≥10%功率波动事件。非停指标综合反映了核电机组的运行性能和安全水平，也是影响 WANO 综合指标的重要因素。每有效避免一次运行风险导致的停机、停堆或降功率事件，按照单台机组满功率运行产生的经济效益估算，即可产生经济效益约 1 100 万元。2022 年度江苏核电有限公司实现零非停，未发生非预期的停机、停堆事件。按照中国核电非停指标 0.3 次/堆年，江苏核电有限公司 6 台机组非停指标 1.8 次/堆年，在不突破指标的前提下，增创的经济效益至少已达到 1 100 万元。

(3) 树立核电行业安全防范新标杆

中华人民共和国生态环境部令第 13 号《核动力厂营运单位核安全报告规定》发布实施后，核电行业运行事件报告数量明显上升，目前核电行业内还没有建立起针对性的运行事件管理体系，田湾核电站首次实现运行事件风险识别和风险管理，确定运行事件敏感设备和操作风险识别筛选规则，建立运行事件风险敏感设备和操作数据库，有效地预防和减少了运行事件的发生，为解决板块乃至行业提供了样板。

(4) 生态效应明显提升

安全是核电厂的生命线，而预防和减少核电厂运行事件的发生则是核电厂安全稳定运行的核心任务，通过管理创新的落实，搭建运行事件风险管理体系，田湾核电站运行风险管理水平得到大幅提升。减少了机组停机、停堆、甩负荷，以及液、气体废物误排放事件的发生，按该效益节约单台机组年非停和非计划降功率 1 d 估算，单台机组在能够多发出 2 700 万度电的同时，相对于燃煤电厂少排放了 1.8 万 t 二氧化碳、143.7 t 氮氧化物和 900 余吨含金属粉尘，为环境改善做出了巨大贡献，对减排和环保意义巨大。

4. 总结及展望

中国核电深入贯彻落实习近平总书记关于安全生产的重要论述，特别是“从根本上消除事故隐患”的重要指示精神，扎实推进以安全运行全面提升为主线的安全生产专项整治三年行动，“从根本上消除事故隐患”的责任链条，深化源头治理、系统治理和综合治理。坚持安全第一、质量第一，高质量推动运行机组的生产管理，助力公司“一个确保，三个到位，五个思考”目标路线图落实落地，以打造“三高一精”的总体战略思路为根本指导，以确保机组安全、可靠、高效、环保运行和打造精细化管理标杆为目标，加强核电厂运行风险管理和内控建设工作，加强核安全文化建设，落实安全主体责任，持续提升设备可靠性，开展减非停、零伤亡、自主技术攻关，预防和减少运行事件的发生，树立核安全精细化管理标杆，发挥规模效益和协同效益，促进田湾核电基地安全发展。

田湾核电运行事件风险管控体系已基本建立，未来将在专项丰硕成果的基础上，继续持续提升，根据国内外运行经验持续完善运行事件风险数据库，持续推进运行事件风险技术文件关键步骤识别和落实管理措施，推动运行事件风险设备和操作风险工作脱敏工作，持续将运行事件风险管控的先进管理理念融入到机组各项生产运行活动中，提升人员风险防范意识，预防和减少核电厂事故的发生，江苏核电有限公司全领域行动起来构筑起最坚固的核安全堡垒。

3.1.12　安全和运行可靠性管理全面提升保障机组长期安全环保稳定运行

基本情况	单位名称	海南核电有限公司
	案例所属专题/领域	提升核电厂安全运行可靠性
	类型	☐ 技术优化　☑ 管理提升
	主要创造人	魏智刚、李峰、崔杨杰
	参与创造人	汤玉平、宋为铭、陈秘、田忠慧、任松涛、杨子谦、严伟

案例简介 Case Introduction

海南核电安全和运行可靠性管理全面提升专项工作成立专项组，以公司总经理为组长，主管生产副总经理统筹安排、积极谋划，确保实现核电厂的安全质量环保核心管理目标：保障运行机组的安全、可靠、高效、环保运行；保障现场人员的安全和健康，杜绝死亡与重伤事故；保障财产安全，避免发生 1 000 万元以上直接经济损失事故；保护生态环境，不发生生态环境行政处罚事件。以公司三大管理举措为重要抓手，专项组持续提升安全质量环保敏感 SSCs 可靠性水平，完善以生产计划为核心的标准化生产管理流程，建立和完善关键重要 SSCs 和安全质量环保敏感 SSCs 预防性维修体系，建立重复性工单的成本管理基础，以及最低库存管理要求，优化生产成本精细管理，降低备件材料的库存量，聚焦生产实际、聚焦行动落实，形成了海南核电安全和运行可靠性管理机制，保障机组安全环保稳定运行。

案例详细介绍 Detailed introduction to the case

1. 实施背景

为贯彻落实习近平总书记关于安全生产重要论述，落实“从根本上消除事故隐患”的重要指示精神，扎实推进国务院《全国安全生产专项整治三年行动计划》要求及公司对应举措，践行公司核心价值观，提升安全环保执行力，进一步保障核电厂安全可靠运行，海南核电有限公司持续开展安全生产专项整治三年行动，压实安全环保责任，切实推进提升机组安全和运行可靠性。

2. 主要做法

安全和可靠性管理全面提升专项工作自 2020 年 5 月开始开展，整体流程如图 3-69 所示。专项计划分工作组织、技术标准管理规定准备、梳理全厂厂区范围内所有 SSCs 清单及相关区域清单、补充以设备清单为基准的数据库内容、跟踪中国核电下达的标准模板工单所需要素、建立以工单为核心的电厂管理流程和跟踪 ASP－1 软件开发情况等方面。具体行动概述如下：

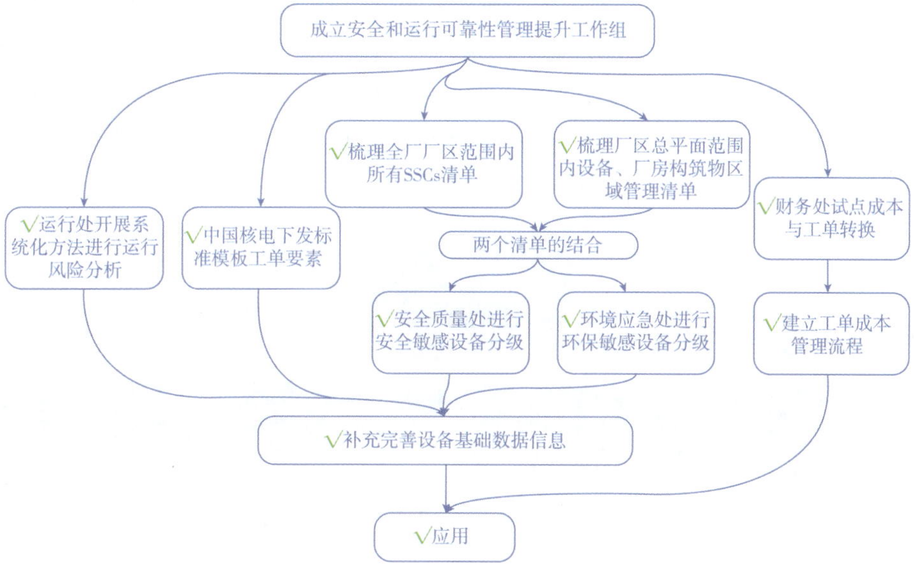

图 3-69　专项工作流程图

（1）明晰厂区平面责任，优化生产管理流程

对厂区总平面范围内设备、厂房/构筑物统筹梳理，形成高价值清单、在线及离线设备清单，明确设施及厂房分区责任部门，制定管理要求，不留死角，化盲点为亮点，各区域责任部门主动作为，争做管理先锋，严格落实厂房责任制及领域负责制。

进一步优化生产管理流程，根据生产实际需要，优化紧急消缺工作流程及经验反馈系统，打通生产计划管理与现场紧急抢修管理流程，实现紧急缺陷产生后自动生成重要状态报告，方便责任部门对缺陷根本原因进行分析，形成行动项并闭环管理。

（2）开展工业安全敏感 SSCs 数据分级，加强危险源分析，实现安全责任可视化管理

成立海南核电工业安全 SSCs 辨识工作小组（专项组构成如图 3-70 所示），组织开展危险源辨识及风险分级，多次组织各部门研讨清单，明确责任分工及辨识原则，编制完善《安全敏感 SSCs 分级管理》，通

过开展试点辨识 2PX/2MX，2021 年 1 月完成全厂构筑物、系统和设备危险源分级数据整理，发布工业安全敏感 SSCs 清单，根据中国核电分级标准优化，2021 年 7 月完成 SSCs 数据升版，从十万余条数据项目梳理形成 1 224 条工业安全敏感分级数据，其中工业安全一级（IS1）206 项，工业二级（IS2）1 018 项。截至 2022 年年底逐步完善及升版动态更新清单，筛选出工业安全敏感 SSCs 数据 876 项，其中高风险 146 项、中风险 730 项。

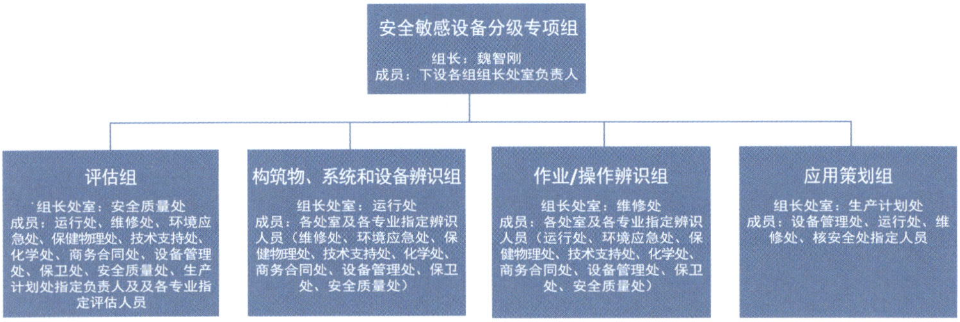

图 3-70　安全敏感设备分级专项组构成

具体实施流程如图 3-71 所示。

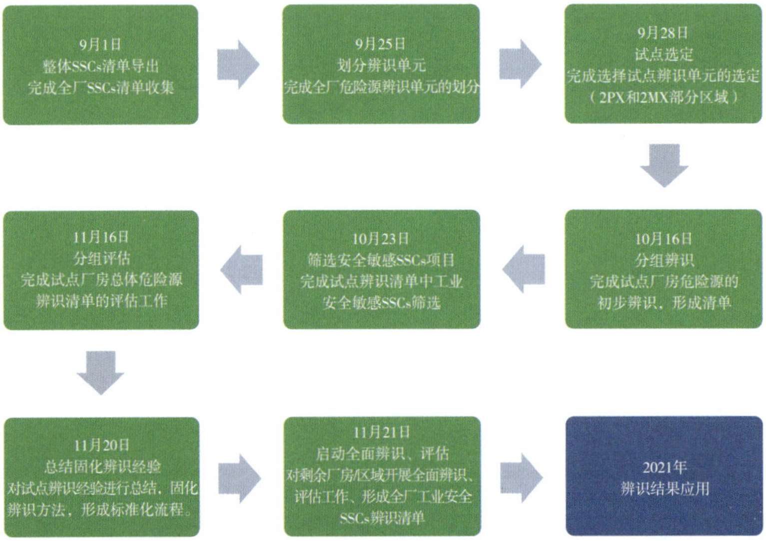

图 3-71　工业安全敏感 SSCs 分级实施流程

同时积极响应上级部门要求，2021 年 7 月开发了“安全责任划分及风险管控信息平台”，搭建“区域化管理”和“总平面风险度可视化”信息化模块，实现实时查看区域管理责任信息和风险信息，对场内生产、非生产厂房进行分级管控，推进安全 SSCs 可视化管理工作。

（3）开展环保敏感 SSCs 数据分级及应用

成立海南核电环境敏感 SSCs 辨识工作小组（专项组构成如图 3-72 所示），在中国核电没有统一分级原则的情况下，率先制定了海南核电环保敏感 SSCs 分级原则，并根据分级原则对环评报告中涉及的全厂环保设施进行梳理，汇总出海南核电总平面环保 SSCs 清单初版。2020 年 11 月根据中国核电“核电厂危险源分类分级标准”，编制并发布了海南核电“环保敏感 SSCs 分级管理”指令。工作小组根据管理指令对全厂设备进行重新梳理，并于 2021 年 1 月发布了海南核电环保敏感 SSCs 清单，包括环保构筑物 9 项，设备 155 项，其中环保一级（ES1）设备 118 项，环保二级（ES2）设备 37 项。

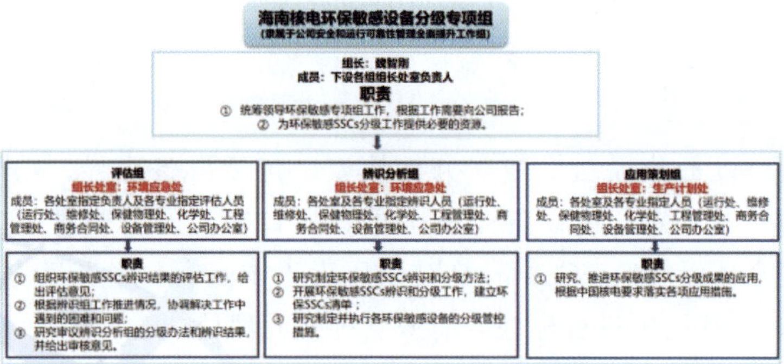

图 3-72 环保敏感设备分级专项组构成

海南核电环保敏感 SSCs 清单的制定有助于保障机组安全可靠运行和落实安全质量环保责任，为贯彻落实习近平生态文明思想，构建现代环境治理体系，提升环境保护能力，严控环境风险，牢固树立绿色发展理念提供有力保障。

(4) 率先在 EAM 实现完成分级数据信息化，不断推进完善日常管理应用

积极沟通协调中国核电各电厂设备基础数据管理部门，在 EAM 系统配置中增加了工业安全敏感分级及环保敏感分级信息字段，升版设备基础数据模板，并将分级体现在现有模板工单要素中，实现 PIM 报表工单申请查询及项目查询等功能。根据识别出的设备清单提前两个月完成设备基础数据录入，成为中国核电成员单位内首家完成在 EAM 配置中增加工业安全与环保敏感分级信息工作的核电厂。

开展安全环保敏感 SSCs 数据分级应用工作，从标识标牌制作安装、预防性维修项目梳理优化、规程自查及完善、安全环保 SSCs 缺陷管理要求制定及落实等各方面开展。对生产区域安全环保敏感 SSCs 参考 SPV 设备管理，统一纳入 EAM 系统信息化管控，明确缺陷优先级及响应机制，对非生产区域设备明确责任部门进行清单式管理。各厂房部门切实履行责任，安全质量处及环境应急处等监督管理部门独立监督，及时有效识别并消除生产实际中安全隐患及环保敏感设备缺陷。

(5) 优化风险分析，完善运行维修规程，完善预防性项目工单准备

持续对设备分级结果独立分析核查，包括设备边界、功能组，对审查出的问题汇总，由设备工程师再行接口审查及修改处理。根据危险源及安全环保敏感 SSCs 清单对全厂近千本运行试验规程进行识别，参考 SPV 在备注中进行标注，有效管控执行风险。

不断完善日常预维项目，优化标准工作包，进一步识别高风险、残留介质外泄风险和运行非停风险等，梳理优化 114 项工业安全及环保敏感 SSCs 设备涉及的 PM 项目，对涉及的运行规程梳理排查，完成升版 62 份规程并新增编制工业安全和环保敏感设备风险控制导则；结合中国核电标准工单要素不断完善预防性维修项目模板工单，2021 年度完成 361 项预防性维修大纲审查优化，完成 3 879 项 PM 项目模板工单优化，2021 年完成升版或生效 1 174 份维修规程。

在现有 SPV 区域管理基础上进一步优化 SPV 区域清单，进一步识别梳理 SPV 区域 1 m 范围内清单，录入信息系统保证 SPV 设备区域工

作在工单准备环节就能够在系统中及时有效识别，避免现场作业导致SPV设备功能异常进而影响机组安全稳定运行的情况发生。

(6) 推动降库存专项工作，实施工单成本管理基础工作

海南核电备品备件工作组积极推动建立“最低储备定额＋战略备件＋预防性维修备件”的备件管理体系。综合考虑备件分级、备件可靠性、经验反馈和采购周期等因素，动态优化备件最低储备定额，重点关注关键重要SSCs的备件保障率。对等同于SPV设备的安全环保敏感一级SSCs进行部件失效后果分析，识别其敏感部件，按照SPV备件的标准进行定额储备管理；对等同于CC2级的安全环保敏感SSCs，备件参照CC2级设备的标准进行定额储备管理。其余安全环保敏感SSCs备件按照重要设备的标准进行定额储备管理。

推广价值维修理念及其应用，从“不惜一切代价实现可靠性”“对缺陷零容忍”的文化理念转变为“对部分设备缺陷可适当容忍”的“基于价值的维修”理念，将成本考虑因素整合到设备可靠性过程中，以经济高效的方式确保安全性和可靠性。持续高效开展FEG预防性维修优化工作（图3-73），提前组织生产领域各部门梳理、分析全年所有检修工单，充分结合大修、节假日、保电、台风及热带风暴、季节性机组运行工况制约因素，全年科学规划、合理安排重要设备检修工作，保证重要设备“应修必修”，大大减少了工艺系统设备重复停役，降低了生产运行人力、物力成本。

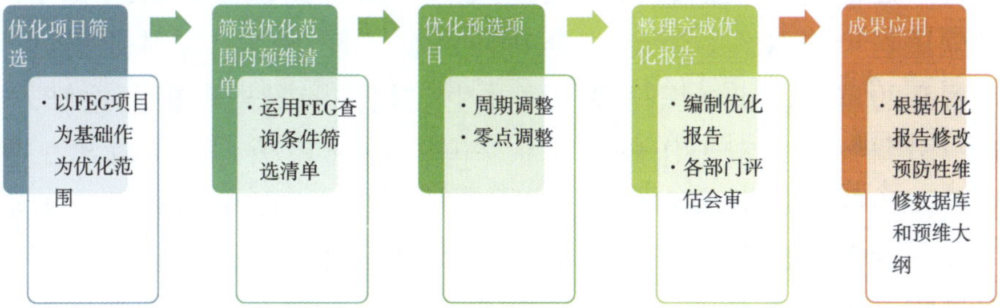

图3-73 FEG预防性维修优化工作流程

同时由财务、信息及生产部门联合，结合实际业务情况、信息化建设情况、自身管理模式，以预防性维修工单为试点，以历次大修工单数据为基础，全面梳理工单物资在EAM与ERP系统数据传递逻辑，

研究工时、耗材字段信息在信息系统的接口实现，并行实施标准工时和实际工时，持续完善工单成本数据库设计。自主完成工单成本管理可视化系统初步开发（图 3-74），实现 PM 工单部分数据展示，完成工单成本管理“从无到有”的阶段目标，为成本精益管理打下扎实基础。

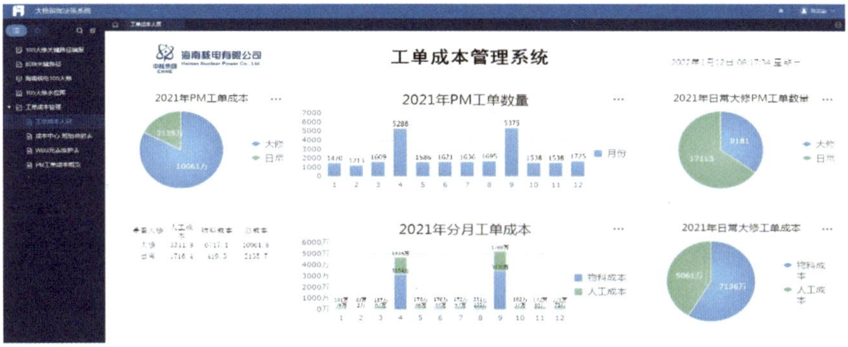

图 3-74　工单成本管理可视化系统

（7）开展减非停专项工作，深化三大管理创新，减少机组非停风险

持续开展机组减少非计划停机停堆（减非停）工作，通过减非停专项工作的管理和控制，加强设备管理及人员管理，提升设备可靠性，减少人因失误风险。

建立缺陷挂牌督办机制，加大缺陷消除力度及督办力度，推动重要技改或检修工作开展，建立全流程风险管控机制，从电厂层面全面把控缺陷处理过程中的风险，做到风险可知可控，保证机组安全。加强紧急缺陷抢修管理，针对安全和环保敏感设备制定应对预案，针对失效率高的重要设备组织抢险演练并生效相关的隔离模板和检修方案，做到未雨绸缪；日常工作建立模板工单、隔离模板，确保隔离工作中经验反馈的落实，完善和优化风险提示内容，确保相同的风险不会重复出现；发布高风险工作相关的管理规定，固化高风险工作流程，确保高风险工作从准备、计划和执行等各方面得到有效的管控，大大提升生产流程风险管控能力，确保机组运行安全。

建立并持续深化开展党支部生产厂房管理责任制、领导带班制、领域负责制。督促各级人员深度参与安全生产管理，以切实的党建生产融合管理创新落实“不忘初心，牢记使命”，实现“党建优秀，管理一流”，凸显党支部战斗堡垒作用和党员先锋模范作用，实现党建全面融入日常生产经营活动；推行领导带班制，及时高效解决一线问题，加强现场作业安全管理，为实现优异的安全业绩和零非停目标加强风险管控，有效落实高风险工作的安全防范措施，及时推动现场问题的快速高效处理。

3. 实施效果

（1）建立及逐步完善安全环保敏感 SSCs 分级管理机制

通过不断的实践及创新，海南核电建立并持续优化重要 SSCs 和安全环保敏感 SSCs 预防性维修体系，开展日常安全环保敏感设备分级应用，明确管理责任，制定安全环保敏感设备管控细则，纳入对应设备分级的预防性维修管理，部署预防性维修任务，构建了较为完善的安全环保敏感 SSCs 设备管控体系，有效降低安全环境污染事件发生概率，从根本上保障了本质安全水平。

（2）实现以工单为基础的生产管理与成本精细化控制

打通生产计划管理与现场紧急抢修管理流程，以及状态报告与经验反馈管理流程；推动建立并持续完善关键重要设备和安全质量环保敏感设备预防性维修体系，完善 PM 工单管理要素，进一步降低消耗性国产备件材料的库存量，同时开展价值维修工作，减少工单实施成本。通过 FEG 优化大幅减少重复停役事项，同时，《基于功能设备组划分的预防性维修优化》获全国电力行业设备管理工作创新成果一等奖。

（3）提升机组安全运行可靠性，保障机组长期安全稳定运行

通过专项工作实施，从工作管理流程优化、SPV 设备管理持续优化及脱敏推进、标准工作包编制和建立健全备品备件管理体系等方面，夯实设备管理基础，提升 SPV 设备管理和人员防人因管理水平，强化根本原因分析及改进行动，全面推进安全和运行可靠性管理全面提升工作，海南核电双机组保持安全稳定运行超 1 500 d。2 号机组荣获 2022 年度中国核电金牌机组，海南核电荣获南方电网 2022 年度发电先进集体。

总体而言，在开展安全和运行可靠性提升专项工作中，海南核电形成了一系列良好实践及做法，进一步深化党支部厂房制、带班领导制和领域负责制等管理创新制度，形成多项标准化流程，强化风险管理分析，为机组安全生产运行奠定了坚实的基础，以上均值得在同行

进一步推广及应用。

3.1.13 BOP酸碱整治揭榜挂帅

基本情况	单位名称	三门核电有限公司
	案例所属专题/领域	提升核电厂安全运行可靠性专项
	类型	□ 技术优化　☑ 管理提升
	主要创造人	吴元明、魏俊明、陈睿
	参与创造人	石武勃、徐高德、李孟、王丰军、杨添、王媛、周志景

案例简介 Case Introduction

酸碱区域SSCs自投运以来，进行了一定规模的整治，取得了一定的效果，但仍存在设备跑冒滴漏、整洁度不高和缺陷率较高等问题，与行业管理先进存在较大的差距。为鼓励公司中层干部聚焦现场重点难点问题，做到“沉到现场解决问题”，公司针对制氯、废水、除盐水、海淡酸碱区域SSCs整治工作实施“发榜”机制，由P15、P14职级人员组建专项组进行揭榜。各专项组坚持“从根本上消除事故隐患”的原则，科学选取确定整治区域与整治项目、高效整合整治项目和合理规划实施逻辑顺序，持续提升厂房整治技术标准，将BOP酸碱区域厂房整治为“美观、安全、高质、便捷、节约、健康”的示范厂房，显著提升了作业现场安全指数、工作效率和工作质量。

案例详细介绍 Detailed introduction to the case

1. 实施背景

BOP酸碱区域SSCs（构筑物、系统和设备）从投运以来进行了一定规模的整治，包括厂房整治、设备改造等，取得了一定的效果，但仍存在不少问题，主要体现在：(1) 设备跑冒滴漏现象未得到彻底整治，设备整洁度不高；(2) 酸碱泄漏导致进入危化品泄漏应急处置的情况时有发生；（3）设备的缺陷率较高；（4）厂房通风及地面排水存在不足，厂房整洁度较差。公司通过“发榜”机制，鼓励 P15、P14 职级人员组建专项组进行揭榜，并通过定期跟踪整治进展与开展整治效果验收的方法管控 BOP 酸碱整治进度与最终整治质量。

2. 主要做法

（1）确定整治区域与整治项目

综合考虑经济性、功能性、安全性及实施窗口四个方面，最终选取制氯、废水、除盐水和海淡酸碱四个区域作为揭榜挂帅整治区域。专项组基于“从根本上消除事故隐患”原则，现场勘察，确定偏差项目，初步形成整治项目清单，并召开专题会确定最终整治项目。判定准则见表 3-7。

表 3-7　整治选取判定准则

		分值及判定			备注说明
		8～10	4～7	0～3	
缺陷判定准则		造成设备功能降级/丧失的整治项目，应按照生产缺陷流程处理			
直接判定准则		专项组判定确需列入整治项目清单的项目，在说明原因后无需再进行定性评价。			
定性判定准则	与标准的偏差	大面积或普遍偏差	局部区域或较大数量偏差	个别地点或个别设备的偏差	权重 20%（“偏差程度”与“偏差数量”取分值高者）
	经济性	投入可明显提升厂房形象	投入可局部提升厂房环境	厂房环境提升不明显	权重 20%
	功能性	减少人因失误/提升工作质量	可能导致功能逐步降级	不影响功能	权重 10%
	安全性	其他低风险工作	运行中风险或较少执行的其他风险的工作	运行高风险或首次执行的其他风险的工作	权重 30%（“工作风险”与“执行频度”取分值低者）
	实施窗口	有预维窗口或无特殊窗口要求		无预维窗口	权重 20%

(2) 整合整治工单

本着精细化管理的原则，对于一些比较简单、工作内容相近，且能被相同的隔离所覆盖的整治项目，将其整合到一个工作任务中进行处理，以减少工单数量与流程成本。整合原则见表 3-8。

表 3-8　项目整合原则

序号	整合原则
1	只有同一专业的整治项目
2	整治项目可以在同一个计划窗口进行
3	整治项目实施时可以被相同的隔离所覆盖
4	整治项目无开口项制约
5	可自行安排工作时间的项目（例如 Facility 类项目）与需要计划工作时间的项目不能列入同一工单

(3) 确定实施逻辑

BOP 酸碱整治涉及多专业在同一区域的交叉作业，若未考虑施工逻辑顺序，则在整治工作过程中很可能会发生相互干扰的情况，甚至导致后整治的项目破坏已整治项目整治效果。各专项组紧前策划、持续优化施工逻辑顺序，确保整治一次成功。实施逻辑顺序编制原则见表 3-9。

表 3-9　实施逻辑顺序编制原则

序号	编制原则
1	同一楼层整治中按照自上而下
2	楼层四周房间向主要运输和人员通道收拢
3	先隐蔽物项后外露可见物项

(4) 验收整治效果

公司总经理牵头成立整治验收组，基于整治工作进展，提前策划验收计划，召开验收前会议明确验收路线等内容，并于验收过程中依据技术标准手册要求，对照验收检查单对整治区域的整治效果进行现场验收，检验整治效果。

3. 实施效果

BOP酸碱区域SSCs整治活动共计完成了147项整治项目，其中除盐水酸碱区域25项整治项目、海淡酸碱区域31项整治项目、废水酸碱区域22项整治项目、制氯酸碱区域69项整治项目，同时更换了482项标识。建立了安全、高质量厂房示范厂房，显著提升了作业现场安全指数、工作效率和工作质量，为电站安全稳定运行提供重要保障。

3.1.14　35 kV地埋电缆风险分级管控、隐患排查治理及信息化应用

基本情况	单位名称	中核汇能有限公司
	案例所属专题/领域	提升电厂安全运行可靠性
	类型	☑ 技术优化　　□ 管理提升
	主要创造人	韩晨
	参与创造人	肖静静、王思先

案例简介 Case Introduction

随着新能源行业的发展，采用电力电缆线路输配电越来越多，中核汇能新能源场站地埋电缆敷设的情况不在少数，进行地埋电缆管理很有必要。以中核汇能山东公司平阴风电场场站为试点，开展了35 kV地埋电缆路径勘查测量及风险点管控的工作。平阴风电场属于山地风场，场内35 kV集电线路及110 kV送出线路均为地埋电缆。电缆敷设路径多，通过农田、国道和采石场等地形，发生电缆外力破坏的几率较高，发生电缆故障后查找难度较大。由于原有地形地貌的改变及设备改造、线路搬迁等原因，电缆路径无法确定。针对现场实际情况，地埋电缆风险分级管控和隐患排查治理成为一项迫切的工作，以便提高巡视精度，全面掌握线路情况，排除隐患控制风险，保障电缆运行安全。此项工作不仅在安

全生产专项整治三年行动中作为抓手，同时也在精细化管理中着重优化提升，使地埋电缆的管理应用更加广泛，实施更加得心应手。

案例详细介绍 Detailed introduction to the case

1. 实施背景

以中核汇能平阴风电场为例，此风场属于典型的山地风场，两条35 kV集电线路地埋电缆长约34 km，35 kV海电Ⅰ线与A1风机～A9风机并联，长约12.76 km，35 kV海电Ⅱ线与A10风机～A20风机并联，长约22.09 km。未设电缆沟，35 kV海电Ⅰ线、35 kV海电Ⅱ线为直埋电缆，电缆中间接头共48个，未设中间接头井。

电缆路径穿越G35济广高速、G22青兰高速、105国道、341国道、平石线公路、乡村道路，敷设在林地、山地、农田和村庄等多种地貌，涉及两个乡镇、一个街道、九个村庄，穿越十一处燃气输油管道，电缆敷设距离长，整体环境复杂，影响范围广，管控难度大。自并网运行以来，平阴县发展力度大幅增加，国道及省道改造扩建、各村新建道路、农村改造搬迁、企业厂房新建扩建和矿山采石等加大了电缆管控的难度。电缆的周边环境与原貌相比发生了巨大变化，部分电缆和中间接头埋设在农田及公路绿化带下方，地面警示标识被严重挪动和毁坏，电缆路径已难以辨识。

在未开展地埋电缆分级管控及隐患排查治理工作前，因公路建设和建材公司施工，场站事故停电两次，查找故障点浪费了大量的人力物力，对故障的处理时间更是有所延误，造成较大的电量和经济损失。外来单位及人员的危险作业较多，电缆埋于地下，外来单位或施工人员无法准确判断电缆位置，发生人身伤亡事件的概率大幅增加，为运行安全和巡视工作带来了巨大的风险和隐患。

2. 主要做法

(1) 电力电缆运行管理提升

针对现场实际情况，中核汇能平阴风电场以“35 kV地埋电缆路径探测绘图及风险分级管控和隐患排查治理”作为课题，成立运行管理提升小组。采取科学合理的管理方法，排除隐患，控制风险，保障电缆运行安全。在质量小组活动中划分电缆安全风险等级并指定相应的责任人，做到工作有原则、排查有目标、消缺有重点、检查有落实。

1）精确定位电缆位置

使用地埋电缆探测仪（图 3-75）探测电缆走向及埋深（该测试仪探测精度 30 cm、探测埋深 10 m），配合高精度 GPS 定位仪（图 3-76，定位精度 1 m），采集定位电缆坐标并绘制电缆走向图。

图 3-75　地埋电缆测试仪

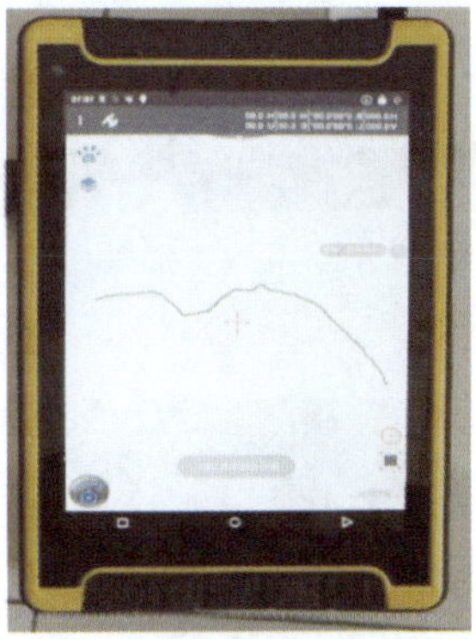

图 3-76　GPS 定位仪

2）集电线路定位测量

如图 3-77 所示，由两人配合对集电线路进行定位，一人手持电缆路径测试仪探测电缆位置，另一人用 GPS 进行定位，对全线地埋电缆进行探测，每隔 2 m 进行定点，由点至线，由线至面，对全线电缆进行定位和统计。

3）绘制电缆路径图

35 kV 电缆路径图如图 3-78 所示，包括机位、线路路径、中间接头，运维人员可根据巡视图实现 GPS 路径导航巡视，加强了对电缆路径的熟悉和掌握，对路线不熟悉的新员工也可以利用 GPS 路径导航巡视，准确地找到电缆走向，明确巡视电缆位置，及时发现地埋电缆上方存在的安全隐患，避免了因地埋电缆位置不明确导致误判。地埋电缆中间接头年久易发生故障，精准定位可缩短故障抢修排查时间，提高抢修效率，避免更大的损失。35 kV 电缆走向及隐患位置示意图如图 3-79 所示。

图 3-77　两人配合对集电线路定位测量

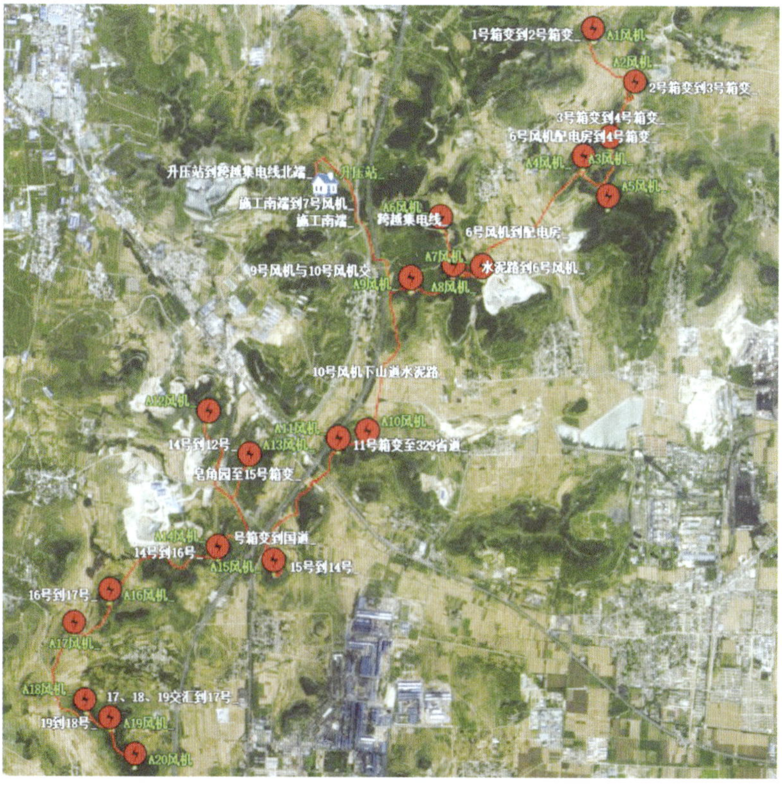

图 3-78　35 kV 电缆路径图

图 3-79　35 kV 电缆走向及隐患位置

4）线路电缆统计

对线路电缆起点、终点、型号和米数进行统计，可在处理电缆故障过程中对备品备件进行准备，缩短备件到场的时间，提高抢修效率，减小电量损失。电缆米数统计示例如表 3-10 所示。

表 3-10　电缆敷设米数统计

35 kV 海电Ⅰ线					35 kV 海电Ⅰ线				
序号	起点	终点	型号	米数	序号	起点	终点	型号	米数
1	1#	2#	3×50	1 460	1	20#	19#	3×50	820
2	2#	3#	3×50	955	2	19#	18#	3×50	510
3	3#	5#	3×50	1 050	3	18#	17#	3×50	2 125
4	4#	4#	3×50	815	4	17#	16#	3×50	930
5	5#	6#	3×70	2 880	5	16#	14#	3×70	2 345
6	6#	8#	3×95	795	6	15#	13#	3×50	2 540
7	7#	8#	3×50	495	7	14#	15#	3×95	1 715
8	8#	9#	3×150	725	8	13#	11#	3×185	2 650
9	9#	升压站	3×185	3 590	9	12#	12#	3×50	2 100
合计				12 765	10	11#	10#	3×240	530
备注： 电缆型号 ZRC-YJV22-26/35 kV－3×50 至 ZRC-YJV22-26/35 kV－3×300					11	10#	升压站	3×300	5 825
					合计				22 090

(2) 风险分级管控

1）风险分级管控划分

在路径精准探测工作后，对现场复杂的线路情况进行分级管控，建立 35 kV 地埋电缆风险分级管控与隐患排查治理体系，将风险点划分为五级并以红、橙、黄、蓝和绿五种预警色进行标识，采取相应的风险预警及控制措施，风险点责任到人。具体等级划分如表 3-11 所示。

表 3-11　风险分级

序号	风险等级	预警色	风险预警及控制措施	负责人
1	Ⅰ，即巨大风险		在电缆区域施工作业，即将发生人身伤亡和设备事故。采取安全措施，禁止冒险施工，向分公司及当地应急管理局汇报。每 24 h 检查	风场场长

续表

序号	风险等级	预警色	风险预警及控制措施	负责人
2	Ⅱ，即重大风险		在电缆区域施工作业，可能发生人身伤亡和设备事故。采取紧急措施降低风险，建立控制程序，定期检查，汇报分公司。每 24 h 检查	风场场长
3	Ⅲ，即中等风险		在电缆区域施工作业，无发生人身伤亡和设备事故的可能，需采取安全措施降低风险，建立控制程序，定期检查，汇报分公司。每两天检查	风场值长
4	Ⅳ，即可接受风险		电缆区域附近有施工作业，需采取控制措施，需定期检查，保留记录。每两天检查	风场主值
5	Ⅴ，即轻微或可忽略的风险		无需采取控制措施，但需保留记录。每月检查	风场值班员

2）隐患排查治理

(a）根据电缆路径对存在的风险点进行排查，对各风险点进行分级管理，风险分级管控负责人进行监督。使用等级颜色不同的记号笔在电缆巡视图上进行标注，各风险点及等级一目了然。中核汇能平阴风电场电缆线路隐患排查治理情况如表 3-12 所示。

表 3-12　隐患排查治理措施

中核汇能平阴风电场电缆线路隐患排查治理情况

序号	隐名患称	风险等级	拟采取的整改措施	设备主人	安全措施负责人
1	A15 风机至 A11 风机穿越 105 国道及高速公路扩建	二级	(1）对施工人员进行安全告知，告知电缆电压等级、安全距离、电缆走向及埋深，并签订安全告知书。 (2）电缆上方埋设警示电缆桩。 (3）对施工人员进行安全教育，提高施工人员的安全意识，了解作业过程中存在的风险。 (4）制定相应的应对措施，出现紧急情况时及时处理，检查站内相应的保护定值是否正常，避免事故扩大化。 (5）加强巡视，必要时 24 h 监护作业	刘朔	王思先

续表

序号	隐名患称	风险等级	拟采取的整改措施	设备主人	安全措施负责人
2	A12 风机至 A13 风机穿越道路供热管道施工	二级	(1) 对施工人员进行安全告知，告知电缆电压等级、安全距离、电缆走向及埋深，并签订安全告知书。 (2) 电缆上方埋设警示电缆桩。 (3) 对施工人员进行安全教育，提高施工人员的安全意识，了解作业过程中存在的风险。 (4) 制定相应的应对措施，出现紧急情况时及时处理，检查站内相应的保护定值是否正常，避免事故扩大化。 (5) 加强巡视，必要时 24 h 监护作业	孙余国	肖静静
3	110 kV 送出线路电力电缆处供热管道施工	三级	(1) 与采石场签订安全告知书，在风机基础附近禁止施工。 (2) 加强巡视，发现存在威胁风机基础的风险及时制止施工	王思先	肖静静
4	A10 风机下山路采石场挖掘机开采	四级	(1) 发现盗采石料，及时举报。 (2) 电缆上方埋设警示电缆桩。 (3) 加强巡视，注意电缆上方是否有开挖痕迹，发现机械作业及时告知	孙余国	肖静静
5	A11 风机下山路有盗挖开采现象	四级	(1) 发现盗采石料，及时举报。 (2) 电缆上方埋设警示电缆桩，并插破坏电力电缆的警示旗。 (3) 加强巡视，注意电缆上方是否有开挖痕迹，发现机械作业及时告知	孙余国	肖静静
6	A16 风机下山路附近存在盗挖山石现象	四级	(1) 发现盗采石料，及时举报。 (2) 电缆上方埋设警示电缆桩，并插破坏电力电缆的警示旗。 (3) 加强巡视，注意电缆上方是否有开挖痕迹，发现机械作业及时告知	肖静静	王思先

(b) 根据隐患排查情况按照巡检周期进行巡视，完善巡检照片。隐患排查点巡检记录如图 3-80 所示，35 kV 海电Ⅱ线电缆线路隐患巡视照片如表 3-13 所示。

中核汇能山东能源有限公司平阴风电场电缆线路四级隐患巡检记录

巡检日期：2023.3.19

巡检区域	风险等级	巡检项目	巡检结果	巡检人	值班负责人
A18-A19集电线路盗挖	四级	1、电缆警示桩或安全警示牌位置是否正常	正常	[illegible] [illegible]	[illegible]
		2、电缆警示桩或安全警示牌是否完备无损坏	完备		
		3、电缆线路上方地面是否正常、有无开挖、施工、破坏、被盗现象。	无		
		4、电缆线路有无新增交叉跨越管道、线缆	无		

巡检异常记录：

无

中核汇能山东能源有限公司平阴风电场电缆线路四级隐患巡检记录

巡检日期：2023.3.22

巡检区域	风险等级	巡检项目	巡检结果	巡检人	值班负责人
A18-A19集电线路盗挖	四级	1、电缆警示桩或安全警示牌位置是否正常	正常	[illegible] [illegible]	[illegible]
		2、电缆警示桩或安全警示牌是否完备无损坏	完备		
		3、电缆线路上方地面是否正常、有无开挖、施工、破坏、被盗现象。	无		
		4、电缆线路有无新增交叉跨越管道、线缆	无		

巡检异常记录：

图 3-80　隐患排查点巡检记录

表 3-13　风控点巡视照片

35 kV 海电Ⅱ线电缆线路隐患巡视照片

序号	隐患名称	巡视照片　　2022 年 9 月 7 日
1	A10 风机集电线正常	 
2	A12 风机集电线上方正常	 
3	A16 风机集电线上方正常	 
4	A18-A19 风机集电线附近正常	 

（c）对电缆周边施工单位及时签订电力电缆线路区域施工作业安全风险告知书（图 3-81）。

电力电缆线路保护区内施工安全风险告知书

中建铁路投资建设集团有限公司

贵方在我方风电场所辖设备 A11-A17风机集电线路 区域处施工，为了使您更好的了解国家对电力设施保护区的保护规定以及贵方在施工中所存在的安全风险，预防可能发生的人身、设备安全事故，请您认真阅读本安全风险告知书，如有疑问，请随时向我们提出。如您确定已清楚了解所从事工作的安全风险后，请在本告知书上签字并加盖公章。

一、依据中华人民共和国《电力法》第十一条规定“任何单位和个人不得非法占用变电设施用地、输电线路走廊和电缆通道”。发电设备保护区是为确保电力使用、电力安全运行、依法受到国家保护并由供电企业管理的专用区域。在电力设备保护区内非法施工时，会有以下安全风险：

1、施工机械误挖到电力电缆，造成人身伤亡、设备损坏的安全事故；

2、造成电缆线路被迫停止运行，我公司设备大面积停电，给我公司带来无法挽回的经济损失和社会影响。

3、电力设备基础损坏，易导致电力设备倒塌、破损，造成电力系统运行动荡，对电网造成干扰，对我公司造成电网考核，风机强制解网造成损失。

二、依据中华人民共和国《电力法》第五十四条规定“任何单位和个人需要在依法划定的电力设施保护区内进行可能危及电力设施安全的作业时，应当经电力管理部门批准并采取安全措施后，方可进行作业”。因此，如果贵方正在进行的施工工程没有取得建设工程规划许可证、施工许可证和供电公司主管部门的许可，为确保电力线路的安全运行和贵方人员、设备的安全，请贵方立即停止在保护区内的一切施工作业行为，并将人员、设备撤出保护区外。如果贵方不接受我方意见，依据中华人民共和国国务院《电力设施保护条例实施细则》第四条规定“对危害电力设施安全的行为，电力企业有权制止并可以劝其改正、责其恢复原状、强行排除妨害，责令赔偿损失，请求有关行政主管部门和司法机关处理，以及采取法律、法规或政府授权的其他必要手段。”

三、如果贵方的施工工程已取得了上述证件并得到了供电公司主管部门的许可，为确保电力设施的安全运行和贵方人员、设备的安全，请贵方积极配合并做好以下事项：

图 3-81 签订安全风险告知书

（d）对电缆标识缺失路段进行补充，对埋设位置不准确路段进行更改。

（e）巡视图、经验反馈和风险分级管控隐患排查治理体系上墙（图 3-82），并实时更新巡视信息。

图 3-82　巡视图、经验反馈、风险分级管控和隐患治理体系上墙

（3）创新突破管理

以 35 kV 电缆路径探测定点绘图及风险分级管控隐患排查治理为切入点，使用电缆路径测试仪查找电缆位置，使用 GPS 采集经、纬度坐标。使用绘图软件绘制 35 kV 集电线路电缆路径图（包括机位、线路路径、电缆长度和中间接头位置）。如图 3-83 所示，通过地图软件推出手机智能电缆路径导航系统，实现“可视化”管理，利用手机进行导航，开展“线上”巡检。通过结合先进仪器和手机终端，一方面，从宏观上对电缆路威胁较大的采石场、工业园区、道路扩建改建区域对设备的影响进行直观的排查；另一方面，运维人员使用手机的地图软件可实现 GPS 路径导航巡视，提升对电缆路径的巡视精度，在电缆发生故障时便于对突发状况进行高效排查。

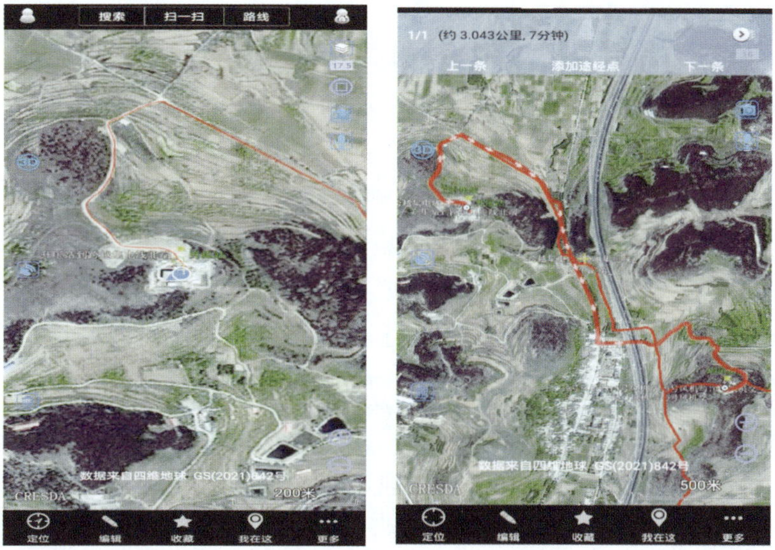

图 3-83　风机及集电线路手机导航功能

3. 实施效果

(1) 安全效益

从电缆安全管理的角度，提高巡检精确度，保障运行安全，提高工作效率。避免因巡视误差导致电缆受到机械破坏，发生人员伤害和死亡。安全是无价的，安全是最高的效益。

(2) 经济效益

正常单次电缆中间头抢修损失约为 5 万元（故障定位 1.5 万元，抢修接头材料及安装 2 万元，埋地电缆开挖及回填 1.5 万元）；损失电量以单次抢修时间 3 d、风电场预估风速 7.8 m/s、电价 0.61 元/千瓦时的情况计算，3 d 损失电量 100 万千瓦时（此数据为预估值，如果在高峰时段月损失电量会成倍增高），电缆故障造成的损失为 61 万元，累计损失 66 万元。如对电缆精确管控处于空白，每年多次发生电缆故障的概率将成倍提高，经济损失可达数百万。

(3) 效果评价

1）获得“中核集团 2020 年度质量管理小组活动成果三等奖”；

2）获得“2021 年中国电力技术市场协会智慧风电科技成果优秀

奖”；

3）2022 年，获取国家知识产权局发放的“一种埋地电缆巡检装置”实用新型专利证书。

（4）推广前景

此项创新成果可用于行业内的地埋电缆运行管理，结合现场实际情况，以信息化系统管理为基础收集和统计各类信息，拓展性非常强，应用于电缆运行管理的市场前景较好。

1）用于地埋电缆的路径位置基础数据采集，结合现场实际情况，精确定位电缆位置，填补工程建设期间电缆路径位置的数据空白，更加精确地绘制路径地形图。

2）电脑和手机软件可用于地埋电缆的导航巡视，方便人员携带，能够实现对电缆风险点和隐患的持续监视、跟踪和更新。

3）便于地埋电缆故障点查找，为抢修故障节约时间，避免产生较大的经济损失。

（5）电缆头状态诊断分析及专项技术改造

地埋环境下的常规电缆中间接头故障率高发的时间段为投运 5～6 年间。从电缆全寿命管理角度出发开展状态检修，从传统的耐压试验方法上升到宽频线性阻抗无损检测，提前诊断电缆中间接头及电缆终端接头的缺陷和使用寿命，有选择性地提前进行更换，避免故障发生。采用新型的电缆熔接修复技术制作免维护接头，修复后的电缆接头与电缆本体一体化，与电缆本体同寿命，实现电缆电路的无接头化。解决现有电缆中间头的弊端，免除频繁的电力抢修及维护，避免因电缆中间接头连续故障导致电量损失和其他负面影响。

4. 总结及展望

中核汇能有限公司以习近平新时代中国特色社会主义思想为指导，深入贯彻党的二十大精神及习近平总书记关于安全生产重要论述和对核工业的指示批示，以“隐患排查治理、防止工业安全事故”为主线推进安全生产专项整治三年行动，不断压实安全生产责任，优化安全生产管理流程，提升安全生产管理水平。牢固树立安全发展理念，把安全生产贯穿生产经营活动全过程，坚持解决思想问题和解决实际问题相结合，切实增强从根本上消除事故隐患的思想自觉和行动自觉。做好风险分级管控和隐患排查治理、高风险作业分级管控，切实加强现场安全管理，降低生产安全风险。

自本项工作开展以来，汇能公司将“事业高于一切、责任重于一切、严细融于一切、进取成就一切”的精神充分融入其中。在新能源场站地埋电缆风险管控方面取得了很好的成效，电缆故障排查和安全管控能力得到显著提升，改变了单纯依靠人工排查的方式进行地埋电缆巡视管理的现状。使用先进仪器采集基础数据，结合现场实际情况建设出一套科学高效的管理体系，为电力电缆的安全运行打下坚实的基础。

为全面推进精细化管理体系建设、智慧场站及集控中心建设，汇能公司以“精细化”为管理理念，以改革和创新为抓手，通过开展地埋电缆风险分级管控、隐患排查治理及信息化建设，深刻地认识到数字化、线上巡检管理的重要性，在今后的创新创效工作中将坚持以科学技术为依据，以实践为根本，优化创新管理模式，逐步实现设备主人管理、无人机自动巡检等精细化管理，汇能公司将以精细化保安全、以精细化促发展、以精细化提效益，进一步提升精细化管理成效，为“十四五”高质量发展蓄势赋能，以踔厉奋发的姿态助力“30・60”双碳目标的实现。

3.1.15　安全生产领域智能 AI 视频监控系统应用

基本情况	单位名称	中核汇能有限公司
	案例所属专题/领域	安全生产领域智能 AI 视频监控系统应用
	类型	☑ 技术优化　　□ 管理提升
	主要创造人	刘秉涛、李旭
	参与创造人	苏振昕、申灿、刘跃

案例简介 Case Introduction

在中国核电安全生产专项整治三年行动中，河北公司为加强风电场、光伏电站和在建项目等现场安全管控能力，降低安全风险，提升质量管控水平，充分考虑新能源项目“小散远”管理需求，通过智能AI视频监控技术，基于现有视频监控，利用B/S架构，通过前台管理界面，预制导入的模型，可以实时对场站火情、非法入侵和违章行为进行报警，加强作业区域的安全防护管理，对现场作业区域和重点防护区域的各类安全要素进行有效监控。使用大数据、智能算法和人工智能等先进技术构建智能管控平台，每月对现场违章行为进行统计、分析，大大加强了省公司对场站的安全管控能力，系统提供多维场景化应用，根据视频监控分析的识别结果，在管理上由局部探察扩展为全面监管，从单一驱动管理到分级分层管理。河北公司智能AI项目是由省公司牵头，各场站配合完成，为公司减少现场常驻值班人员、实现少人值守甚至无人值守提供强有力的技术支持。

案例详细介绍 Detailed introduction to the case

1. 实施背景

（1）贯彻落实全国安全生产专项整治三年行动方案需求

2020年4月1日，国务院安委会印发了《全国安全生产专项整治三年行动计划》，这次专项行动是为认真贯彻落实习近平总书记关于安全生产重要论述，落实“从根本上消除事故隐患”的重要指示精神而作出的专项部署。专项整治总的要求是：坚持以习近平总书记关于安全生产重要论述武装头脑、指导实践，牢固树立安全发展理念，深化源头治理、系统治理和综合治理，进一步完善和落实重在“从根本上消除事故隐患”的责任链条、制度成果、管理办法、重点工程和工作机制，推进安全生产治理体系和治理能力现代化，实现事故总量和较大事故持续下降、重特大事故有效遏制、安全生产整体水平明显提高。河北公司坚持以“安全是责任、安全是技术、安全是管理、安全是文化”安全理念，开展智能AI项目建设工作，智能AI项目以“安全”为切入点，“降本、提效、增质”为方向，构建智能安防视频管理平台，实现全流程的 AI 管控，从而提高河北公司各场站现场的安全管控能力，降低安全风险，提升质量管控水平。

（2）坚持问题导向解决新能源项目小散远”项目安全管理需求

河北公司在智能 AI 项目建设过程中充分考虑“小散远”项目管理需求，通过现有视频监控，利用 B/S 架构，通过前台管理界面，预制导入的模型，可以实时对场站火情、非法入侵进行报警，同时，为了消除安全隐患，加强和改善河北省公司对各场站作业规范性管理，需要建设一套先进、稳定的视频监控系统。该系统需要满足的要求如图 3-84 所示。

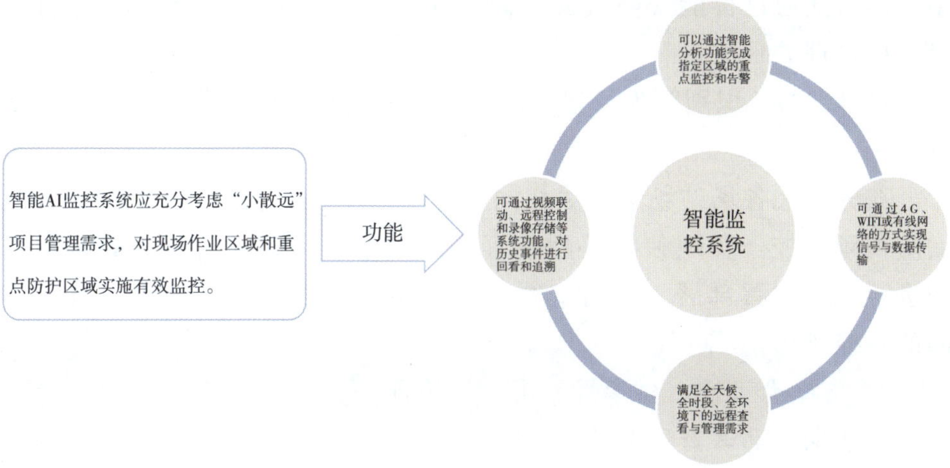

图 3-84　智能 AI 监控系统功能要求

2. 主要做法

（1）成立专门工作小组

为确保智能 AI 项目建设取得有效成果，组织成立了智能 AI 项目专业推进小组，小组坚持“全员参与、全员负责、全员进步”的原则，明确了工作组各成员职责及工作目标，编制了项目计划，定期组织召开专题会议，从项目建设目标、项目建设范围、项目组织架构、项目里程碑节点、项目管理保障和项目沟通机制六大方面对项目后续执行策略进行把控，提高工作组人员对智能 AI 项目的积极性、创造性，确保智能 AI 项目稳步推进。

（2）确定总体设计思路

智能 AI 项目的主要目的是加强河北公司对于风场、光伏电站等现场的安全管控能力，由于各场站间距离较远，河北公司整体管控难度有所提升，因此，根据实际情况制定相应的解决方案，将从以下四个方面，针对本项目的部署实施进行建设。

1）以“安全”为切入点，全方位加大安全监督力度

以“安全”为切入点，“降本、提效、增质”为方向，构建智能安防视频管理平台，实现全流程的 AI 管控，构建智能化安全风险防控体系；同时，通过智能安防视频管理，实现从省公司到各场站间进行分级管控管理的目的。

2）以“AI 识别”为目标导向，实现常用模型公用化、独特模型专有化

充分考虑各场站场景不尽相同、风险点不同的特点，建立 AI 智能安防视频监控，实现独特模型专有化，根据各场站的情况，对常用模型进行统一内置部署。同时，针对各场站风险点不同的情况，选择不同的管控场景。

3）方案合理性、科学性、可行性论证

为了保证部署方案具有合理性、科学性与可行性。在项目部署实施前，对现场的具体环境进行大量、全面的技术论证，并对现场环境进行多次测试；同时，在临城光伏电站接入部分识别模型进行试点，保证该方案的合理性、科学性。

4）软、硬件综合设计

根据不同的环境需求，采用不同技术方案，使之能满足各自现场环境的需求，达到实现相关功能的要求。

（3）智能 AI 项目建设特点

河北公司智能 AI 项目建设过程中遵循技术先进、功能齐全、性能稳定和节约成本的原则，综合考虑施工、维护及操作因素，并将为今后的发展、扩建和改造等因素留有扩充的余地。在建设过程中遵循以下原则：

1）先进性与适用性

为使技术性能和质量指标达到国内领先水平，河北公司提前谋划，

在招标前，广泛收集国内外智能 AI 项目建设信息，结合各场站基础情况，多次组织项目专题会议，确保智能 AI 项目先进性；同时，要求系统的安装调试、软件编程和操作使用应简便易行，容易掌握，适合各场站特点。最终确定的智能 AI 项目集众多先进技术于一身，体现了当前计算机控制技术与计算机网络技术的最新发展水平，适应了时代发展的要求，同时，系统可以通过简单操作实现各类监控模式的切换。

2）经济性与实用性

河北公司在智能 AI 项目建设过程中将经济性和实用性进行严密、有机的组合，实现最佳的性能价格比，节约了工程投资，同时保证满足系统功能实施的需求，经济实用。

3）可靠性与安全性

智能 AI 项目具有较高的可靠性，在系统故障或事故造成中断后，能确保数据的准确性、完整性和一致性，并具备迅速恢复的功能，同时系统具有一整套完整的管理策略，可以保证其运行安全。

4）切实起到少人、无人值守作用

智能 AI 项目通过中央控制系统对各子系统运行情况进行综合监控，时时动态掌握监视及报警情况。闭路电视监控大大减小劳动强度，减少设备运行维护人员；另外，系统的综合统筹管理可使设备按最优组合运行，在最佳情况下运行，既可节能，又可大大减少设备损耗，减少设备维护费用，从而提高监管力度与综合管理水平。

(4) 安全管控场景选择

因智能 AI 视频监控项目基于现有视频监控，利用 B/S 架构，通过前台管理界面，预制导入的模型，可以实现多种识别。所以部署现场摄像头，并根据各场站风险点不同的情况选择最合理的管控场景为本项目重点工作。工作组定期组织召开专题会议，会上大家分享项目信息，积极讨论项目面临的问题，结合 AI 视频技术、算力实际情况，最终确定了各场站现场摄像头部署，如图 3-85 所示。

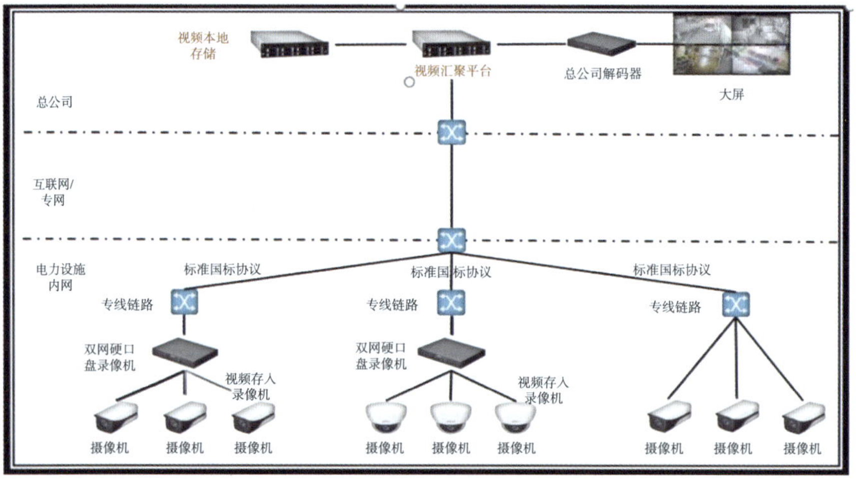

图 3-85　现场摄像头部署

1）火情识别

在部署火情识别模型的摄像头下，通过智能安防视频监控实时检测，对疑似火情或已有火苗的场景进行实时预警。识别到火情后，不仅可以在监控屏幕提示告警，还可以与现有设备集成，实现告警发生后主动向物联网设备发送告警消息。例如临城光伏电站装机容量120 MW，占地面积大，防火压力突出，本次临城光伏电站依托原光伏区内的147台数字摄像机，标定了重点防火区域22个，异物入侵区域16个，着装区域2个，共计40路画面，确保了光伏区安全。临城光伏电站火情识别示意图如图3-86所示，火情识别过程如图3-87所示。

图 3-86　临城光伏电站火情识别示意图

图 3-87　火情识别

2）电子围栏

在部署电子围栏模型的区域内，管理人员可以在视频中对重点区域或危险区域进行标记，当有人靠近或跨越标记区域，系统将进行实时预警。对于危险区域可以通过电话或短信形式通知安防人员及时处理。电子围栏识别到动物入侵的画面如图 3-88 所示。

图 3-88　电子围栏识别到动物入侵

3）穿戴规范识别

在部署安全帽检测模型或服装检测的区域内，通过智能安防视频监控实时检测，对未佩戴安全帽的人员和未按规定穿着工作服的人员进行预警

（图 3-89），同时，可以根据安全帽和工服的颜色进行人员类型识别。

图 3-89　穿戴规范识别示意图

4）抽烟识别

在部署抽烟识别的区域内，通过智能安防视频监控实时检测，对抽烟的行为进行检测，发现有抽烟的行为时，进行及时预警。

（5）告警通知方案

与以往传统的“人盯摄像头”的方式相比，“AI＋视频监控”的形式有效减少了监督力量的投入，工作效率显著提升，同时降低了电站的安全风险，为光伏场区防火、治安等方面提供了有力的技术保障。当 AI 视频识别到违规行为时，不仅可以在平台内进行预警记录，还可以通过链接其他 IoT 设备进行实时告警；在重点区域或危险区域可设置音箱等设备，当监测到有人越过电子围栏时，可进行语音提示：“本区域为禁止进入区域，请迅速离开。”在发现火情、抽烟等具有危险隐患行为时，系统自动推送语音通话至相关负责人，语音提示位置、危险隐患类型与时间等，可以使管理员等人第一时间查看相应隐患位置。

（6）解决系统安全问题

为确保系统具有较高的可靠性，工作组要求系统在故障或因事故中断后，能确保数据的准确性、完整性和一致性，并具备迅速恢复的功能，确保系统的运行安全。

1）权限控制

管理后台的分级别授权及数据管理。管理员及操作人员都经由最高级别的管理员进行授权，可以配置特定的权限及访问特定的数据，以确保业务信息安全及保密，把权限控制在特定范围内，有效保证系统信息及操作的安全。管理员可以对下属子账号进行分级别授权及数据管理，可以随时取消特定账号的某一权限，做到有效的控制及防范权限的越界，确保业务的安全有效开展及数据的安全有效保密。

2）重要数据加密

本系统对一些重要的数据按一定的算法进行加密（如用户口令、重要参数等），并对系统及数据库进行安全备份与恢复。同时，根据国家等保三级标准，系统满足内外网的网络隔离，并部署防火墙以保证数据传输的安全性。

3. 实施效果

（1）管理提升

河北公司智能 AI 项目面向智能安防视频监控项目，围绕“降本、提效、增质”等基本要素和以安全管控为核心的管理理念，使用大数据、智能算法和人工智能等先进技术构建智能管控平台，以支撑相关安保处和安全管理相关人员的管理工作，大大减少工地危险发生概率。通过摄像头实时视频流 AI 识别、摄像头自动截图上传或第三方设备截图上传至阿里云 FTP 服务后，进行 AI 识别计算、异常图片推送、实时视频查看和结果图片存储等。系统提供多维场景化应用，根据视频监控分析的识别结果，在管理上由局部探察扩展为全面监管，从单一驱动管理到分级分层管理。

（2）经济效益

河北公司智能 AI 项目是由省公司牵头，各场站配合完成，为公司减少现场常驻值班人员，实现少人值守甚至无人值守提供强有力的技术支持。传统的监控方式是由人员进行视频的实时监控，人为判断摄像头内数据是否违规、是否存在风险，而每个人能同时管控的摄像头是有限的，这种方式不仅耗费大量人力成本，还存在隐患发现不及时、漏监控的问题。同时，在发生安全事故时，需事后对大量无效的视频录像进行长周期的回溯。AI视频分析系统通过AI视频识别技术，实现智能视频监控，根据需要来设定目标行为规则，实时分析视频，同时能实时捕捉到违反规则的突发或危险事件并报警，达到事前或事中及时提示，而不是事后再去检索或查看录像，真正地实现了监控智能化，提高安全防范级别和监控管理的工作效率，节省施工和管理成本。河北公司智能AI项目能快速识别火灾、非法入侵等场景，极大地降低事故事件发生概率，目前河北公司临城光伏电站、南大港光伏电站、迁西光伏电站均已完成智能AI项目安装工作，三家场站总装机容量249 MW，按照项目整个寿命周期发生一次火灾，过火容量大约为总装机容量的1%测算，可避免经济损失约547.6万元（因火灾损失容量2.49 MW，目前市场造价约2.4元/W，项目总投资约50万元，项目收益为2 490 000×2.4−500 000=5 476 000元）。

(3) 社会效益

生命重于泰山，习近平总书记多次强调安全生产的重要性，河北公司紧紧围绕“安全第一，预防为主，综合治理”的安全生产方针，坚持“人民至上，生命至上”，把保护员工生命安全摆在首位，牢固树立安全发展理念，严格把控在运和在建项目安全、质量监管，全面落实“安质健环”体系管理要求，从源头上防范化解重大安全风险。2021年3月5日，国务院原总理李克强代表国务院在十三届全国人大四次会议作政府工作报告，报告中重点强调“碳达峰、碳中和”等工作开展的重要性，国家能源结构变化明显，火电占比下降14.229%，清洁能源快速增长，推进能源企业实现高效、清洁、安全、创新、智慧发展是未来发展趋势，当前，媒体和新能源行业高度关注，场站安全生产问题极度敏感，极易引发舆论及群体事件。光伏场站占地面积大，部分场站选址距离村庄近，秋冬季节火灾、村民非法入侵导致触电风险较高，河北公司智能AI项目能快速识别火灾、非法入侵等场景，极大降低了事故、事件发生概率，有效避免各类火灾、触电身亡等舆论事件的发生，为场站新能源行业稳定高效发展创造了良好的社会条件。

3.2 核与辐射安全整治专项

3.2.1 核安全文化推进工作室

基本情况	单位名称	海南核电有限公司
	案例所属专题/领域	核与辐射
	类型	□ 技术优化 ☑ 管理提升
	主要创造人	陈建新、王学斌、程绍博
	参与创造人	严伟、陈红、周博、王湘粤、崔晓鹏

案例简介 Case Introduction

核安全文化是中核集团安全文化的核心，是企业文化的重要组成部分。高质量开展核安全文化建设是核行业健康发展的必然要求，也是党和国家赋予核行业的重大政治任务和法定责任。海南核电有限公司始终高度重视核安全文化建设，与生态环境部华南核与辐射安全监督站通过站厂共建形式，探索核安全文化建设新模式，共同推动成立了我国核行业首个核安全文化推进专业工作室。工作室不断完善自身体系建设，以树立行业标杆为愿景，在“党建+核安全文化”的工作模式下有序开展核安全文化推进活动，推动海南昌江核电基地核安全文化水平稳步提升，积累了良好实践经验，受到了来自行业各界的肯定，并作为优秀成果在华南片区各核电厂进行推广。

案例详细介绍 Detailed introduction to the case

1. 实施背景

高质量开展核安全文化建设是核行业健康发展的必然要求，也是党和国家赋予核行业的重大政治任务和法定责任。核安全文化在切尔诺贝利核事故的调查过程中被提出，历经几十年的发展，形成了世界核行业公认共行的一套行业特有的安全文化体系。党和国家始终高度重视我国核安全文化的建设，习近平总书记先后提出中国核安全观、核安全文化四个核心意识等一系列对核安全文化建设的重要指示精神，国家核安全局、国家能源局和国防科工局等有关单位先后发布《核安全文化政策声明》等一系列行业标准，对我国核能行业的核安全文化建设提出新要求。

2. 主要做法

进入新时期，立足新形势，面对新要求，迎接新挑战，海南核电有限公司通过采取评估、调研、访谈、问卷调查和案例分析等多种形式，分析得出基地核安全文化建设主要存在以下问题：

党建的引领作用需进一步深化。主要表现在：行业内无“党建+核安全文化”工作经验；公司未开展过核安全文化专题党建联建活动；公司无核安全文化推进党建联建相关品牌；公司价值导向性不突出，未建立核安全文化推进先进表彰机制，缺少典型宣传行动。

公司员工年轻化。目前，海南核电年轻员工（30周岁及以下）占比约47%。分析结果显示，年轻员工对核安全文化的知识掌握情况较好，但普遍对核安全文化推进工作形式认可度及参与意愿不高，对核安全文化推进工作形式表示满意的仅占31%，愿意主动参与到相关工作中的仅占28%。典型意见为“形式老套”“活动单一”“内容枯燥”。

扩建领域人员结构复杂。扩建领域协作单位人员学历、行业资历参差不齐，人员流动性大。经调研施工现场及人员生活区域无核安全文化相关主题宣传内容；扩建领域人员对核安全文化接触较少，表示接触过核安全文化的仅占17%，能够大致说出核安全文化内容的仅占6%。典型意见为“看不见”“听不懂”“不知道和自己有什么关系”。

工作资源较为分散。核安全文化推进工作本身有一定普适性，工作资源具有通用性。现阶段基地内部各单位/处室在开展相关工作中协作性不强，资源共享较为薄弱；公司与基地外部单位未建立相关业务合作、协调关系。

核安全文化在公众沟通工作中参与不足。卓越核安全文化是行业先进性的重要体现，目前核安全文化建设未向公众沟通领域进行延伸。

为解决上述问题，公司与生态环境部华南核与辐射安全监督站携手探索新的工作路径，于2021年5月25日共同成立我国核行业首个核安全文化推进工作室，在“站厂共建”框架的指导下，以成立我国核行业首个核安全文化推进专业工作室为抓手，共同探究“党建＋核安全文化”工作模式，合力打造安全文化精品工程。

工作室自成立以来，以“守正创新·狠抓落实·高质量履行新时代核安全文化推进使命”为核心任务，持续开展宣传创新、管理创新、技术创新工作，以开展“非暴力沟通”为工作特色，以“出成果、出经验、出人才、出知识产权”为成果目标，推动基地核安全文化水平提升，服务公司经营发展目标和机组安全运行、工程全优建设的目标。工作室依据分析梳理发现的五个问题，制定了工作室的五项基本功能：

探究“党建＋核安全文化”工作模式。

做好核安全文化的宣贯和落地。

探究“非暴力沟通”工作模式。

推进核安全文化建设资源共享。

推动核安全文化向公众沟通领域进行延伸。

(1) 加强自身建设，精细化奠定实践活动基础

通过党建联建平台，引领各处室、单位不断强化思想认知，形成工作合力，共同做好工作室建设与运营。同时通过开展党建联建活动推动党建、核安全文化与业务工作的深度融合，实现共抓共进。通过党建创品牌，打造核安全文化推进工作主力军。工作室将创建活动与业务工作深度融合，先后完成“华南监督站与海南核电核安全文化进班组联合党员突击队”“核安全文化宣贯青年突击队”等党建、团建品牌的创建，以党建品牌引领人员进一步发挥主观能动性，推动各项工作高质量开展。

工作室通过制定工作章程，明确工作室管理体系和组织架构，明确工作室的核心任务、重点工作、工作原则和工作方针等内容，为后续实践活动的科学、有序和高质量开展奠定了扎实的理论基础。工作室在海南核电科普展厅二楼设置专用场地，由工作室成员自主设计办公室文化墙，对核安全文化知识进行静态展示，作为核安全文化推进

活动的专业场地，也兼做科普宣传和专题教育的固定场所。

工作室确立三年发展方案，明确行动目标，各阶段均为期一年，任务分别是：以宣传创新亮品牌；以管理创新夯实效；以技术创新攀高度。通过有序推进规划任务的开展，使工作室成为具备宣传创新、管理创新和技术创新能力，具备良好的实践经验，具备能够推动行业整体水平提升的能力，具有一定的品牌知名度和工作影响力，具有常态化运营和自我提升能力的行业标杆工作室。

（2）探究“党建＋核安全文化”工作模式

工作室在2021年在行业内率先提出“党建＋核安全文化”工作模式理念。一方面，双方在共同推动工作室建设的过程中，创造了合作新模式，为政、企双方业务衔接创造新的交汇点；另一方面，双方及协作单位通过开展党建联建强化共同使命，推动业务开展，实现以党建强使命，以党建促业务，以党建筑平台。通过定期召开党建联建工作会、做好党建联建行动项跟踪、做好党建联建品牌建设，深化党建工作对工作室的引领作用，工作室各常务单位不断统一思想，形成工作合力，协同做好工作室的日常管理和业务推进工作，保障各项工作高质量开展。

工作室积极参与到党史学习常态化教育工作中，参与创作多部党史教育成果。其中典型案例包括：庆祝中国共产党成立100周年微视频作品《送你一朵小红花》在国资委、人民日报和学习强国等平台发布，获百家号推荐量230余万；原创微话剧《琼崖之上党旗红》获中核集团红色故事展演最佳创作奖等。此外，工作室还承办了“学史力行·践行安全使命；狠抓落实·锤炼扎实技能”专题知识竞赛活动、“逐梦百年芳华路·建功安全正青春”专题活动等党团活动。工作室通过组织或承办核安全文化推进工作会议、专家授课、专题研讨活动或推动相关机构开展主题党建活动，为公司人员搭建起以核安全文化为媒介，就更好推动业务工作进行知识学习、经验交流、资源共享的平台，实现“党建＋核安全文化＋业务工作”的共抓共进。

（3）做好核安全文化的宣贯和落地

工作室做好核安全文化相关政策、法规、文件的系统性梳理，精细化制定宣贯策略，编制多样化宣传材料，使宣贯工作具有权威性、及时性、全面性、针对性。

工作室对照中国核电卓越核安全文化十大原则的特性，聘任各领域十名先进代表，担任“核安全文化推进大使”。“大使”们将立足本职岗位，结合自己在实际工作中的感悟，通过多种形式积极宣贯核安全文化，将核安全文化推进工作进一步延伸，成为核安全文化宣贯的旗手，并形成一个领域有一个大使，一个大使树一面旗帜，一个大使立一个计划，一个大使产生一份推动力的良好局面。

工作室及时做好各项政策、法规、文件及生产管理规定的宣贯和落地推动工作，充分体现核安全文化推进主阵地的作用。结合《中国核电卓越核安全文化十大原则（2022 版）》，制定了“发布即宣贯”“宣贯即落地”“落地即见效”的工作目标，发布微信宣传推送《5，4，3，2，1！一起来速读新版中国核电核安全文化十大原则》，对文件发布及主要变化内容进行宣传，对全体员工深入学习、践行新版文件内容进行倡议，相关内容被国家核安全局转载。完成新版核安全文化十大原则差异解读材料编制，以“逐字逐句比差异，引经据典溯本源”的方式详细解读新版核安全文化的新变化，为员工学习新版核安全文化提供重要参考资料。

(4) 探究“非暴力沟通”工作模式

工作室充分利用微信、短视频等新媒体平台开展相关工作。如利用 H5 平台开发核安全文化及防人因失误知识云端学习平台，供全体员工（含协作单位）以每日答题的形式灵活进行知识线上学习和自我检验，上线后该平台累计访问量近九万人次。工作室针对安全教育日宣传、新版核安全文化十大原则发布等主题，及时开发微信宣传电子杂志，使核安全文化宣贯理念“触手可得”。工作室创作微话剧作品《海南“逸”事》，以党史为切入点，以海南解放战争片段为背景，在剧中巧妙蕴藏防人因失误知识，让防人因知识生活化，使观演人员深刻意识到人因陷阱始终无处不在，实现党史学习教育与防人因失误培训的梦幻联动。

工作室开展《防人因失误形象代言人》专题活动，以短视频的形式讲解防人因失误工具的使用方法及注意事项，目前已完成《监护那些事》《如何开好工前会》的拍摄。其中《监护那些事》由海南核电与华南监督站共同拍摄，以 13 min 荒诞幽默的演出讲解了监护工具使用过程中的 9 个注意事项。作品“笑果”十足，使“干核电的都爱看，不干核电的也能看”，同时“效果”十足，使员工能够在爆笑中提升对监护工具的认识水平。本作品取得了热烈的反响，引起“催更”效应，并入选集团公司核安全文化提升三年行动“良好做法”案例。

(5) 推进核安全文化建设资源共享

工作室通过党建联建、业务交流等平台，与行业内外积极进行核安全文化推进工作的经验、材料资源共享。目前已与核工业陕西矿业等集团公司内单位、HJ 三亚某部等外部单位积极进行资源共享和技术援助。

工作室的建设经验为中广核集团相关单位提供了参考依据，双方密切开展沟通，推动台山核电、阳江核电和防城港核电等单位成立姊妹机构。

在后续的工作中，工作室将继续以主动的姿态、坦诚的态度、平等的定位、互惠的目标和开放的格局，增进与同行业各单位之间的交流，实现核安全文化建设资源共享，服务行业核安全文化水平的整体提升。

3. 实施效果

目前，工作室建设已初具一定成效，行业各界多次在《中国环境》等媒体及各会议上称赞工作室建设成效。2022 年，工作室获中电联“全国电力行业企业文化建设典型成果”荣誉称号。

工作室自成立以来，对“党建＋核安全文化”工作路径的探究已通过集团公司 2022 年政研课题初选。现阶段工作室已推动成立核安全文化专题党建、团建品牌 7 个，组织开展党建联建活动 6 批次，受公司核安全文化建设专项表彰集体/个人 16 项，推动的“支部书记讲安全”活动被纳入公司“党建优秀·管理一流”创建方案，设立的“核安全文化推进先进”表彰制度被纳入公司级荣誉管理体系。

工作室充分发挥纽带作用和驱动作用，纵向紧密衔接核安全监管、营运管理和协作单位业务推进三个环节，横向驱动各组织并进发力，推动基地各领域全体组织和个人不断强化思想认知，明确共同管理期望，明晰共同发力方向，整合共同优质资源，围绕核安全文化建设的共同责任和目标，构建“同心圆”结构核安全文化推进体系，建设水平卓越且具备自我提升能力的核安全文化生态。

通过一系列的“非暴力沟通”宣传，吸引各类员工群体对核安全文化推进工作主动关注、主动接受和主动参与，打破管理层与执行层的心理界限，强化共同价值观念的形成，激活受众对核安全文化推进工作的主观能动性，实现“出成果、出经验、出人才、出知识产权”的成果目标和“接地气、入人心、涨知识、强技能、守安全”的工作期望，让“阳春白雪”化作“润物甘霖”。根据最新调查数据，30 周岁以下年轻员工群体对核安全文化推进工作形式表示满意的由 31%上升至 89%，愿意主动参与到相关工作中的由 28%上升至 61%；扩建领域人员接触过核安全文化的由 17%上升至 84%，能大致说出核安全文化内容的由 6%上升至 37%。2022 年中国核电组织的海南核电核安全文化评估结论中多处肯定了核安全文化推进工作室的建设成效，多名受访员工被访谈时也对工作室的工作成果在提升公司员工核安全文化水平、提升企业核安全文化氛围中起到的积极作用给予了肯定。

3.2.2　助力智慧电厂建设，业内首次研发数字化技术规格书智能应用平台

基本情况	单位名称	福建福清核电有限公司
	案例所属专题/领域	核与辐射安全
	类型	□ 技术优化　☑ 管理提升
	主要创造人	易飞、朱露、张毅
	参与创造人	刘琨、李大为、龚伟、李良勇、杨涛、潘振华、蔡瀚霖

案例简介 Case Introduction

严格遵守运行技术规格书是核电厂安全运行的基础，而

查询和使用运行技术规格书存在较多难点，除运行执照人员外，电厂多数生产人员对运行技术规格书的了解和掌握有限。与此同时，对于I0/LCO/TRO的识别和管理又是计划、维修和运行等生产活动中经常遇到的问题，若由于I0/LCO/TRO的识别管控不足导致未遵守相关规定而违反运行技术规格书，将产生执照运行事件，且对机组运行安全产生潜在威胁。

因而，有必要通过专业人员的提前筛选识别，开发核电厂数字化技术规格书智能应用平台，以便于生产人员查询使用，以及在生产活动中了解并严格遵守运行技术规格书中的相关要求。

此外，在上述基础上，通过接入相关生产系统（如与WR或工单关联）以及将机组实际运行状态信息同步导入，实现智能平台自动提示设备异常产生的I0/LCO/TRO信息的功能，以便于各项生产活动顺利开展，更好地保障机组安全运行。

案例详细介绍 Detailed introduction to the case

1. 实施背景

严格遵守运行技术规格书是核电厂安全运行的基础。当核安全相关系统、设备发生故障或产生缺陷时，根据运行技术规格书的要求，往往需要记录I0/LCO/TRO进行管理，并遵守执行缓解措施或限期完成检修等要求。而查询和使用运行技术规格书存在较多难点，除运行执照人员外，电厂多数生产人员对运行技术规格书的了解和掌握有限。与此同时，对于I0/LCO/TRO的识别和管理又是计划、维修和运行等生产活动中经常遇到的问题，若由于I0/LCO/TRO的识别管控不足导致未遵守相关规定而违反运行技术规格书，将产生执照运行事件，且对机组运行安全产生潜在威胁。

因而，有必要通过专业人员的提前筛选识别，开发核电厂数字化技术规格书智能应用平台，以便于生产人员查询使用，以及在生产活动中了解并严格遵守运行技术规格书中的相关要求。

2. 主要做法

通过导出核安全相关系统的设备清单，并制定偏保守的识别规则，组织熟练掌握运行技术规格书要求的专业人员针对设备（以假定该设备不可用为条件）进行I0/LCO/TRO识别并标记，形成设备清单，同时结合技术规格书编制各工艺系统I0/LCO/TRO条款清单，利用上述清单数据作为输入，通过开发核电厂数字化技术规格书智能应用平台对上述信息进行挂接，实现通过输入设备编码或工艺系统编码查询I0/LCO/TRO的功能。同时，鉴于设备I0/LCO/TRO信息由人工识别，且数据量较大（两万余条），因而考虑增加错漏信息反馈渠道，便于工作人员使用期间发现错漏情况后及时反馈，以便在使用过程中不断完善数据，持续提高查询结果准确性。

在上述基础上，通过接入相关生产系统（与WR或工单关联），以及将机组实际运行状态信息同步导入，实现智能应用平台自动提示设备异常产生的I0/LCO/TRO信息的功能。

3. 实施效果

根据公司智慧电厂建设愿景，福清核电核安全处已组织核安全监督工程师团队对前述设备I0清单及I0条款清单进行了编制，由信息文档处自行开发了FFBUS的PC端及企业微信手机端I0查询平台（如图3-90所示），并已于2022年12月29日正式上线使用，为电厂生产人员查询和遵守运行技术规格书I0要求提供了良好的辅助工具。当前查询平台已收入M310机组62个系统，两万余条设备数据信息，有效解决电厂工作人员对运行技术规格书不熟悉、查询和使用运行技术规格书不便的问题。“华龙一号”机组相关数据库正在编制中，后续将补充完善查询功能。

4. 潜在价值

本项目属行业内首创，核电厂数字化技术规格书智能应用平台全部设计功能实现后，预期将进一步有效提高电厂生产人员在计划、维修和运行等工作中了解并严格遵守运行技术规格书中I0/LCO/TRO相关要求的能力，有利于各项生产活动控制，降低违反运行技术规格书

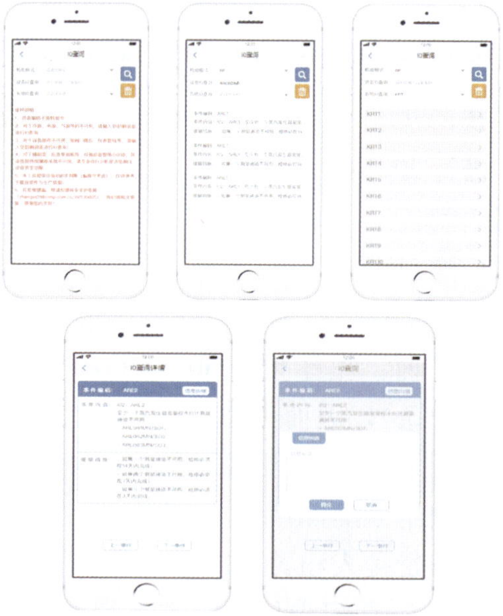

图 3-90　手机端 IO 查询平台

而导致运行事件，以及因未能严格遵守运行技术规格书而产生对机组安全不利影响的风险，为切实保障机组安全可靠运行提供高效实用的技术辅助工具，助力提升机组安全运行业绩。

本项目预期形成两套软件系统和两项软件著作权，同时适用于 M310 机组和“华龙一号”机组，具有良好的同行推广前景和推广价值，可以直接产生经济效益。

3.2.3　优化冷源设备及系统，提升冷源安全保障

基本情况	单位名称	海南核电有限公司
	案例所属专题/领域	核与辐射安全整治专项
	类型	☑ 技术优化　　□ 管理提升
	主要创造人	陈建新、陈卫峰、张军
	参与创造人	李建业、李春秋、张煜、朱钢梁、赵龙、刘聪、杨子谦

案例简介 Case Introduction

随着气候环境和海洋生态的变化，局部海域海生物暴发的概率越来越大，电厂冷源系统频现堵点，对冷源安全和电网安全带来巨大挑战。国家能源局、国家核安全局针对冷源问题相继发布多份反馈及要求。海南核电由于设计上对冷源风险识别不充分，取水口设施如导流堤形式、口门朝向、波浪掩护和模型验证等方面存在欠缺，导致机组运行后多次面临冷源威胁。为提高电厂冷源安全，海南核电从设计、运维和改造等方面深入开展根本原因分析，按照系统思维，制定主动导避、自动清洁、纵深防御、保守决策、拦疏结合、可靠性提升和应急演练等一系列提升行动，有效提升了电厂冷源安全，机组连续多年未发生冷源异常事件。

案例详细介绍 Detailed introduction to the case

1. 实施背景

海南核电取水明渠采取直堤设计，明渠直面大海，缺少有效的导避和消浪功能，造成取水明渠内波高较大，在西北向浪作用下掀沙作用明显，明渠周边海域海生物及明渠底部贝壳碎屑易随水流进入取水流道，对厂内过滤设备造成极大负担。另外明渠风浪对明渠内现有拦污设施破坏明显，造成明渠丧失海生物拦截能力。取水明渠设置一道80 mm×80 mm浮筒式拦污网和一道50 mm×50 mm浮筒式拦污网，两道拦污网孔径普遍偏大，结构形式单一，拦截能力有限，对细小海生物无法有效拦截，且垃圾清理不便捷。

海南核电在运行初期对取水海域潜在影响核电厂冷源安全的海生物种类缺乏了解，未开展全面的海域海洋生态环境调查，未建立海生物风险月历，对取水口周边气象、水文信息，以及海生物爆发情况缺少实时预警、跟踪和监测手段。

鼓型滤网、格栅除污机和贝类捕集器等海工系统设备拦截效果差、可靠性低、易堵塞、排污能力弱，主控室对鼓网和格栅除污机水位、水位差等冷源信息缺乏监视手段，主控室运行人员无法第一时间获取冷源设备的堵塞状况。

另外，海南核电编制的冷源应急预案不够完善，不能及时有效地应对各种冷源异常工况。

2. 主要做法

(1) 取水明渠主动导避

昌江核电厂冷源系统频繁出现的杂物堵塞问题显示，明渠直堤布置、缺乏对致灾物的主动疏导和防御是主要原因。为此，海南核电联合相关设计和科研院所进行全面分析和研究，制定了有针对性的处理措施和优化方案。

通过充分评估设计方案、组织多次专家论证和评审，海工优化工程最终确定了“东堤延长，并向西北转向、弧形掩护”的方案。海工优化工程通过延长取水明渠东导流堤段（延长长度 569.96 m），整体形成半包围消浪结构，降低外海风浪对拦污设施的影响。口门处水深约 8～9 m，能够防止波浪破碎带形成，从而避免了泥沙及贝类杂物被卷吸进入明渠。另外，通过调整口门朝岸方向布置及延长防波堤，进入明渠的波浪高度由改造前的 3 m 左右大幅降低到约 0.5 m 的水平，既减少了海浪和杂物对拦污网的冲击，延长了拦污网的使用寿命，又减弱了波浪携带杂物的能力，使得进入明渠的杂物数量大为减少。

(2) 漂浮物模型验证明渠设计

海南核电海工优化工程旨在增强核电厂冷源取水过程中对致灾物堵塞的风险防御能力，为切实掌握明渠围堤优化后的致灾物疏导和阻拦效果，采用数值模拟方法复核了各海工构筑物的设计波浪要素，并通过对取水明渠不同优化方案波浪掩护及漂浮物拦截效果的试验研究，对取水明渠的优化方案进行对比。根据试验结果，确定最优化方案，该方案对取水明渠的掩护效果最好，对于减少海上漂浮物流入取水明渠也起到了很好的效果，在百年一遇高潮位、百年一遇波浪作用下，明渠内有效波高小于 0.5 m。

(3) 首道拦污网具备自清洁能力

海南核电取水明渠外海的洋流方向为“西南－东北”及“东北－

西南”反复循环，首道拦污网的布设避开了正对洋流的方向，可以使95％以上的海洋漂浮物被洋流带走，而不进入拦污网位置。少量的漂浮物进入围堤内附着在第一道拦污网上，在落潮时仍可以随潮流飘走。

(4) 建立取水口致灾物监测预警系统

利用单一生物特征和物理手段，难以实现对致灾物的准确监测。必须构建多手段、多节点一体化的监测网络，同时结合致灾生物成因分析、海洋环境参数及历史统计信息，建立致灾物全海域在线监测平台，并构建本地已发生威胁和潜在威胁海生物大数据平台，研究致灾物精确探测方法、集群定位和目标识别算法。最后，在此基础上搭建一套致灾物集群暴发的预测模型和智能化应急决策支持体系，为滨海核电厂的安全运行和应急指挥提供科学高效的处置方案。海南核电对致灾生物监测技术进行调研及现场试验，完成声呐装置、白光高清摄像装置、红外摄像装置和热成像装置的安装调试和实地探测，并完成标志物投放探测试验和监测软件平台开发，软件界面如图 3-91 所示。

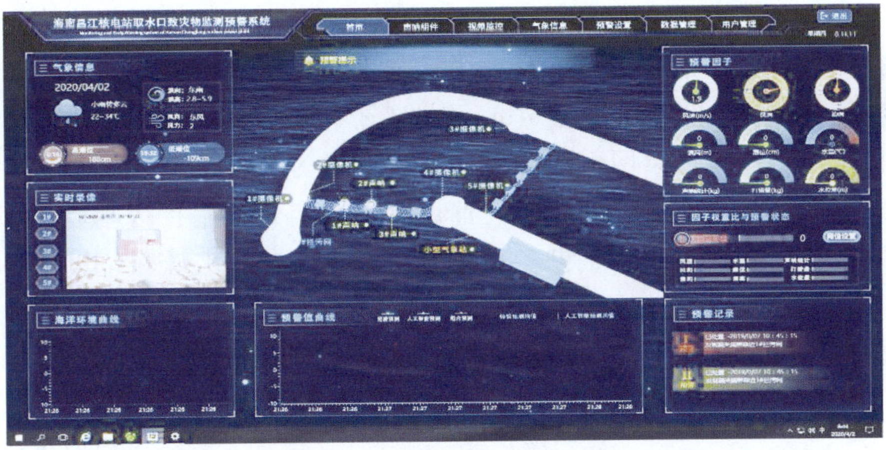

图 3-91　海南昌江核电取水口致灾物监测预警系统软件界面

海南核电取水口致灾物监测预警系统配备水下监测设备三套，水面监测设备五套，气象数据采集装置两套，集中控制中心一套，太阳能发电系统两套，软件平台一套。结合冷源堵塞物调查及识别研究成果，建立了预警监测系统监测数据输入类型，搭建了预警模型试验及体系，形成了海南昌江核电取水口致灾物监测预警系统设计方案。

同时，海南核电与国家卫星海洋应用中心签订外委服务合同，由其提供常规监测、藻类漂移预报、应急监测、北部湾海域的易发藻类暴发时空特征。与国家海洋局海口海洋预报台签订外委服务合同，由其提供昌江海域 10 km 范围内 24 h、48 h、72 h 海洋气象、雾、海浪、潮位预报，以及重要天气系统突变时的风暴潮和海浪预警。

通过水面监测、水下监测、气象监测及卫星遥感等监测手段，布置全方位立体监测网络示范平台。实现对取水明渠水面、水下全范围立体化监视和大数据智能识别判读，以及对致灾海生物识别自动预警报警。

系统建设以来，记录了海南新物种（毛虾）入侵期间的监测数据、趋势变化及趋势分析等宝贵数据，软件数据库经过累计、预测算法模型不断优化，系统对不同入侵物种灾害程度的诊断能力得到提升，有效地为电厂运行人员提供信息支持，缩短致灾物处理的响应时间。

（5）小网孔网兜高效拦截小尺寸生物

为了有效拦截小尺寸的海生物（如毛虾等），在取水明渠中布设两道拦截网兜。网兜式拦污装置采用高强度高分子结构材料，设计布置宽度为 120 m，单个网兜宽 6 m，由 24 个网兜拼接而成，形成取水流道拦截面。过滤收集网由两部分构成，前道为引导网兜，后道为可拆卸式收集网兜。该网兜式拦污装置设置在固定式桩基拦污网后，对进入并穿越桩基拦污网的毛虾、马尾藻、水草树叶、水母和垃圾等各类漂/悬浮物进行全方位的拦截、过滤，方便收集清理，确保满足海南昌江核电厂海水取水明渠冷源保障使用需求。

网兜在牵引栏的牵引下漂浮，进行全断面拦截。两种网兜网目分别为 10 mm 和 4 mm，第一道长期布放 4 mm 网兜，第二道根据优势海生物季节变化，在毛虾可能爆发季（12 月至次年 5 月期间使用 4 mm）和水母爆发季节（每年 6—11 月使用 10 mm）交替使用。

（6）主控水位监控一体化

对于冷源信息的重要参数，如鼓网液位及液位差、格栅除污机液位及液位差等，只能在 PX 泵房就地仪表上进行读取，主控无法进行在线监视。正常情况下，现场运行人员每班巡检两次，无法做到重要参数实时监视。当发生应急情况时，需要安排现场人员去就地监视仪表。一般出现应急情况时，消耗时间比较长，需长时间留人就地监视仪表，造成现场人力资源浪费。

海南核电对鼓网和格栅除污机液位显示进行改造，每台机组在主控增加四台格栅除污机和两台鼓网的实时液位、液位差及鼓网 H1/H2 液位差报警信号。

经过技术改造后主控 DCS 画面实现了鼓网和格栅除污机液位和液位差的实时显示，实现了一体化水位监视，相关显示画面如图 3-92 所示。

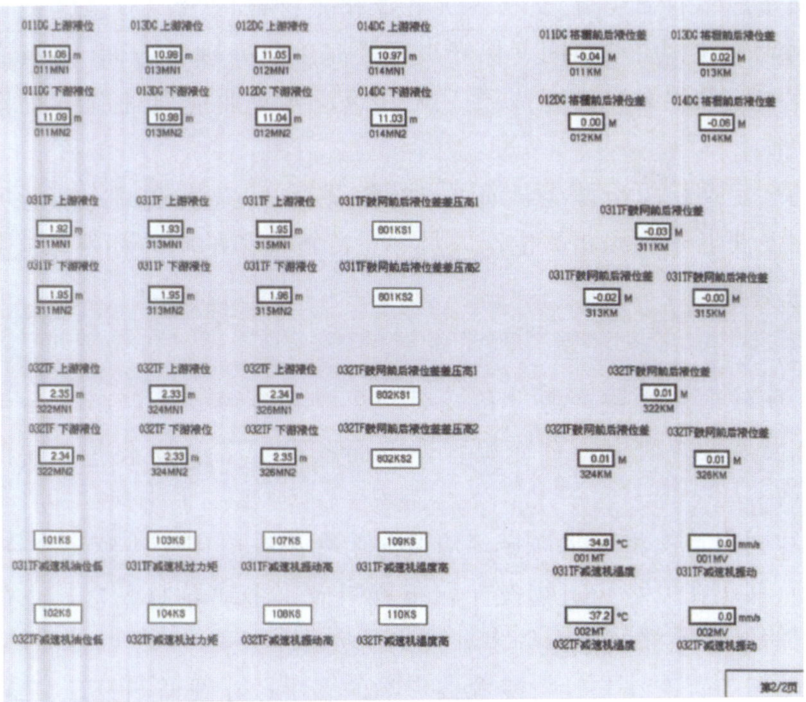

图 3-92　水位监视画面

(7) 海工系统、设备改造

实施鼓型滤网驱动减速机换型改造，将鼓网悬挂式减速机更改为卧式减速机，换型后有效提升鼓网运行可靠性和排污能力。

实施 PX 泵房排水明沟捞渣系统改造，在反冲洗排水沟中增加回转式除污机，将反冲洗水中鼓网过滤出的杂质进行打捞收集，避免再次返回前池，造成鼓网负担循环加重。

实施格栅除污机增加耙齿改造，在原耙齿下方增加一排细耙齿，能够有效防止耙斗提升过程中，耙斗内垃圾随水流漂走问题，提高垃圾打捞效率。

实施贝类捕集器网孔扩孔改造，将网孔由 2 mm 扩大为 3 mm，改造后贝类捕集器堵塞频率明显降低，应对冷源异常的能力增强。

(8) 冷源应急管理能力提升

海南核电通过总结良好实践、收集学习经验反馈、与同行电厂对标和演习总结自查等手段，不断审查和完善电厂冷源应急预案，包括应急响应条件、启动时间、保守决策及海生物处理等方面。《海南核电冷源专项应急预案》已完成第五次升版，各专业应急处置方案累计升版十余次。

电厂定期组织冷源应急演习，每年开展 2～3 次全厂冷源专项应急演习，促使电厂冷源相关生产人员熟悉冷源应急的响应和保障流程。

3. 实施效果

(1) 创新性

海南核电在优化冷源设备及系统，提升冷源安全保障工作中，通过深入开展调查研究，在冷源管理方面取得了多项技术进步点和理论创新点：

1）国内首次将取水海域环境及海生物调查应用于冷源风险分析。

2）首次在取水构筑物设计和布置中应用主动导避概念，并有针对性地组织开展漂浮物模型等多项技术研究。

3）国内首次建立针对冷源致灾物的多手段在线监测及预警系统。

4）创新实施多项冷源设备设施技术改造，提高冷源设备可靠性和冷源监视手段。

形成多项研究报告、专利和论文等创新报告：

1）研究报告《海南昌江核电厂海工优化工程导流堤断面物理模型试验研究报告》。

2）研究报告《海南昌江核电厂取水口监测预警系统最终方案报

告》。

3）教材《核电厂冷源管理》。

4）翻译材料《防止冷却水入口堵塞的最佳管理实践手册》。

5）翻译材料《做好预测降低取水口堵塞对核电厂的影响》。

6）研究报告《栅格除污机优化研究项目总结报告》。

7）研究报告《海南昌江核电站取水口海生物第一道拦网系统方案》。

8）研究报告《昌江核电海水取水口海生物污染控制小型试验试验报告》。

9）研究报告《海南核电有限公司取水口堵塞生物海洋调查总报告》。

10）研究报告《取水头部海生物及杂物大规模入侵分析及对策研究》。

11）专利《一种电站海水取水明渠自动清洁拦污网装置》。

12）专利《一种水下探测的拓扑式声呐系统》。

13）专利《一种电站海水进水隧道海生物清理装置》。

14）专利《一种用于声呐探测的简易固定装置》。

15）专利《一种移动式低压空化射流水下清洗装置》。

16）专利《一种用于格栅除污机的新型耙齿》。

17）论文《海南昌江核电厂取水泵房水位偏低问题分析》。

18）软著《核电站冷源致灾物监测预警系统（手机客户端）》。

19）软著《核电站冷源致灾物监测预警系统（服务器端）》。

20）软著《核电站冷源致灾物声呐预警模块》。

（2）实用性

1）实施效果

海南核电通过采取一系列的设备设施优化改进措施，大幅降低明渠内波浪高度，有效保护明渠内拦污网，有效减少垃圾等漂浮杂物的吸入量，降低了维护工作量。取水明渠拦污网拦截垃圾量统计如图 3-93 所示，PX 泵房垃圾量统计如图 3-94 所示。

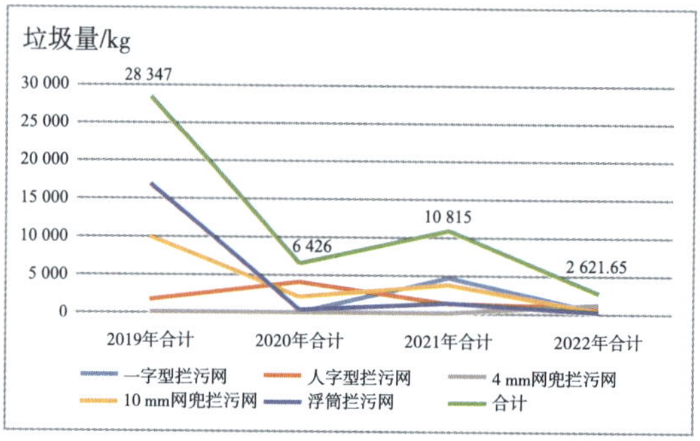

图 3-93 取水明渠拦污网拦截垃圾量统计图

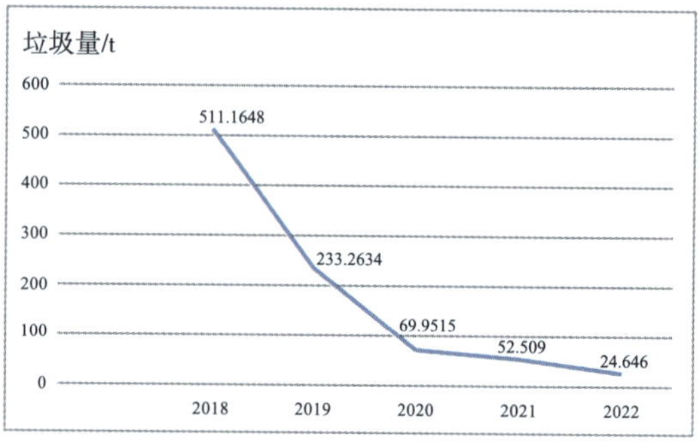

图 3-94 PX 泵房垃圾量统计图

明渠导流堤主动导避功能效果明显，是致灾物主动导避的优化改造典型成功案例。

海生物监测预警系统建设以来，记录了海南新物种（毛虾）入侵期间的监测数据、趋势变化及趋势分析等宝贵数据，软件数据库经过累计、预测算法模型不断优化，系统对不同入侵物种灾害程度的诊断能力得到提高，有效地为电厂运行人员提供信息支持，缩短致灾物处理的响应时间。网兜式拦污网自布设以来，多次拦截水母、毛虾等海生物入侵。水位监视一体化改造有利于主控实时监视鼓网和格栅除污机液位及液位差，通过趋势判断当前冷源情况，为下一步的干预措施提供有效的判断依据。海工系统、设备改造有效提升机组冷源设备可靠性和拦截打捞效果，避免重要设备故障导致的冷源异常事件。电厂定期开展冷源演习，验证电厂冷源预案的正确性及可执行性，检验电厂冷源应急响应和处置能力，以及提升电厂人员对冷源保障工作的认识。上述措施从根本上减少或避免致灾物进入取水系统，保证核电厂的可靠取水。

2）经济效益

提升行动的有效实施使海南核电连续多年未再出现由冷源异常导致机组非停的情况，估算每年可增加发电收益约 3 200 万元，年均节省运维成本约 1 035.72 万元。

3）社会效益

提升行动助力海南核电 1、2 号机组实现自 2018 年 5 月以来的连续安全运行，双机组 WANO 综合指数长期保持双满分，安全运行水平位于世界先进行列。

（3）推广性

提升行动中构筑物主动导避及监测预警理念为多家国内核电提供良好借鉴经验，编制发布了中国核电《冷源管理导则》，发布国内首份冷源技术标准 T/CAOE 28—2021《滨海核电站冷源取水区致灾物监视、预警与处置指南》和 T/CNEA 023—2022《核电厂冷源致灾物防控技术导则》，制定《核电厂冷源安全评估检查评分表》。

项目中致灾物监测预警技术已在山东海阳核电成功实现了成果转化，2022 年再次推广至徐大堡核电。鼓型滤网驱动减速机换型改造技术实施后，接受了红沿河、阳江、福清、苏州热工院和中广核设计院等多家电厂、设计院到访调研，目前福清核电 1～4 号机组八台鼓网已全部完成推广实施。

3.2.4　秦山各机组 BOSS 头焊缝的排查和处理项目

基本情况	单位名称	中核核电运行管理有限公司
	案例所属专题/领域	核与辐射安全整治专项
	类型	☑ 技术优化　☑ 管理提升
	主要创造人	尚宪和、陶钧、李世伟
	参与创造人	方江、黄超、李邱达、高飞、汪植、梁青松、赵永明

案例简介 Case Introduction

核级管道与支管座焊缝（BOSS 焊缝）作为母管和支管连接的重要焊缝，由于安装期间质量控制问题存在缺陷隐患，国家核安全局明确发文强制要求各电厂开展缺陷排查与处理，BOSS 焊缝的排查活动也受到集团公司层面和各电厂高度重视。

秦山核电根据国家核安全局文件要求，结合根本原因分析，主动谋划，针对不同类型的机组制定了核 1、2、3 级 BOSS 头分类及处理策略，研究适用于 BOSS 焊缝的射线探伤技术，改进 BOSS 头结构设计，实现射线作业和维修作业标准化，通过优化项目管理与运作方式，实现大修关键路径大幅提前。项目历经 5 年时间、29 次大修，共排查核 1 级 BOSS 焊缝 445 条、核 2、3 级 BOSS 焊缝 2 566 条，并对排查不合格或保守决策直接返修的 1 282 条核级 BOSS 焊缝进行了维修处理并全部检验合格，圆满完成秦山核电 9 台机组核级 BOSS 焊缝专项排查工作。

秦山核电制定的排查方案行之有效，按期完成国家核安全局下达的任务，严格把关焊接及无损检测质量，高效解决现场出现问题，顺利完成了全部 BOSS 焊缝的排查和返修工作，为机组的安全稳定运行作出贡献，体现出专项组组织管理的高效性，解决问题能力的快速性，以及高度的责任心，保障了秦山核电各台机组的安全稳定运行。

案例详细介绍 Detailed introduction to the case

1. 实施背景

（1）BOSS 头焊缝简介

BOSS 头中“BOSS”一词来源于美国 ASME 标准，目前在同行电厂中，普遍将非标管接头、测量管座定义为“BOSS 头”，主要用于支管连接的补强型管件，代替异径三通、补强板和加强管段等支管连接型式的使用，具有降低造价、简化施工、改善介质流道、系列标准化和设计选用方便等优点，尤其在高压、高温、大口径、厚壁管道中使用日益广泛。

核级 BOSS 头采用先焊后钻型和先钻后焊型两种形式。先焊后钻型 BOSS 头在焊接前为实心锥形棒体，焊接完成后再钻中间通孔，焊接熔敷金属量大，如图 3-95 所示；先钻后焊型 BOSS 头在焊接前完成了中间通孔的施钻，焊接熔敷金属量小，如图 3-96 所示。

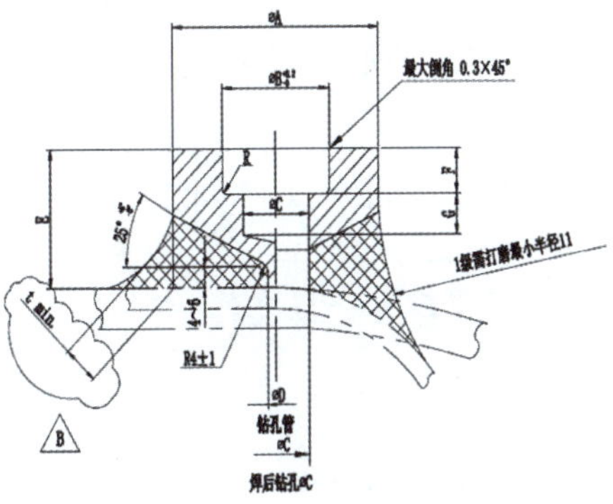

图 3-95　RCC-M 先焊后钻型管座结构型式

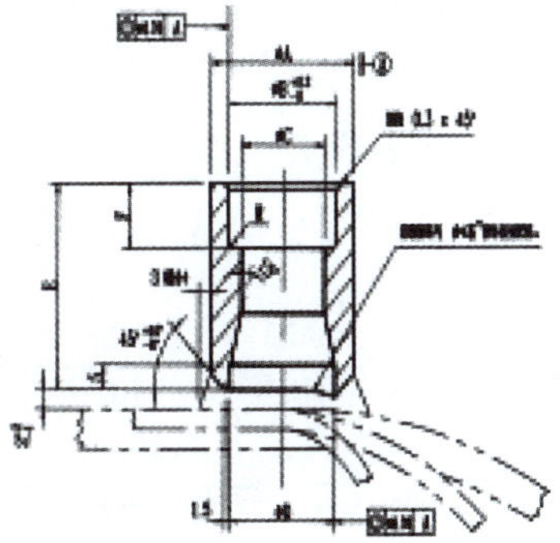

图 3-96　RCC-M 先钻后焊型管座结构型式

(2) 排查要求

2016 年 5 月和 2016 年 7 月，国家核安全局先后发出《关于核电厂反应堆冷却剂系统部分管道与管座焊缝（以下简称 BOSS 焊缝）缺陷共性问题的经验反馈（2016 年度第二期）》与《关于近期核电厂建造、调试和试运行期间典型事件与问题的经验反馈（2016 年第三期）》的函，通报国内某核电厂在运行期间发生核 1 级管线 BOSS 头焊缝漏水事件，并提出对一回路压力边界内 BOSS 焊缝的检查要求。

2016 年 12 月 30 日，国家核安全局发文《关于核电厂反应堆冷却剂系统部分管道与管座焊缝（BOSS 焊缝）缺陷共性问题的经验反馈》(NNSA－1618－CNQS)，提出“对一回路压力边界内 BOSS 焊缝，运行机组于最近一次大修期间完成排查和返修处理工作”的排查要求。

2017 年 9 月 29 日，国家核安全局发布《关于核电厂核 2、3 级管道与管座焊缝（BOSS 焊缝）缺陷共性问题的经验反馈（2017 年第 2 期）》，提出核 2、3 级 BOSS 焊缝的排查要求。

2017 年 12 月 8 日，国家核安全局发布《关于进一步排查处理核电厂核级管道与支管管座（BOSS 头）焊缝缺陷问题的通知》(308 号文)，提出核安全管理要求：各电厂针对核级 BOSS 焊缝进行排查，运行电厂制定合理排查计划进行排查，在建电厂在首次装料前完成排查工作。

2018 年 1 月 15 日，国家核安全局与各运营单位进行 BOSS 焊缝排查处理原则讨论会，确定核 2、3 级 BOSS 焊缝排查原则和处理原则，发送《核电厂核级管道与支管管座（BOSS 头）焊缝缺陷排查和处理活动纪要》的函（NNSA－2018－002），进一步明确不同类型的核电机组核 2、3 级 BOSS 焊缝的排查原则。

国家核安全局关于核级 BOSS 焊缝排查要求的部分文件如图 3-97 所示。

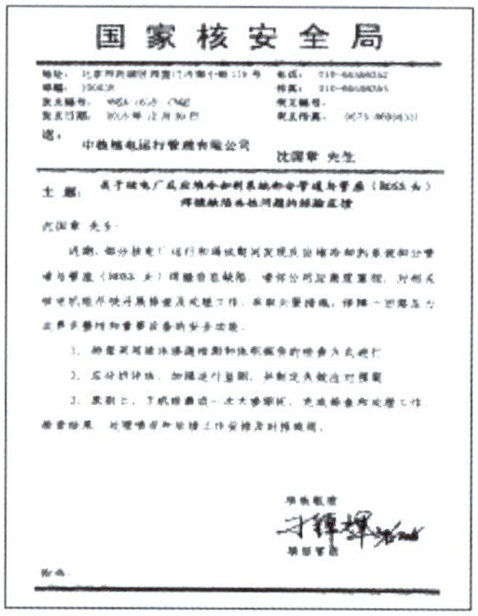
国家核安全局

中核核电运行管理有限公司

沈国荣 先生

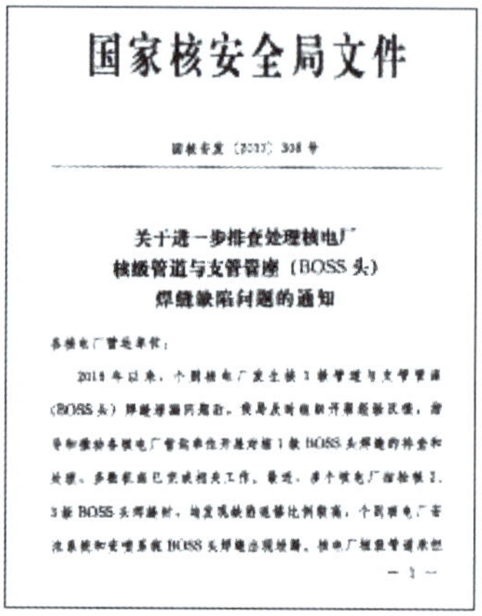
国家核安全局文件

关于进一步排查处理核电厂
核级管道与支管管座（BOSS 头）
焊缝缺陷问题的通知

图 3-97 国家核安全局关于核级 BOSS 焊缝排查要求

2. 主要做法

秦山核电对此高度重视，于 2017 年年初成立了 BOSS 焊缝排查和处理专项组，后该项目作为中国核电首批挂牌督办项目，由秦山核电牵头组织排查督办，各电厂联合役检、焊接、维修、大修、运行、辐防、土建、安质和采购等部门，按照国家核安全局发文要求，对核 1、2、3 级管道 BOSS 焊缝进行排查和处理。

BOSS 焊缝排查和处理专项组主要做法如下。

(1) 制定核 1、2、3 级 BOSS 分类及处理策略

根据国家核安全局的要求，各运营单位于机组最近一次大修期间完成核 1 级 BOSS 焊缝的排查和处理工作；应在最近一次大修结束前完成安全相关系统高能管道核 2、3 级 BOSS 焊缝处理，在条件允许情况

下尽早完成安全相关系统的非高能核 2、3 级 BOSS 焊缝处理，在最近三个燃料循环内完成所有核 2、3 级 BOSS 焊缝的排查和处理。

秦山核电对 9 台机组的核级 BOSS 焊缝进行分级，结合大修的规划，按照重要程度在最近一次大修中完成 A 级 BOSS 焊缝排查和处理，最近三个燃料循环内完成 B 级和 C 级 BOSS 焊缝排查和处理。

秦一厂作为非 M310 型运行核电机组，根据国家核安全局的要求和电厂保守决策原则，筛选核 1 级 5 个工艺系统及核 2、3 级 16 个工艺系统，作为管座焊缝排查的范围，制定排查计划，对核 1 级管座焊缝不进行分级，在最近一次大修中实施，对核 2、3 级管座焊缝进行分级，重点考虑高能管道对核安全的影响，将高能管道上的管座焊缝列为 A 级，其余的分为 B 级和 C 级。

秦一厂核 2、3 级 BOSS 焊缝排查计划分级原则如下：

1）A 级：影响安全相关系统使用的高能管道管座。

2）B 级：功率运行期间不可达的安全相关系统的非高能管道管座；01 厂房外的停冷系统管道管座。

3）C 级：其他管道支管座。

秦三厂根据国家核安全局的要求和电厂保守决策原则，结合 FSAR 中系统分级和重水堆的实践，确定系统筛选范围包括：核 1 级管座 15 个系统，核 2、3 级管座 36 个安全相关系统，并根据要求对核 1 级管座不进行分级，在最近一次大修中实施，对核 2、3 级管座进行分级，重点考虑高能管道对核安全的影响，将高能管道上的管座焊缝列为 A 级，其余的分为 B 级和 C 级。

秦三厂核 2、3 级管座焊缝排查计划分级原则如下：

1）A 级：影响安全相关系统使用的高能管道管座。

2）B 级：功率运行期间不可达的非高能管道管座。

3）C 级：其他管道管座。

秦二厂和方家山按照《核电厂核级管道与支管管座（BOSS 头）焊缝缺陷排查和处理活动纪要》的排查要求，最近一次换料大修结束前完成安全核 1 级和高能管道核 2、3 级 BOSS 头焊缝的排查和处理，根据计划安排在最近三个燃料循环内完成所有核级 BOSS 头焊缝的排查和处理。对于 RCC-M 2、3 级 BOSS 焊缝，又根据 BOSS 焊缝所在系统位置是否属于高能管道、其安全功能重要性、其维修可操作性等因素，将 RCC-M 2、3 级 BOSS 焊缝分为 A、B 和 C 级，在最近一次大修完成 A 级 BOSS 焊缝检查和处理。

秦二厂和方家山核 2、3 级管座焊缝排查计划分级原则如下：

1）A 级：一回路压力边界、安全相关系统高能管道（包括 RIS 系统低压安注泵至一回路低压管线）。

2）B 级：RRA 系统管道、VVP 安全阀下游管道、RIS 低压管道、专设低压非高能管道。

3）C 级：其他管道管座。

M310 及其改进型机组核 2、3 级排查和处理原则如图 3-98 所示。

机型/机组	分类	系统	备注	完成时限
M310及改进型核电机组： **运行机组：** 秦山二厂1～4号，方家山1、2号，岭澳1～4号，红沿河1～4号，福清1～4号，宁德1～4号，阳江1～4号，防城港1、2号和昌江1、2号共30台运行机组。	影响安全相关系统使用的高能管道	RCV、RIS、APG、VVP 等系统的高能管线；ASG 系统;GCT-A 系统；EAS 系统；ARE 系统核级部分管线	RCV 系统高能部分，包括上充管线（上充泵出口到一回路压力边界管线）、轴封注入管线（上充泵到主泵轴封）以及下泄管线（RCV003VP 段到 RCV013VP 之间管线）。 RIS 高能部分，包括高压安注管线、低压安注泵出口到一回路管线以及中压安注箱出口管线。 APG 高能部分，包括从蒸汽发生器到减压阀 APG013/014VP 管线。 VVP 高能部分，包括主蒸汽隔离阀上游承压管线。 ASG 泵出口和 ASG 汽动泵供气管线到蒸汽发生器部分。 EAS 系统泵至贯穿件之间的部分。 GCT-A 统全部和 ARE 系统核级部分。	最近一次大修结束前完成。
	RRA 系统管道、影响安全相关系统使用的非高能管道	RCV、RIS、APG、VVP、RCP、RRA、RRI、RPE、REA、PTR、ETY、DEL、SEC	RCV、RIS、APG 系统的非高能部分。 VVP 非高能部分，包括主蒸汽隔离阀上游非承压管线（安全阀后疏水管）。 RCP 非高能部分，包括一回路压力边界外的核级管线。 RRA、RRI、RPE、REA、PTR、ETY、DEL、SEC 系统全部。	加快推进，并在最近三个燃料循环内完成。
	其它核级 BOSS 头焊缝			按照国核安发〔2017〕308号文件要求，完成排查、监测和处理工作。

图 3-98　M310 及其改进型机组核 2、3 级排查和处理原则

（2）无损检测技术及方案研究

据外部电厂 BOSS 焊缝失效情况，结合在役检查规范对该类型焊缝无射线检查要求和验收标准的情况，秦山核电电厂开展了无损检验工艺研究，研制了适合 BOSS 头结构和现场条件的射线透照工艺和超声相控阵定位工艺；针对维修过程中的质量控制难点，增加了每三层实施液体渗透检查的方法进行质量控制。在在役检查规范没有射线验收标准的情况下，电厂保守考虑，参考对接焊缝验收标准，制定了 BOSS 焊缝射线检验验收标准，对检查结果进行评判。

通过理论分析与试验测试，射线检查方法确定为采用双壁透照，将射线源置于受检焊缝外侧，胶片置于焊缝另一侧，且放射源尽量垂直于主管轴线的方式，以检查焊缝可能存在的内部缺陷，如图 3-99 所示。但由于 BOSS 管座焊缝焊喉尺寸大，而其射线检查方式属于非标准透照，因此射线检验及评片时需考虑缺陷尺寸的放大效应，计算壁厚时需考虑焊喉尺寸的贡献。

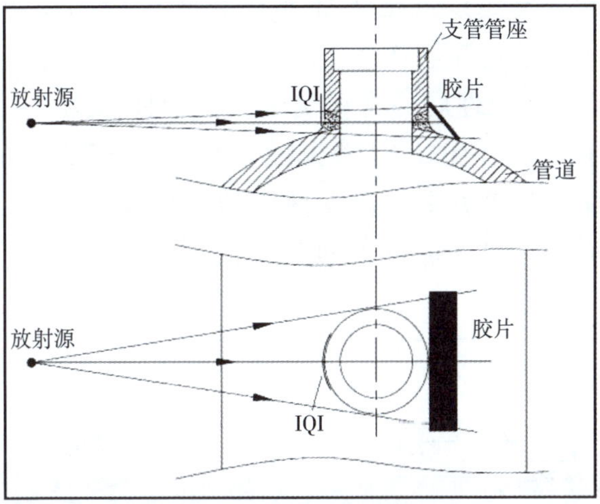

图 3-99　核级管座焊缝射线透照示意图

同时引入相控阵辅助定位技术，对大部分 BOSS 头焊缝射线检查发现的缺陷，尤其是根部缺陷进行准确定位，将根部是否有超标缺陷作为判断局部返修还是更换 BOSS 头的依据，优化 BOSS 焊缝的处理策略。

(3) 标准化作业流程

通过对 BOSS 焊缝的射线检查结果，评定焊缝的缺陷是否为超标缺陷，结合射线检查的规范，气孔、夹渣类体积性缺陷参考环焊缝的要求进行验收，裂纹、未熔合和未焊透等面状缺陷不合格，管座或测温套管螺纹明显缺失（降低承压能力）不合格。

对检验发现为超标缺陷的核级管座焊缝，需进行返修处理，优先采用整体切割原焊缝，更换接管座，并用全氩工艺重新焊接的方式进行返修处理；但在实际排查返修过程中，基于焊缝射线底片缺陷显示特性（包括缺陷类型、尺寸和位置）、接管座规格、充氩可操作性和维修可达性等因素综合分析判断，对于 BOSS 头尺寸较大、整体更换困难的核级管座焊缝，则采取先直接打磨至剩余壁厚 4～5 mm 再进行射线检查的方式，判断缺陷是否去除完毕。若无超标缺陷存在则直接补焊，若还有平面或超标体积缺陷，则采取切割更换并建立背部氩气室的方式进行返修。

焊接过程中分别在焊前、过程（每焊接三层）、焊后均进行渗透检测，针对 BOSS 焊缝焊接规范无体积性缺陷检测的要求，层间渗透检测可以起到较好的过程控制作用。

BOSS 焊缝返修处理后通常情况下使用液体渗透和射线检查进行验收。对于维修不可达、无法实施或处理代价极高等情况的管座焊缝，通过评估和系统监测等方案来确认部件的完整性。

标准的 BOSS 焊缝处理过程如图 3-100 所示。

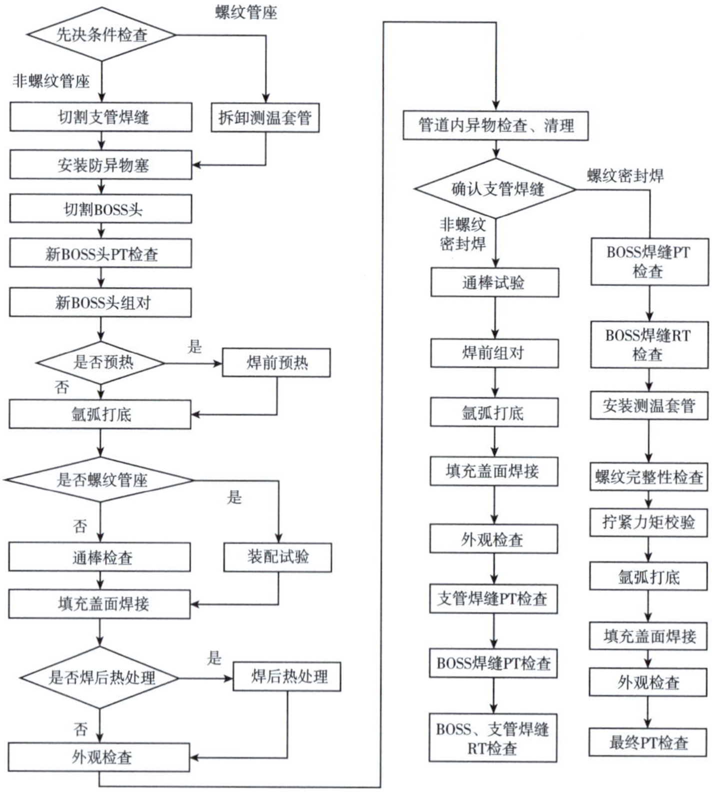

图 3-100　M310 及其改进型机组核 2、3 级排查和处理原则

返修后的核级 BOSS 头在设计上进行了改进，通过增大 BOSS 头坡口角度，将 BOSS 头与母管连接焊缝的接头形式改进为全熔透焊缝，相对于部分熔透的接头形式，此形式对质量控制更为有利；同时，针对氩电联焊工艺容易出现层间焊渣清理不彻底的情况，从根本上着手，使用全氩焊接工艺评定，彻底杜绝层间夹渣缺陷的出现。

针对核级 BOSS 焊缝的焊接工作，还通过对每一道焊缝编制施焊单来进行过程管理和控制。开工前各方通过选点清单，结合每一道焊缝的具体信息进行选点，施工过程中按照选点情况进行见证、监督。针对重点工序，例如对 BOSS 焊缝质量影响较大的组对工序，焊接 QC 进行 100%选点和现场见证。

(4) 大修实施和优化

由于核 1 级 BOSS 焊缝和部分核 2、3 级 BOSS 焊缝的检查和维修，需要机组处于特定的状态（如低低水位、乏池中断冷却和产生机组 I0 等），BOSS 焊缝检查和处理工作往往成为大修关键路径或日常期间需要在短时间内完成。因此，项目组在 BOSS 焊缝检查和处理的准备期间优化实施方案，采用多颗源同时探伤的方式；由于射线探伤为高风险作业，并且出问题后社会影响较大，通过认真分析项目，选择两家无损检测单位开展射线探伤，缓解人力资源的瓶颈问题；另外通过分析受检部件位置情况，会同辐射防护做好多源同时探伤的方案，每天针对受检对象编制摇源和撤离方案；组织返修人员，提前准备好备件和返修物资，同时过程管控提高返修质量，减少返修次数。

此外，由于大修规划，秦山核电在 2021 年 1—2 月需同时完成 Q1—120 大修、Q2—408 大修和 QF—205 大修的 BOSS 焊缝排查的准备和实施工作，每个大修工期都存在重叠，需在兼顾各电厂工作的同时安全、高质量完成，合理规划，细化每个 BOSS 焊缝的隔离窗口，明确每个工作组承担的工作量，分析出每个机组大修 BOSS 焊缝排查的工作高峰期，集中资源完成战役的胜利后，再将主力转移到另一个机组，成功确保三个机组的排查工作都在各自窗口内完成。同时做好防人因工作的应用，工作人员在各个现场无缝衔接，各机组的工作对象、工作环境均存在一定差异，要求所有作业班组加强工前会、自检、他检和按程序作业等防人因失误工具的合理使用，防止出现工作人员不了解现场情况和工作对象的问题，三次大修的排查期间均未出现任何一起人因失误事件。

(5) 解决现场遇到的问题

1) 重水堆 BOSS 焊缝处理

由于秦三厂重水堆的特性，大部分核级系统介质无法排空，存在大量的检查和实施不得达情况，通过分析重水堆的运行特性、系统分析评估、运行安全风险管控及力学评价，制定秦三厂的排查方案，检查可检可修的核 1 级管座焊缝，并抽检一定比例的高能管道的核 2、3 级管座焊缝，在一次大修期间完成。

秦三厂在排查过程中发现，电厂优先考虑维修，但基于设计文件和结合现场勘查，维修风险性较高，主要原因如下：

(a) 重水系统开口检修存在较高的人员潜在内照射风险（返修人员需穿戴气衣等防护用品）。

(b) 小于 1 英寸管座内径较小，现场实施组对和焊接难度较大，返修焊接质量无法保证。

(c) 由于部分焊缝周边的设备、墙体和支撑等的干涉，无法开展焊接返修。

因此根据系统筛选范围，对核安全相关系统 BOSS 焊缝进行全面评估，重点关注存在缺陷且难以维修或无法进行 RT 检查的支管座，采用的评估策略如 3-101 所示。

依据 ASME 第Ⅺ卷附录 C 管道缺陷评定，对 BOSS 头焊缝缺陷进行定性的力学分析，以目前射线检测中发现的具有代表性的焊缝裂纹为例，进行疲劳裂纹扩展分析，并依据缺陷准则进行评定，评定结论认为，基于目前借鉴的载荷水平，寿期末裂纹深度满足许用深度要求。

基于焊缝失效后系统功能性评价结果，进一步评估对电厂安全的影响。基于 FSAR 事故分析相关要求，焊缝失效后：(a) 实时监测稳压器水位和在线氚检测系统，如果水位下降或报警，则停堆检修，如果无异常，则电厂安全不受影响；(b) 对安全相关的系统进行评估，如果不能维持原有的功能，则停堆检修，如果能够维持原功能，则电

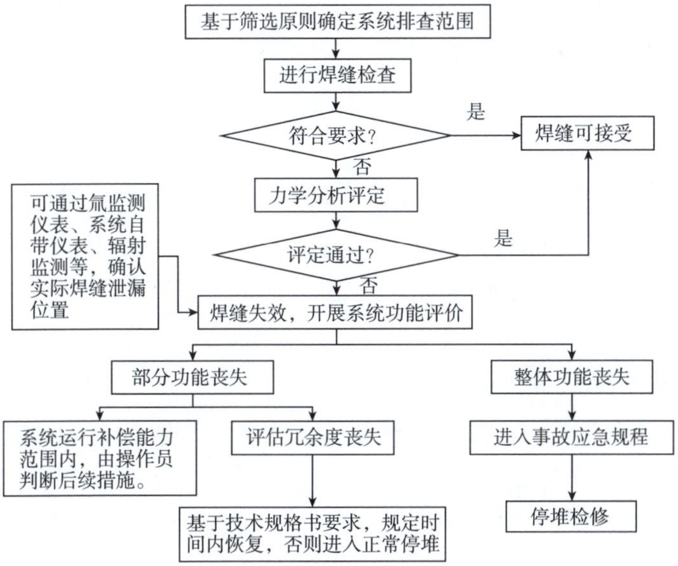

图 3-101　重水堆 BOSS 焊缝检查评估策略示意图

厂安全不受影响。LOCA 事故中考虑的最大破口为 100%进、出口集管破口双端断裂，该破口尺寸足以包络现有无法维修/检查的 BOSS 头焊缝尺寸，因此从事故分析角度，即使焊缝失效，现有事故分析结论仍然有效。

重水堆运行期间能够及时准确地探测到重水泄漏并进行应急处理。现有重水泄漏监测系统已覆盖所有重水系统所在区域，一旦发生重水泄漏（包括喷雾状、滴状或线状流泄漏），相应的监测系统可以及时灵敏定位重水泄漏区域，配合人员现场检查，能够快速确定泄漏点。

综上所述，通过系统的功能和电厂安全性评价，现有焊缝的失效不会对现有电厂的运行操作造成较大影响，不会突破现有技术规格书的限值要求，不会影响现有事故分析结论的有效性。

2）利用 ASME 规范案例取消水压试验

根据秦山核电厂适用规范（ASME 第Ⅺ卷 1998 版）的要求，DN25 以上的焊缝在压力边界上进行焊接修理或更换后，需进行压力试验。在对核 2、3 级 C 类管座焊缝返修后压力试验的评估中，发现五条返修焊缝存在超压风险、难以隔离等困难，不具备水压试验条件。秦山核电根据ASME规范IWA－2440节使用规范案例的规定，向国家核安全局提出申请采用规范案例CODE CASE N－416－4，对返修后的管座焊缝及其支管焊缝实施泄漏试验替代水压试验，获得国家核安全局批准。

根据CODE CASE N－416，秦山核电厂对五条返修后无法进行水压试验的焊缝，按照ASME第Ⅲ卷的要求进行RT和PT检查，且检查结果合格，并在恢复使用前立即进行泄漏试验和VT－2检查，检查结果合格。

3）不可达焊缝的处理

秦山核电在执行BOSS焊缝处理过程中发现部分焊缝因结构形式使射线检验受限，对此类焊缝采用预防性维修处理，并在焊接过程中采用逐层渗透检验的处理方式，获得监管部门认可。

秦二厂共有八条核2级BOSS焊缝属于射线探伤不可达焊缝，每个机组两条焊缝，分别位于RIS系统安注泵入口电动阀RIS051/052VP阀门外侧密封套管的防护罩下方，焊缝形式为管座与平板之间的焊缝，与管道上管座焊缝的形式不同。BOSS焊缝射线检验受限情况的现场照片如图3-102所示。

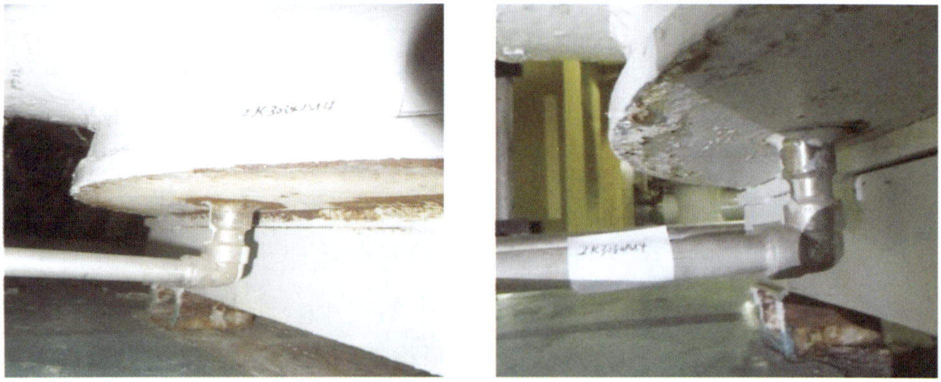

图3-102　RIS051/052VP阀门防护罩下BOSS焊缝照片

秦二厂保守决策对这八条焊缝采取预防性维修，维修方案为切割掉旧BOSS头后，采用手工氩弧焊工艺进行焊接回装。维修过程中BOSS管座的焊接使用逐层液体渗透检查的方式。由于管座所在阀门的外侧防护罩是安全壳贯穿件的一部分，焊接和无损检测合格后进行贯穿件密封性试验。

BOSS 焊缝等级为 RCC-M 2 级，焊接过程及焊后无损检验要求参照 RCC-M 2000 版表 S7720.1 的规定执行，表 S7720.1 中规定，如果最终焊缝不能进行射线或超声检测，则接头每焊三层进行一次液体渗透检验。

由于结构形式限制，修后焊缝的射线检查无法实施，另根据 RCC-MMC2634.2 的要求，超声检验应从支管侧对管座焊缝实施扫查，由于支管直径为 $\Phi26.7\times2.11$，超声声束无法覆盖管座焊缝，超声检查受限。综上所述，在射线检验或超声检验无法实施的情况下，对该管座焊缝实施逐层液体渗透检查，符合 RCC-M 规范的要求。

秦二厂于 116 大修、215 大修、309 大修和 408 大修期间，对八条位于 RIS051/052VP 阀门外侧防护罩下方 BOSS 焊缝进行预防性维修处理，缺陷打磨和焊接作业严格按照批准的施工方案和质量计划执行，焊接前对 BOSS 头及待焊坡口实施了液体渗透检查，在焊接过程中的打底层、填充层、最终盖面焊接完成后均实施了液体渗透检查，结果合格，处理方式符合规范 RCC-M 2000 版的要求。

4）焊接问题的处理

针对部分缺陷 BOSS 焊缝受设备、支架和墙体等阻挡影响，现场空间位置狭窄，常规焊接操作方式不可达的问题，提前识别狭窄空间 BOSS 焊缝，做好针对性预案，采用气冷式曲颈枪头氩弧焊枪进行焊接（9 号小氩弧把），针对视线不可达部位，借助反光镜辅助焊接，尽可能通过设备、支架拆卸，墙体剃凿，扩大焊接作业空间，搭设狭窄受限空间模拟装置，培训身材较为瘦小的焊工施焊作业，顺利完成了全部 BOSS 焊缝的返修工作。

针对薄壁管道（小于 4 mm）BOSS 焊缝重新焊接修复时容易产生管道塌陷、变形等情况，在焊接过程中采用低的层间温度控制，层间温度控制 100 ℃以下，并及时观察收缩塌陷程度；采用间断焊、对称焊接，延长焊接时间，防止待焊表面温度过高，减小变形；尽量采用工艺卡范围内较小电流、快速焊接，采用不摆动压道焊进行焊接，减小热输入；不锈钢导热系数低，热传输速度慢，焊接时局部温度过高，焊缝打底后可加大背部保护氩气流量，帮助焊缝和附近区域加速冷却。

针对BOSS焊缝返修过程中碰到的其他困难问题，如不锈钢内壁充氩保护，管道负正压、残水等影响焊接作业，项目组具体采用的特殊处理方式有：（1）加工特殊充氩装置，特殊情况采用水溶纸建立氩气腔；（2）通过系统阀门开关、边界屏蔽门的开关解决管口正负压；（3）采取吸水海绵、冰塞和热吹风机等措施间断、阻断残水后快速焊接。

3. 实施效果

（1）完成情况

秦山核电于2017年开展核级BOSS头焊缝的排查和处理工作，截至2022年4月28日结束的方家山106大修，全部九台机组BOSS头焊缝的排查和处理工作已全部按照国家核安全局文件的要求完成，共计检查核1级BOSS头焊缝445条，处理核1级BOSS头焊缝200条，检查核2、3级BOSS头焊缝2 566条，处理核2、3级BOSS头焊缝1 109条。

秦山核电九台机组核级BOSS焊缝的排查和处理总体数据统计如表3-14所示。

表3-14 秦山核电核级BOSS头焊缝排查和处理总体数据统计

	核1级BOSS头焊缝			核2、3级BOSS头焊缝		
	总数量/条	检查数量/条	处理数量/条	总数量/条	检查数量/条	处理数量/条
秦一厂	48	48	43	145	145	145
秦二厂	181	181	43	1 641	1 641	647
秦三厂	450	129	62	334	53	29
方家山	87	87	52	727	727	261
总数	766	445	200	2 847	2 566	1 082

1）秦一厂核级BOSS焊缝完成情况

秦山核电厂根据排查方案，于118大修至121大修完成了全部核1级管座焊缝排查和处理工作。

秦一厂核 1 级管座焊缝共计 48 条，其中 4 条焊缝已在 118 大修的技改项目更换，焊后 RT、PT 检查合格，无需维修处理；1 条焊缝经 RT、PT 检查合格，无需维修处理；其余 43 条焊缝均按照向监管当局报批的计划进行返修，返修后 RT、PT 检查合格。

秦一厂核 2、3 级管座焊缝共计 145 条，其中 118 大修完成 39 条核 2、3 级管座焊缝的排查，维修处理其中 17 条，剩余 22 条于 119 大修期间进行了维修处理；120 大修完成 41 条核 2、3 级管座焊缝的排查，维修处理 41 条；121 大修期间完成 50 条核 2、3 级管座焊缝的排查，维修处理 50 条；日常期间完成 15 条核 2、3 级管座焊缝的排查，维修处理 15 条。

秦一厂核级管座焊缝排查情况汇总如表 3-15 所示。

表 3-15　秦一厂核级管座焊缝排查情况汇总

序号	检查时机	检查项目	完成数量/条	维修数量/条	备注
1	118 大修	核 1 级 BOSS 焊缝	4	4	4 条焊缝进行了技改更换
2	120 大修	核 1 级 BOSS 焊缝	42	41	1 条焊缝由于暂不具备维修条件，延期至 121 大修处理
3	121 大修	核 1 级 BOSS 焊缝	2	2	
4	118 大修	核 2、3 级 BOSS 焊缝	39	17	因部分焊缝不具备维修条件，分两次大修实施维修
5	119 大修	核 2、3 级 BOSS 焊缝		22	
6	120 大修	核 2、3 级 BOSS 焊缝	41	41	
7	121 大修	核 2、3 级 BOSS 焊缝	50	50	
8	日常	核 2、3 级 BOSS 焊缝	15	15	

2）秦二厂核级 BOSS 焊缝完成情况

秦二厂根据排查方案，于 114 大修至 116 大修完成了 1 号机组全部核 1、2 和 3 级管座焊缝排查和处理工作。

秦二厂 1 号机组在 114 大修期间对 45 条核 1 级管座焊缝进行了排查，射线检查发现 19 条焊缝存在超标缺陷，并进行维修处理，返修后

RT、PT 检查合格；其余焊缝 RT、PT 检查合格，无需维修处理。

秦二厂 1 号机组（包括公用系统）在 114、115 和 116 大修期间及日常期间分别对核 2、3 级 BOSS 焊缝进行了全面排查处理，其中 114 大修完成 181 条核 2、3 级 BOSS 焊缝检查，对其中的 95 条进行维修处理，返修后 RT、PT 检查合格；115 大修完成 101 条核 2、3 级 BOSS 焊缝检查，对其中的 49 条进行维修处理，返修后 RT、PT 检查合格；116 大修完成 42 条核 2、3 级 BOSS 焊缝检查，对其中的 23 条进行维修处理，返修后 RT、PT 检查合格；日常期间完成 67 条核 2、3 级 BOSS 焊缝检查，对其中的 33 条进行维修处理，返修后 RT、PT 检查合格。截至 116 大修结束，秦二厂 1 号机组（包括公用系统）已完成所有核 2、3 级 BOSS 焊缝的排查和处理工作，共计排查焊缝数量为 391 条，其中 200 条焊缝进行了维修，维修率为 51.15%，所有需维修的焊缝均已完成返修且焊后无损检测合格。

秦山第二核电厂根据排查方案，于 212 大修至 215 大修完成了 2 号机组全部核 1、2 和 3 级管座焊缝排查和处理工作。

秦二厂 2 号机组在 212 大修期间对 46 条核 1 级管座焊缝进行了排查，射线检查发现 20 条焊缝存在超标缺陷，并进行维修处理，返修后 RT、PT 检查合格；其余焊缝 RT、PT 检查合格，无需维修处理。

秦二厂 2 号机组（包括公用系统）在 213、214 和 215 大修期间及日常期间分别对核 2、3 级 BOSS 焊缝进行了全面排查处理，其中 213 大修完成 172 条核 2、3 级 BOSS 焊缝检查，返修后 RT、PT 检查合格；214 大修完成 46 条核 2、3 级 BOSS 焊缝检查，对其中的 29 条进行维修处理，返修后 RT、PT 检查合格；215 大修完成 112 条核 2、3 级 BOSS 焊缝检查，对其中的 82 条进行维修处理，返修后 RT、PT 检查合格；日常期间完成 79 条核 2、3 级 BOSS 焊缝检查，对发现超标缺陷的 67 条进行维修处理，返修后 RT、PT 检查合格。截至 215 大修结束，秦二厂 2 号机组（包括公用系统）已完成所有核 2、3 级 BOSS 焊缝的排查和处理工作，共计排查焊缝数量为 409 条，其中 287 条焊缝进行了维修，维修率为 70.17%，所有需维修的焊缝均已完成返修且焊后无损检测合格。

秦二厂根据排查方案，于 306 大修至 309 大修完成了 3 号机组全部核 1、2 和 3 级管座焊缝排查和处理工作。

秦二厂 3 号机组在 306 大修期间对 45 条核 1 级管座焊缝进行了排查，射线检查发现 4 条焊缝存在超标缺陷，并进行维修处理，返修后 RT、PT 检查合格；其余焊缝 RT、PT 检查合格，无需维修处理。

秦二厂 3 号机组（包括公用系统）在 307、308 和 309 大修期间及日常期间分别对核 2、3 级 BOSS 焊缝进行了全面排查处理，其中 307 大修完成 204 条核 2、3 级 BOSS 焊缝检查，对其中的 55 条进行维修处理，返修后 RT、PT 检查合格；308 大修完成 122 条核 2、3 级 BOSS 焊缝检查，对其中的 9 条进行维修处理，返修后 RT、PT 检查合格；309 大修完成 63 条核 2、3 级 BOSS 焊缝检查，对其中的 29 条进行维修处理，返修后 RT、PT 检查合格；日常期间完成 52 条核 2、3 级 BOSS 焊缝检查，对其中的 7 条进行维修处理，返修后 RT、PT 检查合格。截至 309 大修结束，秦二厂 3 号机组（包括公用系统）已完成了所有核 2、3 级 BOSS 焊缝的排查和处理工作，共计排查焊缝数量为 441 条，其中 100 条焊缝进行了维修，维修率为 22.68%，所有需维修的焊缝均已完成返修且焊后无损检测合格。

秦二厂根据排查方案，于 405 大修至 408 大修完成了 4 号机组全部核 1、2、3 级管座焊缝排查和处理工作。

秦二厂 4 号机组在 405 大修期间对 45 条核 1 级管座焊缝进行了排查，所有焊缝 RT、PT 检查合格，无需维修处理。

秦二厂 4 号机组（包括公用系统）在 406、407 和 408 大修期间及日常期间分别对核 2、3 级 BOSS 焊缝进行了全面排查处理，其中 406 大修完成 189 条核 2、3 级 BOSS 焊缝检查，对其中的 31 条进行维修处理，返修后 RT、PT 检查合格；407 大修完成 69 条核 2、3 级 BOSS 焊缝检查，返修后 RT、PT 检查合格；408 大修完成 105 条核 2、3 级 BOSS 焊缝检查，对其中的 20 条进行维修处理，返修后 RT、PT 检查合格；日常期间完成 37 条核 2、3 级 BOSS 焊缝检查，对其中的 3 条进行维修处理，返修后 RT、PT 检查合格。截至 408 大修结束，秦二厂 4 号机组（包括公用系统）已完成所有核二、三级 BOSS 焊缝的排查和处理工作，共计排查焊缝数量为 400 条，其中 53 条焊缝进行了维修，维修率为13.25%，所有需维修的焊缝均已完成返修且焊后无损检测合格。

秦二厂核级管座焊缝排查情况如表3-16所示。

表3-16 秦二厂核级管座焊缝排查情况汇总

序号	检查时机	检查项目	完成数量/条	维修数量/条	备注
1	114大修	核1级BOSS焊缝	45	19	
2	114大修	核2、3级BOSS焊缝	181	95	
3	115大修	核2、3级BOSS焊缝	101	49	5条焊缝由于不具备检查条件，在116大修和日常期间完成了检查和处理
4	116大修	核2、3级BOSS焊缝	42	23	4条焊缝直接进行维修
5	1号机日常	核2、3级BOSS焊缝	67	33	
6	212大修	核1级BOSS焊缝	46	20	
7	213大修	核2、3级BOSS焊缝	172	109	
8	214大修	核2、3级BOSS焊缝	46	29	
9	215大修	核2、3级BOSS焊缝	112	82	2条焊缝直接进行维修
10	2号机日常	核2、3级BOSS焊缝	79	67	
11	306大修	核1级BOSS焊缝	45	4	
12	307大修	核2、3级BOSS焊缝	204	55	
13	308大修	核2、3级BOSS焊缝	122	9	5条焊缝由于不具备检查条件，在309大修和日常期间完成了检查和处理
14	309大修	核2、3级BOSS焊缝	63	29	4条焊缝直接进行维修
15	3号机日常	核2、3级BOSS焊缝	52	7	
16	405大修	核1级BOSS焊缝	45	0	
17	406大修	核2、3级BOSS焊缝	189	31	
18	407大修	核2、3级BOSS焊缝	69	9	
19	408大修	核2、3级BOSS焊缝	105	20	7条焊缝直接进行维修
20	4号机日常	核2、3级BOSS焊缝	37	3	

3）秦三厂核级 BOSS 焊缝完成情况

根据竣工图核查，秦三厂 1 号机组核 1 级管座焊缝 225 条，核 2、3 级 A 级管座焊缝数量 167 条，核 2、3 级 B 级管座焊缝数量 291 条，核 2、3 级 C 级管座焊缝数量 31 条；2 号机组核 1 级管座焊缝 225 条，核 2、3 级 A 级管座焊缝数量 167 条，核 2、3 级 B 级管座焊缝数量 291 条，核 2、3 级 C 级管座焊缝数量 31 条。根据《秦山核电厂、秦山第三核电厂核级管道和支管管座焊缝排查方案》的要求，秦三厂每台机组抽取 80 条核 1 级管座焊缝和 30 条核 2、3 级 A 级管座焊缝进行现场检查。

秦三厂在 110 大修（2019 年）中经现场核查，因不具备射线检查条件导致部分管座焊缝无法实施，其中包括核 1 级管座焊缝 15 条，核 2、3 级管座焊缝 4 条，实际检查总数为 91 条。110 大修时对 65 条核 1 级管座焊缝进行射线检查，共发现 20 条管座焊缝存在缺陷，45 条管座焊缝合格；对 26 条核 2、3 级管座焊缝进行射线检查，共发现 11 条管座焊缝存在缺陷，15 条管座焊缝合格。

秦三厂在 209 大修（2018 年）中经现场核查，因不具备射线检查条件导致部分管座焊缝无法实施，其中包括核 1 级管座焊缝 16 条，核 2、3 级管座焊缝有 3 条，实际检查总数为 91 条。209 大修时对 64 条核 1 级管座焊缝进行射线检查，共发现 42 条管座焊缝存在缺陷，22 条管座焊缝合格；对 27 条核 2、3 级管座焊缝进行射线检查，共发现 18 条管座焊缝存在缺陷，9 条管座焊缝合格。

检查结束后，中核运行编制了《关于报送秦山第三核电厂核级管道与支管管座焊缝排查处理情况报告的函》（CNQS－180066－NNSA），并提交国家核安全局。报告中明确，对于本次大修的检查结果缺陷显示，经分析评估，其返修难度大、风险高，设计院安全评价可以接受，同时运行期间能够及时准确地探测到重水泄漏并进行应急处理，因此，大修对发现的缺陷不进行修理更换，也不再扩大检查，剩余的 A 级、B 级和 C 级管座后续不再实施现场检查；选取有缺陷显示的管座进行后续跟踪检查；在重水堆翻新时，对 1 号、2 号机组检查发现的缺陷显示进行修理或更换。国家核安全局审查后，给中核运行发文《秦山第三核电厂核级管道与支管管座焊缝缺陷力学计算分析报告审评意见》（NNSA－18043－CNQS），认为力学计算分析报告中计算分析方法恰当，验收准则明确。

4）方家山核级 BOSS 焊缝完成情况

方家山核电厂根据排查方案，于 103 大修至 106 大修完成了 1 号机组全部核 1、2、3 级管座焊缝排查和处理工作。

方家山 1 号机组在 103 大修期间对 41 条核 1 级管座焊缝进行了排查，射线检查发现 27 条焊缝存在超标缺陷，并进行维修处理，返修后 RT、PT 检查合格；其余焊缝 RT、PT 检查合格，无需维修处理。

方家山 1 号机组（包括公用系统）在 104、105 和 106 大修期间及日常期间分别对核 2、3 级 BOSS 焊缝进行了全面排查处理，其中 104 大修完成 140 条核 2、3 级 BOSS 焊缝检查，对其中的 59 条进行维修处理，返修后 RT、PT 检查合格；105 大修完成 113 条核 2、3 级 BOSS 焊缝检查，对其中的 39 条进行维修处理，返修后 RT、PT 检查合格；106 大修（包括预大修）完成 74 条核 2、3 级 BOSS 焊缝检查，对其中的 28 条进行维修处理，返修后 RT、PT 检查合格。

截至 106 大修结束，方家山 1 号机组（包括公用系统）已完成所有核二、三级 BOSS 焊缝的排查和处理工作，共计排查焊缝数量为 327 条，其中 126 条焊缝进行了维修，维修率为 38.53%，所有需维修的焊缝均已完成返修且焊后无损检测合格。

方家山核电厂根据排查方案，于 202 大修至 205 大修完成了 2 号机组全部核 1、2、3 级管座焊缝排查和处理工作。

方家山 2 号机组在 202 大修期间对 46 条核 1 级管座焊缝进行了排查，射线检查发现 25 条焊缝存在超标缺陷，并进行维修处理，返修后 RT、PT 检查合格；其余焊缝 RT、PT 检查合格，无需维修处理。

方家山 2 号机组（包括公用系统）在 203、204 和 205 大修期间及日常期间分别对核 2、3 级 BOSS 焊缝进行了全面排查处理，其中 203 大修完成 158 条核 2、3 级 BOSS 焊缝检查，对其中的 49 条进行维修处理，返修后 RT、PT 检查合格；204 大修完成 116 条核 2、3 级 BOSS 焊缝检查，对其中的 35 条进行维修处理，返修后 RT、PT 检查合格；

205 大修（包括预大修）完成 126 条核 2、3 级 BOSS 焊缝检查，对其中的 53 条进行维修处理，返修后 RT、PT 检查合格。

截至 205 大修结束，方家山 2 号机组（包括公用系统）已完成了所有核 2、3 级 BOSS 焊缝的排查和处理工作，共计排查焊缝数量为 400 条，其中 137 条焊缝进行了维修，维修率为 34.25%，所有需维修的焊缝均已完成返修且焊后无损检测合格。

方家山核电厂核级管座焊缝排查情况如表 3-17 所示。

表 3-17 方家山核级管座焊缝查情况汇总

序号	检查时机	检查项目	完成数量/条	维修数量/条	备注
1	103 大修	核 1 级 BOSS 焊缝	41	27	
2	104 大修	核 2、3 级 BOSS 焊缝	140	59	
3	105 大修	核 2、3 级 BOSS 焊缝	113	39	
4	106 大修	核 2、3 级 BOSS 焊缝	74	28	包括预大修
5	202 大修	核 1 级 BOSS 焊缝	46	25	
6	203 大修	核 2、3 级 BOSS 焊缝	158	49	
7	204 大修	核 2、3 级 BOSS 焊缝	116	35	
8	205 大修	核 2、3 级 BOSS 焊缝	126	53	包括预大修

(2) 建立射线探伤安全与质量管理体系

秦山核电开展 BOSS 焊缝排查工作面临多机组、多源探伤，由于射线探伤为高风险作业，并且出问题后社会影响较大，为确保实施安全，秦山核电制定大量的管理措施，包括射线探伤操作指南、射线探伤考核和射线探伤应急预案演练等，有力保障大修关键路径不受影响，且探伤过程安全、质量受控。

秦山核电从管理体系层面完善了现场管理要求，在以秦山核电《射线探伤安全管理》《放射源与射线装置管理》为基础，统一九台机组射线探伤标准作业流程，创建了秦山核电射线探伤安全与质量管理体系（见图 3-103），编制了《射线探伤作业指南》《射线检验操作流程确认单》《射线检验透照实施确认单》《射线暗室管理细则》等现场操作管理文件，细化现场作业人员的行为规范，实施步骤执行圈杠操作，细化统一现场检验人员作业步骤，有效杜绝人员误照射和质量偏差风险。

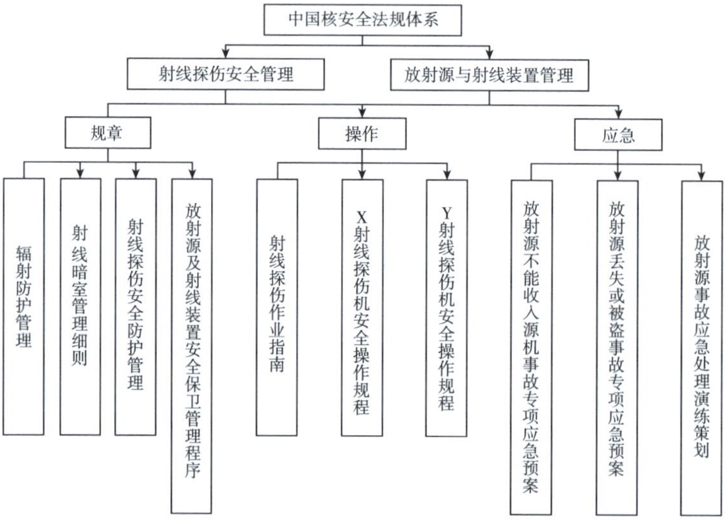

图 3-103　秦山核电射线探伤管理体系

秦山核电创新地开展了射线探伤防人因专题培训，开发射线探伤专题“防人因失误工具”视频培训教材，如图 3-104 所示。大修前开展射线探伤人员实操技能培训与考核，通过实操培训与考核，提高了射线人员操作技能水平和防人因工具使用能力，规范了作业中防人因工具使用标准。

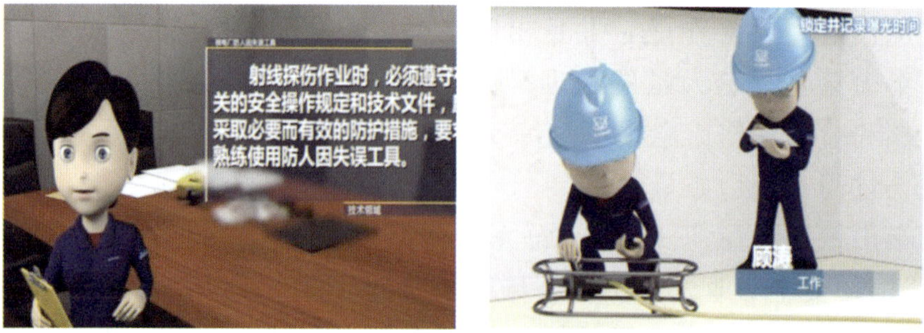

图 3-104　秦山核电射线人员操作和防人因工具

秦山核电为应对探伤机卡源、放射源丢失或被盗等各类突发状况，编制了《放射源不能收入源机事故专项应急预案》《放射源丢失或被盗事故专项应急预案》《放射源事故应急处理演练策划》等应急文件，层层把控、严防死守，坚决将射线探伤辐照事故发生率降到最低。

自秦山核电开展 BOSS 焊缝射线排查工作以来，通过经验反馈对流程不断进行优化，完善现场管理要求，创建了秦山核电射线探伤安全与质量管理体系，实现了多颗放射源多点同时射线探伤作业的安全和质量管控，顺利协调多组人员同时开展工作，使人员安全、质量安全和进度安全得以保障，实现了 29 次大修期间多颗放射源多点同时射线探伤作业的安全和质量管控，未发生射线探伤的安全质量事件。

(3) 提升焊接作业质量

秦山核电积极应对 BOSS 焊缝返修工作带来的大量焊接工作，通过规范 BOSS 焊缝返修标准焊接作业流程，采用标准化逻辑图工序控制，提高现场返修效率；设计加工专用防异物棒（图 3-105），设置管道内异物/清理专项控制点，有效控制返修后管道内异物的产生；通过焊工技能筛选，日常培训考核，优化 BOSS 焊缝返修专项焊工队伍；关注焊接填充材料技术文件验收，并开展自主复验；每个 BOSS 焊缝返修都编制专用焊接质量计划，并安排 QC 现场见证，现场焊接质量控制如图 3-106 所示，做到每条 BOSS 焊缝的焊接全过程管控，提高返修的一次合格率。

图 3-105 防异物工具

图 3-106 现场焊接质量控制

4. 总结及展望

BOSS焊缝排查处理项目作为全国核电行业面临的共同问题，要求在相同的时间内完成。处理过程中面临如检验清单筛选、检验技术和维修技术确定、棒材采购、检验人员和维修人员不足、现场出现问题的二次设计、大修工期和机组间管理方式差异等困难，秦山核电专项组勇于担当，问题考虑在前，以解决问题为导向，制定出行之有效的排查方案、实施计划，集无损检验、材料加工和焊接修复等全厂之力，以安全和质量为前提，建立了系统的标准化流程，在五年多的排查和处理过程中没有发生安全质量问题，圆满完成国家核安全局、中国核电下达的排查任务，消除了机组的安全隐患，实现了安全生产专项整治三年行动的目标。

3.2.5 强辐射复杂环境，高性能去污机器人研发与应用

基本情况	单位名称	福建福清核电有限公司
	案例所属专题/领域	核与辐射安全整治专项
	类型	☑ 技术优化　　☐ 管理提升
	主要创造人	邹岩松、杨威、金卫阳
	参与创造人	胡凌、陈思明、鲁栓、李荣豪、谢秉錡、刘珍贤、吴思漫

案例简介 Case Introduction

为有效消除核电厂辐射场所辐射热点隐患和工作人员超剂量照射风险，最大限度地降低人员受照剂量，福清核电在针对去除燃料转运舱辐射热点这一电厂难题面前推进辐射防护工艺革新，率先应用机器人开展去污工作，进而有效促进辐射防护管理绩效提升。

去污机器人尺寸结构以市场最先进的精巧型为基础，具备通用的爬坡、远距离信号传输功能，结合电厂去污场所环境融入屏蔽一体化、高压强及多功能输出元素，完美契合燃

料转运舱环境，可在燃料转运舱池底自由行进，全面覆盖包括转运小车导轨底部、支腿内侧地面等死角位置所有辐射热点，精确定位辐射热点位置，去污不留死角以根除辐射安全隐患，提高了在燃料转运舱工作的安全裕度。福清核电 106 大修首次使用效果表明，环境剂量率可降低 90%以上。

案例详细介绍 Detailed introduction to the case

1. 实施背景

核电厂的工作与燃料和堆芯的相关度越高，辐射风险越大。核电厂燃料转运舱底部的燃料转运装置（小车与轨道）与燃料组件直接接触，滞留大量腐蚀活化产物，形成上百毫希伏乃至希伏量级的辐射热点，居高不下的环境剂量率为场所工作人员带来极大的辐射安全隐患，历次燃料转运舱去污及池底的检修工作人员集体剂量贡献也为辐射防护日常及大修集体剂量管控带来极大的挑战，是国内核电厂均面临的辐射安全问题之一。

燃料转运舱池底的燃料转运装置检查工作是每次大修执行的固定工作项，以机械和电气专业的检查工作为主，而随着机组运行时间的累积，燃料转运装置、导轨和池底地面位置的辐射热点也在逐渐累加，池底的辐射热点限制了核清洁人员在池底去污的时间，同时核清洁人员在池底冲洗热点时存在很大的超剂量照射风险。根据福清核电工作实践，冲洗压力与去污效果存在正相关关系，冲洗压力和冲洗时间均会受制于人员体能因素，为此福清核电研发去污机器人替代人工开展去污工作，不仅可以跃出人体耐辐照极限，还可提高去污效率。

2. 主要做法

（1）以问题导向设计机器人模型

为实现去污机器人强有力的机动性，机器人以福清核电 6 号机组燃料转舱底部空间测绘数据为基础，摒弃市场上壁挂式等固定点位的机器人模型，将增压设备作为冲洗机器人配套设备，顺利完成首个适用于核电厂燃料转运舱去污工作的屏蔽一体化机器人设计。该机器人也是尺寸最小的机器人之一，规格为 350 mm×290 mm×300 mm，整体重量<20 kg，单独增加 30 m 长距离的操控和信号传输功能，满足了冲洗机器人自由穿行于燃料转运小车与池壁两侧通道、燃料转运导轨底部，以及燃料转运小车支腿底部等区域的需要。

(2) 基于现场复杂环境开发机器人去污流程及控制系统

去污机器人搭载高压清洗机、远程控制台、去污剂添加控制台和冲洗支持平台，通过远程控制台单向操作去污机器人活动，高压清洗机通过水管与机器人连接增加水压实现去污功能，还可通过控制台增加去污剂，完成水池清洗去污工作。由于燃料转运舱底部距离 KX+20 m 平台落差 10 m，且机器人将长时间处于高辐射区域，采用有线连接以保障机器人信息传输的可靠性和远距离操控的稳定性；冲洗机器人使用浑然一体的金属材料做屏蔽外壳，以实现防水、耐腐蚀、易去污；高压清洗机所处 KX+20 m 区域，可远程调整水压大小，最高输出压力 300×10^5 Pa，还保留了温度控制单元，可通过温度调节实现高温水去污，以进一步提高去污能力；冲洗支撑平台可在燃料转运舱两侧池壁进行支撑固定，可配合去污机器人通过燃料转运装置孔洞对其内侧进行冲洗去污。同时去污机器人搭载耐辐照前后摄像头和无线传输的辐射水平测量设备，实时传输场所区域信息，为去污工作提供数据支持。

(3) 创新思维，突破辐射热点去污难点

机器人本体冲洗喷头可 300°广角旋转，结合多款喷头，以及多角度（0°、15°、25°、40°）吸液喷嘴，分别针对单一“热点”的持续高压射流去污和大面积“热点”区域的扇形射流去污。对燃料转运小车底部辐射热点最高位置使用 0°射流长时间定点冲洗；对燃料转运小车内部使用 40°“锥形”射流，增大冲洗面积；针对地漏、闸阀等位置，使用特制弯管冲洗喷头，如图 3-107 所示，可实现垂直冲洗，加速辐射热点流动以减少沉积。

去污机器人在冲洗过程中，通过辐射水平信息及位置视频的反馈，精确定位辐射热点位置，反馈辐射水平的变化，再结合环境位置简单更换冲洗喷头，即可灵活适用于转运舱底部各死角位置的冲洗去污，有效确定热点是否消除或降低，大大提升了去污工作的效率。

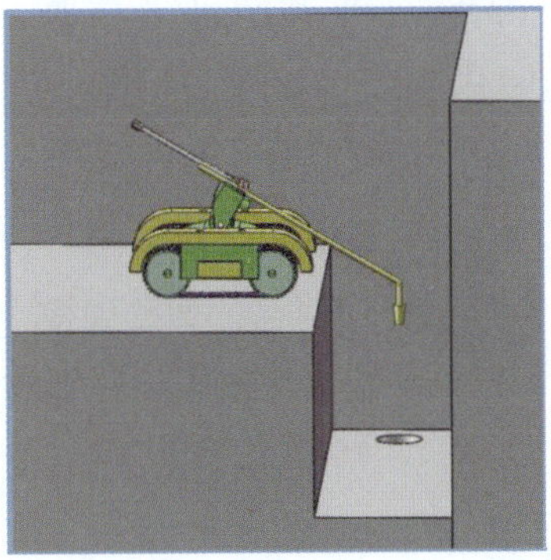

图 3-107 冲洗小车喷头喷管设计图

3. 实施效果

(1) 机组安全效益显著

本项目可精准定位燃料转运舱底部辐射热点隐患并将其消除，效果显著。福清核电 1 号机组燃料转运舱冲洗区域环境剂量率由 2～5 mSv/h 降至 0.2～0.5μSv/h；燃料转运小车底部沉积“热点”由 450 mSv/h 降低至 5.3 mSv/h，16 根支腿“热点”均由 18～32 mSv/h 降低至 1 mSv/h 左右及以下，环境剂量率降低 90% 以上，单一“热点”降低率达 95%，在人员进入燃料转运舱工作期间的环境剂量率已大幅降低，有效保障了工作人员辐射安全。

(2) 促进电厂管理提升

创建了全新的燃料转运舱去污体系，引入全新的去污设备，简化了燃料转运舱去污流程，并创建了全新的燃料转运舱去污工作制度。

(3) 辐射防护管理绩效显著提升

有效降低去污人员集体剂量 8 人·mSv/a；参考福清核电 205 大修燃料转运舱底部 PMC 检查作业人员集体剂量，可有效降低福清核电 1～6 号机组作业人员集体剂量 40～50 人·mSv/a，深度践行了 ALARA 原则。

4. 潜在价值

(1) 专利申报价值

去污机器人已在福清 1 号机组、6 号机组分别进行了应用，适用于

M310、“华龙一号”两种堆型机组；且多次使用后机器人本体未出现辐射热点残留，为后续应用打下良好的基础，正在申报专利。

（2）推广价值

去污机器人的研发与应用在国内同行电厂为首创，为解决国内电厂燃料转运舱去污难、剂量高的疑难问题贡献了力量。去污机器人在福清核电的成功应用，有效改善了燃料转运舱的工作环境，具有广阔的推广空间和价值潜力。

3.2.6 远程辐射监测系统建设

基本情况	单位名称	三门核电有限公司
	案例所属专题/领域	核与辐射安全整治专项
	类型	☑ 技术优化　　□ 管理提升
	主要创造人	施维泽、牛朝辉
	参与创造人	刘慧春、何李源、侯明军、王海悦、胡鑫、周志鹏

案例简介 Case Introduction

远程辐射监测系统（Remote Monitoring Technology，RMT）是辐射防护领域用于提升效率和降低成本的工具，其核心是使用各种远程工具（无线剂量计、无线环境辐射监测设备、视频和语音）部分替代辐射防护人员进行辐射监督。为提升对现场辐射状况的监控能力和对现场异常的感知能力，提升辐射防护工作效率和辐射安全管控能力，三门核电实施了远程辐射监测系统建设。截至2022年年底，RMT已在三门核电日常及大修期间广泛使用，在人员剂量监测、环境辐射监测、辐射工作监督、通行控制和剂量统计方面发挥着重要作用。

案例详细介绍 Detailed introduction to the case

1. 实施背景

（1）传统辐射防护依靠辐射防护人员现场进行辐射工作监督和辐射监测，一方面这对人力成本要求较高；另一方面辐射防护人员接受的集体剂量也难以降低。

（2）传统辐射防护对现场的感知依赖于人员的现场辐射测量，无法实时获取现场信息，辐射防护人员快速响应效率较低，无法高效通知现场工作人员或对突发情况进行快速响应。部分受限工作环境导致工作人员读取剂量计信息或听到剂量计报警存在困难，造成的计划外照射问题难以处理。

（3）剂量指标管理是辐射防护的一项重要内容，传统电厂通常依赖人工从剂量系统导出并二次加工，无法实时计算显示指标状态，如机组滚动 12 个月累计剂量（含公用机组分摊）依靠人工计算繁琐费时。

（4）辐射控制区实时人员显示通常只能在剂量系统上展示，且无法显示人流趋势。

（5）通常 EPD 开通依赖人员输入 RP 证号和 RWP 号或刷卡，人员有记忆负担或证件携带负担。

2. 主要做法

（1）目标

1）使用无线剂量计、无线剂量率仪和无线气体监测仪获取人员受照情况和工作场所的辐射水平，使用摄像头了解现场工作状况，使用无线电话与工作组进行沟通，使辐射防护人员可以远程实时对多项工作进行监督。

2）使用的无线仪表可以实时获取人员辐射剂量信息和现场辐射水平信息，当出现异常时，实时在监督端设备触发报警，便于辐射防护人员快速识别和响应。

3）实现自动采集剂量系统数据，实时数据修正，实时计算显示指标状态，自动生成剂量报表，如日报、月报、年报和个人剂量档案等。

4）实时展示辐射控制区人员，显示不同区域人流趋势。无线 EPD 支持室内 Wi-Fi 定位功能，可以实时显示使用无线剂量计人员的大致位置。

5）实现面部识别开通 EPD，通过面部识别确认人员，工作人员可在触控屏上选择当前时间和区域生效的 RWP，实现 EPD 的开通，提升人员的使用体验和卫生出入口通行效率。

（2）案例的实施

1）网络

利用现有的无线电话系统（EF03）作为基础无线网络，开发变更使用防火墙联通无线电话系统与行政办公网，使行政办公网终端均可使用 RMT 服务。

2）架构

使用 B/S 架构，所有人员可使用浏览器访问 RMT 服务。

3）基础数据

RMT 服务器对接电厂 SPMS，获取 RP 信息和 RWP 信息，以及 EPD 开关机记录；对接通讯录、自助式无线电话分发柜，获取人员无线电话号码；对接通信控制器，获取无线电话在网状态。

4）终端

（a）无线剂量计：开发 EPD 无线外壳，附加在原有 EPD 上，实现 EPD 数据的读取，无线外壳使用 Wi-Fi 网络传输数据。为避免人员频繁插拔充电线，使用无线充电为无线设备充电；同时为避免人员在发放剂量计时频繁开关无线外壳，无线外壳采用待机机制，仅检测到 EPD 开启后才运行，检测到 EPD 关闭后自动关闭。

（b）无线剂量率仪：新开发适用于 Wi-Fi 网络的剂量率仪。

（c）无线气体监测仪：使用现有气体监测仪，开发支持 Wi-Fi 的无线模块，通过现有的设备数据接口和通信协议读取设备实时数据。

（d）视频：使用有线和无线摄像头，将视频数据传输至 RMT 服务器进行整合。

（e）EPD 开通辅助装置：使用 EPD 开通终端（以下简称 LDM2000）的串口代替键盘输入，通过面部识别获取人员信息，EPD 开通辅助装置接通 SPMS 数据库，筛选出匹配此人员此时间段此区域的有效 RWP，供工作人员选择，人员选择后，EPD 开通辅助装置通过 LDM2000 串口将对应的 RP 证号和 RWP 号输入，实现 EPD 的开启，如图 3-108 所示。

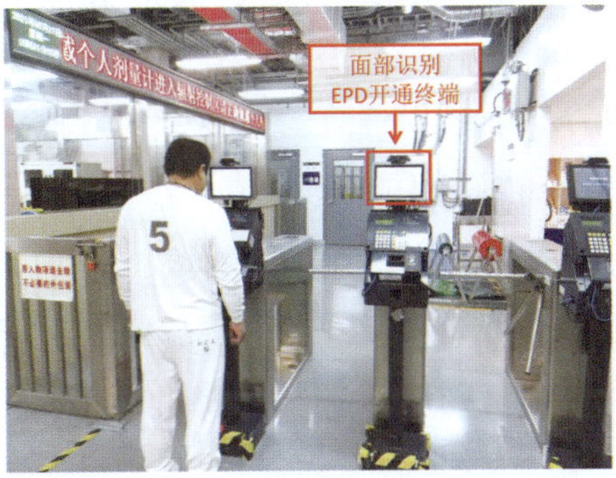

图 3-108　工作人员使用面部识别开通 EPD 进入 RCA

5）功能实现

(a) 人员监督：通过结合 EPD 开关机记录、RP 信息、RWP 信息和无线 EPD 回传数据，可将人员在辐射控制区的情况进行实时呈现。

(b) 场所监测：将支持无线数据传输的辐射仪表部署在辐射工作现场，实现场所监测。

(c) 视频：通过现场布置的有线和无线摄像头，实现现场视频数据采集。

(d) 工作监督：将一项工作的人员监督、场所监测和语音视频数据结合，实现工作监督功能，监督界面如图 3-109 所示。

图 3-109　远程辐射监测系统工作监督界面

（e）告警：告警包括设备自身告警、数据判定告警和掉线告警三种类别。设备自身告警根据告警信号实时触发；数据判定告警通过设定告警值，超过告警值之后触发；掉线告警通过设定掉线触发时限，若当前时间减去最后一次接收到的数据时间超过了设定的掉线时限，则触发告警。

（3）组织和支撑保障

本项目作为公司科技项目进行实施，成立了项目组，定期召开项目协调会，解决项目开发过程中遇到的问题。为规范 RMT 的应用，发布了《远程辐射监测规范》程序；为使人员掌握和保持 RMT 应用及维护的能力，开发了 RMT 应用培训，并将此培训纳入了辐射防护岗位授权。

3. 实施效果

（1）提升运行效率

RMT 应用提升运行效率主要包括以下几方面：

1）RMT 使部分监督工作无需一直停留现场，可远程同时对多个场所进行监督。

2）RMT 可以远程实时回传辐射数据，使得连续获取辐射数据成为可能。

3）RMT 将辐射仪表告警实时回传，提升了辐射防护人员对现场异常的感知能力和响应效率，提升了辐射安全，减小了非计划照射发生的可能性。

4）RMT 有更完整和定制化的工作监督窗口定制功能、剂量统计功能、同类工作辐射风险对比功能。

5）EPD 刷脸通行提升了卫生出入口通行效率。每人次通行节约约 10 s 的 EPD 开通时间，EPD 一次开通成功率从 88%提升至 93%。对比原纯英文界面，提高了设备易用性，无需记忆 RP 号和 RWP 号，降低了记忆负担和证件携带负担。

6）其他生产部门包括运行、维修、生产计划和化学等部门也使用其功能，进行现场工作观察、查询 RCA 工作和人员情况等。

得益于 RMT 的应用，三门核电辐射防护承包商人数和外委人力成本为目前业界最优水平，对比业界平均水平，三门核电双机组每年辐射防护外委人力需求低 12.3 人/a，若以外委人员费用单价为 8 270 元/月计算，双机组每年平均节约 122.31 万元。

（2）剂量降低带来的经济效益

RMT 的应用使辐射防护人员可远程同时对多项辐射工作进行监督，因此需要在较高辐射水平区开展工作时，辐射水平和工作人员受照剂量信息的获取为辐射防护人员优化辐射工作提供了数据依据，辐射防护人员可根据现场实时情况提出辐射防护要求，工作人员集体剂量会因此降低。对于现场的辐射防护问题和人员的不当行为可以第一时间发现和纠正，降低了辐射防护指标事件发生的概率。

现有的 EPRI 资料表明，各电厂对于 RMT 对总集体剂量贡献大小并不明确，但都表示其可大幅降低 RP 剂量。预计 RMT 在深入应用时，至少可以降低 50%的辐射防护人员剂量。对于三门核电，单机组每年单辐射防护人员剂量可以减少 2.5 人·mSv。

以剂量代价为 1 400 元/人·mSv 标准进行计算，可得双机组每年集体剂量节约效益为：

$$1\ 400\text{ 元}\times 2.5\times 2=0.7\text{ 万元}$$

3.2.7　立足集团公司“智库＋技术支持＋管理延伸”本职，助力全系统核安全文化水平全面提升

基本情况	单位名称	中核武汉核电运行技术股份有限公司 / 核动力运行研究所
	案例所属专题/领域	核与辐射安全整治专项
	类型	□ 技术优化　☑ 管理提升
	主要创造人	汪洋、郭俊、李红波
	参与创造人	徐小照、李书文、张睿、周青云、夏立民、胡楠楠

案例简介 Case Introduction

中核武汉核电运行技术股份有限公司（以下简称“中核

武汉”）积极承担集团公司核安全文化提升一库二机构（“智库＋技术支持＋管理延律”）职责，主动对接集团公司在核安全文化推进方面的各项工作指示和要求，支持集团公司开展核安全文化提升三年行动，通过发布相关标准、制定行动方案和计划、发布相关技术指导文件、开展培训宣贯、举办宣讲比赛，以及开展技术支持等方式，全面推动集团公司核安全文化落地落实，同时在全系统开展核安全文化提升系列工作，促进核安全文化意识和水平的全面提升。

案例详细介绍 Detailed introduction to the case

1. 实施背景

安全是核工业的生命线，是中核集团企业核心价值观，在核工业六十多年的发展史上，核安全文化得到了一代代核工业人的坚持和传承。2022 年，集团公司党组部署启动核安全文化提升三年行动（2022—2024）。集团公司提炼“863 基本动作要领”，组织各单位围绕六大任务，持续推进全系统核安全文化提升，形成管理层承诺示范、骨干渗透辐射、全员参与贡献的良好核安全文化氛围。为协助集团公司全面推进全系统核安全文化提升工作，中核武汉积极承担集团公司核安全文化提升一库二机构（“智库＋技术支持＋管理延律”）职责，从多维度全方位推动集团公司核安全文化落地落实，促进核安全文化意识和水平的全面提升。

2. 主要做法

（1）初步建立集团公司及各板块层面核安全文化建设远景规划

以《中国核工业集团有限公司核安全文化提升三年行动方案（2022—2024）》（图 3-110）发布为契机，积极响应中国核能电力股份有限公司（以下简称“中国核电”）、中国原子能工业有限公司（以下简称“中国原子能”）和中国原子能科学研究院（以下简称“原子能院”）等各板块需求，在集团公司、各板块建立了核安全文化建设远景规划，形成了系统协同、穿透全员和追求卓越的机制，并从启动落实、深化推动和巩固提升三个阶段明确了未来一段时间的核安全文化建设规划。

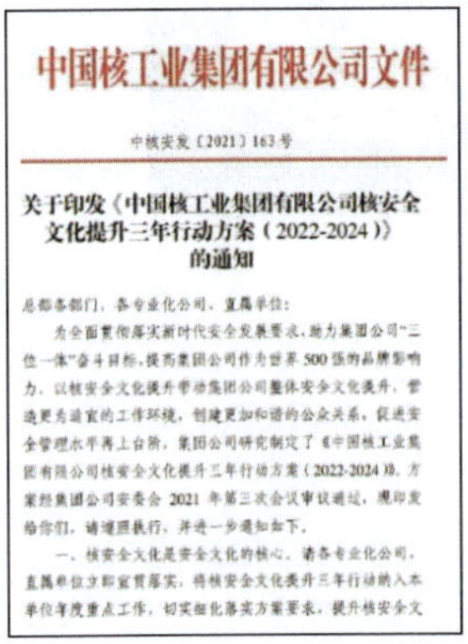

中国核工业集团有限公司文件

中核安发〔2021〕163号

关于印发《中国核工业集团有限公司核安全文化提升三年行动方案（2022-2024）》的通知

总部各部门，各专业化公司，直属单位：

为全面贯彻落实新时代安全发展要求，助力集团公司"三位一体"奋斗目标，提高集团公司作为世界500强的品牌影响力，以核安全文化提升带动集团公司整体安全文化提升，营造更为适宜的工作环境，创建更加和谐的公众关系，促进安全管理水平再上台阶，集团公司研究制定了《中国核工业集团有限公司核安全文化提升三年行动方案（2022-2024）》，方案经集团公司安委会2021年第三次会议审议通过，现印发给你们，请遵照执行，并进一步通知如下。

一、核安全文化是安全文化的核心，请各专业化公司、直属单位立即宣贯落实，将核安全文化提升三年行动纳入本单位年度重点工作，切实细化落实方案要求，提升核安全文

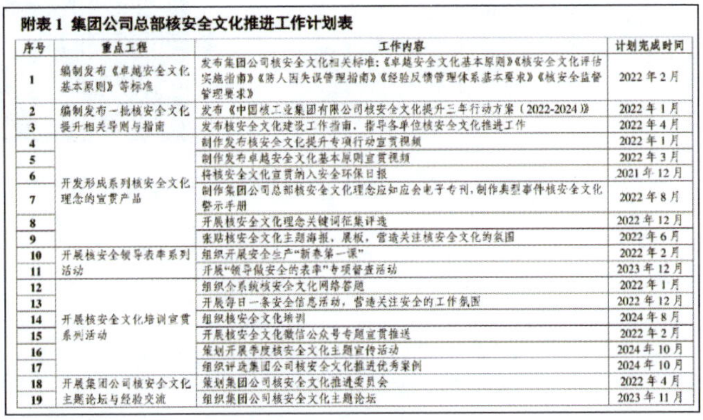

附表 1　集团公司总部核安全文化推进工作计划表

序号	重点工程	工作内容	计划完成时间
1	编制发布《卓越安全文化基本原则》等标准	发布集团公司核安全文化相关标准：《卓越安全文化基本原则》《核安全文化评估实施指南》《防人因失误管理指南》《经验反馈管理体系基本要求》《核安全监督管理要求》	2022年2月
2	编制发布一批核安全文化提升相关导则与指南	发布《中国核工业集团有限公司核安全文化提升三年行动方案（2022-2024）》	2022年1月
3		发布核安全文化建设工作指南，指导各单位核安全文化推进工作	2022年4月
4	开发形成系列核安全文化理念的宣贯产品	制作发布核安全文化提升专项行动宣贯视频	2022年1月
5		制作发布卓越安全文化基本原则宣贯视频	2022年3月
6		将核安全文化宣贯纳入安全环保日报	2021年12月
7		制作集团公司总部核安全文化理念应知应会电子专刊，制作典型事件核安全文化警示手册	2022年8月
8		开展核安全文化理念关键词征集评选	2022年12月
9		张贴核安全文化主题海报、展板，营造关注核安全文化的氛围	2022年6月
10	开展核安全领导表率系列活动	组织开展安全生产"新春第一课"	2022年2月
11		开展"领导做安全的表率"专项督查活动	2023年12月
12	开展核安全文化培训宣贯系列活动	组织全系统核安全文化网络答题	2022年1月
13		开展每日一条安全信息活动，营造关注安全的工作氛围	2022年12月
14		组织核安全文化培训	2024年8月
15		开展核安全文化微信公众号专题宣贯推送	2022年2月
16		策划开展季度核安全文化主题宣传活动	2024年10月
17		组织评选集团公司核安全文化推进优秀案例	2024年10月
18	开展集团公司核安全文化主题论坛与经验交流	策划集团公司核安全文化推进委员会	2022年4月
19		组织集团公司核安全文化主题论坛	2023年11月

图 3-110　核安全文化提升三年行动方案

(2) 构建全系统核安全文化共同理念

在集团公司卓越核安全文化基本原则基础上，充分结合中国核工业核安全管理特点，考虑集团公司各板块安全管理良好实践，提炼形成以领导八个坚持、全体员工六个做到、组织三大法宝为核心的核安全文化提升"863 基本动作要领"，如图 3-111 所示，构建全系统核安全文化共同理念。

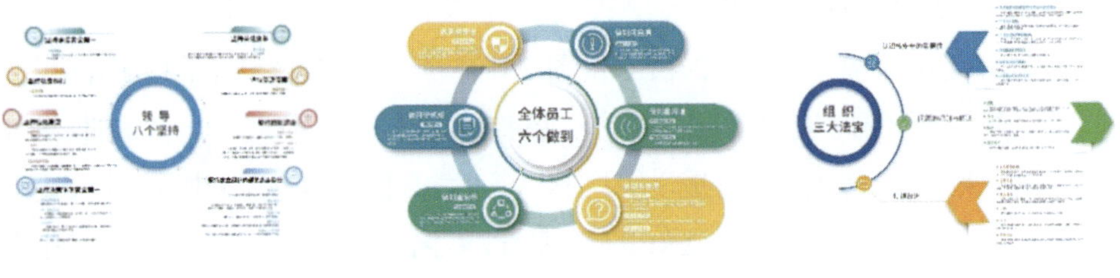

图 3-111　核安全文化提升"863 基本动作要领"

(3) 开展系列化核安全文化培训宣贯与评估

开发了核安全文化宣贯相关视频、推文、海报等产品，如图 3-112 和图 3-113 所示，开展了集团公司、中国核电、中国原子能和原子能院等层面的核安全文化培训活动，开展各成员单位核安全文化评估十余场，有力地推动了各单位核安全文化水平的有效提升。

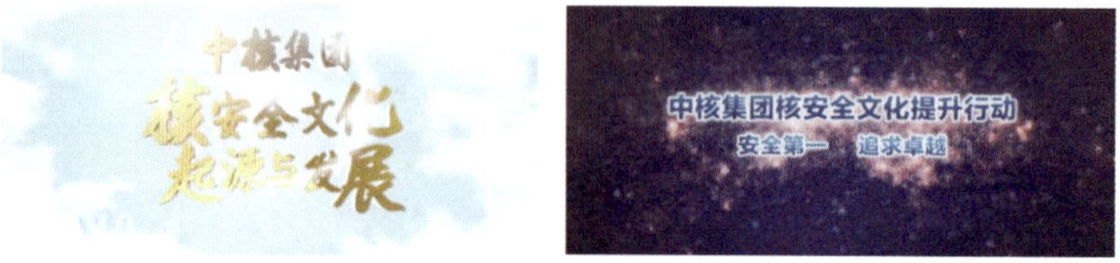

图 3-112　核安全文化系列视频

图 3-113　中核集团官微核安全文化系列推文

（4）形成集团公司上下高度重视核安全文化的浓厚氛围

为强化“安全第一，追求卓越”的核安全文化，推动核安全文化提升“863 基本动作要领”入脑入心，中核武汉承办了中核集团核安全文化主题宣讲决赛，如图 3-114 和图 3-115 所示。53 组选手以看得见的方式提升全系统核安全文化水平，坚持系统协同、穿透全员和追求卓越，让良好的核安全文化成为习惯，点燃每个中核人心中那把火，保持追求卓越的激发态，让良好的核安全文化成为核工业发展过程中最基本、最深沉和最持久的力量，成为集团公司的品牌。

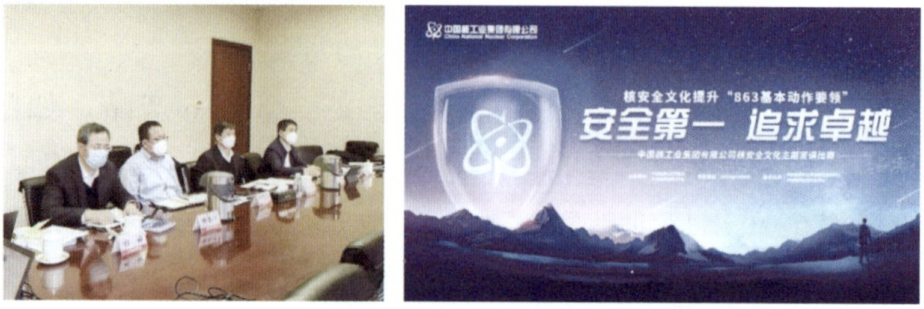

图 3-114　集团公司领导高度重视核安全文化提升工作

图 3-115 核安全文化主题宣讲比赛取得圆满成功

(5) 初步完成集团公司核安全文化推进技术与管理体系建设

三年行动整治期间，中核武汉协助集团公司完成《中核集团核安全文化建设考核评价管理办法》、集团公司标准《卓越安全文化基本原则》、《核安全文化评估实施指南》和《防人因失误管理指南》等技术、管理体系建设，具备指导全系统开展核安全文化建设工作的应用效果。

3. 实施效果

目前，立足集团公司核安全文化提升一库二机构（“智库＋技术支持＋管理延律”）职责，在全系统形成了系统协同、穿透全员和追求卓越的特色核安全文化，并在国内核行业起到领先和示范作用。

一是核安全文化提升三年行动启动落实年各项任务得到全面开展。集团公司累计制定 49 项行动项，二级单位共制定 502 项行动项，各项工作稳步推进。

二是覆盖全系统的核安全文化提升机制初步建立，领导积极发挥带头示范作用。各专业化公司、直属单位建立了核安全文化提升工作组织机构，全系统领导干部带头示范的工作机制建立并有效运作，领导讲安全、下现场和重点项目督办等工作得以落实。

三是围绕核安全文化提升“863 基本动作要领”形成了一批具有集团特色的落地实践。集团公司在卓越安全文化基本原则的基础上，归纳形成核安全文化提升“863 基本动作要领”，即领导八个坚持、全体员工六个做到、组织三大法宝，并通过多种方式助推其落地施行。各专业化公司、直属单位围绕核安全文化提升“863 基本动作要领”开展了一系列具有中核集团特色的核安全文化落地实践活动。

3.2.8 基于核电企业的辐射防护大修体系建设精细化管理

基本情况	单位名称	海南核电有限公司
	案例所属专题/领域	核与辐射安全整治专项
	类型	□ 技术优化 ☑ 管理提升
	主要创造人	刘斌、王伟、李猛
	参与创造人	董鑫、何兴旭、赵永生、丁洋、周光来、唐上珂

案例简介 Case Introduction

作为“辐射防护百科全书”详细回答了“有哪些工作、怎么执行、执行到什么程度”，大幅提高了机组换料大修辐射防护领域的工作质量和执行效率，准备时间也从约 6 个月缩短至 2 个月。

将《辐射防护大修标准化手册》作为换料大修辐射防护监督临增人员的培训教材，培训效果大幅提升，培训时间也从约 1 个月缩短至 15 天。

《辐射防护大修标准化手册》将辐射防护领域涉及的各个工作要点整合细化，弥补了管理程序规定不具体、个人理解有偏差的缺陷，可以作为辐射防护人员的标准工作手册，实现快速查找、标准明确、规范实施的目的。

通过实施该体系，年度集体剂量和大修集体剂量呈逐年下降趋势，各项辐射防护指标实际值均优于中国核电星级管理三星级指标。

案例详细介绍 Detailed introduction to the case

1. 实施背景

通常压水堆核电机组的职业照射剂量中，80%剂量贡献主要来自于停堆换料大修期间，所以压水堆核电厂换料大修辐射防护标准化管理尤为重要。目前国内核电厂基本都是按照各电厂编制的《辐射防护大修行动指南》（或类似文件）指导换料大修过程中的辐射防护管理行动。《辐射防护大修行动指南》（或类似文件）通过给出大修计划中各里程碑涉及辐射防护关键工作的进度确认和结果反馈，仅起到“概况跟踪”和规避在准备、实施过程中遗漏关键项目的风险的作用，而缺少了对具体工作的指导性文件。

随着国际上各核电厂辐射防护管理的不断优化，WANO 的核电厂集体剂量指标的中值和先进值不断降低，向我国核电厂的辐射防护管理提出了更高的要求，因此迫切需要建立和推广核电厂换料大修辐射防护管理体系，不断降低机组换料大修的集体剂量。

2. 主要做法

辐射防护大修标准化管理体系具有系统性、可执行性强的特点，是集合了工作计划跟踪、工作执行标准、验收标准和总结评估标准的一套管理体系。本体系主要规范机组换料大修中涉及辐射防护的五大环节，分别是大修辐射防护的组织与管理、大修辐射防护准备管理、大修辐射防护监督实施管理、大修辐射防护工单实施管理和大修辐射防护总结，具体内容如下：

(1) 建立标准化的大修辐射防护组织形式

1）确定辐射防护领域大修性能指标管理。

2）建立完整的大修组织，明确辐射防护领域人员的工作职责。

3）建立大修值班管理制度。

4）统筹大修期间辐射防护领域会议管理。

5）大修信息传递及文件管理。

6）建立大修专项管理制度。

7）建立大修辐射防护物资及仪表管理制度。

(2) 建立大修准备标准

1）确定大修辐射防护物资的准备要求。

2）确定大修便携式辐射仪表的准备要求。

3）编制大修期间所使用的标准通告内容。

4）绘制大修期间所使用的标准化测量图表。

5）确定大修标准化屏蔽实施措施清单及方案。

6）编制辐射分区升降级设置清单。

7）确定大修标准化 EPD 代码。

8）确定辐射防护领域大修工单准备要求。

9）确定大修集体剂量预估标准。

(3) 建立大修实施阶段标准

1）大修里程碑标准化。

2）辐射防护工作要求与执行标准化。

3）大修高风险作业分级管控标准。

4）大修标准化工前会。

5）数据分析。

6）SAS 搭建的规范。

7）大修期间 KRT 启停的标准化。

8）RX20m 平台污染控制标准化。

9）专项高风险作业项目实施方案及测量数据模板标准化。

10）氧化运行前区域隔离要求。

11）装卸料期间区域隔离要求。

(4) 建立 RWP 审批标准

针对大修 RWP 审批工作，对大修工单进行分析，重点筛选大修高辐射风险作业，对高辐射风险作业的 RWP 等级进行规范要求。编制高辐射风险工作 RWP 防护指令，按照工序和角色分工细化 RWP 防护指令，对防护要求进行规范统一，使其更具针对性、执行性。

对于大修高辐射风险作业及需要重点关注的工作，聚焦关键工序，编制标准化的 H 点文件，统一对这类工作的防护要求，由部分监督调整为全面监督，确保在重要节点上辐射防护部门对辐射风险安全管控。

(5) 建立大修辐射防护总结的标准

确定大修辐射防护总结编制要求，制定标准化的辐射防护大修总结模板及辐射防护专项总结模板。

针对大修经验反馈内容的分析处理归集方式进行规范，以确保大修经验得到积累并为后续大修管理水平的提升提供材料。

3. 实施效果

为规范和指导辐射防护人员执行核电厂辐射防护相关程序和规定，避免不同辐射防护人员在执行辐射防护相关工作时出现过度防护或防护不足的问题，保持现场防护标准的统一，在集团公司辐射防护领域率先成体系构建了辐射防护大修标准化体系，汇编完成《辐射防护大修标准化手册》，推进工作实施和监督检查的规范化和标准化。主要实施效果如下：

(1) 归纳总结，建立量化标准

《辐射防护大修标准化手册》以大修组织实施过程为依据，通过明确各阶段工作辐射防护标准和要求，固化相关流程，规范大修各阶段辐射防护相关工作。

作为程序文件的有力补充，《辐射防护大修标准化手册》将辐射防护领域涉及的各个工作要点整合细化，弥补了管理程序规定不具体、个人理解有偏差的缺陷，可以作为辐射防护人员的标准工作手册，实现快速查找、标准明确、规范实施的目的。

(2) 便捷实用，屡创剂量新低

在每次大修之前，对于参与辐射防护监督的人员开展专门的标准化培训，使其掌握标准化的监督要求，不断优化辐射防护控制措施，年度集体剂量和大修集体剂量呈逐年下降趋势，均达到历史新低。

(3) 持续完善，填补领域空白

在标准执行过程中，根据现场经验反馈，不断对标准进行完善优化，同时学习吸收同行核电厂的良好实践，使得该标准既有独特性，又有广泛的适用性，具有很大的推广价值。

3.2.9 经验反馈工具在新能源企业的应用

基本情况	单位名称	中核汇能有限公司
	案例所属专题/领域	经验反馈工具在新能源企业的应用
	类型	□ 技术优化　☑ 管理提升
	主要创造人	赵鹏飞、周光林、胡娟
	参与创造人	宋国军、王博洋、薛轶

案例简介 Case Introduction

经验反馈，是指对发生的事件、质量问题和良好实践等信息进行收集、筛选、评价、分析、处理和分发，总结推广良好实践经验，防止类似事件和问题重复发生。经验反馈是核电行业行之有效的工具，已经在核电行业使用多年，运转机制成熟，实践表明该工具对核电企业的管理效果具有显著的提升作用，其理念和具体流程具有普适性，也适用于其他行业，通过经验反馈，可以在企业内部，甚至行业内部分享重要经验教训和良好实践。相较于核电厂，新能源场有其场站规模小、分布广和区域化管理的特点，当新能源企业发展到一定规模，针对内部事件开展经验反馈，特别是群厂经验反馈工作，不仅具有经济性，还可成为提升安全生产管理的重要支撑。

中核汇能有限公司践行中国核电卓越安全文化，有效利用中国核电经验反馈工具，三年整治期间建立了经验反馈制度，结合实际组织机构和行业特点设计公司经验反馈流程，上线经验反馈电子化流程模块，有效利用状态报告、共性排查等经验反馈工具，取得了良好效果。

案例详细介绍 Detailed introduction to the case

1. 实施背景

为深入贯彻习近平总书记关于强化企业安全生产主体责任落实的

重要论述，积极融合中国核电核安全文化，有效转化和利用核电厂经验反馈管理工具，助力新能源企业设备可靠性管理和安全环保事故隐患治理，并逐步培育无顾虑报告文化，凝聚各省公司、场站、项目智慧和力量，解决各个领域问题，推广良好实践，最终实现新能源发电场站安全稳定运行。

2. 主要做法

（1）新能源企业管控特点

由于新能源行业（主要指风电、光伏）发电场站规模小、分布广，新能源公司管理架构一般为三级管理架构，即公司本部—省公司（区域分公司）—项目公司（发电场站）”三级的经营管理模式。公司本部是战略决策与服务保障中心，省公司是市场开拓与统筹协调中心，项目公司（发电场站）是运营与成本中心。

核电专业化公司管理架构一般为核电厂本部－核电厂两级管控。内部有多个业务部门及业务科室负责核电厂运转。

新能源企业与核电专业化公司管控层级如图 3-116 所示，两者的主要区别是新能源企业管控层级更多，发电场站由省公司进行区域化管理，省公司和所属发电场站通常不在同一地区，省公司规模不足以设置专门的经验反馈部门或科室。核电厂及内部业务部门、业务科室通常在同一地点，设置经验反馈专职部门和专职管理人员。

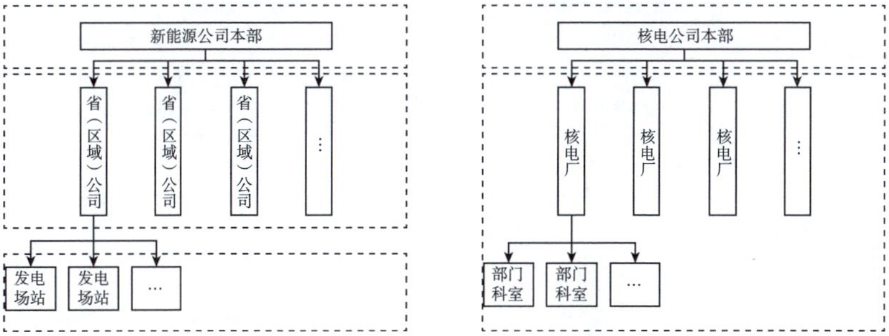

图 3-116　新能源企业和核电专业化公司管控层级

（2）新能源企业经验反馈制度体系建设

从图 3-116 可以看出，新能源公司管理架构虽然与核电专业化公司不同，但可以找到相应的管控层级与核电厂进行对应。实际操作中，可以建立以下的层级对应关系，并建立经验反馈制度体系。新能源行业目前发展较快，处于发展期的省公司重点在项目开发，不适宜设置冗杂的经验反馈制度体系，确保必要的制度即可；处于成熟期的省公司可以参照核电厂设置更为完备的经验反馈体系，添加人因和安全文化相关制度。详见图 3-117。

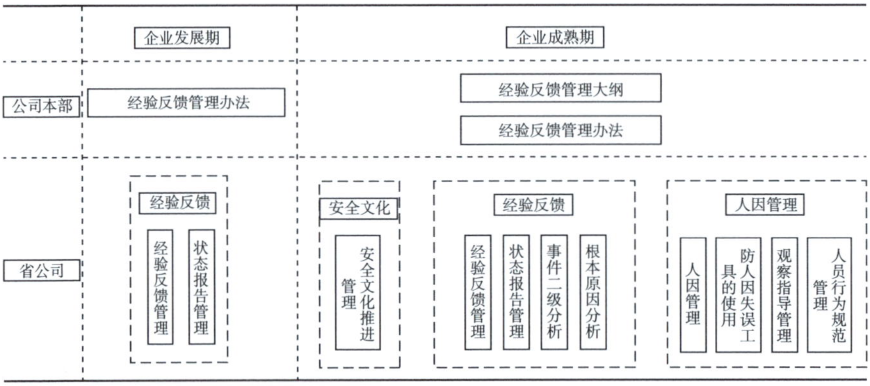

图 3-117　新能源企业经验反馈制度体系

(3) 新能源企业经验反馈组织机构

新能源企业经验反馈组织机构如图 3-118 所示。

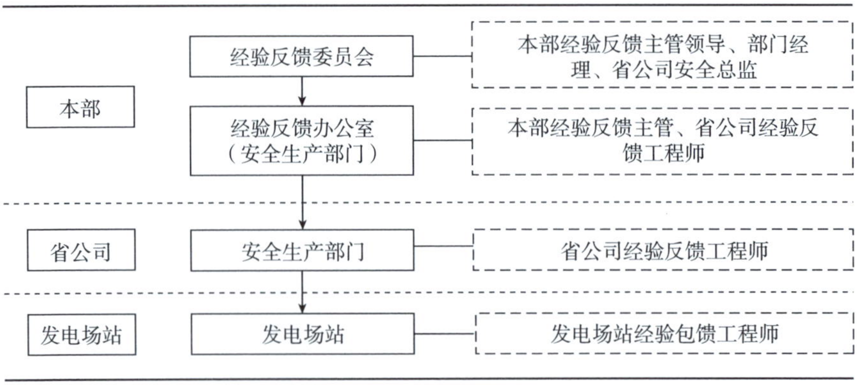

图 3-118　新能源企业经验反馈组织机构

1）公司本部组织机构

新能源公司本部组织机构可参照核电专业化公司，设置经验反馈委员会，由经验反馈主管领导担任委员会主任，各部门经理及省公司安全总监担任委员。委员会下设经验反馈办公室，办公室一般设在安全生产部门，成员由本部经验反馈主管和各省公司经验反馈工程师担任，负责经验反馈日常工作。经验反馈委员会为公司经验反馈相关工作的最高决策机构。

2）省公司组织机构

省公司及场站组织机构可参照核电厂。其中省公司安质部门可对应核电厂经验反馈部门（如核安全处），归口管理整个省公司经验反馈工作。设置兼职经验反馈工程师一名，负责省公司日常经验反馈工作，主要包括状态报告定级和分发，组织召开状态报告例会等。

省公司所属场站可对应核电厂各业务科室，场站内部可根据需要设置一名兼职经验反馈工程师，根据省公司经验反馈工程师要求参加状态报告例会。场站长负责签发状态报告。

（4）新能源企业经验反馈机制

1）状态报告

状态报告流程为经验反馈最基本和最重要的流程，一般包括：状态报告的填写－状态报告的签发－状态报告的分级－状态报告的分配－状态报告的开发－纠正行动落实。状态报告主要聚焦安全生产内容，但不限制其他业务部门填报。低等级状态报告流程流转范围一般为省公司内部（含发电场站及项目公司），高等级状态报告需公司本部组织调查和批准事件报告。

状态报告应包含事件发生的时间、经过（状态）、已采取措施、后果或潜在后果等必要信息，根据影响和后果不同，由省公司经验反馈工程师对状态报告进行分级和分配，分级准则在制度中体现。通过状态报告流程，各省公司将所辖范围内场站的异常状态、事件进行闭环流转，消除问题和隐患。

2）群厂经验反馈

随着国内核电经验反馈工作的发展，各个核电集团充分认识到核电厂群厂经验反馈的重要性和必要性。以往是各个核电厂在公司内部流转经验反馈流程，各个核电厂之间会有点对点的交流，但没有板块层面专门的交流平台。近年来，中核集团所属中国核能电力股份有限公司制定了一套专业化公司内部群厂经验反馈机制，填补了这个空白。由于新能源场站分散，该机制尤其适用于新能源场站。新能源群厂经验反馈机制如下：

（a）快速排查机制

省公司发生影响较大、状态报告级别较高的事件时，需尽快填写快速经验反馈报告，报送公司本部。该报告中除了写明事件相关信息外，还应提出建议的群厂快速排查要求，经过本部、省公司和相关专家认可后批准下发，以便第一时间在全公司范围内排查是否存在同类问题，特别是某一批次或某一型号重要设备存在缺陷等可能重复发生并导致重要后果的问题，可以尽快排查并制定纠正行动，做好防范措施，这也是快速排查机制的核心所在。

（b）共性深度排查机制

由公司本部制定规则，定期对各省公司一定级别以上的状态报告进行筛选，从中筛选出能够反映安全生产或其他方面存在影响较大的技术问题或管理问题，且具有群厂经验反馈价值的状态报告。本部组织相关部门、省公司、专家研究制定出共性排查要求或共性管理要求，下发给需要排查和落实的省公司，各省公司进行排查、制定纠正行动，解决问题和填补管理漏洞。

3）外部经验反馈

获取行业内外部单位事件的经验教训和良好实践，也是经验反馈工作的重要环节之一。外部经验反馈在流程上与状态报告类似，但需要多一个本单位适用性评价环节，即：获取外部事件或良好实践－开展本单位适用性评价－开发本单位适用的纠正行动－行动落实闭环。为确保外部经验反馈的覆盖范围，建议主要由公司本部牵头推广。

（5）经验反馈数字化平台

经验反馈数字化平台或系统可以为经验反馈工作提供必要的支持。考虑到场站地域分散的特点、逐年累积的状态报告数量及多个业务流程，建立一个高效和人性化的数字化经验反馈平台是十分必要的。

由于经验反馈工作起步早，每个核电厂都有各自的状态报告系统。

核电公司本部层面要开展群厂经验反馈，需要建立一个本部的平台，抽取核电厂状态报告数据，获取信息并分析，下发快速排查和共性管理要求，并内置考核功能作为抓手。

新能源企业由于自身特点，省公司及所属场站体量相对核电厂都很小，且由于场站分布广，随着公司整体发展，省公司的数量会比较多，每个省公司独立建立经验反馈系统没有必要，也不具有经济性。因此，新能源企业建立一个整体的数字化平台更为合理。数字化平台模块建议包括状态报告相关流程、群厂经验反馈相关流程、纠正行动的实施、变更和关闭流程，以及数据分析、考核功能等。

3. 实施效果

中核汇能有限公司成立于2011年，2019年中国核电收购汇能，实现了中国核电和新能源两大业务板块的有机融合和管控。自2020年年底以来，中核汇能实现了经验反馈管理流程从“0”到“1”的突破，编制发布了经验反馈管理制度，主要开展群厂经验反馈，目的是从内部或外部发生的事故、事件中提炼出经验教训，避免事件重发。2022年年初正式上线经验反馈数字化流程，状态报告流程也逐步开始试行。

通过近一年的实践，可以看到经验反馈工具对风电、光伏场站在安全生产方面产生了积极的效果，特别是在消除现场重要隐患，减少重发事件方面起到了重要作用。截至2022年10月，中核汇能填写了280条状态报告，针对41起内、外部事件开展了群厂经验反馈，提出快速排查或共性排查和管理要求133项，开发纠正行动120项，已关闭117项。完成了22项管理流程改进，27项缺陷纠正，12项培训与学习，8项实体改进。实体改进方面，针对某锂电池有限公司“6・11”着火事件，所属场站分别排查出未建立危险废物库房、升压站消防水系统未投入使用、蓄电池室无排风系统、蓄电池组之间无防火隔离挡板和消防沙箱等物资未配备等问题，各场站随后对以上问题进行了实体改进，有效预防了共因事件的重发。

4. 总结及展望

经验反馈工具本身具有其普适性，但目前只在核电企业内部才发展出特别完备的机制和流程，做到了“精准识别、快速排查、共性深排，闭环管控”。新能源行业在国内发展迅速，风电、光伏规模正在经历跨越式发展，对经验反馈工具将有越来越迫切的需求。国内新能源企业在管理架构、组织机构和人员配备等方面类似，本文所述的相关体系建设、组织机构设置和经验反馈流程建议，针对新能源企业进行了适应性的变通，适用于有一定规模的新能源企业，在新能源行业内具有可推广性。

第四章　建设工程专篇

4.1　建设工程安全整治专项

4.1.1　以信息化建设为基础的工程安全风险分级管控和隐患排查治理双重预防机制实践应用

基本情况	单位名称	江苏核电有限公司
	案例所属专题/领域	建设工程安全整治
	类型	□ 技术优化　☑ 管理提升
	主要创造人	张毅、程开喜、陆秋生
	参与创造人	陈波、宋佳、赵岚琪、王成、董政、王思源、胡胜利

案例简介 Case Introduction

为提升田湾核电 7、8 号机组工程项目安全生产预控能力，切实增强各级安全生产主体责任落实，江苏核电以“预防为主、源头治理、关口前移、风险和隐患闭环管控”为构建原则，运用“PDCA 持续改进”核心理念，创新建设安全风险分级管控和隐患排查治理安全双重预防机制。案例通过危险源辨识、安全风险分级、制定安全风险控制措施、动态更新安全风险及安全隐患清单等一系列措施，突出重点风险和隐患，明确管控责任人，促进各级人员安全责任落实。同时运用信息化系统线上线下相融合的方式，实现表单模块化隐患排查及治理，实现工程项目施工场所、设备、作业的安全标准化管控。

通过开展安全生产专项整治三年行动，田湾核电 7、8 号机组项目在核电建设阶段安全风险分级和隐患排查治理双重预防机制方面开展了管理创新实践，开发了信息化系统及手机 App，实现安全风险和隐患排查信息化、标准化和清单化，具有一定的借鉴意义。

案例详细介绍 Detailed introduction to the case

1. 实施背景

构建安全风险分级管控和隐患排查治理双重预防体系，是新时期加强和改进安全生产工作的重点要求之一。田湾核电 7、8 号机组项目坚持创新创效，积极开展工程安全风险分级管控和隐患排查双重预防机制建设，借助信息化手段，动态建立安全风险点清单、隐患排查清单，推进清单式管理，实现安全风险和隐患排查信息化、标准化和清单化。

2. 主要做法

(1) 工程安全双重预防机制架构

工程安全双重预防机制架构如图 4-1 所示。

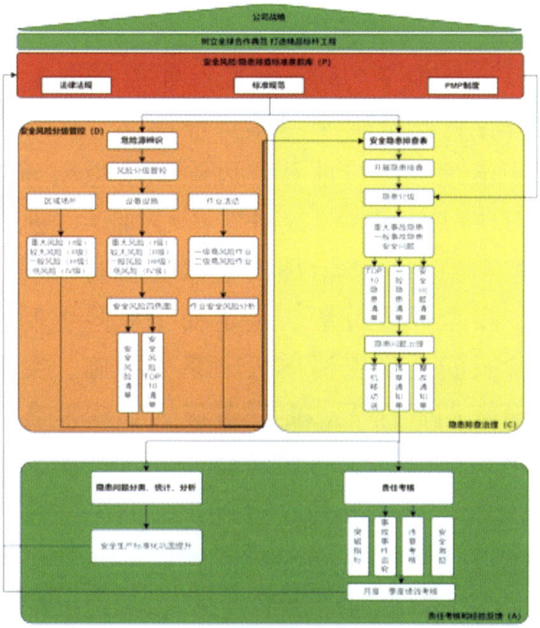

图 4-1　工程安全双重预防机制架构

工程安全风险分级架构如图 4-2 所示。其中，场所和设备危险源存在一定的关联，场所危险源侧重于危险化学品的储存、使用场所，设备危险源侧重于施工机械和特种设备及其重要部件。

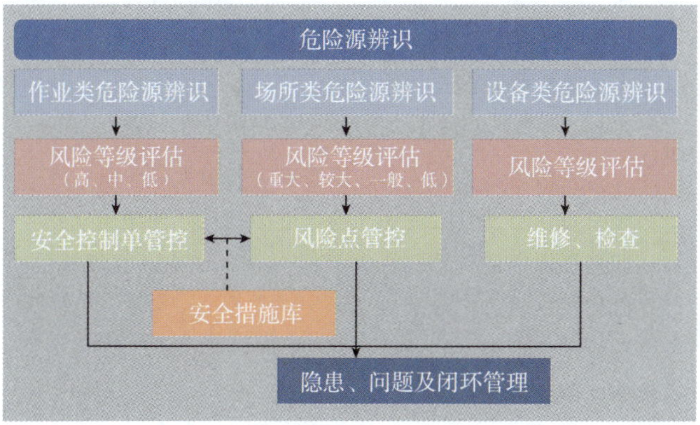

图 4-2　工程安全风险分级架构

（2）场所、设备安全风险分级管控

1）单元划分

从事故后果和事故分类来看，重点考虑容易发生较大以上事故的主要是中毒、淹溺和辐射等事故类型，主要涉及易燃易爆场所、使用有毒物质场所等。场所、设备风险等级从高到低划分为重大风险（Ⅰ级）、较大风险（Ⅱ级）、一般风险（Ⅲ级）和低风险（Ⅳ级）四个等级，分别用红、橙、黄和蓝四种颜色代表。原则上可能发生重大及以上事故的为重大风险，可能发生较大事故的为较大风险，可能发生一般事故的为一般风险，其他为低风险，具体分级标准如表 4-1 所示。同时形成项目安全风险四色图，如图 4-3 所示（本项目暂无重大风险）。

2）风险评级

为减少人为赋值对评估结果的影响，场所、设备安全风险分级主要考虑固有风险，直接给出危险源的风险等级判定条件，便于风险辨识人员直接判定等级。也可以采用故障类型和影响分析、事故树分析、事件树分析、危险和可操作性分析、作业条件危险性分析和火灾爆炸数学模型计算等方法进行分级。

表 4-1　场所安全风险分级标准

类别	判定条件
重大风险	涉及下列情形之一的风险，应当确定为重大风险级： —岗位人员 10 人（含）以上可能发生群死群伤的危险场所 —构成危险化学品重大危险源的场所和设施 —Ⅰ类放射源的贮存场所 总包/监理/业主共同认定的其他危险场所和设备
较大风险	涉及下列情形之一的风险，应当确定为较大风险级： —涉及爆炸品及具有爆炸性的化学品的危险场所和设施 —存在急性中毒（含食物中毒）、爆炸、火灾和坍塌等可能导致 3～9 人群死群伤事故的危险场所 —危险化学品仓库（易燃易爆类） —柴油储罐所在场所 —喷砂车间、喷漆车间、喷铝车间 —盾构施工场所 —食堂（燃油燃气） —剧毒化学品场所 —Ⅱ类、Ⅲ类放射源的贮存场所 —高价值设备（1 000 万元以上）所在库房 总包/监理/业主共同认定的其他危险场所和设备
一般风险	涉及下列情形之一的风险，应当确定为一般风险级： —存在车辆伤害、机械伤害、窒息、触电和灼烫（包括酸碱、高温）等可能导致 1～2 人工亡的危险场所、设备和机具 —危险化学品仓库（酸碱类） —酸碱储罐所在场所 —加工车间 —配电间 —Ⅳ类、Ⅴ类放射源的贮存场所 —塔吊、履带式起重机、施工升降机、汽车吊、压缩空气设备、配电箱、电动葫芦、气瓶、潜水泵、电焊机、钢筋机械和桩工机械等 总包/监理/业主共同认定的其他危险场所和设备
低风险	其他

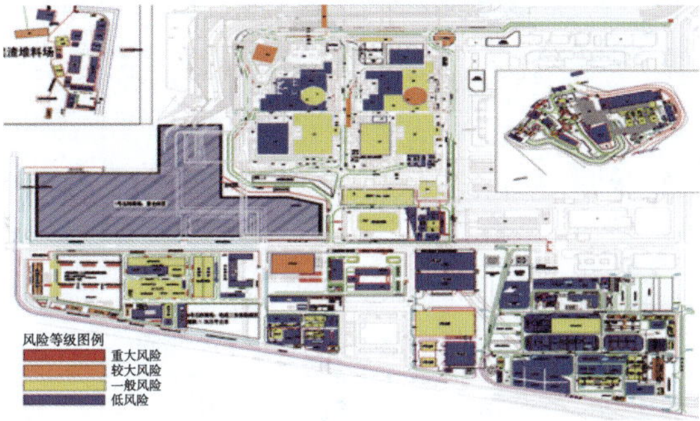

图 4-3 项目安全风险四色图

3）风险管控

安全风险控制措施按优先级可以划分为本质安全（消除、替代）、技术改进（减弱、隔离）、工程控制、管理控制、个体防护和应急处置六个层级，通常采用多个层级的组合。根据安全风险分析对象可能造成的后果的严重程度，将各个风险明确对应到项目部、部门、车间、班组、岗位人员分级管控的范围和责任，明确排查频次，并结合本单位机构设置和管理层级情况，合理确定和落实危险源的管控责任层级，将责任分解到各层级岗位，从而实现各专业、各管理者对风险点的齐抓共管和全覆盖管理。安全管理部门也要实施定期安全巡查，确保监督到位、执行到位。安全风险点分级管控表如表 4-2 所示。

表 4-2 安全风险点分级管控表

安全风险点分级管控				
风险 管控责任	重大风险 （红色）	较大风险 （橙色）	一般风险 （黄色）	低风险 （蓝色）
承包商班组	隐患排查 不少于每日一次	隐患排查 不少于每周一次	隐患排查 不少于每月一次	现有控制措施自控
承包商队、部	每周管控	每周管控	每月管控	管控
总承包单位 项目部领导	每月管控	每月管控	—	—
监理单位 项目部领导	监督、管控	监督、管控	—	—

(3) 作业安全风险分级管控

作业类危险源的风险分级相对较为常规，主要是采用作业安全风险分析方法进行风险分析，对于起重作业、有限空间作业、脚手架、高处作业和动火作业等进行辨识，并通过高风险作业许可进行管控，如表 4-3 所示。

表 4-3 作业安全风险分级管控表

<table>
<tr><th>序号</th><th>作业内容</th><th>范围</th><th>分级</th><th>许可证类别</th></tr>
<tr><td>1</td><td>危大工程</td><td>建设部令第 37 号和建办质〔2018〕31 号文中包括的危险性较大的分部分项工程及超过一定规模的危险性较大的分部分项工程（含拆除脚手架工程）</td><td colspan="2">执行《危险性较大分部分项工程管理制度》（PC－TW－61432）。同时，危险性较大的分部分项工程项目中步骤属于通用高风险类别的按高风险作业管理。起重吊装及安装拆卸工程、脚手架工程等危险性较大的分部分项工程项目纳入Ⅰ级高风险作业管理</td></tr>
<tr><td rowspan="4">2</td><td rowspan="4">起重吊装作业</td><td>采用起重机械（包括：汽车吊等）进行安装、就位的起重吊装作业</td><td>Ⅱ 级</td><td>起重作业许可证</td></tr>
<tr><td>塔式布料机自身的安装和拆卸</td><td>Ⅰ 级</td><td>起重作业许可证</td></tr>
<tr><td>反应堆厂房、汽轮机厂房主设备等大件设备吊装及大件物料吊装</td><td>Ⅰ 级</td><td>起重作业许可证</td></tr>
<tr><td>起重机额定负荷 90%的起吊作业</td><td>Ⅰ 级</td><td>起重作业许可证</td></tr>
<tr><td rowspan="2">3</td><td rowspan="2">受限空间作业</td><td>受限空间作业过程中使用或产生有毒有害气体，以及其他存在其他重大安全风险的，如防腐、油漆、防水卷材铺贴和酸洗钝化施工等</td><td>Ⅰ级</td><td>受限空间作业许可证</td></tr>
<tr><td>其他受限空间作业</td><td>Ⅱ 级</td><td>受限空间作业许可证</td></tr>
<tr><td rowspan="2">4</td><td rowspan="2">高处作业</td><td>坠落高度 ＞24 m</td><td>Ⅰ级</td><td>高处作业许可证</td></tr>
<tr><td>5 m ≤坠落高度≤ 24 m，钢衬里内走道板拆除作业</td><td>Ⅱ 级</td><td>高处作业许可证</td></tr>
</table>

在信息化方面，田湾核电 7、8 号机组项目开发了作业安全风险分析系统，重点是提供了作业安全风险措施库。作业安全风险分析主要从作业类别、使用的工具和劳动防护用品三个角度对每一工作步骤进

行风险分析，提高了风险分析的效率及完整性。

(4) 安全双重预防机制信息化建设

田湾核电 7、8 号机组项目建立了安全双重预防机制信息化系统及手机 App，主要用于危险源辨识、风险分级和隐患排查治理。信息系统包括涵盖风险对象库、隐患排查对象库和隐患排查表库，系统流程如图 4-4 所示。

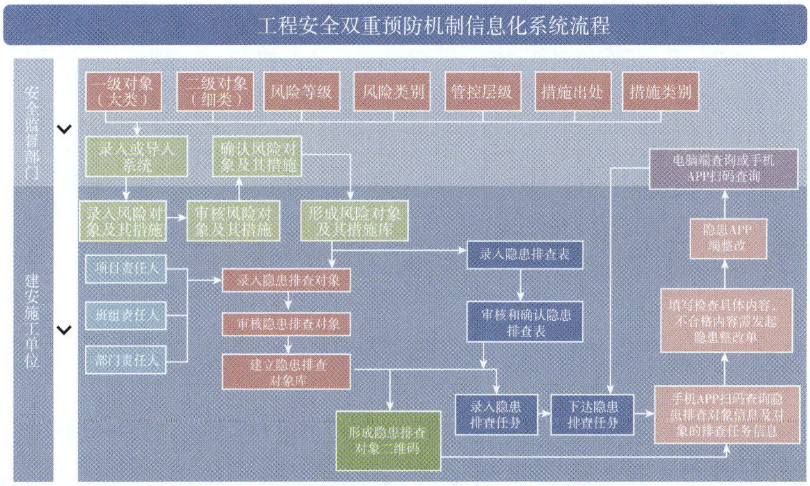

图 4-4 工程安全双重预防机制信息化系统流程

风险对象库即项目所有较大以上风险场所、设备设施信息化数据库，明确了风险分类、风险等级和检查频次，可根据现场实际进行动态更新。目前，项目风险对象库共包含工程机械、小型工器具和特种设备等管控对象共 233 项，包含具体措施 3 006 条，如图 4-5 所示。

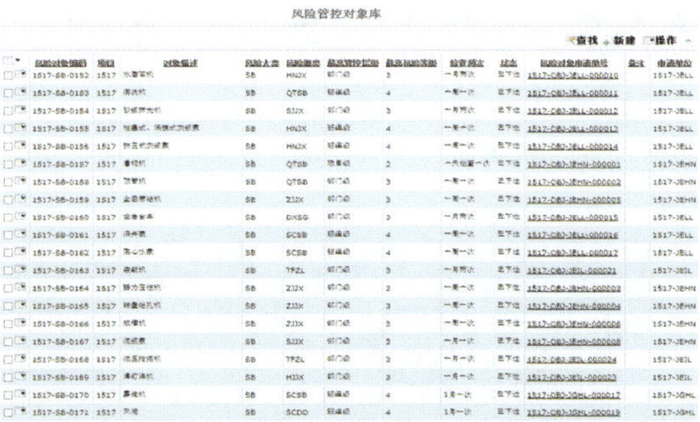

图 4-5 项目安全风险管控对象库（部分）

隐患排查对象库即各单位根据项目风险对象库梳理出来的本单位较大及以上风险对象数据库；隐患排查表库即针对风险对象编制的对应的隐患排查信息化表（周检、月检等），如图 4-6 所示，隐患排查表关联到风险对象后可生成唯一对应的二维码，打印后张贴到现场，通过手机 App 扫描即可实现信息化、清单化隐患排查及闭环整改。目前，项目隐患排查对象库共包括具体风险对象 3 857 项，建立各类标准化隐患排查表 368 份。

图 4-6　项目隐患排查表库（部分）

现阶段，项目各参建单位通过安全双重预防机制信息系统建立本单位隐患排查对象库，并根据检查对象要求不同，建立对应的周检、月检标准化排查表单，纳入隐患排查表库。隐患排查责任人（即对应设备设施、风险场所的安全网格化责任人），根据具体隐患排查任务，在现场扫描隐患排查对象二维码，逐条检查确认是否符合管控措施，并如实进行记录，如存在问题则通过系统发起整改流程，执行界面如图 4-7 所示。监督管理人员可以通过 App 扫码，查询该隐患排查对象的隐患排查情况。

图 4-7　隐患排查执行界面（部分）

3. 实施效果

通过开展安全生产专项整治三年行动，田湾核电 7、8 号机组项目在核电建设阶段安全风险分级和隐患排查治理双重预防机制方面开展了管理创新实践，开发了信息化系统及手机 App，实现安全风险和隐患排查信息化、标准化和清单化，实现了预估整治效果，具有一定的借鉴意义，具体如下：

提高管理水平及效率方面，基于安全相关法规标准建立了核电工程安全双重预防信息系统，解决了安全双体系建设存在的风险辨识与评估结果停留在“纸面”、风险管控与现有措施“两张皮”、风险分级管控与隐患排查治理“脱节”等常见问题，实现风险管控精细化、隐患排查标准化、管理流程信息化。

提高社会效益方面，从作业、场所、设备三个维度对危险源进行安全风险分级、分层管控，实现对现场的风险辨识对象及管控措施的统一规范管理，实现隐患排查任务定标准、定频次、定责任和定期限，闭环跟踪管理，确保隐患排查整改到位。相关系统可在核电工程建设项目复制推广，不断提升社会公众对核电厂安全性能的认识和信任。

提高经济效益、生态效益方面，基于法规标准编制的标准化隐患排查电子表单，提高了隐患排查时效性和专业性，同时可节约大量办公成本及纸质检查记录的保管成本。同时实现政府监管部门、上级单位、项目各方执行情况和隐患治理情况的快速便捷监督检查。

4.1.2　一体化进度计划与集成工单管理

基本情况	单位名称	三门核电有限公司
	案例所属专题/领域	建设工程安全整治专项
	类型	□ 技术优化　　☑ 管理提升
	主要创造人	施大伟、张波、周建慧
	参与创造人	王静、王甫永、吴亮、盛志强

案例简介 Case Introduction

三门核电3、4号机组建立了以工程建安为主导的一体化计划平台，一体化计划的主要管理机制是核岛领域由总包单位管理，常规岛及BOP领域由业主管理，由工程管理处牵头设计、采购等部门及建安单位的进度人员组建一体化计划小组，每周汇总并汇报一体化计划执行情况，小组通过集中办公，实现信息及时更新和共享，提高工作效率。同时推广进度计划“PCC”管理模式，继续强化一体化管理模式，实现“一个团队”“一份计划”“一份清单”“一份报告”等，每月、每周定期开展进度评估和跟踪，进度执行情况基本满足要求。

编制了《建安安全工单化管理》程序，以中高风险作业为管控重点，在现有安全管理流程和要求的基础上，加载计划性和控制单的管理要求，开发周计划会及《作业安全控制单》管理工具，规范作业计划，落实风险分级管控，每周召开计划会议，制定中、高风险作业控制单，落实“作业计划100%覆盖”的管理要求，逐步实现各级管理人员对现场的分级管控。

案例详细介绍 Detailed introduction to the case

1. 实施背景

结合三门核电一期建造经验，在建造过程中存在不同参建单位编制不同层级计划和使用不同工期目标、不同版本的计划，以及各层级计划之间不衔接、不匹配的状况，进而导致施工进度滞后，重要节点及工期无法如期完成。基于这些原因，三门核电搭建了一体化进度管控体系。

三门核电一期建造阶段缺少一套完整的风险分级管控体系，未能对现场施工作业活动进行充分的风险识别，进而导致对现场施工作业活动的监督管理存在缺失，造成现场安全违章及异常安全事件发生的频率增加。结合目前的安全形势，为保证各级管理人员对现场的分级安全管控，三门核电发布了工单相关管理制度，开发了工单管理工具和配套信息化系统。

2. 主要做法

(1) 整体思路及目标

组织设立一体化联合指挥部（或专项组），统筹编制、优化、调度一体化进度计划，逐步实现进度计划的横向逻辑联动及动态跟踪计算，提升项目参建各方进度协调效率，强化进度管理事前控制、接口协调和进度预警，推动重要节点如期或提前实现。一体化进度管控体系实施后，组织各参建单位步调统一，改变了之前不同参建单位编制不同层级计划和使用不同工期目标、不同版本的计划，以及各层级计划之间不衔接、不匹配的状况。推动专项计划实施，强化安全风险防范，实现对关键点项目的工期控制，提高工作效率，有效缩短项目建设工期。一体化进度管理流程图如图 4-8 所示。

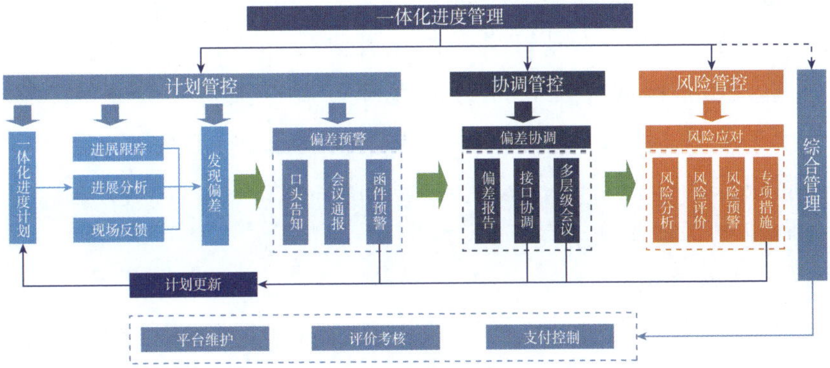

图 4-8　一体化进度管理流程图

根据大修集成工单的管理理念，通过工单的闭环管理流程将进度管理、安全管理、质量管理、许可证审批和文件资料等集成到一个统一的流程中，实现安全、质量与进度计划深度融合的精细化管理，使每一项工作开始前都进行先决条件检查，施工过程中始终都处于监控状态，施工结束后及时形成完整资料，目的是最大程度确保现场施工安全，实现各级管理人员对现场的分级管控。

(2) 具体实施情况

三门核电通过一体化计划平台搭建，成功实现了二期工程高质量开工，按期完成了 FCD、3＃CA20 和 3＃CVBH 模块就位等 7 个建安里程碑节点。

二期工程建安里程碑完成率100%，三级进度计划按期完成率80%以上，同时推广进度计划“PCC”管理模式，继续强化一体化管理模式，逐步实现“一个团队”“一份计划”“一份清单”“一份报告”的目标要求。

1）强化总包和监理作用

2022年项目所有计划人员联合办公，提高信息沟通效率，实现资源共享。取消了监理进度例会，通过IPS计划会及时协调解决EPC各版块问题，2022年度共计组织会议28次，协调解决问题116项；由监理组织先决条件盘点会议34次，解决问题56项。由上海核工院和浙江火电分别组织高层月度会各11次，沙盘推演各4次。通过以上方式有效减少了重复性工作，节约了人力资源。此外，通过老带新、工作轮值等方式，提高人员管理能力，IPS小组轮值编制月报9期。

2）融合一体化计划和专项计划

2022年8月，3、4号机组一体化计划发布，随着项目实施及上游情况变更，2022年共计发布5份里程碑节点专项进度计划和5份关键节点专项进度计划，计划发布后已与一体化计划相融合，建立横向逻辑，每周跟踪，确保计划的动态管理和整体管理，为保障里程碑和关键节点的顺利实现提供指导意见。

3）完善项目风险管理

2022年继续完善项目风险管理，通过日常风险评估和专项沙盘推演相结合的方式拓展风险识别渠道，最终形成一份风险清单，并通过风险分级管控、专人负责和定期风险评估等方式，确保风险管控精细化和动态化管理。

2022年核岛召开10次风险月会，常规岛召开4次风险月会，IPS小组牵头组织开展多次沙盘推演活动，如核岛FCD准备工作、CA20就位、循环水泵房钢结构施工、3号常规岛钢结构沙盘推演、春节工作计划推演等。截至2022年12月底，核岛区域共识别风险288项，已关闭182项；常规岛BOP区域共计识别风险44项，已关闭0项。

三门核电编制了《建安安全工单化管理》程序，以中高风险作业为管控重点，在现有安全管理流程和要求的基础上，加载计划性和控制单的管理要求，开发周计划会及《作业安全控制单》管理工具，规范作业计划，落实风险分级管控，每周召开计划会议，制定中、高风险作业控制单，落实“作业计划 100%覆盖”的管理要求，逐步实现各级管理人员对现场的分级管控。

在《建安安全工单化管理》程序及已有的工业安全信息化系统基础上，策划并开发出“周计划管理”“建安工单”两个模块，规范作业计划，落实风险分级管控。“周计划管理”模块如图 4-9 所示。主要以周为单位收集汇总各参建单位施工作业计划，实现了作业计划的有效控制。“建安工单”模块主要用于中、高风险作业安全分析，保证了中高风险作业活动的全面管控。2022 年实施以来共组织召开 50 次建安工单周计划会议，每周对 300 余项作业活动进行安全分析，梳理中、高风险作业活动，通过制定中、高风险作业控制单，实现各级管理人员对现场的分级管控，并通过不定期现场抽查，保证了对作业活动安全管控的有效性。

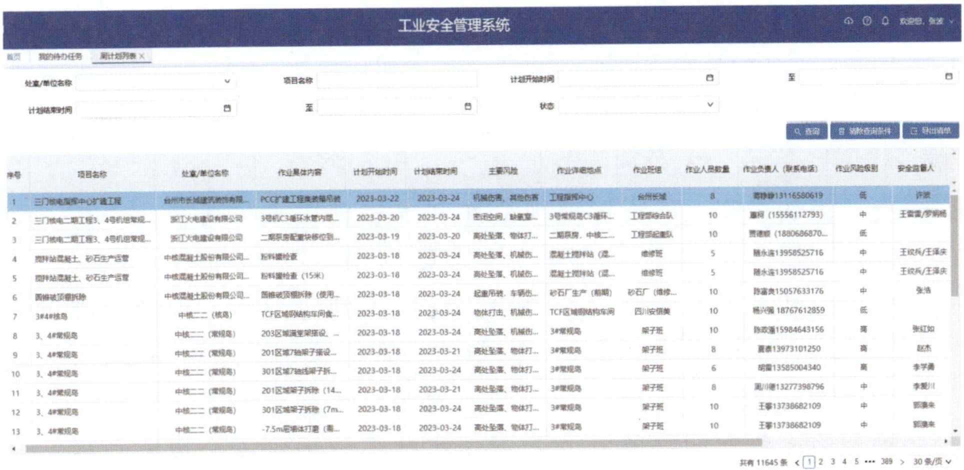

图 4-9 工业安全管理系统周计划管理模块

3. 实施效果

三门核电 3、4 号机组通过建立以工程建安为主导的一体化计划平台，实现了“一个团队”“一份计划”“一份清单”“一份报告”的目标，有效减少了重复性工作，节约了人力资源，同时确保了计划的动态管理和整体管理，为保障里程碑和关键节点的顺利实现提供指导意见。有效解决了不同参建单位编制不同层级计划和使用不同工期目标、不同版本的计划，以及各层级计划之间存在不衔接、不匹配的状况，进而导致施工进度滞后，重要节点及工期无法如期完成的问题。

三门核电通过建安安全工单化管理的策划与实施，以及周计划平台的开发，有效梳理了中、高风险作业活动；通过制定中、高风险作业控制单，实现各级管理人员对现场的分级管控，并通过不定期现场抽查，保证了对作业活动安全管控的有效性。

4.1.3 智慧工地系统开发与应用

基本情况	单位名称	江苏核电有限公司
	案例所属专题/领域	建设工程安全整治专项
	类型	□ 技术优化　☑ 管理提升
	主要创造人	庞跃武、胡胜利、姚勇
	参与创造人	付名军、刘渊、曹凡、吕晨勇、孟迪、彭剑锋

案例简介 Case Introduction

为加强施工现场管理规范性和推进施工现场可视化、智能化，田湾核电 7、8 号机组将 5G 网络、物联网、大数据、云计算和人工智能等科技手段广泛应用到建设智慧工地管理系统中，实现视频监控、人车定位、智能识别、总平面管理、地下物管理和危化物管理等功能模块，通过与内网的数据交换及施工各方网络的互联互通，实现高效识别安全风险、增强施工作业透明度、杜绝弄虚作假行为和提高现场管理效率等目标，为业主方、协作单位、监管单位提供有效的管理手段，全面提升田湾核电 7、8 号机组建安工程安全管理水平。

案例详细介绍 Detailed introduction to the case

1. 实施背景

为全面贯彻习近平总书记同俄罗斯总统普京共同见证中俄核能合作项目 7、8 号机组开工仪式的重要讲话，坚持安全第一，树立全球核能合作典范；高质量、高标准建设和运行好田湾核电7、8号机组，打造核安全领域全球标杆；坚持创新驱动，深化核能科技合作内涵，田湾核电7、8号机组推动信息技术与建设过程的深度融合，开发了智慧工地系统，对施工现场开展安全管理全方位监控，提高工程建设安全信息化管理水平。

2. 主要做法

田湾核电7、8号机组智慧工地管理系统自投入运行以来，围绕人、机、料、法和环等关键要素，实现5G、云计算和AI分析等新一代信息技术与工程建设全过程相融合，建立三维融合定位技术，提高施工安全的管理效率，通过智能实时监控、风险点监测和分析，对现场安全隐患、人员违章实现先知先觉、预警预控，对施工现场的人、物、环境进行全面感知、信息协同共享、决策分析，使项目安全管控水平得到整体提升，实现施工管理“智能化”。

（1）多源融合定位

智慧工地管理系统采用多源融合定位技术，以及实景航拍图＋房间三维建模＋关键区域实时影像融合，实现位置信息三维可视化，结合多源融合定位技术，实现不同区域阶梯化部署，满足高精度定位需求。现场为各参建单位人员及车辆配备定位芯片，识别人、车详细位置信息，并传输至指挥中心大屏，实现对人、车的位置、轨迹和安全状态的实时显示和回放。定位芯片与广播视频系统进行联动，实现人员应急状态下一键呼救。

（2）视频监控

施工现场通过布置高清摄像机，对重要施工工序及重要活动进行全程录像并留存视频。值班人员通过智慧工地系统平台实时监控现场状况，并对重要信息进行回放和历史查询确认。监控系统在极端气候条件下，避免了人员现场检查的风险，在人员不便到达的区域能够更快捷、高效发现问题并及时处置。

（3）AI智能识别

AI智能识别管理模块通过现场监控，对人员行为及安全状态进行智能场景分析，对未戴安全帽、未系安全带、违规闯入、吸烟、明烟明火和未佩戴口罩等违章情况进行视频智能识别和自动抓拍，通过人员安全帽上的帽贴，精准识别违章人员身份。通过 AI 智能识别抓拍功能可以 24 h 不间断对施工区域进行违章捕捉，违章情况实时通过短信自动推送到安全网格化管理相关人员手机，做到及时整改。

(4) 门禁管理

门禁系统对接施工现场闸机数据，对人员、车辆进出记录进行精确统计，并按施工区和管理区分类。结合人车定位及承包商管理功能，对人员工时进行统计分析，掌握施工人力资源投入情况。同时，门禁闸机具备扫脸测温功能，可加强电站疫情管控力度。基于定位的工地数字化围栏管理系统可以自由划定自动报警禁区范围，并设置报警规则、触发条件及联动监控摄像头，未经授权的人员、车辆等进入围栏内将触发入侵报警信息。

(5) 环境监测

环境监测系统是对现场环境监测数据进行采集管理，包含设备信息、历史数据、实时数据、报警数据和统计分析五个模块。采用固定式环境监测设备和移动式环境数据监测设备，对施工现场的温度、湿度、PM2.5 浓度、PM10 浓度、PC-TWA 总尘浓度、扬尘、噪声、风向和风速等信息进行实施全天候全自动 24 h、365 d 持续不间断采集。室外环境监测装置联动自动喷淋系统，当扬尘、温度触发预设值时自动开启喷淋进行降尘降温处理。

(6) 数字广播

数字广播系统主要实现厂区内的定向广播通知、告警提示和全厂应急辅助等功能，与其余系统建立广播联动，可以对网络中的各种终端进行单向（点对点，分区或者全区）喊话。厂区广播系统主要用于日常播放业务广播、信息广播等，同时进行火灾应急广播。当厂区有火警发生时，消防中心将消防信号接入广播中心，广播系统自动进入消防广播模式。为了避免不必要的恐慌，报警模式灵活多样化，可预先设计分区、全区或者邻层报警。

(7) 安全网格化

系统将施工现场按照物理分区进行网格化划分，并按照危险源辨识、风险评价情况进行分级标识，网格内按照单位、专业确定相关负责人。网格内相关管理人员与门禁系统、人车定位、特种人员管理和AI智能识别管理等功能全部互相联动，既可以验证网格化管理人员安全履职的情况，也可以对人员的行为状态进行统计分析，全面提升施工现场人员的安全管理绩效。

(8) 承包商人机管理

系统对承包商的单位、人员和设备信息进行录入、编辑和查询等，并对相关信息进行分类分析，将承包商人力资源、设备机具投入计划与实际投入进行比较，从而实现对重点区域施工进度的精细化管控。系统对特种人员、设备从资质超期、未按期维保等方面进行预警，确保所有施工机具能够及时查验。

(9) 群塔运行监控

群塔运行监控管理模块是对群塔的设备信息、运行情况、历史数据进行采集管理，通过与塔吊防碰撞系统对接，实时监测塔吊旋转角度、小车幅度和风速等信息，并在三维地图上展示。通过信息的监测，智能分析塔吊的管理状况及运行期间的安全状态，及时发出预警/告警信息，督促管理人员及时有效地开展设备检查与维护保养等工作，确保塔吊的安全稳定运行。

(10) 危化品管理

系统利用24 h监控系统，实时监控危险化学品储存区，并在三维模型中展示危化品储存点信息，根据现场危化品存放类别、存放地点、危化品名称、出入退状态和所属单位等条件进行检索，自动核算该危化品是否为重大危险源，并按级别启动相应的管控流程。利用AI人脸识别技术，对进入危化品管控区的无授权、无许可人员进行警告，并将报警信息推送至智慧工地指挥大厅和安全负责人，便于及时进行防控。

(11) 地下物管理

系统通过三维可视化在总平面图上生成地下管网仿真模型，直观展示地下的雨水井、雨水管、给水管、电气管和施工用电线等。根据动土申请生成开挖施工可能影响的管线数据，通过定位系统和视频监控系统对授权开挖机械进行监控，当开挖点进入地下管线保护界限内，系统触发报警，推送至挖机司机、安全管理人员，提醒小心开挖或更换人工开挖。

3. 实施效果

智慧工地系统自投用以来，按照“统一平台、分步实施”的建设原则，对系统多次优化，实现了施工安全管理的可视化、智能化，弥补了目前施工现场死角多、盲区多、极端天气下巡检及安全管理人员不可达区域巡检等方面的不足，对施工安全、人员管控，特别是在人员习惯性违章约束方面发挥了重要作用，人员违章行为占比大幅下降。借助最新的信息技术手段，极大地提高了工程建设领域的精细化管控水平，提高了安全监督管理工作效率，通过风险分析，采用智慧化手段，构建人员、环境、网络的大安全一体化体系，提高了工程建设领域的安全管理水平，实现了快捷、高效的安全管控新模式。

4.1.4 关键隐患在核电工程双重预防机制的推广和应用

基本情况	单位名称	中核国电漳州能源有限公司
	案例所属专题/领域	建设工程安全整治专项
	类型	□ 技术优化　☑ 管理提升
	主要创造人	唐少辉、宋丰伟、彭斗光
	参与创造人	陈友谊、李辉忠、杨俭泗、黄鑫欣、洪艳明、鲁保成、吴志明

案例简介 Case Introduction

安全生产双重预防机制是我国在当前安全生产形势下防止事故发生的积极探索和重要手段，双重预防机制机理的本质是有效的风险控制。为进一步夯实双重预防工作，在危险源辨识清单、隐患排查数据库和外部事故事件经验反馈基础上，识别出关键隐患，以此作为风险控制的核心。运用基于风险的监管理论和方法，指导关键隐患治理在双重预防机制下的应用，从根本上防范事故，实现关口前移、预防为主，落实核电工程安全生产责任制。

案例详细介绍 Detailed introduction to the case

1. 实施背景

自2015年习近平总书记提出双重预防体系以来，国家和各省市政府都在积极推进双重预防体系的建设和执行工作。《国务院安委会办公室关于印发标本兼治遏制重特大事故工作指南的通知》（安委办〔2016〕3号）、《国务院安委会办公室关于实施遏制重特大事故工作指南构建双重预防机制的意见》（安委办〔2016〕11号）均明确提出“准确把握安全生产的特点和规律，坚持风险预控、关口前移，全面推行安全风险分级管控，进一步强化隐患排查治理，推进事故预防工作科学化、信息化和标准化，实现把风险控制在隐患形成之前、把隐患消灭在事故前面”。但在施工安全管理过程中，普遍存在“风险辨识评价质量低，实用性不强”“辨识成果未能同实际施工有效结合”等问题，导致风险辨识评价和措施成果对现场实际开展施工活动时的风险管控指导性不强，报告编写后一般束之高阁。

2. 主要做法

（1）关键隐患识别

在安全风险分级和隐患排查治理工作机制下，以及一般和重大事故隐患分级的基础上，参考《企业职工伤亡事故分类标准》（GB 6441—1986）二十类事故分类、建筑施工行业TOP5事故原因（高坠、触电、坍塌、物体打击、起重伤害）、安全隐患数据库和风险（危险源）清单关于风险暴露的数量和频率，随着工程施工进展动态识别关键隐患，流程如图4-10所示。

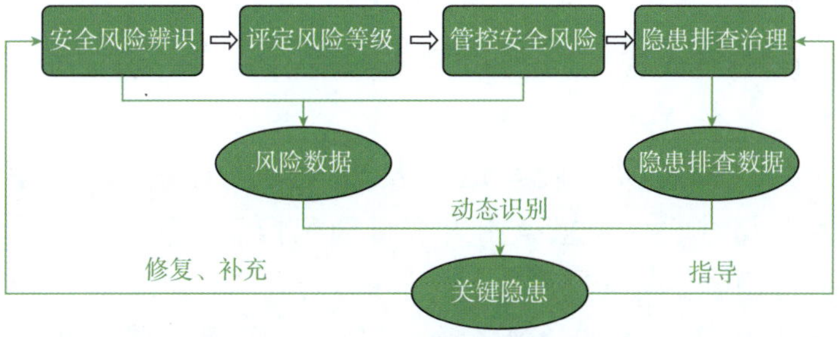

图4-10 动态识别关键隐患流程

关键隐患定义为在一般隐患中，不整改将可能直接导致伤害或不可治理可能造成人员伤亡的隐患。漳州核电工程关键隐患可分为共十类 16 条隐患，如图 4-11 所示。

关键隐患分类

序号	一级分类	二级分类	序号	一级分类	二级分类
1	脚手架管理	1）脚手架连墙件设置不符合标准规范/方案	6	设备设施	9）设备转动、传动部队按全防护装置缺失
		2）脚手架主节点杆件缺失			10）汽车吊作业时支腿未全部打开、支撑不稳固
		3）脚手架纵向未每隔10 m沿建筑物四周设置宽宽不小于3 m的安全挑网（双层，上层密目网、下层白色兜网）或等效措施	7	材料危险摆放	11）设备、钢结构装卸运输时，防倾倒措施失效
		4）脚手架未每隔两层且不超过10 m设水平安全网或满铺脚手板			12）边坡（下方存在通道或施工作业）上方存在危石
2	孔洞防护	5）孔洞（垂直型，坠落高度大于1.8 m且短边长度≥500 mm）未设置盖板或兜网	8	消防	13）动火作业影响范围内（水平、垂直）易燃物未清理或未做有效防护
3	临边防护	6）临边（坠落高度大于2 m且临边长度≥500 mm）未设置可靠的刚性防护栏杆			14）使用的乙炔/丙烷气瓶无回火阀
4	临时用电	7）配电系统未采用TN-S接零保护方式或不符合“三级配电、两级漏保”要求	9	爆破管理	15）爆破影响区域未设置警戒
5	采光照明	8）作用点照度低于50 Lx	10	辐射管理	16）摔伤作业未设置警戒

图 4-11 关键隐患分类

（2）关键隐患治理

在双重预防机制下，以关键隐患为抓手，开展隐患排查。关键隐患按照“定人、定时间、定措施”原则，安全管理人员通过安全巡检 App 下发责任单位整改。同时，通过安全巡检 App 后台可导出关键隐患清单。

隐患编制人通过 App 下达隐患时，应规范信息填报内容，清晰描述关键隐患信息，包括隐患位置（区域/厂房/详细位置描述）、隐患情况描述（隐患名称、隐患内容、具体类别，对于临边孔洞、环境因素关键隐患情况描述需明确判定数值）和整改要求（整改措施、整改期限）等信息内容。

隐患整改接口人应对“关键隐患”进行判别，符合分类要求的，应按照整改要求在 App 上反馈隐患整改结果及信息，整改信息应包括整改验证照片、隐患所在问题班组及整改情况描述等。对不符合的，整改接口人应及时联系隐患编制人进行隐患信息更正。

出现关键隐患的承包商应分析关键隐患产生的原因，制定整改计划，明确行动内容，开展专项整治。同时按照相关奖惩规定，落实相应的处罚措施。

对于每月重复出现同一类型关键隐患的承包商，在安委会议上进行通报，以表警示。

(3) 实施效果

自 2021 年 1 月实施以来，核电工程共排查和治理安全关键隐患 434 项。当前关键隐患已形成排查治理、量化统计、原因分析和整改措施全套机制，关键隐患排查治理取得一定效果。现场典型隐患排查治理效果明显提升，孔洞临边、动火作业、脚手架和设施设备管理水平明显得到改善，该做法由《中国核电》收编，形成良好的示范效应。

4.1.5　核电工程系统化、精细化的防控弄虚作假体系建设

基本情况	单位名称	江苏核电有限公司
	案例所属专题/领域	建设工程安全整治专项
	类型	☐ 技术优化　　☑ 管理提升
	主要创造人	陆秋生、纪涛、石建华
	参与创造人	刘盛斌、李兴虎、王硕、俞文伟、张小龙、孙来寅、史国栋

案例简介 Case Introduction

核电作为高科技战略产业，对国家安全和发展具有重要意义，但是近年来国内外核电建设过程中发现了个别造假现象，产生了经济损失，带来了质量隐患，引起了舆情风险。为杜绝造假事件发生，江苏核电以“打造标杆精品，树立全球典范”为战略目标，全面开展系统化、精细化的核电工程防造假管理体系建设，通过辨识和评估造假风险，以组织保障和制度保障为基础，以“前端全面防控，过程严格管理，事后严肃问责”为原则，构建了系统全面的防造假管理体系。体系建立后，江苏核电实现了更加科学精细的防造假管理水平和管理效果。

案例详细介绍 Detailed introduction to the case

1. 实施背景

核安全是国家安全的重要组成部分，事关国家安危、人民健康、社会稳定、经济发展及大国地位。但是，核电厂投资巨大，所需设备庞杂且质量要求高，国内外供应商在利益驱动或工艺水平限制条件下，弄虚作假现象时有发生，部分案例波及面很广，不仅给核电建设质量和运行安全埋下隐患，也破坏了核供应链的诚信生态，影响国家和人民对核安全的信任。为此，国家核安全局多次重申，全面依法加强核安全监管体制机制，依法从严监管，对弄虚作假零容忍。江苏核电主动作为，全面启动精细化防造假管理体系建设，制定了包含“违反‘弄虚作假零容忍’事件数 0 次”的标杆工程指标，并深入分析造假风险和防控措施，全面预防和打击造假行为，为核电建设营造诚实守信、风清气正的氛围，为重大核电工程建设提供坚实可靠的质量保障。

2. 主要做法

（1）基于风险控制原理设计防造假管理体系

1）辨识、分析和评估核电行业的造假风险

造假风险辨识是前提，造假风险分析是基础，造假风险评估是关键，为提高管理效率，将管理资源向造假风险高的物项或服务上倾斜，彻底杜绝造假行为，江苏核电从“造假案例特征分析”和“物项/服务行为分析”两个方面着手，识别采购、现场施工和安装等过程中的造假风险，同时收集了国内外核电行业数十起典型的造假案例，从事件过程、失效点、根本原因和经验教训等角度深入分析，判断物项/服务发生造假现象的概率，对概率大的确定为造假风险点，再对风险点进行影响评估，识别出造假高风险点，最终形成包含 126 条风险的《建造阶段造假风险清单》。根据清单，造假行为可归为四类：物项生产造假、文件记录造假、资质造假和工作过程造假。各类造假的行为特征如图 4-12 所示。

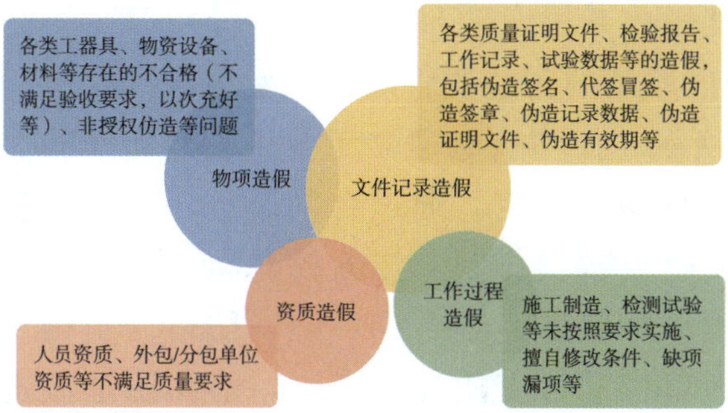

图 4-12　造假行为特征分析

2）设计核电工程系统化、精细化防造假管理体系

江苏核电全面分析核电工程项目质量管理的现状和防造假管理的需求，系统思维梳理和识别管理流程、施工过程存在的造假风险，并充分结合对核电行业造假问题的行为特征分析，以“打造标杆精品，树立全球典范”为战略目标，以协同联动的工程精细化防造假管理架构为组织保障基础，以层层相扣的精细化防造假程序体系为制度保障基础，以搭建互联协同的防造假信息化智能化平台为技术手段，以“前端全面防控、过程严格管理、事后严肃问责”为实施手段，设计了江苏核电系统化、精细化防造假管理体系，如图 4-13 所示，为防造假管理工作的顺利开展指明了方向。

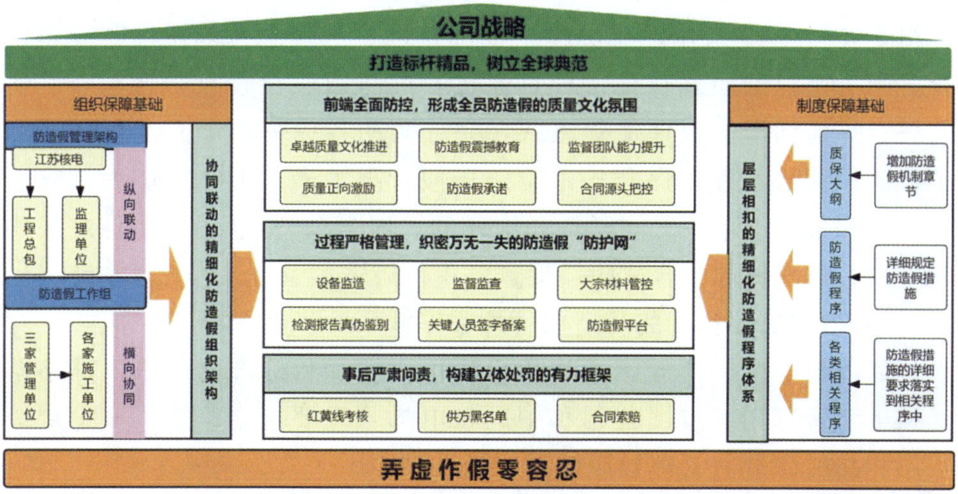

图 4-13　核电工程系统化、精细化防造假管理体系

（2）夯实管理体系的组织保障和制度保障基础

1）构建协同联动的防造假管理组织架构

如图 4-14 所示，江苏核电建立了与工程总包单位、监理单位纵向联动的防造假管理组织架构，通过合同履约、考核责任书执行，切实落实核电工程安全质量责任制。江苏核电与工程总包单位签署工程承包合同，与监理单位签署监理合同，明确防造假责任和义务；与工程总包单位、监理单位签订安质环责任书，落实防造假责任与工作考核目标。这一组织架构作为三家单位联系和沟通的“桥梁”，实现了江苏核电战略意图的逐级传递，实现了防造假管理要求的贯彻统一。

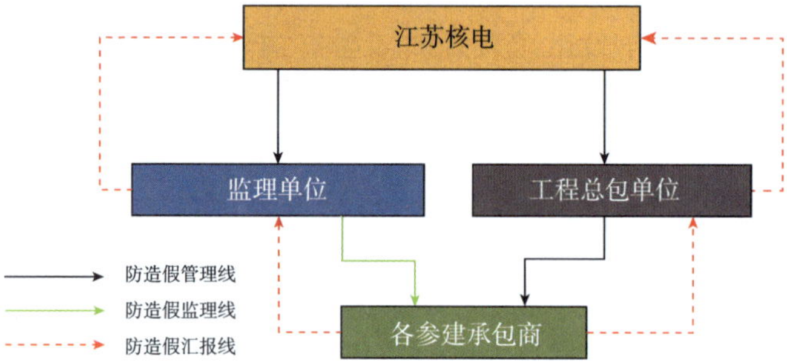

图 4-14　纵向联动的防造假组织架构

为了压实防造假责任，江苏核电建立了横向协同的防造假管理工作组，如图 4-15 所示，成员包括江苏核电、工程总包单位、监理单位及各施工单位的质量保证部门，通过开展防造假自查与联合检查、防造假宣贯培训和先进评优等方式，充分调动各单位和个人参与防造假工作的积极性，推动提升各单位防造假管理水平。工作组作为三家管理单位和各施工单位之间联系和沟通的“纽带”，打通了各单位之间的“壁垒”，形成资源整合效应，促进各单位防造假管理工作做实做细。

2）构建层层相扣的防造假管理程序体系

江苏核电严格遵守国家法律、法规、规章和标准的要求，严格落实核电监管部门、集团公司和中国核电的管理要求，建立了三个层级层层相扣的防造假管理程序体系（图 4-16）：

（a）第一层是质量保证大纲。江苏核电在项目建造质保大纲中增加了“防造假机制”章节，明确了建立防造假机制的责任者，以及防

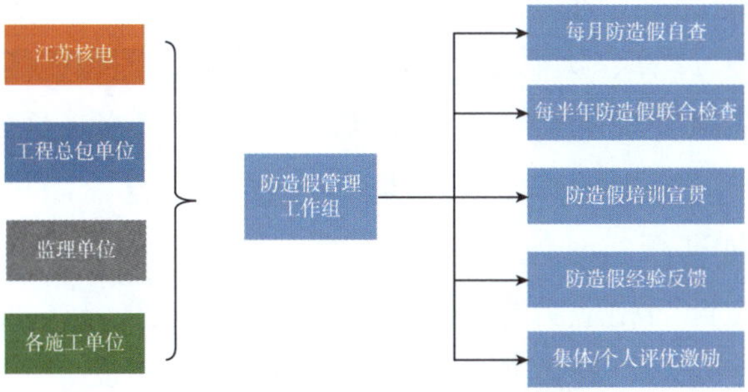

图 4-15　防造假管理工作组主要职能

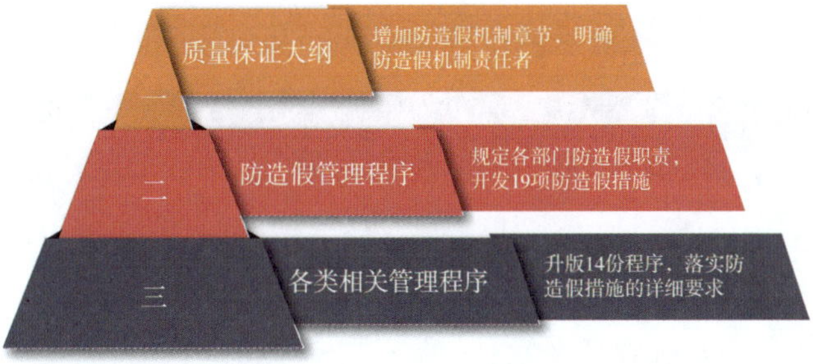

图 4-16　层层相扣的防造假管理程序体系

造假培训、风险识别、过程管理和举报制度等措施。同时，江苏核电要求各参建单位编制质保大纲，确保防造假管理要求得到有效落实。

（b）第二层是防造假管理程序。江苏核电生效了防造假管理程序，规定各业务部门的防造假职责、详细的防造假措施，并提供了造假信息辨别方法。同时，江苏核电要求工程总包单位、监理单位及各施工单位编制适用于本单位的防造假程序，指导防造假工作做实做细。

（c）第三层是各类相关管理程序。江苏核电升版了一系列管理程序，将防造假措施的详细要求落实到相应程序中，并要求工程总包单位、监理单位及各施工单位也将防造假措施的详细要求落实到相应程序中，确保防造假措施的可执行性。

（3）搭建互联协同的防造假信息化智能化平台

江苏核电通过对造假风险的分析，以及对新技术的调研，发现大多数造假行为的失效点是可以通过技术手段来识别的。比如代签、冒签等造假行为，可以通过核对“人员轨迹”的方式，验证现场作业时间与作业人员轨迹的匹配性。所以，江苏核电以技术创新为指引，以数据为驱动，基于5G、云计算、大数据、物联网、移动通信和人工智能等先进技术，建设智慧工地管理平台。针对造假行为防控，平台已实现对现场重点区域、核心作业范围的作业工作进行远程视频监控图像识别；如图4-17所示，对人员进行实时位置定位管理，并对人员移动轨迹进行实时记录存储，如需要查询相应人员的活动轨迹，可对全部移动轨迹或部分时间段轨迹进行查询，轨迹数据实时生成，并存档；集成与门禁系统的数据接口对接，实现门禁进出实时联动，对进出信息进行实时记录，并形成进出管理报表；还已实现人员滞留告警、电子围栏告警、区域超时告警和静止异常告警等多项功能，采用科技手段识别和预防造假行为。

图 4-17　智慧工地管理系统人员实时定位功能

另外，江苏核电已着手开发物项防造假验证数据库、质量文件和记录防造假验证数据库，以及供应商单位和个人防造假预警管理数据库等模块，并利用物项关键特征点数据比对、图像识别和OCR（文字识别）等识别技术，有效识别物项和记录造假问题；通过研究评价方法，完善信用评价准则，确定信用评价指标算法，建立核电行业信用评价指标体系，实现供应商征信信息的互联互通。

（4）营造前端全面防控的卓越质量文化氛围

1）推进工程建设现场卓越质量文化

为了使集团公司“质量创造价值，质量成就品牌”的质量理念深入一线班组和员工，江苏核电全面开展工程现场卓越质量文化推进工作。组织开展习近平总书记关于高质量发展的讲话摘录学习，开展领导讲质量、田湾质量大讲堂等培训活动，学习防造假震撼教育、质量工具及活动方法等课程；在入厂基本授权培训课程中增加典型造假案例警示教育内容，进行防造假宣贯，确保任何进入现场的人员熟悉问题举报渠道；开展核安全文化、质量文化建设活动，向全员传达防造假的重要性，提升各岗位员工的责任心；针对工程、采购、QA、QC、验收、维修和供应商等特定岗位和人员开展防造假经验反馈或培训；要求工程总包单位和各施工单位在质量政策声明等文件中作出关于防造假的声明和承诺，组织全体员工签署个人诚信承诺书，做出“不弄虚作假”“主动上报造假问题”等承诺。通过开展卓越质量文化推进工作，有效提升全员的质量文化素养、质量意识和技能，推动全员防造假意识落地。

2）提高监督检查团队的素质和技能

江苏核电依据核安全法规、导则和相关标准要求，梳理和总结一、二、三期工程建设管理经验，针对容易出现造假行为的记录控制环节，分析典型质量记录的检查风险识别方向，建立记录监督检查细则卡，提炼出质量记录管理各环节的监督检查方式和内容。另外，江苏核电积极开拓创新，始终追求卓越，将扩建领域监督活动标准化，编制覆盖体系文件、培训授权、设计控制、采购控制、物项控制、施工管理和调试管理七大领域共 57 项子要素的监督细则，指导和培养监督检查团队的技能。记录监督检查细则卡和监督细则为监督检查人员提供了工作执行蓝本，通过对监督检查人员进行培训和宣贯，有力提高了监督检查人员的技术能力，有力防范了弄虚作假重大风险。

3）强化一线班组和个人良好质量行为的正向激励

江苏核电鼓励一线班组和个人主动发现和上报质量问题、异常事件，倡导自觉遵守“弄虚作假零容忍”，为此制定了质量表扬信评价标准。管理人员在施工现场发现一线班组和个人的良好质量行为时，立即颁发质量表扬信，在精神激励的同时还给予适当的物质鼓励；收集表扬信获奖者的事迹，定期制作板报对先进质量个人进行展示和宣传，提升个人荣誉感，充分发挥先进个人的模范带头作用。通过质量正向激励，在江苏核电工程现场营造了“强化正面质量行为”的工作氛围，鼓励全员挖掘现场良好实践、开展质量改进活动，从而有效降低造假事件的发生概率。

（5）织密过程严格管理的防造假“防护网”

1）针对物项生产造假行为采取有效防控措施

江苏核电要求各参建单位在合同文本中增加防造假相关条款，从源头对物项生产造假风险进行把控，震慑造假者，对造假问题进行追责，条款内容包括：明确供方承诺不提供假冒、欺诈和可疑物项的条款；明确因乙方弄虚作假行为造成甲方经济损失的索赔条款；明确乙方不得录用或采购甲方纳入黑名单的人员或物资；在合同文本中增加防造假条款、公布举报渠道等。同时，根据采购的不同物项及关键工艺特点，细化驻厂监造工作要求，有效指导驻厂人员开展监造工作，确保采购物项的质量受控。

江苏核电编制大宗材料采购管理规则，梳理大宗材料清单，明确大宗材料在采购、制造、运输和抽样复验等环节的管理要求，建立并完善了工程建设期大宗材料管理体系。另外，为了掌握工程使用物项真实的质量状况，江苏核电开展大宗材料飞行检验，编制实施管理规定，明确了大宗材料飞行检验活动的实施流程和管理要求，对大宗材料，尤其是现场难以验证其功能性的物项，以及对供方提供的检验报告存疑时，按国家、行业标准的要求组织取样，并送到与采购方送检机构不同的、具备资质的检验机构进行第三方检验。大宗材料飞行检验的实施对各施工单位起到了极大的震慑作用，有效强化了各施工单位的自律意识，对工程建设质量起到监督促进作用。

2）针对文件记录造假行为采取有效防控措施

江苏核电将原始记录的保留期限要求纳入合同条款中，从源头对文件记录造假风险进行把控，并在管理程序中对记录的形成、修改、替换和增补等过程作出详细规定。另外，江苏核电要求各参建单位对供方评价资料、采购物项的质量证明文件的真实性进行确认，要求各参建单位建立原材料检验报告等质量证明文件的核对制度，在原材料进场验收过程中形成核对记录或台账。对于易发的签字造假行为，江苏核电开展焊工、无损检测人员和质检人员等关键工艺人员的签名备案工作，要求相关人员在签署质量证明文件时使用与备案笔迹一致的笔迹。相关要求落实后，迅速扭转了工程现场质量记录形成不及时、不规范情况多发的趋势。

3）针对资质造假行为采取有效防控措施

江苏核电对物项、工程和服务的合同供方开展评价工作，以确定供应商是否有能力生产或提供规定质量的物项或服务，并是否有能力提供据以验收其物项的证据，确保由合格的供应商提供物项或服务。江苏核电制定了特种作业人员和特种设备作业人员进场前审查制度，针对特种作业人员采取制度化管理、入场前报审、官网审核、审核人员签字、与厂区出入系统结合和随身携带签字版证件等管理措施，确保合格的特种作业人员和特种设备作业人员进入工程现场。

4）针对工作过程造假行为采取有效防控措施

江苏核电明确监督人员的资质要求，开展监督人员专项培训，提高监督人员识别造假问题的能力；江苏核电将防造假管理专项监督纳入工程领域年度质量监督计划中，联合工程总包单位、监理单位对各施工单位开展监督检查，并不定期开展随机监督，震慑“弄虚作假”问题。江苏核电将防造假管理纳入智慧工地项目进行管控，监督人员在进行关键工艺、重要作业监督时，可通过核对“人脸识别系统”“人员轨迹”等方式，验证作业人员出入控制区时间与现场作业时间的匹配性，该方式极大地震慑了心存侥幸的人员，由于人员轨迹的可追溯，有效避免了代签、冒签和补签等违规行为。

（6）构建事后严肃问责的立体处罚框架

1）拓宽造假问题举报渠道

为了进一步畅通各参建单位员工报告质量问题、造假问题的渠道，落实核安全局倡导的“弄虚作假零容忍”要求，江苏核电在田湾核电现场设置了多个造假问题举报箱，同时设置了电子举报信箱和举报电话，多途径收集造假问题线索；通过信函、公告等方式向所有与工程质量有关的人员宣贯造假问题举报渠道，鼓励所有员工参与防造假工作；对造假问题线索及时开展调查，根据调查结果采取适当的纠正措施，以防止类似事件再次发生。

2）构建多层次考核的立体处罚框架

对于工程施工过程中出现的造假问题，常规做法是开发质保问题单，从管理层面进行整改，这难以对造假行为起到震慑作用，必须构建立体处罚的有力框架，提高造假者的违法成本，让违法者付出惨痛代价，才能坚决、果断、及时地清除造假“毒瘤”。为此，江苏核电组织制定质量红黄线管理制度，将造假行为列为红线指标严格考核；在质量趋势分析报告中跟踪统计红黄线情况，对于触发红黄线的单位定期通报，必要时约谈责任单位项目领导；对于调查显示构成质量事故事件的问题，对其开展质量事故事件责任追究；制定供方资格管理制度，将存在弄虚作假、隐瞒虚报等违规情况的供应商纳入黑名单，并定期向工程总包单位通报供应商黑名单；对合同履约过程中的造假情况进行考核，要求责任方承担全部责任，并赔偿造成的所有损失。

3. 实施效果

（1）全面实现科学精细的防造假管理水平和管理效果

建立精细化防造假管理体系后，江苏核电实现了更加科学精细的防造假管理水平和管理效果，有力保障核电工程建设质量，为核电安全稳定运行建立坚实的质量基础。通过开展质量文化推进工作、提升监督检查人员的素质和技能、强化正面质量行为等措施，有效激发了江苏核电全员注重质量、改进质量的积极性，有效提升了全员的质量文化素养、质量意识和技能，有效促进了全员严格遵守“弄虚作假零容忍”；通过“前端全面防控，过程严格管理，事后严肃问责”的全面有效的防控措施，有效保障了工程建设进度和质量，并在江苏核电内部营造了“人人都是一道核安全屏障”的良好氛围，为核电安全稳定运行建立坚实的质量基础。

（2）全面杜绝核电工程造假事件发生的可能性

江苏核电建立工程精细化防造假管理体系后，全面杜绝了造假事件发生的可能性。根据核电行业以往造假事件分析，每起造假事件导致的返工等直接经济损失约 70 万元；且一旦发生造假事件，就需要投入大量的人力和物力去排查分析，通过多个项目的经验来看，调查一次造假事件平均需要花费 5 名专家 10 d 的时间，一名专家的费用在

2 000～4 000 元/天，按照 3 000 元/（人·天）计算，避免一次造假事件可节省 15 万元。另外以曾经发生的瀚源核级支撑件造假事件为例，该事件造成某同行电厂项目工期滞后进度计划约 7 d。江苏核电自建立工程精细化防造假管理体系以来，共发现并阻止 5 次造假未遂情况，预计避免直接经济损失约为：（70＋15）万元/次×5 次＝425 万元。按照单机容量 126.5 万千瓦的上网电价为 0.4 元/千瓦时计算，预计减少因工程拖期导致的间接经济损失约为：126.5 万千瓦×24 小时×7 天×0.4 元/千瓦时×5 次＝42 500 万元。共计减少损失 42 925 万元。

(3) 全面提高社会公众对核电工程质量的信任度

江苏核电编制生效了集团公司企业标准《核电厂防弄虚作假指南》，在核电厂、建安单位、设备制造厂和维修协作单位等地进行复制推广，从而提升各单位的质量管理和防造假管理水平，进一步增强各单位的品牌知名度和社会影响力，营造核电行业的诚信生态，缓解公众对核电安全的担忧，不断提升社会公众对核电厂安全性能的认识和信任度。

4.1.6 安全对错卡收集推广运用

基本情况	单位名称	海南核电有限公司
	案例所属专题/领域	工程建设
	类型	□ 技术优化 ☑ 管理提升
	主要创造人	陈伟民、邢长伟、刘勍
	参与创造人	杨军华、张伟波、郑文龙、陈闺臣

案例简介 Case Introduction

定期收集同行及现场良好实践，编制安全对错卡手册并推广应用，通过工程建设过程中实际应用，有效提升施工人员安全意识，持续推动安全管理水平进步。

案例详细介绍 Detailed introduction to the case

1. 实施背景

根据《海南核电安全生产专项整治三年行动计划》，海南核电结合工程施工领域实际情况，针对施工人员流动性大，人员知识水平偏低等客观情况，采取图片为主、文字为辅的直观对错卡形式，将常发隐患进行推送并组织学习，有效提升安全技能水平。

2. 主要做法

（1）目的

通过编制安全对错卡手册并在工程建设过程中实际应用，有效提升施工人员安全意识，持续推动安全管理水平进步。

（2）具体做法

1）工程施工安全专项结合建设项目实际施工特点，对于常发隐患、常见问题和常犯低级错误等，编制了一批简洁有效的安全对错卡。通过对项目承包商集中宣贯、随机抽答、夜校培训和积分奖励的形式，在新老职工间营造互学、互帮的良好氛围。还在手机微信群内不断发送发放新的安全对错卡，通过定期梳理，定期更新，将安全对错卡组织分类、不断完善，便于职工能按需学习、随时查、随地看、时时学到有用的安全管理专业知识。依据国家法律法规、行业规范、地方标准，共编制完成临时用电、脚手架和高处作业等18类安全对错卡。

2）海南核电工程建设专项基于国家法律法规、标准、上级主管单位的相关制度及文件要求、公司及项目的管理制度等，为解决现场管理过程中的遇到的要求或概念不明确的问题，结合现场各单位集体智慧，编制《海南项目部关于现场安全管理的若干补充规定》（目前已升版为《海南核电工程HSE管理通则》），明确管理要求。

3. 实施效果

海南核电组织监理单位、总包单位和责任施工单位，通过研判分析，查找问题根因，有效借鉴兄弟电厂建设期的良好实践经验和教训。组织编制安全对错卡图集，通过推送学习，得到正向反馈，取得了阶段性的丰硕成果。

4.1.7　工程建设一体化、贯穿式管理

基本情况	单位名称	中核霞浦核电有限公司
	案例所属专题/领域	建设工程安全整治
	类型	□ 技术优化　☑ 管理提升
	主要创造人	贺睿端、魏向阳、王昌军
	参与创造人	晋建伟、刘涛

案例简介 Case Introduction

根据工程现场安全状况统一设置一些整合型专项组织，如作业安全专项组、设备设施专项组、堆场整治专项组和文明施工专项组等。将业主相关部门部分安全监督人员，以及中核咨询、参建单位部分安全人员统一协调安排任务，整合各方安全管理力量，集中优势资源，抓住工程现场安全生产主要矛盾，有针对性地解决安全重点和难点问题。

案例详细介绍 Detailed introduction to the case

1. 实施背景

示范快堆工程为首堆工程，厂址坐落于海岛上，工程建设具有涉及参建单位众多、接口繁杂和施工场地狭小等特点。快堆工程建造规模和工程体量大，施工难度高，设计固化与施工条件不足，在四通一平、施工逻辑和配套施工等方面均无可遵循的规律，且厂房布置密集、结构复杂、危险性较大工程和高风险作业多。同时，工程建造阶段土建、安装和制造厂现场拼装等同时段在工程施工现场进行，施工现场环境复杂，现场作业点多面广，工程设备材料和施工机械种类繁多，在海岛上不足 1 km^2 的厂址范围内，施工作业人员高达两万多人，安全隐患与各类风险交织叠加，安全管理面临巨大挑战。

2. 主要做法

如图 4-18 所示，成立 6 个专项组，对 20 万工时隐患率不合格或较前一周期有上升趋势的单位，从作业安全、设备设施、危险化学品、塔吊、堆场和文明施工六个维度进行深入分析，查找症结所在。

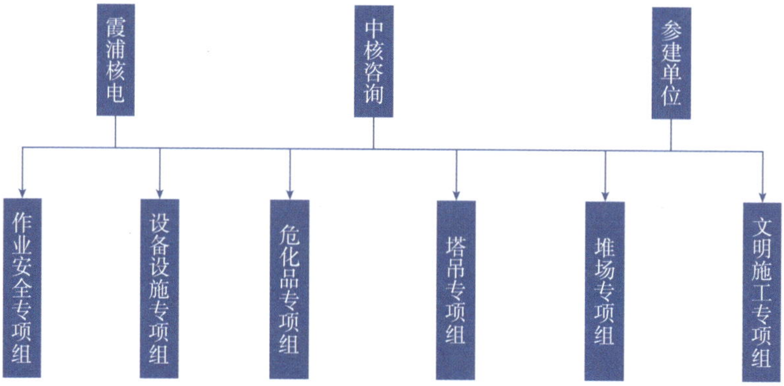

图 4-18　专项组设置

(1) 作业安全专项组

制订专项监督检查计划，检查内容包含脚手架作业、有限空间、起重吊装、高处作业和危大工程等内容，同时按照高风险作业管理程序，进行日常监督，保证一级高风险全覆盖，二级高风险平均见证率 30%以上。监督检查现场如图 4-19 所示。

图 4-19　作业安全专项组现场照

(2) 设备设施专项组

1）对施工机具管理标准进行清单化，制订排查计划，按周频率设置节点提升现场施工机具状态，对整个工程现场施工机具开展全覆盖式排查，如图 4-20 所示。

图 4-20　设备设施专项组现场照

2）针对问题多发重发的施工机具，在工程分安委会、工程周例会和每日安全协调会等相关会议上进行通报，明确整改要求和整改期限，并由专人跟踪。

3）下一次全覆盖式排查，对各参建单位施工机具管理整改提升保持效果进行验证。

(3) 危化品专项组

从作业环节和作业内容出发，加强危化品从入场、入库、出库、存放及临时存放、使用、危废暂存及处置、退场的全过程安全管理及监督。根据辨识出的安全风险，落实各类型存放场所的必要存放条件。

(4) 塔吊专项组

1）参加华兴土建达丰施工班组班前会，定期对内业资料，塔吊安全员、设备长及相关管理人员履职记录进行检查。

2）组织编制《起重吊装作业前环境安全核查单》，针对起重吊装作业前环境安全核查及作业过程存在风险进行个性化辨识。

3）建立起重吊装介入、转场协调微信群，履带吊与塔吊存在干涉时，组织签订《履带式起重机转场停放会签单》，明确存放、吊物过程中控制措施要求及管理人员职责等内容。

4）组织参建单位签订《塔吊区域大型机械介入作业风险告知单》，介入单位需提前告知塔吊作业单位相关作业时间、作业内容、作业区域、联络人及可能导致风险等信息，确保介入施工安全风险可控。

5）明确塔吊钢丝绳检查、更换等相关要求。

6）每月对塔吊进行全面排查，对防碰撞系统、大钩可视化系统的可靠性进行验证。

（5）堆场专项组

1）有序规划。根据工程进度和场地需求，为参建单位统一规划材料堆放场地，保证参建单位材料固定地点存放且短期内场地不会变动，在解决堆场用地、缓解现场材料乱堆乱放问题的同时也为后续标准化建设提升提供了较长的周期。

2）统一标准。结合集团公司《建设工程安全生产标准化实施指南》“物品存放”相关内容，对现场材料堆场标准化建设标准进行规范，对堆场隔离围挡设置、物项存放要求和标志标牌悬挂等内容均一一明确，树立堆场建设目标，有效指导现场参建单位实施。

3）强化管理。编制《施工现场材料堆场奖惩制度》，将材料堆场建设标准落实到制度上，明确了对现场材料堆场建设实施月度监督的检查要求及季度评比的考核要求。制定《堆场安全生产标准化建设月度考评表》，每月对现场全部材料堆场进行检查打分，并将考评结果公布通报，通过奖优惩劣，激励参建单位推动材料堆场标准化建设。同时，对现场材料堆场实行季度验收的动态管理，每季度组织对材料堆场标准化建设情况进行检查验收，经验收合格挂牌投用，对验收不合格的督促限期整改，整改无望的责令撤除堆场，充分发挥监督管理作用。

（6）文明施工专项组

1）组织监理单位和主要参建单位成立工具箱、垃圾斗、垃圾点、临时厕所、灭火器和加工棚等 16 个目视化推进小组，负责专项推进整改。

2）如图 4-21 所示，制订三周推进计划，采用全覆盖式推进方式进行提升，每周对推进进展和典型问题进行通报。

项目	华兴土建						中核二三						中核五					
	台账总数	完成进度	剩余数量	本周计划	本周完成	下周计划	台账总数	完成进度	剩余数量	本周计划	本周完成	下周计划	台账总数	完成进度	剩余数量	本周计划	本周完成	下周计划
孔洞（临边防护设施）	999	999	0	251	105	250	3386	3386	0	750	550	698	723	723	0	150	95	110
脚手架	560	350	210	50	250	210	761	710	61	400	400	51	252	252	0	200	200	0
集装箱	370	305	65	100	199	65	421	402	19	100	202	19	53	53	0	0	0	0
自制工棚	147	83	64	60	63	64	28	13	15	9	13	16	17	17	0	0	0	0
休息点	11	11	5	6	6	5	6	6	0	2	6	0	2	2	0	0	0	0
加工棚	48	48	0	16	5	32	4	4	0	4	4	4	0	0	0	0	0	0
灭火器	713	690	23	400	550	23	992	748	244	500	508	244	368	290	78	200	233	78
吊点	14	14	0	10	12	0	722	722	0	300	284	124	1483	1483	0	600	557	427
基坑	6	6	0	0	0	0	0	0	0	0	0	0	0	0	0	0	0	0
危险化学品库	13	13	0	13	13	0	10	10	0	10	10	0	8	8	0	8	8	0
工具箱	788	758	30	150	155	30	1015	919	96	200	218	96	226	202	24	50	39	24
物料斗	106	106	0	41	41	0	4	4	0	0	0	0	4	4	0	0	0	0
垃圾斗	75	75	0	30	30	0	11	11	0	0	0	0	2	2	0	0	0	0
垃圾点	12	12	0	4	4	0	3	3	0	0	0	0	1	1	0	0	0	0
通道管理	15	15	0	15	15	0	6	6	0	6	6	0	0	0	0	0	0	0
厕所	5	5	0	4	4	0	2	2	0	1	1	0	2	2	0	2	2	0

图 4-21　三周推进计划表

3）对重发、频发及涉及较大整顿项的内容，提请公司级会议决策。

4）每三周为提升周期，循环推进，确保整顿效果得以保持。

3. 实施效果

(1) 安全隐患数量明显降低

各参建单位主动消除安全隐患的积极性充分被调动，针对现场各单位制定的安全管控措施合理性得到有效提升，现场安全隐患数量明显降低。工程现场参建单位 20 万工时隐患率趋势如图 4-22 所示。

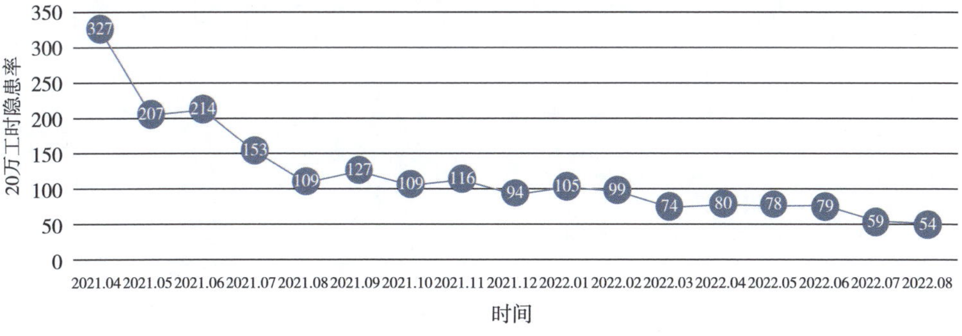

图 4-22　工程现场参建单位 20 万工时隐患率趋势

(2) 设备设施合格率明显提升

通过整合各层级管理资源，降低管理成本、提高管理效率的同时，有效提升各类施工机具的安全状态。对施工机具 35 类要素累计排查 85 279 处，共查处整改隐患 3 549 条，合格率由 88.12%提升至 99.34%，整体状态得到大幅提升，治理效果得到长时间保证。施工机具检查情况和合格率数据具体如图 4-23 和图 4-24 所示。

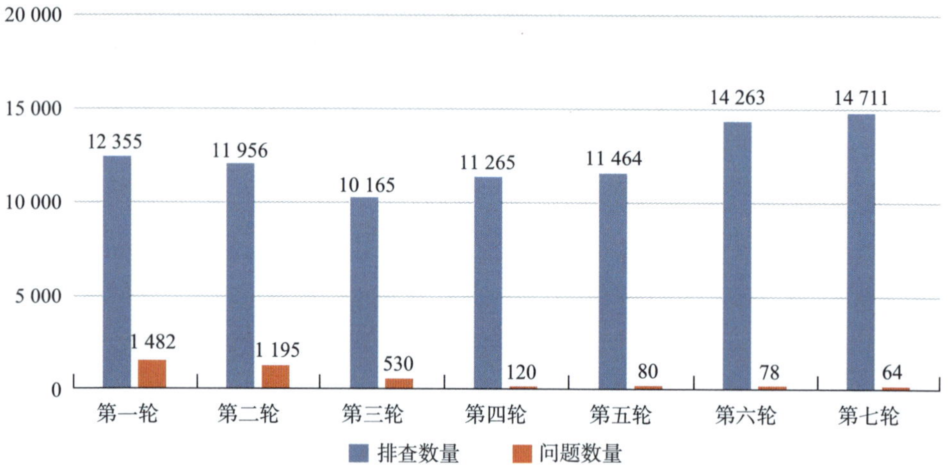

图 4-23　施工机具检查情况

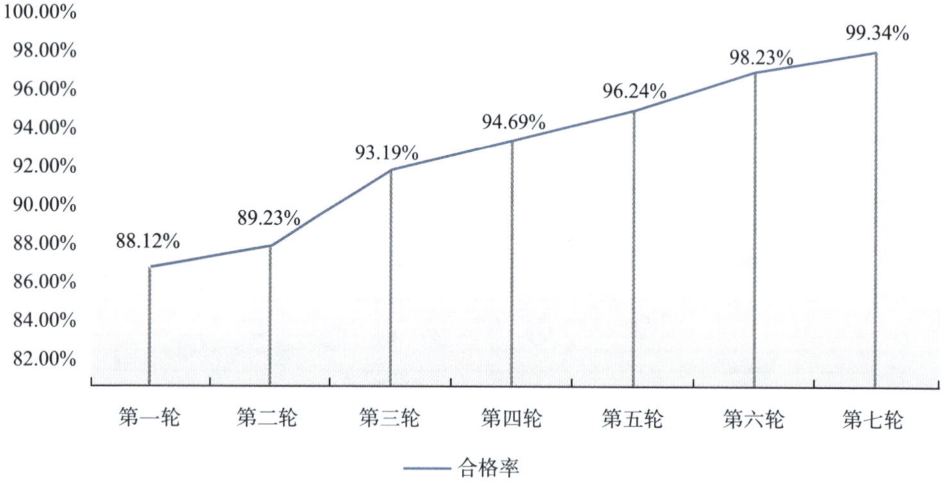

图 4-24　施工机具合格率变化图

(3) 危险化学品管控得到大幅提升

设置危化品库 3 个，临时气瓶棚库 5 个，危化品防爆集装箱 15 个，防爆柜 54 个，防爆通风集装箱 5 个，惰性气体气瓶笼集中存放点 6 个，分类存放、区别对待。确保危化品“一书一签”及二次分装标签张贴制度落实，统一安全警示标识张贴内容，严控危化品“两重点、一重大”。截至 2022 年 9 月，危险化学品存放点设置情况如图 4-25 所示。

截止时间	易燃液体存放点	腐蚀性液体存放点	毒害品存放点	危废暂存点	仅惰性气体存放点	含可燃气体的气瓶存放点
2022年9月	14	1	5	5	6	9

图 4-25　危险化学品存放点设置情况

(4) 塔吊安全状态得到大幅提升

2022 年塔吊专项推进小组共计检查发现塔吊类隐患问题 98 条，已全部完成整改，2023 年塔吊无典型安全隐患。2022 年工程现场共计发生塔吊事件 0 起。专项推进小组检查现场如图 4-26 所示。

图 4-26　塔吊专项推进小组检查现场

(5) 堆场整治取得良好效果

累计完成材料堆场标准化整顿 74 处，保证所有长期堆场设置均达到优秀标准。堆场优秀率变化如图 4-27 所示，整顿后的现场如图 4-28 所示。

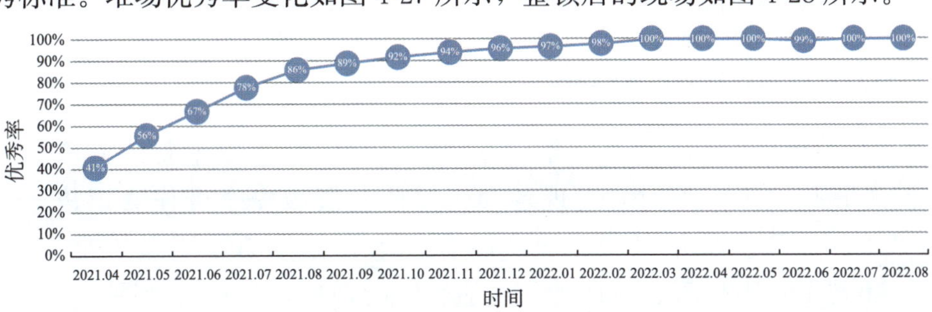

图 4-27　堆场优秀率变化图

图 4-28　整顿后的堆场

(6) 工程现场文明施工形象得到大幅提升

完成临边孔洞标准化整顿 5 107 处、脚手架标准化整顿 1 573 处、集装箱标准化整顿 844 处、自制工棚标准化整顿 192 处、灭火器存放点标准化整顿 2 073 处、吊点标准化整顿 2 219 处、工具箱标准化整顿 2 029 处、垃圾料斗标准化整顿 203 处、标识标牌标准化整顿 5 548 处。

4.1.8　工程现场安全网格化落实管控提升与实施

基本情况	单位名称	中核辽宁核电有限公司
	案例所属专题/领域	建设工程安全整治专项
	类型	□ 技术优化　　☑ 管理提升
	主要创造人	孙健、袁家德、张泽
	参与创造人	唱志勇、刘跃、邵艳川、江锋、马庆宇、刘杰、秦玉玲

案例简介 Case Introduction

2020 年专项整治三年行动伊始，辽宁核电安全管理人员在现场实际工作时，发现各参建单位各层级安全责任意识较差，人员违章和“红黄线”偶有发生，工作动力明显不足，出现了“不想管、不敢管、不能管”的现象，且日趋严重。

为了针对性地解决上述问题，辽宁核电以专项整治三年行动为契机，通过问询、观察、沟通等形式，迅速查找原因：安全责任制落实不到位，导致责任心不强，内动力不足。针对此类问题，辽宁核电发布了《辽宁核电徐大堡工程现场安全网格化实施方案》，充分调动各级管理人员的责任心和荣誉感，通过划区域、定责任人、奖惩结合等手段，直达“病理”，使各层级管理人员主动管、主动问、主动学，各施工区域形成了争先、争优的良好安全氛围，工程现场有了极大的变化，效果显著。

经过三年的努力，2022 年辽宁核电工程现场实现了首次申请安全生产标准化达标评审即实现一级达标成果。

案例详细介绍 Detailed introduction to the case

1. 实施背景

辽宁核电徐大堡项目是中俄两国的“元首”项目，习近平总书记在中俄核能合作项目开工仪式上发表的重要讲话中第一点就指出要“坚持安全第一，树立全球核能合作典范”，因此，“安全”是项目建设的重中之重。为进一步强化提升工程现场的安全管理水平，辽宁核电积极推动工程现场安全网格化责任落实、落地，将各单位各层级安全网格化人员的职责落到实处，真正做到充分调动安全网格化人员对现场安全管理的主动性、积极性，切实提高现场各单位各层级安全管理人员的业务能力水平，进而直接作用于工程现场的安全管控水平的提升。

2. 主要做法

辽宁核电以专项整治三年行动为契机，主动出击，与工程公司和监理公司联合调研，通过问询、观察、沟通等形式，迅速查找问题原因：安全责任制落实不到位，导致责任心不强，内动力不足。通过划区域、定责任人、奖惩结合等手段，直达“病理”，发布了《辽宁核电徐大堡工程现场安全网格化实施方案》，充分调动各级管理人员的责任心和安全意识，有效改善了各级管理人员责任心不强的问题。

（1）制度先行，层层落实

为切实解决各单位各层级安全责任制落实不到位的问题，辽宁核电根据实际情况，制定了《辽宁核电徐大堡工程现场安全网格化实施方案》，工程公司、监理公司及各建安单位根据方案要求制定本单位的网格化实施方案，形成三级安全网格化管控体系（辽宁核电→工程公司和监理公司→各建安承包商），并要求各单位明确各层级安全生产职责、履职要求及奖惩规定（与评优奖项、绩效及职级晋升等相关联），每月定期发布《辽宁核电徐大堡项目安全网络化责任信息清单》，使安全网格化内人员真正提升责任心，管好本人所在区域，进而提升现场的整体安全管理水平。部分制度文件如图 4-29 所示。

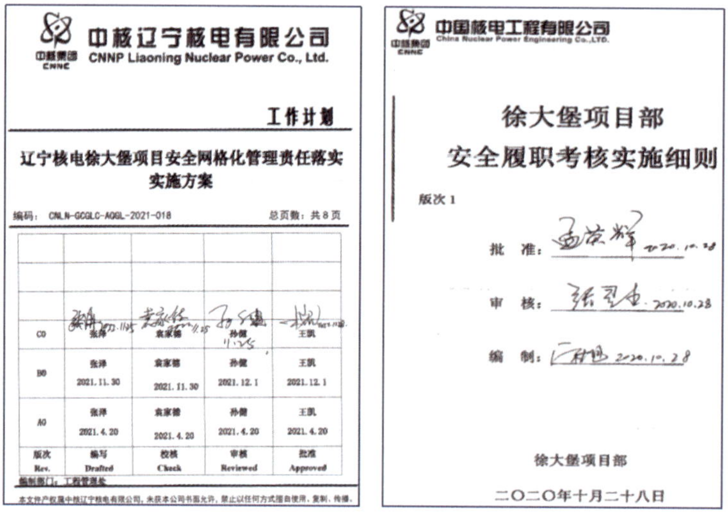

图 4-29　部分制度文件

(2) 评优选优，增强责任心

为充分调动各层级管理人员的积极性，解决“躺平式”管理人员安全管理观念，辽宁核电联合工程公司和监理公司每月根据工程现场的实际情况，对工程现场各施工区域进行细化分解，目前辽宁核电徐大堡工程项目施工区域共 95 个，同时依据《辽宁核电徐大堡工程现场安全网格化区域评选扣分标准》，每月评选出 1～5 个优秀/较差区域，将区域网格化内三级的安全负责人和安全管理人员全部罗列，如图 4-30 所示，并发函到各参建单位进行通报，同时在工程现场大屏幕上进行公示，各参建单位需要在安委会等相关会议上同步进行通报，自上到下切实压实安全生产责任。

2022年7月份辽宁核电徐大堡工程项目安全网格责任区域评比结果											
序号	区域	建安承包商	评比结果	建安单位		CNPE		CNCC		CNLN	
				建安单位/电话	安全监督人/电话	安全责任人/电话	安全监督人/电话	安全责任人/电话	安全监督人/电话	安全责任人/电话	安全监督人/电话
1	41UJA	中核二二	优秀	佟家东 17606405561	宋磊 15668986915	赵长军 18659193258	张志东 15668989855	刘宏伟 13111537855	李昊天 18698993410	陈一然 15541081490	马庆宇 13351601112
2	31UMA	中核二二	优秀	张景雷 15140891665	季尧 18642988882	孙磊 13190149975	侯锐 15541089061	孙建彬 13131198835	李宁 15512180651	徐钰涞 15541081465	刘杰 15541080014
3	二三临建区	中核二三	优秀	陈龙 18750799299	赵晗宇 18525721191	金路 15898225836	阮涛 18698958121	安雪颖 17332978355	李庆忠 13876651842	杨欢 15541081492	张泽 15541080916
4	联合泵房	中电建	较差	周宗镇 13964954139	张鑫磊 14740455509	刘跃文 156689868399	温续刚 19824295005	郭志强 13933845589	李昊天 18698993410	崔程成 15541081459	江锋 15541080426
5	31UJA	中核二二	较差	隋恒国	邹伟	霍海旺	侯锐	王全泽	史国华	陈一然	刘杰

图 4-30　安全网格责任区域评比结果公示

（3）明确履职要求，指导规范作业

为进一步解决网格化人员“不会履职、业务不熟练”等问题，辽宁核电徐大堡项目根据安全管理人员日常监督要求，整理了《日常履职记录表》，如图 4-31 所示，各参建单位根据履职记录表要求进行日常监督检查，有效指导安全网格化人员进行作业，并做到留痕，层层落实监督管理，有效推动网格化人员“想管、敢管”的责任心。为进一步规范现场各类作业行为，强化安全体系要求落地，避免各单位因程序差异而导致现场安全管理要求不统一，辽宁核电编制了《辽宁核电工程现场系统化安全管理手册》，如图 4-32 所示，发布各类危险作业安全管控标准流程 13 项，有效规范指导工程现场的各类危险作业安全管控要求。

辽宁核电安全网格化人员日常履职记录表(安全责任人)

检查区域：　　　　检查人员：　　　　检查时间：

序号	检查内容	是否发现问题	整改单编号
1	是否根据 13 个“安全管控标准流程”对各工种“作业前、作业中、作业后”进行检查。	□是□否□不涉及	
2	作业人员的劳动防护用品是否正确佩戴。	□是□否□不涉及	
3	高风险作业是否按相关管理要求落实，重点检查是否进行先决条件检查、是否有作业票、警戒情况、工作负责人和安全监督人是否在场等（根据程序要求检查）。	□是□否□不涉及	
4	孔洞、临边设置是否防护到位，是否设置防坠落措施。	□是□否□不涉及	
5	是否设置生命线。	□是□否□不涉及	
6	各参建单位是否开展日常履职情况检查（抽查）。	□是□否□不涉及	
7	物料堆放是否满足文明施工要求，施工垃圾是否及时清理。	□是□否□不涉及	

特殊情况说明：如果请假或休假等特殊情况不能到现场，需指定人员现场检查，制定人员要在检查人员处写清楚。

注：在日常监督检查时要合理利用好“工程现场危险源清单”、“危险物项安全环保敏感 SSCs 清单”及“三图六清单”等工具，有效实施全面监督检查。

图 4-31　日常履职记录表

图 4-32　“系统化”安全管理手册

（4）强化安全管控措施，筑牢安全红线

针对工程现场人员违章和“红黄线”较多，安全管理思路和方法

落实不到位等问题，辽宁核电制定了一系列措施帮助和提升安全网格化人员业务能力水平，以及解决现场各类安全问题，主要方式如下：

1）每周组织工程公司和监理公司召开一次安全质量管理座谈会，针对现场发现的一些典型问题进行讨论，沟通协调快速解决。发布《徐大堡项目作业安全分析（JSA）范本》《工程项目高风险作业管理导则》等文件，进一步提升现场管理人员的业务能力水平。

2）现场建立 24 h 值守制度，进行夜间值班巡查，参加早班会等，持续强化现场安全监督，减少施工作业人员侥幸心理，避免因监督不到位出现事故事件。

3）强化过程管控，开展“站起来、再坐下”活动，集合该区域网格化负责人、监督人，形成良好安全氛围。

4）为提高项目经理对安全的重视程度，提升安全责任意识和履职意识，主动关注安全风险，针对现场所有安全生产管理人员、技术人员和一线施工人员等，对各岗位责任、安全管理要求和公司奖惩相关规定等进行宣讲。

5）为充分利用各参建单位的专业技术人才，发挥其专业特长优势，辽宁核电组织 20 余名专家开展安全监督检查工作，2022 年共在四个重要安全领域发现安全问题 225 项，安全建议项 5 项，有效解决安全技术相关问题，提升工程现场的本质安全水平。

（5）奖惩结合，合理部署，增强责任心和内动力

针对安全网格化人员工作动力明显不足，“不想管、不敢管、不能管”的现象，辽宁核电制定了一系列管控措施，从正向进行激励，使“敢作为、想作为”的管理人员真正尝到“甜头”，同时对不能有效履职或责任心不强的人员进行惩处，进而有效提升现场的安全管理水平。

1）为切实提升一线施工人员表率带头作用、提升安全行为意识，辽宁核电发布了《辽宁核电安全质量正面激励点赞卡活动实施方案》，2022 年发放点赞物资 1 000 个，大力提升一线施工人员现场安全管理主动性，同时各参建单位根据本单位人员被点赞的数量，在本单位月度绩效考核中进行加分。

2）对每月被评为优秀区域的网格化责任人，辽宁核电在季度评优

中优先考虑，同时，对连续三次被评为优秀或者一年内被评为四次以上优秀区域的网格化责任人，在年度评优中直接取用，并直接评为本单位的年度优秀员工，并在提拔时优先考虑，大大激发网格化人员的工作动力，该项措施成效显著。

3）为持续增强员工的责任感，辽宁核电将对网格化优秀区域责任人发放“优秀区域责任人”胸牌，并给予优秀区域责任人荣誉证书，以资奖励，提升荣誉感，持续正向刺激和激励安全网格化人员的工作动力，增强责任心。

4）对连续两次或季度内两次被评为较差区域的单位，约谈该单位部门负责人和网格化相关责任人，并更换网格化内不履职、不合格的相关责任人，相关网格化责任人取消本季度评优资格。对连续三次被评为较差区域的单位，约谈该单位项目负责人，相关网格化责任人取消年度评优资格和本单位本年度的评优资格和提升机会，同时本单位要在现场分委会上作通报、检讨，特别严重的更换部门负责人。

3. 实施效果

（1）安全管理水平明显提升

通过安全网格化方案的实施，大大提升了员工的责任心和工作动力，工程师和现场的安全管理人员对安全管理工作的关注度明显提升，由“不想管、不敢管、不会管”到“主动管、主动问、主动学”，各区域形成了争先、争优的良好安全氛围，较以前有了极大的改变和提升。

辽宁核电编制发布了《徐大堡项目作业安全分析（JSA）范本》，开展了“站起来、再坐下”和月度典型隐患整改提升等安全活动，对现场各单位安全管理人员的业务能力水平起到了极大的提升作用，真正做到了“有能力”发现并处理问题。

（2）“红黄线”等违章数量下降显著

通过专项整治三年行动，辽宁核电徐大堡工程项目违章数量由2021年的76项下降到2022年的52项，下降率为32%，如图4-33所示；停工令由2021年的10项下降到2022年的3项，下降率为70%，如图4-34所示。对工程现场的安全管理提升有非常大的促进作用。

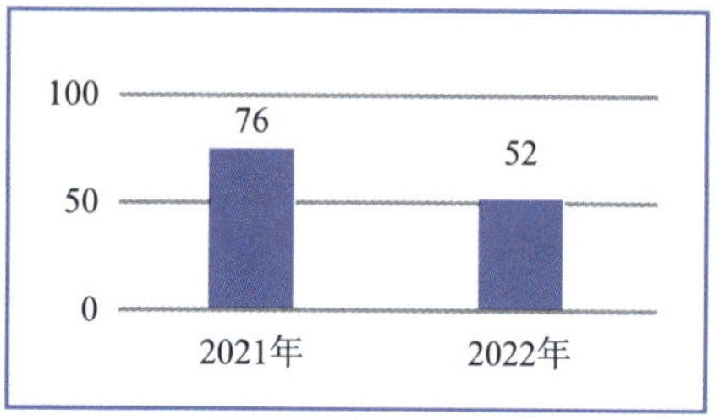

图 4-33 "红黄线"等违章数量变化

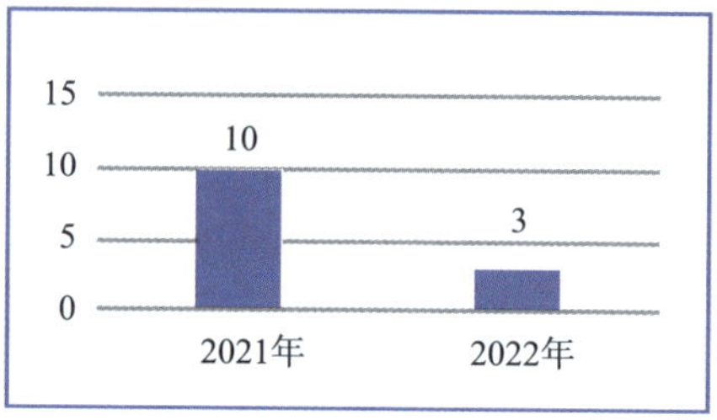

图 4-34 停工令数量变化

(3) 工程现场标准化实现一级达标

2020—2022 年专项整治三年行动期间，辽宁核电徐大堡工程现场已全面完成"质变"到"量变"的过程，现场文明施工和施工环境水平得到明显保障和提升。2022 年 3、4 号机组项目首次申请安全生产标准化达标即实现一级达标成果，增强了现场安全管理团队的信心，同时验证了《辽宁核电徐大堡工程现场安全网格化实施方案》的实施成效。整治前后对比照片详见图 4-35，左为整改前，右为整改后。

图 4-35 工程现场整治前后对比

4.1.9 基建项目标准化建设

基本情况	单位名称	中核核电运行管理有限公司
	案例所属专题/领域	工程基建项目安全整治
	类型	□ 技术优化 ☑ 管理提升
	主要创造人	王建乐、王盼、王玺
	参与创造人	兰佳林、冯君慧、赵国栋、叶青

案例简介 Case Introduction

为提升中核核电运行管理有限公司现场施工项目的工业安全标准化建设与管理水平，加强对施工现场安全风险源的管控，防范相应的工程施工风险，杜绝事故，减少现场违章与偏差等现象，对在运行电厂基建项目安全体系标准进行了明确和优化。

秦山核电基建项目安全标准化手册的实施对于施工单位安全技术措施费用使用的明确，保障了现场的人、机、物和环处于良好的状态，能有效地执行公司安全管理的相关制度。

基建项目标准化建设采取定期（每季度、半年、年）及不定期的安全生产、文明施工达标检查，督促各施工企业建立完善施工安全管理保证体系，落实安全生产岗位职责，健全各项安全生产规章制度，调动全体施工人员的积极性，在整个施工作业过程中，针对每台设备的操作维护，每个工种、每道工序和每个动作都实现标准化作业，确保现场人—机—物达标，那么项目建设的安全工作就能实现完全受控管理，施工现场的生产活动实现规范化、标准化，最终达到强化源头管理的目的，取得卓越的安全业绩。

案例详细介绍 Detailed introduction to the case

1. 实施背景

安全管理标准化运用在工程建设过程中具有极大的现实意义，安全是电厂的生命线，近年来秦山核电基建建设安全生产工作面临新的挑战和问题，一方面是安全责任不明确，安全监督管理制度不健全；另一方面是施工企业内部管理弱化，尤其是施工现场管理存在漏洞，缺乏有效的安全防护措施，责任不落实，管理人员和操作人员未进行必要的教育培训，缺乏应有的安全技术常识，违章指挥、违规操作等。通过实施基建项目标准化建设，协助施工单位建立安全标准化体系，落实安全生产责任，不断提升施工安全生产标准，完善施工安全保证保障系统，建设好施工安全管理体制，确实形成全体成员、全部过程、各个角度的施工安全管理，才能达到施工安全、效益的最佳效果。

2. 主要做法

（1）开发秦山核电基建项目安全标准化手册，并在技术规格书中给予明确，以期加大承包商单位的安全专项投入，实现基建项目的安全管理标准化。

（2）对工程建设过程中的各方管理者进行安全理念培训，统一安全观念，规定目标，明确安全方面的权责，并签订安全生产责任书。

（3）确定建设项目安全管理模式及组织机构。按照国家及行业法规标准的要求，同时结合现场实际情况，确定现场安全管理模式，建立安全生产责任制并落到实处。

（4）建立一套适合项目实际情况的标准化管理制度。首先把工程项目作为一个系统来看待，遵循 PDCA（计划、执行、检查和处理）的运作模式，然后进行系统标准化管理策划及实施。

（5）工程建设承包商准入机制标准化。包括两个方面：1）明确管理层面的准入条件，比如审核承包商近几年的安全业绩、安全管理能力，在招投标管理中制定相应的安全技术措施费用的标准，规范承包商选择条件、开工条件；2）对人员、机具设备进入条件的规范化、标准化，从而达到“人的标准化”“物的标准化”。

（6）制定、推行现场作业环境标准。通过现场作业环境标准化的实施，来实现人与环境的友好界面，使安全管理达到预期效果。

（7）作业过程控制标准化，这是工程安全管理标准化建设的重中之重，它包含两个方面的内容：1）标准化作业；2）过程控制标准化。

（8）根据秦山核电基建项目安全标准化手册，采取定期（每季度、半年、年）及不定期的安全生产、文明施工达标检查，督促各施工单位建立完善施工安全管理保证体系，落实安全生产岗位职责，健全各项安全生产规章制度，正确处理好安全与生产、安全与效益的关系，使基建项目做到领导到位、措施到位、责任到位和意识到位，努力降低工伤事故发生率。

3. 实施效果

通过实行秦山核电基建项目安全标准化手册，建立健全承包商安全管理体系（安全生产目标、安全管理机构和安全管理人员、安全生产管理制度、安全生产教育和培训、安全投入、安全设施“三同时”、作业安全、隐患排查、危险源监控及事故应急等方面），使各生产环节符合有关安全生产法律法规和标准规范的要求，人、机、料、法和环处于良好的状态，并持续改进，不断推进秦山核电基建项目高标准建设工作。

（1）持续提升各参建单位安全管理体系的有效性，不断夯实安全管理制度基础，每年组织开展协作单位安全管理体系专项监督检查，优化施工承包商安全教育培训、事故事件报告流程等制度程序，推动程序标准要求易理解、好执行。

（2）通过基建项目信息化建设，利用门禁系统、视频监控系统等信息化手段直观地了解建筑工地现场各区域的详细状况，可及时发现安全隐患并处理。

（3）通过强化安全生产法律、法规和安全技术标准、规范的教育培训，提高施工人员整体素质。在全面培训的基础上，重点抓事故单位、安全检查不合格单位、安全管理薄弱单位的各安全监督管理机构执法人员和建筑业企业管理人员的培训教育工作，强化安全意识，提高安全管理人员素质。

（4）根据工程基建项目安全专项整治重点，在组织开展日常安全巡检的基础上，不定期地对专项整治薄弱部位进行重点检查和跟踪督查，并努力做到“四个结合”，即检查与自查结合、检查与专项整治结合、检查与整改结合、检查与追究结合，切实消除安全事故的隐患。

4.1.10 建设“精品厂房、精品系统”，助推华龙工程优质发展

基本情况	单位名称	福建福清核电有限公司
	案例所属专题/领域	建设工程安全整治专项
	类型	□ 技术优化　☑ 管理提升
	主要创造人	朱金刚、崔晓、杜鹏
	参与创造人	骆真荣、郝元、李松、袁凯、林享、万国松、惠明辉

案例简介 Case Introduction

福清核电“华龙一号”机组作为全球示范工程，受到社会各界的广泛关注。作为我国自主研发的第三代核电技术，“华龙一号”对于国家“一带一路”和中国核电“走出去”的战略实施起到有力支撑和助推作用。为擦亮“国之重器”这张靓丽的国家名片，建设质量优、环境美的高标准厂房，打造行业标杆，创造一流业绩，特组织策划“精品厂房、精品系统”品牌建设工作，有针对性地开展华龙机组安全隐患排查、标牌管理优化、防走错间隔管理提升、防人员误碰专项整治和设备快速精准定位等各类提升活动，补短板强弱项，全面提升华龙机组本质安全，助推华龙工程的优质发展。

案例详细介绍 Detailed introduction to the case

1. 实施背景

福清5、6号机组（“华龙一号”）经过工程建设、调试运行和大修等各个阶段的考验，机组仍处于运行初期阶段，现场标牌管理、防

走错间隔管理、防人员误碰和安全隐患排查等方面仍有较大提升空间。为了建设质量优、环境美的高标准厂房，全面提升华龙机组本质安全，打造行业标杆，创造一流运行业绩，福清核电积极组织策划“精品厂房、精品系统”品牌建设工作，集中力量，上下联动，快速、全面地消除现场人因失误陷阱，助推华龙工程的优质发展。

2. 主要做法

“精品系统、精品厂房”建设的重点是“精细化”，采用“三重包干”的管理方式，确保现场所有系统及厂房巡检的深度和广度。

（1）第一重：管理包干，所有处室管理层、白班科值长每月至少应进行一次精细化巡检，保证对 5、6 和 7 号机组所有厂房及系统的巡检全覆盖，熟知包干厂房内各类物项的状态，对存在的各类问题提出整改意见。

（2）第二重：技术包干，所有厂房负责人（专工）每月至少对负责的厂房进行一次精细化巡检，保证对 5、6、7 号机组所有厂房及系统的巡检全覆盖。

（3）第三重：运行值包干，按照包干厂房进行深度的精细化巡检，并在学习班期间由各运行值长带队开展现场精细化巡检，编制巡检报告，录入系统跟踪。

与此同时，结合现场实际工作，开展各类安全质量管理提升活动。

（1）标牌管理提升

制定标牌整改“四大黄金法则”，由运行技术科牵头，针对现场标牌出现的松动、严重褪色、脱落、悬挂不规范和定位错误等问题全面整改、优化，减少标牌人因失误陷阱。

1）法则一：标牌“生根位置”

标牌固定点生根位置确定。即“标牌＋托架＋卡箍＋背粘胶”与系统上“管道、支架、螺杆、部件、箱壳”等固定点、生根点是表征“标牌”与“设备”对应关系的“最权威、最重要、最唯一”判据，是防止人员走错间隔的最直接判断依据，所以必须保障每个设备标牌“固定点”应尽可能靠近设备生根位置，竭尽全力地远离其他设备，以避免产生人因失误陷阱和歧义。

2）法则二：标牌“势力范围”

任何设备设施都有它的“空间势力范围”。即该设备所有外轮廓向四周空间扩展一定范围，又不触犯其他设备的“空间势力范围”，就属于该设备的“领空”。通过调节标牌安装卡箍及支架，应竭尽全力地使标牌本身落在表征设备的“空间势力范围”内。避免标牌“落入”或“侵犯”其他设备的“空间势力范围”。

3）法则三：标牌“人性化”

标牌的安装必须“人性化”。即现场设备标牌的安装需要有合适合理的方向，以确保现场工作人员核实标牌中文名称和九位码。应竭尽全力地避免人去“倒着看、侧头看、探头看”。

4）法则四：内容清晰、安装牢固

应对现场标牌的字迹、清晰度进行整改。即处理好现场标牌褪色问题、油漆覆盖问题和沾污问题，标牌底色和字体颜色应该对比清晰、容易辨识，标牌上字迹应清晰、易辨识。阀门标牌整改前后对比如图 4-36 所示。

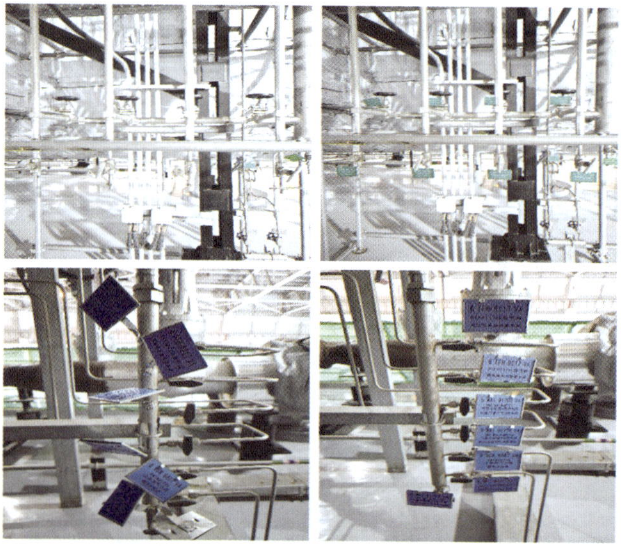

图 4-36　阀门标牌整改前后对比图示

5、6 号机组电气盘柜的标牌受日光灯照射影响，褪色严重，识别困难。为消除存在人因失误风险，运行三处积极采取措施，克服数量大、易出错等诸多困难，对褪色标牌进行了整体更换，大大降低了人因失误的风险，现场安全得到了进一步提升。标牌更换前后对比如图 4-37 所示。

图 4-37　电气设备标牌更换前后对比图示

运行三处成立标牌整改专项小组，根据大修工期，结合“四大黄金法则”对现场标牌实施全方位的整改，累计整改 30 000 余块标牌，从根本上消除标牌类人因失误陷阱。

(2) 设备定位管理提升

华龙机组 7GB 沟范围大，分布广，存在现场设备定位困难、影响机组正常工作开展的问题。运行三处组织讨论并在每段 GB 沟设置定位编号及指示图，在 7GB 沟厂房增设布置总图、分段指示方向图和区段指示编号等，如图 4-38 所示，以便提升 7GB 沟设备定位的快速性和精准性，方便现场人员开展工作。累计粘贴 660 余块指示牌，持续推进高标准厂房建设，助力“两个标杆”的实现。

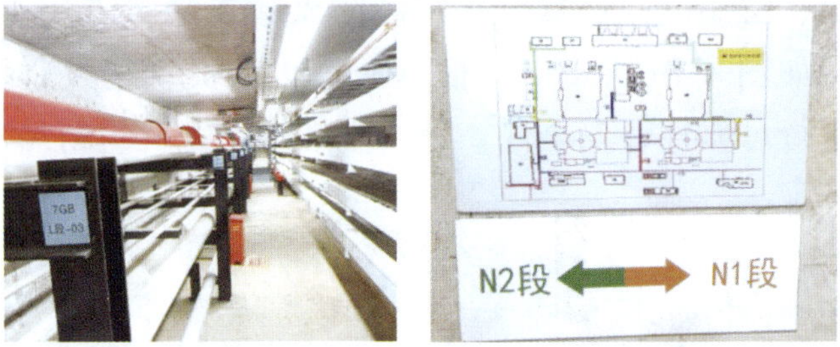

图 4-38　设备定位指示图示

(3) 防走错间隔管理提升

为防止生产过程中人员走错间隔误操作，确保人员人身安全、电力设备安全，以及更好地管控 5、6、7 机组走错间隔的人因风险，从以下六个方面开展防走错间隔工作，从而杜绝走错机组间隔现象的发生：

1）增设语音提示器。

2）公用厂房设备周边地面刷涂机组号。

3）厂房边界房间门涂刷腰线。

4）厂房边界门地面喷涂机组号。

5）旋转门防走错间隔标识。

6）增加配电盘地贴。

防走错间隔相应地贴、标牌等如图 4-39 所示。

图 4-39　防走错间隔图示

(4) 防人员误碰专项整治

防误碰管理是核电厂安全运行中很重要的环节。通过常见误碰事件案例的分析，结合现场实际情况，对症下药，开发使用各类防误碰工具，如防误碰屏保、防误碰保护罩、一字阀防误碰支架等专用工具，增加现场技防措施，如图 4-40 所示，从根本上防止人员现场误碰事件的发生，提高机组的运行可靠性、安全性，进一步推进华龙机组精品建设。

图 4-40　防误碰措施图示

(5) 直爬梯改造

为充分落实“隐患就是事故”的理念，积极组织开展华龙机组孔洞临边安全隐患专项整治行动。对现场竖梯盖板打开形成孔洞临边风险、爬梯扶手过短、无安全带挂点和盖板过重等问题，组织实地评估，共梳理整改 35 处临边孔洞问题。通过现场粘贴警示标识、增加正式围栏和直爬梯改斜爬梯（图 4-41）等有效措施，从根本上解决临边孔洞安全隐患，提升华龙机组安全管理水平。

图 4-41 直爬梯改造前后图示

3. 实施效果

活动开展以来，组织开展精细化巡检 330 余次，完成精细化巡检报告 500 余份，从设备的标识标牌、系统厂房缺陷、现场安全隐患、人因失误陷阱和误动误碰设备等多个维度展开精细化巡检，深挖现场隐患，共计排查问题 15 000 余项，主要集中在厂房设备缺陷、设备标识类和工业安全隐患三方面，统计情况如图 4-42 所示。

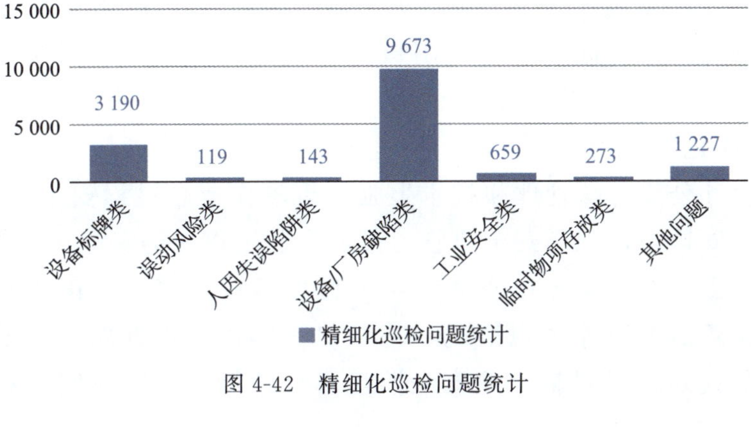

图 4-42 精细化巡检问题统计

华龙机组的系统和厂房环境焕然一新，如图 4-43 所示，尤其是设备的状态、厂房的环境等得到了很大改善，各类安全隐患、设备缺陷通过整改、变更等手段已得到妥善处理，有效地保障了设备和人员的安全。

图 4-43　标杆厂房图示

4.1.11　工程现场安全一体化智慧办公体系建设

基本情况	单位名称	三门核电有限公司
	案例所属专题/领域	建安工程安全整治
	类型	□ 技术优化　☑ 管理提升
	主要创造人	李凡、施大伟、李熙
	参与创造人	周义江、徐俊、王甫永、吴亮、张波

案例简介 Case Introduction

为积极践行三门核电“六大控制七个零”高质量精细化管理要求，高标准推进三门核电二期工程建设。三门核电坚持业主主导，监理、总包和施工单位共同参与的“穿透式”“一体化”“精细化”安全管理方法，成立建安领域工程安全联合办公室。从管理和技术上强化现场作业全过程安全管控，统筹安排工程现场安全监管力量，保证工程现场安全状态。

工程安全联合办公室针对工程现场接口多、变化快和作业面繁多复杂等客观情况，基于“一体化”管理思维，采用团队式办公、智慧工地安全监控、每日例会、每周例会和工程分委会等管理工具，进一步融合建安工程安全管理“六个一”的理念，促进安全管理一体化，打破管理壁垒和沟通障碍，建立了工程现场安全一体化智慧办公体系。

案例详细介绍 Detailed introduction to the case

1. 实施背景

虽然自三门核电一期工程以来，建安领域安全业绩良好，但未遂事件、典型红黄线违章时有发生，工程现场安全形势依然严峻，实现“零事故”目标任重而道远。一线作业人员安全培训效果差、人员违章/隐患数量居高不下，以及基层班组建设水平较低等安全管理“顽疾”亟待解决，这就需要三门核电继续向前一步，通过创新管理手段，直面一线班组和作业人员，稳步提升安全管理效率。

为积极践行三门核电“六大控制七个零”高质量精细化管理要求，高标准推进三门核电二期工程建设。三门核电坚持业主主导，监理、总包和施工单位共同参与的“穿透式”“一体化”“精细化”安全管理方法，建立了工程现场安全一体化智慧办公体系。

2. 主要做法

(1) 以工程指挥中心监控大厅为基地，结合智慧工地等技术手段，实现实时协调和决策

1）业主、监理、总包和主要施工单位共同参与，成立安全联合办公室。

工程管理处组织制定了《建安领域安全联合办公室运作管理办法》《工程指挥中心视频监控室管理制度》《工程指挥中心使用和运维管理规定》，明确了建安领域安全联合办公室、工程指挥中心及视频监控大厅的运作管理要求，并对安全联合办公室的组织机构、工作内容及具体工作方式和要求都进行了明确。

2）安全联合办公室集体办公，各方以工程指挥中心监控大厅为基地。

为达到“一体化”联合办公的目的及效果，工程安全联合办公室各成员单位在工程指挥中心监控大厅集体办公（办公电脑有外网电脑和内网电脑），如图 4-44 所示，方便大家可以及时、深入和全面地对安

全问题进行沟通交流，实现渗透式沟通，安全信息和问题实时沟通解决，按照一个团队的理念高效推动工程现场安全管理工作顺利开展。

图 4-44　安全联合办公室集体办公

3）建设智慧工地监控大厅，安全联合办公室各单位专人监屏。

智慧工地安全监控大厅总面积约 123.77 m^2，主要用于工程建设远程指挥、安全监控人员远程值班。大厅内设有由 12 块 55 英寸 LCD 显示屏幕组成的显示幕墙。其中，4 块屏幕用于实时显示现场监控视频；4 块屏幕用于塔机监控、中高风险作业预告等；4 块屏幕用于显示风速等环境监测数据、进度计划关注等。

安全联合办公室各单位每天安排专人进行视频监控，依托智慧工地系统，通过二期工程现场已安装的约 50 个摄像头，对整个工程现场实施可视化监管。2022 年共计完成监屏日志 60 余条，视频监控发现问题 136 项，事件视频回放追查 10 余项，有力支持了工程现场的安全监督、检查及问题追溯。

视频监控发现的安全隐患主要有高处作业、起重吊装和施工用电等方面的违章作业，通过视频监控实时高清监控现场作业情况，实现对现场作业的全方位同步管控，进一步提高了二期工程现场的精细化管理水平。

（2）精细化风险管控，通过安全工单化管理，实现每日作业计划安全监管精准覆盖

1）为加强工程现场安全风险分级管控，将所有作业活动风险等级分为低、中和高三级，并制定相应的管控要求。

在《工程现场作业风险分析及管理规定》《建安安全工单化管理》程序及已有的工业安全信息化系统基础上，策划并开发出“周计划管

理”“建安工单”两个模块，规范作业计划，落实风险分级管控。

“周计划管理”模块主要以周为单位收集汇总各参建单位施工作业计划，实现了作业计划的有效控制。“建安工单”模块主要用于中、高风险作业安全分析，根据具体的作业活动风险制定有针对性的安全管控措施，保证了中、高风险作业活动的全面管控。

2）每周五召开安全管理周计划会，会前三门核电收集各单位下周所有工作计划，每条工作计划需要标注风险等级，在会议中各方对风险分级进行挑战分析。

2022年共组织召开50次建安工单周计划会议，每周对300余项作业活动进行安全分析，梳理中、高风险作业活动清单，通过在中、高风险作业控制单中进行选点见证，实现各级管理人员对现场的分级管控，并通过不定期现场抽查，保证了对工程现场作业活动的有效安全管控。

（3）全方位、多方法、系统化加强现场安全隐患排查治理及安全生产标准化建设。

1）各区域每天召开施工现场安全碰头会，对现场发现的人员违章和安全隐患进行通报，责任单位及时整改并对作业班组进行培训宣贯。

各区域每日召开现场安全碰头会，提出当日安全管理重难点，分析现场中、高风险作业情况，分析现场是否存在交叉作业安全风险，并针对需要解决的安全问题明确解决方案，实现“安全监管力量合理分配、工作互相支持、问题及时解决、安全监督有效落实”的目标。

2）每周四公司领导组织项目经理进行施工现场安全生产标准化联合检查，提高各单位的安全重视程度，有序改善现场安全生产状态。

为提高二期工程现场安全生产标准化水平，安全联合办公室在公司领导指示下，每周四由公司副总监带队组织开展“项目经理安全生产标准化联合巡查”。2022年共组织9次，检查整治安全生产标准化问题400余项，显著提高了二期工程现场的安全生产标准化水平，同时对开展工程现场全员安全生产标准化建设工作起到了极大的引领作用。

（4）凝聚专业力量，促进安全管理工具创新

1）成立建安领域安全专家组，对高处作业及临边孔洞、脚手架、起重吊装和施工用电等重要工作进行专项安全检查。

随着二期工程正式开工，工程现场的工作面逐步展开，工作量逐步增加，工程现场的安全隐患也越来越多。为了及时彻底地消除安全隐患，工程安全联合办公室组织开展了四次安全专家组专项检查，对工程现场的高处作业及临边孔洞、脚手架、起重吊装、施工用电进行了彻底检查，不仅解决了现场存在的安全隐患，还从管理角度给出了后续安全管理提升的有效建议。

2）每周安全例会，按照“公开、透明、分享”的原则，对上周的典型安全问题和安全管控重难点进行分析讨论，按照一体化的思路解决现场的疑难杂症。

每周一在工程指挥中心组织二期工程各协作单位召开每周安全协调会，通报上周典型安全隐患问题、本周主要工作（包含中、高风险、危大工程）、重要安全关注事项，宣贯最新管理要求，协调处理二期工程存在的管理问题等。2022 年共计组织 26 次周协调会，协调处理各类问题近百项。

3）安全管理“一体化”“精细化”，精简各单位重复工作，将工作重心放在现场、放在一线。为进一步融合建安工程安全管理“一个目标、一套制度、一个团队”的理念，促进安全管理一体化，打破管理壁垒和沟通障碍，避免专项检查重复开展，联合办公室组织监理/总包单位提前对下月的专项检查进行整合。合并后的检查计划不仅能够全面覆盖下阶段现场安全管理重点，又能有效降低重复检查造成的人员精力和时间的浪费，提高工程现场的检查效果及各方的工作效率。

高效运作安全员网络，持续提升工程现场安全员工作积极性、主动性，进一步向现场、向基层要安全管理实效，切实把安全员用起来、动起来，持续提高安全员网络管理水平。安全联合办公室每周排布核岛、常规岛/BOP 区域网格化监督旁站排班表，实现一体化现场安全监督，确保全时段全区域有业主/总包/监理人员进行安全监督。

4）开发安全检查工具卡，方便现场检查和工作实施，保证现场工作规范性。

联合办公室开发“安全标准检查卡”“岗位安全须知卡”“脚手架验收卡”“活动脚手架使用须知”“安全生产管理人员安全应知应会手册”等，对安全管理人员和作业人员的工作进行规范。对于风险较大、使用较多的起重吊装、脚手架、施工机具、危化品、受限空间和坠落防护，牵头编制管理细则，统一整个工程现场的要求。

（5）充分发挥安全奖惩措施，高效推动工程现场的全员安全管理工作有序开展

安全联合办公室对现场严重违章行为进行扣款，2022 年共发起扣款单 51 份，合计 216 000 元。对现场的安全良好行为发放点赞卡进行奖励，2022 年共发起点赞卡七百余张。

建立建安承包商安全管理绩效考核指标体系并实施考核，通过《三门核电建安承包商安全绩效评价实施方案》推动各承包商把安全管理要求和措施融入自身日常管理流程，促使其结合自身实际和现场作业风险特点，主动思考并落实各自的改进提升措施，以持续提升工程现场的安全管理水平。

3. 实施效果

（1）违章率得到有效改善，作业人员安全意识和安全技能不断增强

三门核电安全联合办公室带动参建各方人员深入一线，当面解决工程现场安全问题，使得三门核电建安领域 20 万工时违章率较往年得到有效改善，处于绿区范围内。班组一线人员的安全意识和安全技能不断增强，一线班组内部逐渐形成了积极向上的安全氛围，为打通安全管理“最后一公里”的目标提供了良好的示范和借鉴。

（2）一体化安全管理体系有效落地，安全管理水平不断提高

三门核电安全联合办公室推动参建各方管理步调逐步协调，管理标准趋于统一，各方安全管理共振效果明显。安全管理的理念和要求从上至下有效传递，三门核电工程现场的安全生产状态显著提升。

4.1.12　全天候安全监督模式

基本情况	单位名称	中核霞浦核电有限公司
	案例所属专题/领域	建安工程安全整治
	类型	☐ 技术优化　☑ 管理提升
	主要创造人	贺睿端、魏向阳、晋建伟
	参与创造人	刘涛、李更兴、杨赞、王昌军、李思远、李小宁

案例简介 Case Introduction

2021—2022 年正值示范快堆工程 1 号机组土建、安装高峰期，施工总人数逾 25 000 人，受海岛施工条件艰苦、其他核电项目陆续开工及“新冠肺炎”等影响，现场承包商有经验人员稀释严重、安全管理力量薄弱、作业班组人员流失率居高不下、人员频繁更替、安全意识欠缺及 24 h 不间断施工的新常态，为施工现场安全管理工作带来很大挑战。结合示范快堆工程现场全面加强安全生产管理，制定《工程管理处值班管理规定》，实行现场值班机制。

案例详细介绍 Detailed introduction to the case

1. 实施背景

2021—2022 年正值示范快堆 1 号机组施工高峰期，土建、安装、制造厂现场拼装同时段施工，24 h 不间断作业，工程现场存在作业种类和人员多、工程设备与施工机械多、危大工程和高风险作业多等复杂环境，事故隐患和各类安全风险交织叠加。为把各类风险控制在可接受范围内，减少事故隐患，确保工程建设的安全生产，推动项目建设总体目标“后墙不倒”的实际需要，推行全天候安全监督模式。

2. 主要做法

（1）工程管理处制定现场值班管理办法。

（2）制订计划，组织安全监督人员值班。

（3）进行现场巡查与观察指导，反馈公司领导交办的重要事项；及时报告并处置安全、质量相关事项。

（4）明确值班人员责任：

1）督促检查参建单位围绕当前主线任务的人力、物力配备情况，施工管理人员和安全管理人员在场履职情况。

2）按照立查立改的原则，对工程现场物的不安全状态、人的不安全行为、管理缺陷及作业环境不良的状况进行检查。

3）对夜间高风险作业进行重点巡查或旁站监督。

（5）发生紧急重大情况时，按照相应的突发事件应急预案处置和报告。

（6）对各参建单位管理人员夜间履职情况进行抽查验证。

3. 实施效果

全天候安全监督模式的实施有效降低了工程现场安全风险，使各类安全隐患得到快速有效的消除，为示范快堆工程有序、高效推进提供保障。

4.1.13　智慧工地信息化监管与应用

基本情况	单位名称	中核霞浦核电有限公司
	案例所属专题/领域	建设工程安全整治
	类型	☐ 技术优化　☑ 管理提升
	主要创造人	贺睿端、魏向阳、晋建伟
	参与创造人	刘涛、李更兴、杨赞、王昌军、李思远、李小宁

案例简介 Case Introduction

智慧工地项目作为霞浦核电厂1号、2号机组建设施工的重要支撑，既是落实“全国安全生产专项整治三年行动计划”的重要举措，也是落实集团公司有关数字核电建设规划的有力实践；既是霞浦核电厂智慧工地建设的首期试点，也是霞浦数字电站的重要组成部分；既是“云大物移智”新一代信息技术在霞浦核电厂的落地应用，也是“核＋北斗”在核电领域的首次大规模应用。

为了支持工程建设和管理，以信息化规划为先导，启动智慧工地系统建设，本期项目主要包括视频监控、人员定位、网络传输、可视化展示、门禁测温和智慧工地管理平台等。

案例详细介绍 Detailed introduction to the case

1. 实施背景

2020 年 10 月 25 日，中国核工业集团有限公司（以下简称“集团公司”）印发关于《重点施工现场人员安全智能化管理基本要求》的通知（中核安发〔2020〕103 号），通知中要求，要加快推进重点施工现场人员安全智能化管理系统建设，通过信息化、智能化手段，将施工现场人员安全管理从“被动监督”变“主动监控”，实现人员安全管控事前预警、事中常态检测、事后规范管理，保障施工现场人员安全风险可知可控。统筹考虑设计、建设和运营等不同阶段的应用需求，构建可复用、可扩展、可推广和安全可控的人员安全管理和防范体系，推进“三个基础＋N 项扩展”等功能的应用。

2020 年 12 月 25 日，国家能源局、生态环境部联合印发了《关于加强核电工程建设质量管理的通知》（国能发核电〔2020〕68 号），要求发挥现代信息化技术在核电建设管理中的作用，深入研究推广信息化、智能化、大数据和区块链等新技术在核电工程建设管理中的应用，统筹建设共享高效的信息管理平台和“智慧工地”，提高建设项目管理信息化、智能化水平，更好保障工程质量。

2. 主要做法

2021 年 4 月 19 日，霞浦核电智慧工地项目启动。同年 5—6 月完成示范快堆 1 号机组核岛部分房间、常规岛、部分堆场、大件码头和部分 BOP 子项等区域视频监控投用、部分人员定位投用。

2021 年 6 月 25 日，召开示范快堆 1 号机组智慧工地项目预验收会。同年 7—10 月完成设备加装、定位终端升版、系统试运行、遗留问题修改、系统运维和变更等工作。

霞浦核电智慧工地项目综合利用北斗＋蓝牙定位、物联网、边缘计算和 AI 智能分析等技术，为示范快堆高峰期 15 000 名建设者、77 万 m^2 厂区提供全天候实时定位服务，同时对未戴安全帽、吊装警戒不规范和擅闯隔离区等多种违规行为进行有效识别，支持霞浦核电有效监督现场施工安全管理。霞浦核电 1 号机组现场全场布置了摄像机 272

台，其中 253 台枪机用于实时监测核岛、常规岛和 BOP 厂房等密集施工区域；可根据现场需要，为指定枪机设置 AI 预警类型，全面支持现场安全管理；16 台球机主要分布于塔吊、综合仓库和辅助开关站等制高点，通过调整球机角度可以灵活切换拍摄画面，支持现场施工安全巡查和监管，还原事件真相；3 台鹰眼分布于 430 边坡、小庙山顶和 1 号核岛 20 m 大厅，360°全景高清拍摄，在满足安全管理需要的同时，也可实时记录现场施工进度，满足业主党建宣传等其他需求。同时布置了 64 台定位基站，其中 1 号核岛基站 52 台，1 号常规岛基站 3 台，室外基站 9 台。布置了 1 146 个定位信标（分布于 1 号核岛和常规岛）。

3. 实施效果

霞浦核电智慧工地项目是北斗示范项目在核电的第一个重要应用，是国内首个基于北斗定位超过 10 000 人的工程建设项目，对于推动“核＋北斗”示范应用和数字核电建设具有重大意义。

（1）AI 算法可以有效识别 5 类安全隐患，增加监管覆盖面，减少安全隐患，提升管理效率。

（2）3 台鹰眼、16 台球机全时段、多方位、高角度拍摄核电工程现场，有效支持现场安全巡视、快速掌握工程进度、监护施工作业场景，支持每日会议查看、事件回溯和党建宣传。

（3）实时统计各网格、区域的定位人数，定位数据实时更新，有效掌握各工作面、各时段的人数、工种分布。

（4）掌握施工人员在厂区室内外的行动轨迹，支持轨迹回放。定位与视频精准联动，直观呈现人员的位置和人员实时画面，有效支持复杂安全事务管理。

（5）一键报警让管理人员第一时间发现处于报警中的人员和位置，进行快速处置，有效保障现场施工人员的人身安全。

（6）通过危险作业管理，进行作业围栏警戒，快速有效发现非作业人员闯入和作业人员离场，规范现场作业秩序，降低安全风险。

（7）显示现场良好行为和不良行为，起到正面引导、实时警示的作用。

根据网格化管理要求，将 AI 及定位报警通过邮件按照网格发送给相应的管理人员，实现定向通知。通知人在系统中进行报警处理，实现闭环管理。

4.1.14 安全状态评价指标量化

基本情况	单位名称	中核国电漳州能源有限公司
	案例所属专题/领域	建设工程安全整治专项
	类型	☐ 技术优化 ☑ 管理提升
	主要创造人	杨俭泗、洪艳明、黄银宙
	参与创造人	陈友谊、李辉忠、卢世民、鲁保成、赵春晖

案例简介 Case Introduction

在中国核电安全生产专项整治三年行动中，中核国电漳州能源有限公司基于业主负责制下工程总包模式、三方（业主、工程总包、监理）隐患数据，构建安全状态评价量化指标，用于评价核电工程安全管理状态。

以可趋势分析、能在事故前进行控制、零事故为目标，重点从单一指标和综合指标两个方面，建立核电工程综合性安全评价体系。单一指标是以月为周期的 20 万工时的红黄线数、关键隐患数，其中红黄线重点管控人的不安全行为，关键隐患重点管控物的不安全状态；综合指标是针对发生率更低的安全约束性指标，累计计数并采取通报的形式，主要针对安全专项监督检查或针对某对象的主观安全评价。

案例详细介绍 Detailed introduction to the case

1. 实施背景

认真学习领会习近平总书记关于安全生产重要论述，坚决贯彻落实党中央、国务院关于安全生产决策部署，深刻汲取电力重特大事故教训，大力推进电力安全生产领域改革发展，逐步形成“安全是技术、安全是管理、安全是文化、安全是责任”的“四个安全”治理理念，提高安全治理水平。

逐步推进开展以月为周期的国际安全评级系统（ISRS）等综合指标安全评价，创新整合现有安全评价体系，采取简洁、通用、可提取的指标形式，构建科学量化的评价指标体系，评价现场安全管理状态，以供领导层决策，推进安全监督管理从定性向定量转变。

2. 主要做法

以可趋势分析、能在事故前进行控制、零事故为目标，从单一指标和综合指标两个方面建立综合性评价体系，用于评价核电工程安全管理状态。单一指标是按月为周期的 20 万工时的红黄线数、关键隐患数，其中红黄线重点管控人的不安全行为，关键隐患重点管控物的不安全状态；综合指标是针对发生率更低的约束性指标，累计计数并采取通报的形式，主要针对安全专项监督检查或针对某对象的主观安全评价。具体如图 4-45 所示。

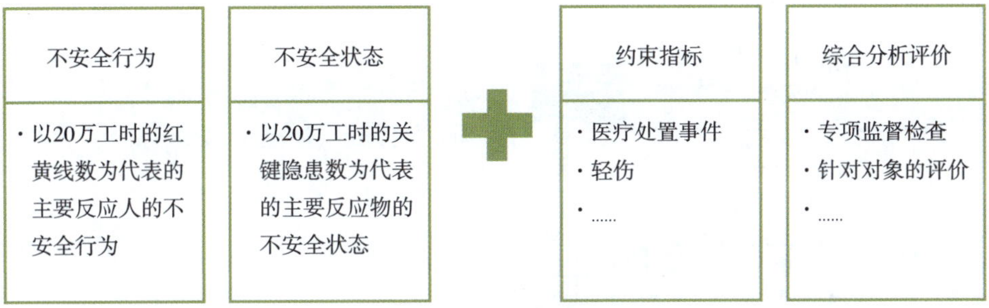

图 4-45　单一指标和综合指标

如图 4-46 所示，上述指标全部采用涂色的形式：（1）设为绿色、黄色和红色；（2）使用业主、工程总包、监理三方的隐患数据，参考国际惯例统一取 20 万人工时；（3）以数据计算的客观评价指标按近一年来的平均值为参考设置今年的涂色基准线；（4）每年年初修订一次基准线，稳步提高安全指标要求。

指标名称	评价方法	绿色	黄色	红色
20万工时红黄线数a	$\frac{三方红黄线数 \times 20万人工时}{月总人工时}$	a≤0.4个	0.4<a≤0.6	a>0.6
20万工时关键隐患数b	$\frac{三方关键隐患数 \times 20万人工时}{月总人工时}$	b≤3个	3<b≤4	b>4
约束性指标	计数	未发生	非0的约束性指标发生但未突破上限	突破约束性指标
专项监督	三方联合主观评价（或综合分析法等）	偶发、受控	体系、管理有较为薄弱环节	体系、管理有较大弱项，基本失效

图 4-46　指标评价方法和分级

3. 实施效果

2022 年评价指标信息如图 4-47 所示，上述评价指标运用于公司每月建设分委会（核电工程领域最高级别安全会议）的召开，达到趋势化、可量化、可涂色和可预警的效果，指引参建单位及时制定安全管控措施。

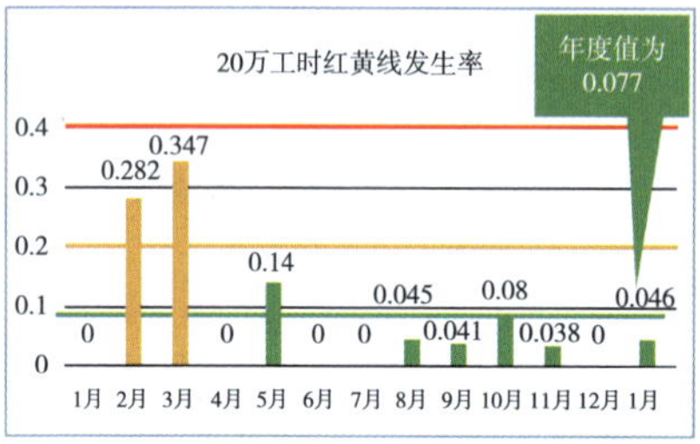

2022年核电工程建安领域未发生轻伤及以上生产安全事件，主要安全管理指标均受控，未突破中国核电安全环保约束性指标。

2022年主要的监督检查：

- 起重机械、起重作业专项检查。
- 核电工程模板施工作业/交叉作业专项检查。
- 文明施工、警示标志专项检查。
- 节前安全检查。
- 设备设施、作业行为安全检查等。
- 三方现场带班254天，排查隐患3 135项。

图 4-47　2022 年评价指标信息